Schüürmann/Schwarz · WOHNMOBIL-SELBSTBAU

Eicke Schüürmann/Hans F. Schwarz

WOHNMOBIL SELBSTBAU

**Campingbusse
Motorcaravans
Aufbau
und Ausbau**

Motorbuch Verlag Stuttgart

Einbandgestaltung: Siegfried Horn

Die Autoren danken besonders den Firmen Reisemobile Lyding GmbH (Witten), Reimo Reisemobilcenter (Egelsbach) und Gentgen Freizeit-Fahrzeuge (Düsseldorf) für ihre freundliche Unterstützung.

ISBN 3-613-01253-7

3. Auflage 1995.
Copyright © by Motorbuch Verlag, Postfach 10 37 43, 70032 Stuttgart.
Ein Unternehmen der Paul Pietsch Verlage GmbH + Co.
Sämtliche Rechte der Speicherung, Vervielfältigung und Verbreitung sind vorbehalten.
Satz und Druck: Remsdruck Sigg, Härtel & Co., 73525 Schwäbisch Gmünd.
Bindung: Großbuchbinderei E. Riethmüller, 70176 Stuttgart.
Printed in Germany.

Inhalt

I. Erlebniswelt Reisemobil

Freiheit und Abenteuer

Jetzt reicht's. Kein Kofferpacken mehr, nie wieder mit dem vollgepropften Pkw bei 30 Grad im Schatten im Autobahnstau stehen müssen, keine überbelegten Hotelburgen an überfüllten Stränden, nie mehr drei Wochen Vollpension mit »Würstel con Krauti« . . . Ein Reisemobil muß her!

Ein Reisemobil, ein Wohnmobil, ein Campingbus. Da fängt der Urlaub schon vor der Haustür an, die Fahrt wird nicht stressige Erholungsvorbereitung, sondern selbst schon Teil der Ferien. Sind die Autobahnen voll, geht's gemütlich über Landstraßen, und im »Hotel mit Rädern« kann man weitgehend dort bleiben, wo man möchte. Ohne Reiseleitung, Vorbuchung, Enttäuschung. Statt nur dreier vollgestopfter Koffer kann man alles mitnehmen, was man brauchen könnte, sogar Surfbretter, Fahrräder und Skier auf dem Dach oder am Heck, Motorboote und Pferde im Anhänger, Leibgerichte und das Lieblingsbier im Kühlschrank!

Ein Traum? Tatsächlich, und Sie haben ihn auch schon geträumt, sonst würden Sie nicht gerade jetzt in diesem Buch blättern. Allerdings endet für viele der Traum von der großen Freiheit auf den Rädern eines eigenen Wohnmobils schon bei den Preislisten der Hersteller. Auch wer die Ausgabe von 60 000 bis 100 000 Mark nicht scheut, ist vom unüberschaubaren Serienangebot oft enttäuscht. Mancher Grundriß von der Stange wird den persönlichen Bedürfnissen nicht gerecht, häufig erschreckt man vor der labilen, mangelhaften Verarbeitung, oder die Einrichtung trifft haarscharf am Geschmack vorbei.

Also, bauen Sie sich Ihren Traum selbst. Der Selbstbau eines Wohnmobils führt zwar schweißtreibend, aber kostensparend zum Ziel. Nachher steht ein Auto vor der Tür, das genau auf Ihre Vorstellungen paßt und speziell für Ihre Freizeithobbies ausgelegt ist. Wir wollen Ihnen dabei helfen.

Komplett und kompetent bringen wir Sie auf die nötigen Ideen, erläutern Bauweisen und geben alle Tips, die Sie für einen erfolgreichen Wohnmobilbau brauchen. Nicht nur Campingbusse können Sie mit diesem Buch besser ausbauen, auch Caravanaufbauten auf Transporterfahrgestelle und selbstgebaute Wohnkabinen beschreiben wir Schritt für Schritt. Damit der allgewaltige TÜV von Ihrer Bastelarbeit nicht enttäuscht wird, finden Sie alle wichtigen Vorschriften und Richtlinien (zitiert oder mit Bezugsquellennachweis). Als besonderen Service beschränken wir uns nicht nur auf konkrete Ausbauanleitungen, sondern diskutieren zentrale Zubehör- und Ausstattungsthemen, die erfahrungsgemäß jeden Selbstausbauer immer wieder beschäftigen. Wir geben Hilfestellung bei der Wahl der richtigen Toilette, sagen, ob Sie einen Generator brauchen, erörtern Randthemen wie Alarm- und Klimaanlagen – immer aber mit dem Bezug auf Ihr selbstgebautes Wohnmobil. Wie man einen Fahrradträger selber baut, können Sie ebenso nachlesen wie sämtliche technischen Daten und Erfahrungswerte zu den gängigsten Basisfahrzeugen.

Sie haben sich ein freizeitfüllendes Hobby ausgesucht. Schon manche Ehe stand wegen eines Wohnmobilausbaus kurz vor einer ernsten Krise. Kaum jemand stellt sich den ungeheuren Zeitaufwand realistisch vor. Deshalb setzen viele ehrgeizige Wohnmobilselbstbauer zu kurze Zeitspannen an. Meist soll das Fahrzeug ja zu einem bestimmten Termin auf Jungfernfahrt gehen. Wüßte man, was es heißt, einen Ausbau komplett fertigzustellen, hätte man sich von vornherein einige Monate mehr Zeit gelassen. Es ist immer das gleiche: Anfangs macht man rasante Fortschritte, jeden Tag kann man sehen, was man heute geschafft hat. Aber je kleiner, kniffeliger und detaillierter die Arbeiten werden, desto mehr Zeit nehmen sie in Anspruch. Rechnen Sie realistisch, müssen Sie für einen Kastenwagenausbau mittlerer Größe von ca. 800 Arbeitsstunden ausgehen.

Bauen Sie eine fertige Leerkabine aus, kommen Sie mit der Hälfte hin, bauen Sie die Wände der Kabine, Hilfsrahmen etc. komplett selbst, sind mindestens 1200 Arbeitsstunden verplant. Am schnellsten schaffen Sie das Umsetzen eines Caravanaufbaus auf ein Transporterfahrgestell. Mit allen Nebenarbeiten sind allerdings auch hier 300 Stunden schnell weg!

Als erstes brauchen Sie also Zeit. Nur wenn Sie davon genügend einplanen, kann Ihr Wohnmobil wirklich so werden, wie Sie es wollen. Wenn Sie am Ende mehr und mehr hetzen, bauen Sie Fehler, Unvollständigkeiten oder Schlampigkeit ein. Später ärgern Sie sich. Betrachten Sie den Bau nicht nur als Weg zum Ziel. Der Ausbau selbst ist ein schönes Hobby, schafft Selbstverwirklichung über handwerkliche Betätigung und erlaubt kreative Entfaltung.

Als zweites brauchen Sie Platz. Einen Kastenwagen kann man gut noch am Straßenrand ausbauen, einen kompletten Kabinenaufbau schon nicht mehr. Dennoch ist die Wohnung im dritten Stock in einer Großstadtstraße kein Hinderungsgrund. Schließlich kann man einen Platz (Fabrikhof), eine Halle oder eine Scheune für die Ausbauzeit anmieten. Stromanschluß sollte dort gegeben sein. Bauen Sie im Wohngebiet aus, müssen Sie sich unbedingt an die allgemein üblichen Ruhezeiten halten, sonst ist es mit der Gunst der Nachbarn schnell dahin.

Als drittes brauchen Sie eine gründliche Planung. Sie müssen sehr genau wissen, was Sie wollen und was Sie brauchen. »Wohnmobil« ist der Begriff für eine sehr große Fahrzeuggattung. Vom amerikanischen Plüsch- und Protz-Van bis zum Luxusliner auf Omnibusfahrgestell reicht die Palette. Legen Sie also zuerst Ihren Bedarf fest. Dem kommen Sie am besten auf die Spur, wenn Sie für ein paar Wochenenden jeweils unterschiedliche Wohnmobilkategorien mieten.

So ein Fahrzeug ist, bei richtiger Planung, ein wahres Multitalent. Steht doch neben dem Urlaubsdomizil stets ein Gästezimmer für zahlreichen Besuch, den die Wohnung nicht mehr beherbergen kann, vor der Tür. Hat man doch auch eine nicht unerhebliche Transportkapazität zur Hand, wenn es einmal darum geht, Möbel, Hausrat, Gartenmaterial, Baustoffe, Trödelware und Ähnliches zu bewegen. Und schließlich hebt das Wohnmobil die Lebensqualität, denn statt sich auf Parties mit Rücksicht auf sicheres Fahrverhalten des Alkohols zu enthalten, kann man, fröhlich beschwipst, gleich vor der Tür des Gastgebers in sein gemachtes Bett sinken und nach ausgeschlummertem Rausch fahrtüchtig nach Hause steuern.

Einige wenige Zeitgenossen haben gar aufgrund ihrer beruflichen Tätigkeit das Glück, ihr Reisemobil nicht nur als Urlaubsfahrzeug zu nutzen, sondern sich die Kosten für das mobile Heim mit dem Finanzamt zu teilen. Als Büromobil oder Zweitwohnung am Arbeitsplatz anerkannt, genießt das Mobil steuerliche Abschreibbarkeit.

Reisemobil-Nutzung

Mit grenzenloser Freiheit auf Rädern werben genug Wohnmobilhersteller, um ihre Konfektionsware an den Mann zu bringen. Diese Werbung steht schon am Rand der Seriosität. Denn es ist gar keine Frage, daß mit dem Reisemobilboom der letzten Jahre die Freiheit kleiner geworden ist.

Wohnmobil-Freiheit ist nicht grenzenlos. Vielerorts, wie hier in Massa Marittima (Italien) ist das Parken von Wohnmobilen („Camper") und Caravans („Roulottes") verboten.

Lassen Sie uns ehrlich den Tatsachen ins Auge schauen, bevor und während Ihr Idealgefährt entsteht. Nur ein von Anfang an, in jeder Planungs- und Bauphase vorhandenes waches Problembewußtsein kann helfen, die Restriktionen, die europaweit den Wohnmobiltourismus einzuschränken drohen, nicht weiter anwachsen zu lassen. Ein modernes Reisemobil muß mit einer Auffangmöglichkeit für Abwasser, einem Müllbehälter und einer Toilette ausgerüstet sein. Alles andere ist indiskutabel. Müll, Abwässer und Fäkalien dürfen nur umweltverträglich entsorgt werden. Diese Fahrzeugausstattung und entsprechendes Verhalten müssen untrennbar mit dem Begriff »Wohnmobil« verbunden sein. Dann werden sich auch die vielen, vielen Möglichkeiten realistisch zeigen, die erst das Wohnmobil eröffnet. Und das sind noch immer mehr, als jedes andere Fahrzeug bieten könnte. Das Wohnmobil macht Spaß.

Wohnmobile über 2,8 to zulässiges Gesamtgewicht müssen, wenn sie auf öffentlichen Straßen geparkt werden, mit Nachtparktafeln vorn und hinten ausgerüstet werden.

Stellung der Reisemobile

Reisemobile fallen nicht nur im Straßenverkehr auf, weil sie die Pkw's an Größe und Masse überragen, sie nehmen auch rechtlich und im Verkehrsalltag eine besondere Stellung ein. Sie stehen zwischen den Pkw, als die sie weitgehend genutzt werden und den Lkw, von denen sich ihre Basis zumeist ableitet.

Sicherlich rechnet sich das Reisemobilvergnügen nicht so ohne weiteres in Mark und Pfennig. Man hat schnell das Gefühl, man zahlt und zahlt: Mehr Steuern und Versicherung als für einen Pkw, mehr Treibstoff als für eine Limousine, höhere Ersatzteilpreise und dies und das. Doch bietet das Reisemobil dafür ja auch mehr. Es ist Pkw, Lastesel, Herberge und Zugfahrzeug. So viele Möglichkeiten haben eben einen höheren Preis.

Die Größe des Fahrzeugs entscheidet über die Folgekosten: Reifen, Ersatzteile, Fähr- und Autobahngebühren. Darüber hinaus gelten verkehrsrechtliche Bestimmungen. Wohnmobile bis 2,8 to zulässiges Gesamtgewicht und bis 5-Personen-Zulassung sind rechtlich den Pkw gleichgestellt. Für sie gilt keine Geschwindigkeitsbegrenzung, kein Rechtsfahrgebot etc. für Lkw. Über 2,8 Tonnen zulässigem Gesamtgewicht dürfen in der Bundesrepublik nur noch 80 km/h gefahren werden.

Alle Reisemobile zählt die Straßenverkehrszulassungsordnung unter die »Sonstigen Kraftfahrzeuge«, unter die all das einsortiert wird, was schlecht anderweitig unterzubringen ist. Die sogenannten »So. Kfz-Wohnmobile« befinden sich hier in illustrer Gesellschaft von Leichenwagen und Autokranen. Straßenverkehrsrechtlich jedoch greifen bei ihnen mit einigen Ausnahmen wie der Befreiung von der Fahrtenschreiberpflicht die gleichen Regeln wie für Lkw der entsprechenden Gewichtsklasse.

Im einzelnen: Bei Wohnmobilen über 2,8 Tonnen bis zu 7,5 Tonnen zulässigem Gesamtgewicht gilt eine Geschwindigkeitsbegrenzung auf Bundesautobahnen und Landstraßen von 80 km/h. Im benachbarten Ausland gilt eine Geschwindigkeitsbegrenzung meist erst ab 3,5 Tonnen.

Wird ein Anhänger mitgeführt, so darf auf Bundesautobahnen generell nur noch 80 km/h schnell gefahren werden. Auf Landstraßen gilt diese Beschränkung nur für Zugfahrzeuge bis 2,8 Tonnen; schwerere Fahrzeuge dürfen im Anhängerbetrieb nur noch 60 km/h fahren!

Die schwersten Kaliber, ab 6 Tonnen zulässigem Gesamtgewicht, müssen alle zwei Jahre im Wechsel mit der Hauptuntersuchung dem TÜV oder DEKRA zur Bremsensonderuntersuchung vorgeführt werden. Man kann jedoch, um diese gebührenpflichtige Prozedur zu umgehen und außerdem Kfz-Steuern zu sparen, fast alle Fahrzeuge ablasten. Durch Herausnahme eines Paares Federblätter an der Hinterachse verringert man die Zulademöglichkeit: Der TÜV trägt ein niedrigeres zulässiges Gesamtgewicht ein, sofern man das Einverständnis des Kraftfahrzeugherstellers in Form einer Unbedenklichkeitsbescheinigung vorweisen kann.

Die zur Zeit der Drucklegung dieses Buches geplante, jedoch noch nicht akute neue, EG-einheitliche Führerscheinregelung wird in Zukunft das Reisemobilvolk in einen echten Generationenkonflikt stürzen: Gilt bislang die Fahrerlaubnis der Klasse III für Kraftfahrzeuge bis 7,5 Tonnen zGG (was, von den größten Riesen einmal abgesehen, so ziemlich alle Wohnmobilbasisfahrzeuge abdeckt), so soll die Fahrerlaubnis mit dem Pkw-Führerschein EG-harmonisch nunmehr auf 3,5 Tonnen zGG beschränkt werden. Führerscheinneulinge hätten sich im Kaliber ihres Wohnmobils folglich zu bescheiden. Zwei Trostpflaster dazu: Erstens ist's vernünftig, wenn der Anfänger nicht gleich den größten Boliden durch den Straßenverkehr bewegt, zweitens ist die ganz überwiegende Mehrzahl aller Wohnmobile ohnehin auch heute schon in der kleineren Klasse angesiedelt.

Diese Gewichtsklasse hat ja auch die entschiedensten Vorteile: Die Ähnlichkeit zu den Fahreigenschaften eines Pkw ist am größten, es gelten (bis 2,8 Tonnen) keine Geschwindigkeitsbegrenzungen. Ist auf Bundesautobahnen Lkw-Überholverbot angeordnet, so gilt dies meist erst ab 4 Tonnen zGG – die Kleinen können munter vorbeiziehen.

Die Haftpflichtversicherung für Wohnmobile kennt auch einen Schadensfreiheitsrabatt (siehe Kapitel »Versicherung«). Steuerliche Vergünstigungen (schadstoffarm A, B oder C) gibt es nur für ganz wenige, sehr kleine Reisemobile bis höchstens 2,5 Tonnen zulässiges Gesamtgewicht.

Es gibt allerdings, vorwiegend in der unteren Lastenklasse, sehr wohl Basisfahrzeuge, die mit Katalysatoren ausgerüstet sind. Die überwiegende Zahl neuerer Fahrzeuge mit Ottomotoren kann, auch wenn kein Katalysator montiert ist, mit bleifreiem Benzin betrieben werden.

Bis 2,8 Tonnen zulässiges Gesamtgewicht werden Reisemobile, da rechtlich den Pkw gleichgestellt, nach Hubraumgröße versteuert, darüber nach Gewicht und Zahl der Achsen, wie es für Lastwagen üblich ist. Für kleinere Wohnmobile ist die Hubraumsteuer durchaus günstig. Bis etwa 2,2 Tonnen und 1800 ccm Steuerformelhubraum wäre eine Gesamtgewichtsfestsetzung teurer. Darüber wäre schon die Steuer nach Gewicht günstiger. Leider hat man aber keine Wahlmöglichkeit: Der Gesetzgeber sieht jeweils nur die eine Besteuerung vor. Die vielfach geübte Praxis von Selbstausbauern, das fertiggestellte Wohnmobil gar nicht als solches anzumelden (Umschreibung zum So. Kfz-Wohnmobil), um es weiterhin mit Lkw-Zulassung zum billigeren Tarif zu fahren, ist strafbar. Mit dem Umbau erlischt die Betriebserlaubnis. Sie wird erst durch erneute Zulassung als »Sonstiges Kraftfahrzeug« wieder erteilt. Der fehlende Eintrag in den Papieren kann bei einem Unfall mit Personenschaden erhebliche Konsequenzen bis zur Haft nach sich ziehen!

Reisemobil-Fahrschule

Wer bis dahin lediglich Pkws bewegt hat, wird sich erst einmal an sein neues Fahrzeug gewöhnen müssen. Nicht nur, daß Reisemobile häufig größer, länger und vor allem auch breiter sind: Man sitzt auch höher und weiter vorn, das Fahrzeug ist schwerer, anfällig für Seiten- und Gegenwind und, da nur in den seltensten Fällen leistungsstark motorisiert, auch wesentlich schwerfälliger als der gewohnte Personenwagen.

Die Fahrer- und Beifahrersitze befinden sich über oder unmittelbar hinter der Vorderachse. Gegenüber dem Pkw bedeutet das eine nach vorn verschobene Sitzposition. Mit einem Frontlenkerfahrzeug schneidet der Ungeübte oft un-

Für den Ungeübten sind Wohnmobile überraschend groß. Langsame Gewöhnung ist sinnvoll. Es ist keine Schande, wenn der Beifahrer aussteigt und Lotse spielt.

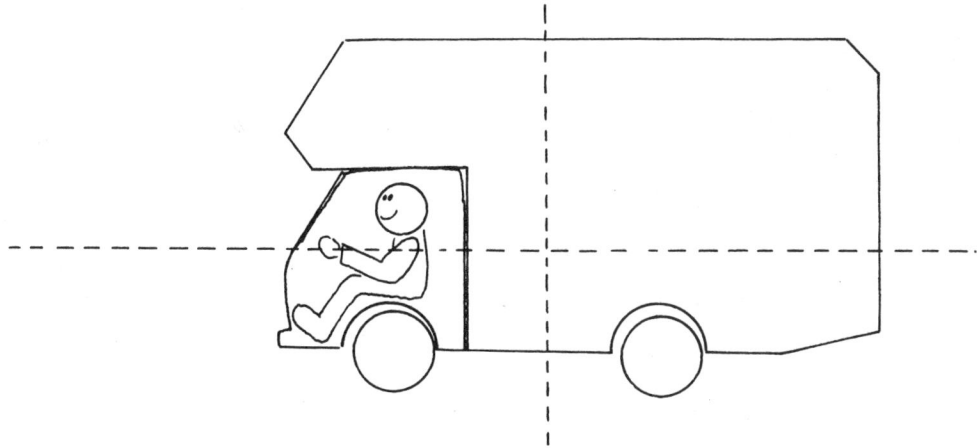

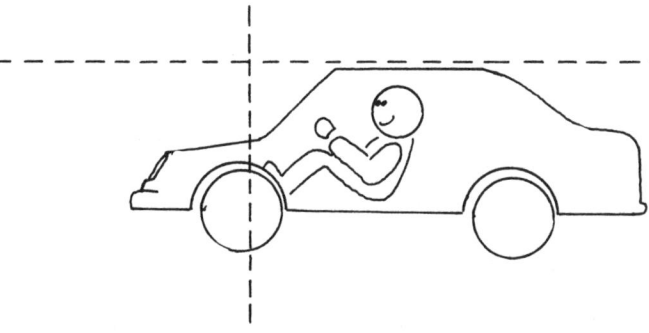

Vergleich der Sitzposition des Fahrers in Frontlenker-Wohn-mobil und Pkw. Die unterbrochenen Linien in den beiden Abbildungen zeigen die Lage des Fahrer-Kopfes in der Ver-gleichsabbildung: Linien über Pkw-Motorhaube = Position des Wohnmobil-Fahrers, Linien im Reisemobil-Aufbau = Po-sition des Pkw-Fahrers.

gewollt Kurven, nimmt mit den Hinterrädern Bordsteinkan-ten mit und schrammt leicht an parkenden Autos entlang. Der Lenkvorgang beginnt meist, wenn der Fahrer den Be-ginn der Kurve erreicht. Sitzt der Fahrer im Pkw zwischen den Achsen, leitet er den Lenkvorgang also erst ein, wenn das halbe Fahrzeug schon am Hindernis vorbei ist. Im Rei-semobil thront der Fahrer jedoch ganz vorn, er muß sich angewöhnen, das Fahrzeug erst noch ein Stück weiter ge-rade vorzuziehen, bevor mit dem Einschlagen begonnen werden kann. Ganz wichtig ist von vornherein die intensive Benutzung der beiden Außenspiegel. Sie sind nicht nur dazu da, den rückwärtigen Verkehr zu beobachten, son-dern auch um zu sehen, wie das Fahrzeug »nachläuft«.

Lebenswichtiger Begleiter des Wohnmobil-Piloten: Außen-spiegel. Bei Regen geben sie die rückwärtige Welt oft nur sehr schemenhaft wieder. Nie ohne Blick über die Schulter ausscheren!

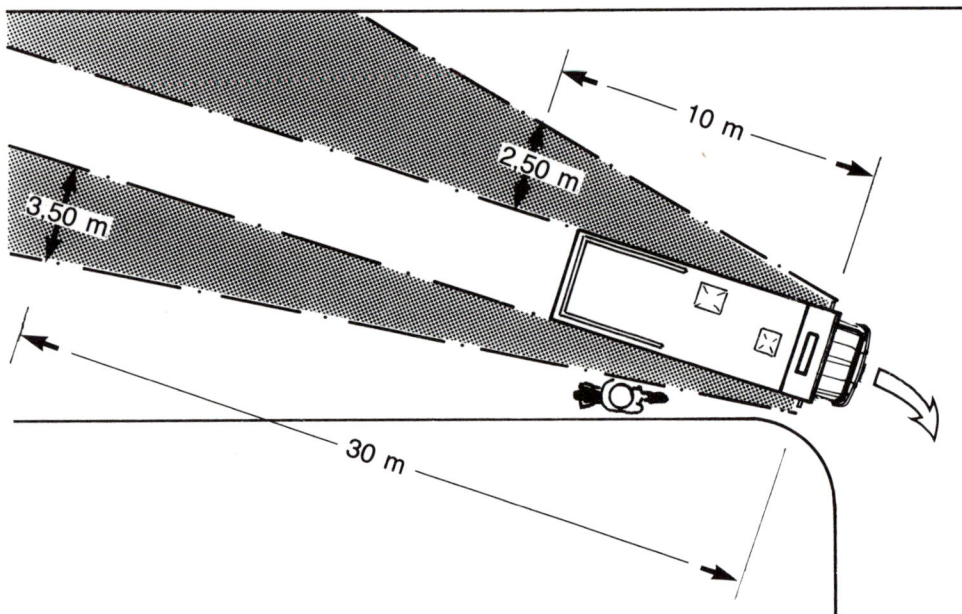

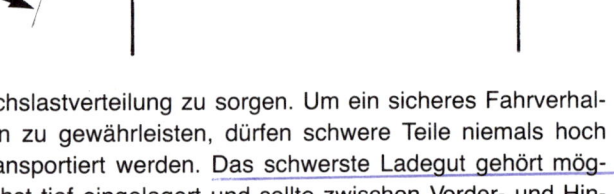

Die Außenspiegel verschweigen einiges. Nach EG-Vorschrift muß 4 m hinter dem Spiegel lediglich ein Sichtfeld von 0,75 m Breite erschlossen werden. Die Graphik verdeutlicht dieses Sichtfeld als dunkel unterlegte Fläche. Den Zweirad-Fahrer kann der Wohnmobil-Pilot nicht sehen!

Nicht gedacht sind sie jedoch zum souveränen Rückwärtsfahren. Was mancher gestandene Brummi-Pilot wie aus dem Effeff zu beherrschen scheint, ist verboten: Können Sie nach hinten nicht aus Ihrem Fahrzeug schauen, dürfen Sie nach dem Buchstaben des Gesetzes nur mit einem Einweiser zurücksetzen. Bedenken Sie immer, daß die Spiegel Ihnen nur den Bereich links und rechts vom Heck erschließen. Spielende Kinder direkt hinterm Wagen können Sie nicht sehen! Die Zubehörindustrie hält hierfür einige elektronische Helfer parat, auf die wir an anderer Stelle eingehen werden.

Das Wohnmobil wird Ihnen ganz neue Transportmöglichkeiten erschließen. Die Fahrzeuge sind zumeist mit bedeutend größeren zulässigen Anhängelasten dotiert als Pkw. Wenn Sie diese aber für ein Boot oder einen Pferdehänger ausnutzen wollen, dann haben Sie auch ein bedeutendes Gesamtzuggewicht auf der Straße, an das es vor allem beim Bremsen und Bergabfahren zu denken gilt. Defensiv zu fahren wird Sie aber das nur zäh beschleunigende und an Bergen rasch in der Geschwindigkeit zurückfallende Basisfahrzeug ohnehin rasch lehren.

Es ist eine Binsenweisheit, daß unnützer Ballast Sprit kostet. Sie haben viel Raum und Tragfähigkeit für allerlei Beladung zur Verfügung, doch sollten außerhalb der Ferienreisen weder alle Tanks gefüllt noch ständig der komplette Hausrat an Bord sein. Bei der Verteilung von Last und Ladung kommt es darauf an, das Fahrzeug nicht auf Dauer einseitig zu belasten und auch im Leerbetrieb für gute

Achslastverteilung zu sorgen. Um ein sicheres Fahrverhalten zu gewährleisten, dürfen schwere Teile niemals hoch transportiert werden. Das schwerste Ladegut gehört möglichst tief eingelagert und sollte zwischen Vorder- und Hinterachse verteilt werden.

Besonders im Winterbetrieb werden Sie schnell merken, daß bei hinterachsangetriebenen Wohnmobilen ein paar Pfund auf diese Achse gehören, während gerade das bei Frontantriebskandidaten zu Traktionsverlust führen kann.

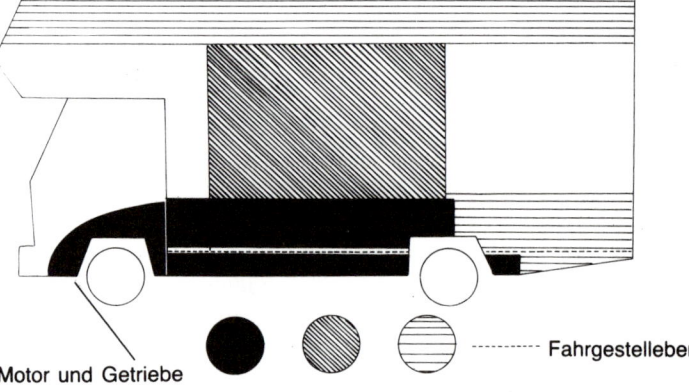

Motor und Getriebe

schwere mittelschwere leichte
Belastung

Lastverteilung im Wohnmobil (maßgeblich bei Ausbau und Beladung)

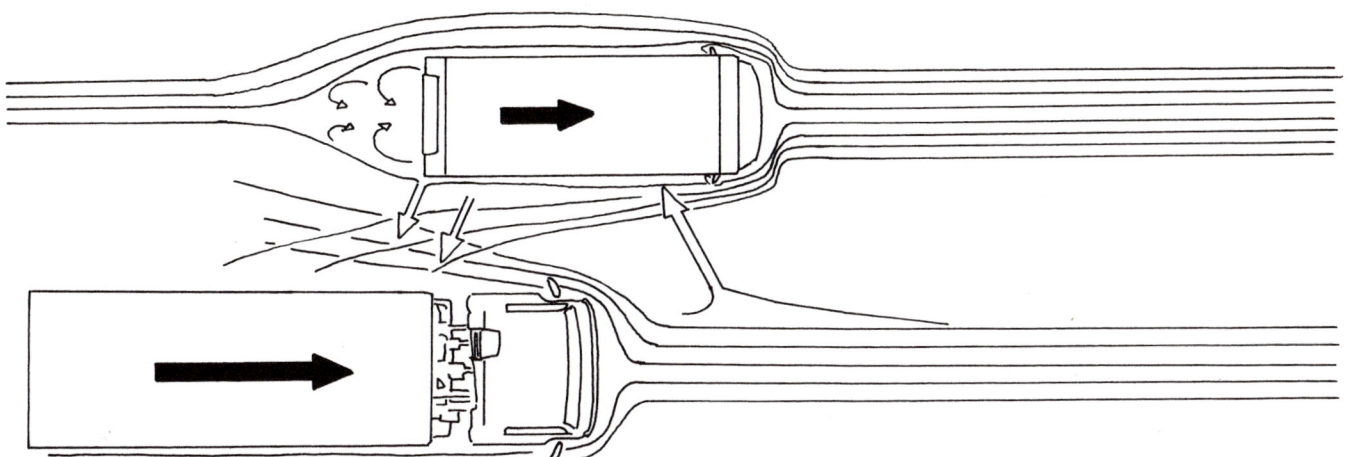

Ein Wohnmobil überholt auf der Autobahn einen Lkw. Die Graphik zeigt schematisch die dabei auftretenden starken Luftverwirbelungen. Zwischen Lkw und Wohnmobil entsteht ein heftiger Sog. Sobald das Wohnmobil vorbei ist, wird es wieder vom Fahrtwind erfaßt und nach links gedrückt.

Hier schon auf den Winterbetrieb des Wohnmobils im einzelnen einzugehen, wäre sicher verfrüht, denn das richtet sich vor allem danach, wie und wofür Sie das Auto nutzen wollen – ob zum Wintercamping oder nur als Winterfahrzeug. Wie für alle Autos gilt auch hier: Rechtzeitig die Technik checken, Schneeketten parat halten und bei Dieselmotoren Kraftstoffvorwärmer montieren oder zumindest Fließverbesserer ins Standardgepäck legen. Darüber hinaus sind in Frostperioden das Wasser- und Abwassersystem restlos zu entleeren, ebenfalls die Toilette samt Auffangtank.

Urlaub mit dem Reisemobil

Wenn Sie bislang noch gar keine Erfahrung mit dem Campingleben gemacht haben, so müssen Sie sich als frischgebackener Reisemobilist in Ihrem Urlaubsverhalten radikal umstellen: Wo Sie bislang gegen teures Geld recht und schlecht bedient worden sind, können und müssen Sie sich nun – wesentlich preiswerter – selbst versorgen. Den Kühlschrank mit Lebensmitteln zu füllen, ist, von Reisen in entlegenere Gebiete einmal abgesehen, vergleichsweise einfach. Allerdings tragen nun auch Sie selbst Verantwortung für Ihre Abwässer, Fäkalien und den Müll. Sie suchen Ihre Route selbst, machen Ihr eigenes Programm, müssen selbst geradestehen für Ihr Verhalten. Allerdings muß Ihnen

auch klar sein, daß Sie auf Ihr Mobil angewiesen sind. Muß es während der Reise zu einer größeren Reparatur in die Werkstatt – wo schlafen?, wohin mit dem ganzen Wageninhalt? Neue Perspektiven eröffnen sich beim Wohnmobil also auch für »den Ernstfall«. Ein kleines Zelt im Gepäck kann da nicht schaden.

Haben Sie Campingerfahrung, beispielsweise als Caravaner, werden Ihnen die Vorzüge des Wohnmobils schnell bewußt werden: Man ist weniger als ein Gespann, darf und kann bis zu bestimmten Fahrzeuggrößen schneller fahren und hat die zusätzliche Möglichkeit, je nach Fahrzeug meist beeindruckende Anhängelasten zu bewegen. Nach Belieben können Sie Pferdeanhänger, Bootstrailer oder Motorradhänger mitführen. Ihre Mobilität oder Ihre Wohnbequemlichkeit können Sie selbst steuern. Für den Strandurlaub läßt sich das Mobil um ein Vorzelt erweitern: soll's morgen schon weitergehen, reicht das Wohnmobil allein.

Das Reisen mit Kindern gewinnt im Wohnmobil eine neue Dimension. Wohnmobile sind, richtig geplant und gebaut, das kinderfreundlichste Langstreckenvehikel überhaupt. Nicht nur, daß ständig alles Nötige vom Milchvorrat bis zur Toilette an Bord sein kann, das Wohnmobil ist auch auf längeren Reisen stets ein Stück Heimat, etwas Gewohntes, was sich auf kleinere Kinder beruhigend auswirkt. Kinder können sich viel ungezwungener benehmen, als dies in Hotels der Fall ist, und sie finden unterwegs auch rasch Kontakt zu anderen »Wohnmobilkindern«. Zu einem jedoch sollte man sich durch das Platzangebot nicht ver-

13

Wohnmobil-Urlaub – Ungezwungen, kinderfreundlich und kontaktreich.

führen lassen: Auch im Wohnmobil gehören Kinder während der Fahrt in den Kindersitz oder den Sicherheitsgurt! Viele Eltern lassen die Kinder auch unterwegs im Wagen herumtollen. Das läßt zwar größere Fahrtstrecken quengelfrei zurücklegen, ist aber unverantwortlich. Auch mit Wohnmobilen passieren schließlich Unfälle. Die Alternative heißt immer noch: Während der Fahrt anschnallen und öfter eine Pause machen.

Das kindgerechte Reisemobil muß deshalb bequeme Sitze mit Sicherheitsgurten haben, von denen die Kinder gut aus dem Fenster sehen können. Ein Tisch vor dem Sitz schafft den nötigen Platz für eine sinnvolle Beschäftigung während der Fahrt. Alle Mitreisenden sollten möglichst weit

vorn Platz nehmen können, damit sich die Kinder unterwegs mit den Eltern unterhalten können. Für das Campingleben mit Kindern sollten die Eltern bei der Planung ausreichend Platz auch für »fünf Tage Regenwetter« vorsehen.

Ein autarkes Reisemobil, das genügend Kapazitäten an Strom, Gas und Wasser speichern kann, ist eigentlich auf die – inzwischen auch schon recht teuren – Campingplätze nicht angewiesen. Da zahlt man schnell für ein Wohnmobil, Stromanschluß, zwei Erwachsene und zwei Kinder 40 bis 60 Mark pro Nacht. In der Bundesrepublik Deutschland ist das einmalige Übernachten auf Parkplätzen bis auf wenige Ausnahmen auch nahezu überall gestattet. Einige Gemeinden, die sich mit dem Prädikat »wohnmobilfreundlich« aus-

14

zeichnen möchten, legen sogar eigene Reisemobilübernachtungsplätze an, die entweder kostenfrei oder gegen eine geringe Gebühr benutzt werden können. Sind diese Plätze ruhig gelegen, mit Wasserzapfstelle und Abwasseranschluß versehen, sind sie sicherlich die beste Wahl für den durchreisenden Mobilfahrer. Eine Kampagne zugunsten solcher Plätze beginnt bereits erste Früchte zu tragen, und man kann guten Mutes in die Zukunft schauen. Gleichwohl sollte man keine Ideologie aus der Frage »Campingplatz oder nicht« machen. Das gelegentliche Aufsuchen solcher unter eingefleischten Reisemobilisten verpönten Anlagen verspricht mehr Komfort, Auslauf und freieres Leben. Denn eins darf man am Straßenrand kraft Gesetz nicht: campingähnliches Leben entfalten. Tische und Stühle, gar Wäscheleinen und Spülschüsseln im Dunstkreis der Straßenverkehrsordnung ziehen schnell einen amtlichen Verweis nach sich.

Besonders Familien mit Kindern werden aber den Campingplatz nicht nur wegen seiner Waschmaschinen, Trokkenräume und Versorgungsanschlüsse bevorzugen. Für die Kinder kann die von den stadtflüchtigen Eltern als idyllisch empfundene Feld-, Wald- und Wieseneinsamkeit rasch in Langeweile umschlagen, während ihnen der Campingplatz Spielkameraden und Abwechslung bietet. Dies ist besonders dann wichtig, wenn nur ein Kind mit den Eltern fährt.

Manchmal kann man auch gezwungen sein, einen Campingplatz aufzusuchen. So gibt es Länder, die das Übernachten in Wohnmobilen außerhalb solcher Anlagen verbieten. Da sich die Bestimmungen in den einzelnen Staaten rasch ändern, wäre eine Auflistung in diesem Buch schon bei Drucklegung veraltet. Die Automobilclubs und Fachzeitschriften veröffentlichen aber immer wieder entsprechende Listen (siehe Anhang). Im übrigen zeigt sich – andere Länder, andere Sitten –, daß auch die angeordneten Verbote nicht überall gleich ernst genommen werden. Ob die Polizei einschreitet oder das Wohnmobil duldet, hängt immer wieder auch vom Fingerspitzengefühl des Campers ab: Stellt er sich in eine schöne griechische Bucht, wo schon fünf andere Wohnmobile sind, oder mitten vor die Aussichtsterrasse des Grand-Hotels, kommt es schneller zum Verweis, als bei behutsamer, niemanden störender Platzwahl fern vom Rummel.

In manchen Staaten werden auch generell geltende Verbote nur in der Hauptsaison durchgesetzt, in manchen ist dem Wohnmobilisten fast gar nichts erlaubt. Man kann seine Reiserouten und -ziele allerdings bei vorheriger Planung vollkommen unbehelligt anlegen. Um in der Bundesrepublik die begehrten »Wohnmobilfreundlichen Gemeinden« mit ihren ausgewiesenen Stellplätzen ausfindig machen zu können, sollte der Reisemobilist sich die jährlich aktualisierte Deutschlandkarte »Die Karte für den Motorcaravaner« beschaffen, die der Verband Deutscher Wohnwagenhersteller (Adresse siehe Anhang) immer zum Herbst neu herausgibt.

Kinder gehören auch im Wohnmobil in Kindersitz und Sicherheitsgurt. Sie werden sonst bei Unfällen zu Geschossen.

II. Planung/Bedarfsanalyse

Bedarfsanalyse

● Wollen Sie Ihr Wohnmobil täglich nutzen und dafür auf einen Pkw verzichten?
– Dann ist die benutzte Verkehrsfläche ein wichtiger Punkt. Ausgebaute Originalkarosserien (Kleinbusse, Kastenwagen) bis 5 m Länge passen noch in Normparkboxen. Darüber hinaus wird schon ein verkaufsoffener Samstag in der Innenstadt zum Problem.

● Benötigen Sie das Reisemobil nur und ausschließlich zu Ferienzwecken, meist mit der ganzen Familie?
– Dann ist ein Aufbauwohnmobil besser. Es bietet mehr Komfort im Innenraum, mehr Platz und ist besser zu isolieren.

● Welche Reisegewohnheiten haben Sie?
– Wenn Sie viel unterwegs sein wollen – heute hier, morgen dort – sollte das Fahrzeug nicht zu groß und unhandlich werden. Je unabhängiger Sie sein wollen, desto wendiger, praktischer und stärker motorisiert sollte der Wagen sein.
– Nutzen Sie das Mobil eher zur Anreise an einen Urlaubsort, an dem Sie, abgesehen von kleineren Ausflügen, die meiste Zeit des Urlaubs verbringen, eignet sich ein großes Wohnmobil mit viel Platz und Komfort am ehesten.
– Fahren Sie vorwiegend in der Sommerzeit in südliche Länder, benötigen Sie den Wagen fast nur zum Schlafen. Das Leben spielt sich draußen ab: Ein kleines Fahrzeug reicht.
– Besuchen Sie lieber den wetterunbeständigen Norden, möchten Sie auch Wintercamping machen, brauchen Sie einen Wagen, in dem Sie auch ohne Platzangst fünf Tage Regenwetter verkraften, eine Naßzelle zum Aufhängen tropfnasser Regenkleidung, eine gute Isolierung und viel Stauraum für warme Kleidung.

● Wenn Sie mit Familie oder mehreren Personen reisen, ist der Grundriß eine entscheidende Frage.
– Die U-Sitzgruppe im Heck ist zwar im Wohnbetrieb gemütlich und wird von vielen Fertigmobilkunden spontan gekauft. Sie hindert aber die Familie daran, gemeinsam zu reisen. Ein Elternteil muß immer hinten mit den Kindern sitzen, der andere fahren. Hier ist ein Fahrzeug mit kommunikationsfördernder Frontsitzgruppe besser.
– Eine zweite, kleinere Sitzgruppe hat den Vorteil, daß die Kinder ihr Spielzeug liegenlassen können, wenn gegessen werden soll. Die Betten sollten möglichst räumlich getrennt sein und Separierungsmöglichkeiten bieten.

● Eine Gewissensfrage wird es immer bleiben, ob Sie Ihr Fahrzeug mit Bausatzmöbeln ausstatten oder einen kompletten Selbstbau unternehmen wollen.
– Sie müssen von vornherein wissen, daß ein Kastenwagenausbau mittlerer Größe, komplett ausgestattet und mit einer nicht völlig anspruchslosen Optik, Sie ungefähr 800 Stunden in Atem halten wird. Ganz gleich, ob Sie Ihr Innendesign in Eiche-gemütlich, Englisch-nobel, Skandinavisch-jung oder Italienisch-kühl halten wollen. Nicht jeder hat die Zeit, manch einen verläßt auch die Ausdauer. Unser Buch wird sich dennoch fast ausschließlich mit dem kompletten Selbstbau beschäftigen: Wer zeitsparend Bausatzmöbel montiert (und sich damit sowohl optisch als auch qualitativ durchaus ein hochwertiges Reisemobil bauen kann) benötigt nicht mehr als die sorgfältige Lektüre der mitgelieferten Einbauanleitungen. In diesem Buch werden Sie Hinweise auf konfektionierte Lösungen immer dort finden, wo deren Integration in ein selbstgefertigtes Wohnmobil sinnvoll ist, etwa bei Hoch- und Hubdächern im Karosseriebereich oder bei Schubkästen im Möbelbau. Durchaus überlegenswert kann jedoch die Mischung aus Selbstbau und Möbelkonfektion sein, etwa ein Küchenblock komplett »von der

Stange«, der Rest aus Eigenarbeit. Die Entscheidung liegt bei Ihnen.

● Es gibt drei Grundtypen von Reisemobilen. Allen gemeinsam ist, daß sie zur Freizeit taugen.

– Das häufigste selbstgebaute Reisemobil ist der Campingbus. Ihm dient eine Originalkarosserie als Basis. Verwendet werden Busversionen oder Kastenwagen, deren geschlossener Laderaum durch Einbau von Fenstern Licht und Luft bekommt. Fehlende Raumhöhe kann man recht einfach durch Aufbau erhöhter Dächer kompensieren. Ausgebaute Originalkarosserien haben eine Menge Vorteile. Sie sind die im Fahrverhalten besten Wohnmobile, da sie keine übermäßigen Aufbauüberhänge an Heck und Spur haben. Der Selbstbauer hat nur noch mit dem Innenausbau zu tun. Ersatzteile, auch für die Karosserie, sind leicht zu bekommen. Je nach Outfit des Fahrzeugs wird es auch nicht sofort als Reisemobil erkannt. Unauffälliges Campieren ist da recht leicht. Kastenwagen und Busse haben eine hervorragende Stabilität. Man kann ohne Probleme auch Dachgepäckträger, Fahrrad-, Motorradhalter und Anhängerkupplungen montieren. Im Vergleich schneiden Originalkarosserien in puncto Robustheit und Geländegängigkeit meist besser ab als Aufbauvarianten (von speziellen Expeditionsaufbauten natürlich abgesehen!). Nachteilig wirkt sich bei der Originalkarosserie die Rostanfälligkeit aus. Dem schnellen Ausbau setzt diese Fahrzeugart gerundete Karosseriewände mit Sicken und Falzen entgegen, die ausgesprochen mühsames Anschablonieren der Möbelwände erfordern. Außerdem bietet der nach oben schmal zulaufende Kastenwagen vergleichsweise weniger Stauraum in Hängeschränken und nur in Ausnahmefällen die Möglichkeit, durch Queranordnung der Liegeflächen Grundrißlänge für andere Möbel zu sparen.

Weil gerade Originalkarosserien die beliebtesten Selbstbauwohnmobile sind, wird unser Buch sich besonders eingehend mit ihnen beschäftigen.

– Unter den Serienwohnmobilen stellen die sogenannten Alkoven-Fahrzeuge den größten Anteil. Auch der Selbstbauer hat Möglichkeiten, sich ein solches Fahrzeug mit Sonderaufbau herzustellen. Die klassische Form des im Fachjargon gern auch »Nasenbär« genannten Alkovenmobils besteht aus einem Transporterfahrgestell mit Fahrerhaus, welches mit einem Wohnaufbau mit mehr oder weniger wuchtiger »Mansarde« über dem Fahrerhausdach daherkommt. In diesem Überbau befindet sich ein stets gemachtes Doppelbett. Zahlreiche Speziallieferanten bieten dem Selbstbauer sogenannte Leerkabinen an. Das sind Wohnaufbauten in ganz verschiedenen Fertigstellungsstu-

fen, die nur noch ausgebaut werden müssen. Dieses Buch gibt im Anhang eine Liste mit wichtigen Leerkabinenanbieteradressen, zeigt aber auch die Möglichkeit zum kompletten Selbstbau der Kabine.

✗ Eine sehr beliebte Alternative stellt das »Aufhuckeln« eines Caravans auf ein Transporterfahrgestell dar. Von den Vor- und Nachteilen dieser Methode, den nötigen Um- und möglichen Anbauten (z. B. Alkovenüberbau über dem Fahrerhaus) handelt ein eigenes Kapitel.

✗ Manche findigen Selbstbauer erwerben ein gebrauchtes Kofferfahrzeug. Das sind Lkws, die nicht eine Plane über der Ladefläche haben, sondern einen geschlossenen Aufbau, meist aus Leichtmetall. Oft billiger als eine Leerkabine und stabiler als ein Caravan, geht der Ausbau dieser Fahrzeuge dank gerader Wände genauso leicht und schnell. Wir unterrichten auch darüber.

– Die dritte Kategorie der Wohnmobile wird von den sogenannten »Integrierten« beherrscht. Damit ist gemeint, daß das Fahrerhaus vollkommen in den Wohnaufbau einbezogen, eben »integriert« ist. Man benutzt lediglich das völlig des Blechs entkleidete Fahrgestell und schafft eine neue Vollkarosserierung. Naturgemäß ist das der größte Aufwand, den ein Selbstausbauer treiben kann. Da er trotz aller Schwierigkeiten immer wieder gewagt wird, widmen wir dieser Fahrzeuggattung ebenfalls ein eigenes Kapitel. Integrierte Fahrzeuge sind häufig eleganter, formschöner als ✗ Alkovenfahrzeuge. Probleme ergeben sich allerdings bei Wartungsarbeiten, da der Zugang zum Motor in den meisten Fällen nur noch vom Wohnraum aus möglich ist.

Fahrzeugtechnische Details ✗

Die Größe des Fahrzeugs entscheidet über die Folgekosten: Reifen, Ersatzteile, Fähr- und Autobahngebühren. Darüber hinaus gelten verkehrsrechtliche Bestimmungen. ✗ Wohnmobile bis 2,8 to zulässiges Gesamtgewicht und bis 5-Personen-Zulassung sind rechtlich den Pkw gleichgestellt. Für sie gilt keine Geschwindigkeitsbegrenzung, kein Lkw-Rechtsfahrgebot etc. Darüber dürfen nur noch 80 km/h gefahren werden.

Die Wahl des letztendlichen Fahrzeugtyps hängt von einer großen Vielzahl von Faktoren ab. Bei Kastenwagenausbauten zählt an erster Stelle der verfügbare Innenraum. Hier gibt es – bei ähnlichen Grundflächen – gravierende Unterschiede. Die einzelnen Fahrzeuge verjüngen sich nämlich recht unterschiedlich nach oben. Im Idealfall sollte ein Wohnmobilinnenraum natürlich oben fast genauso breit sein wie am Boden.

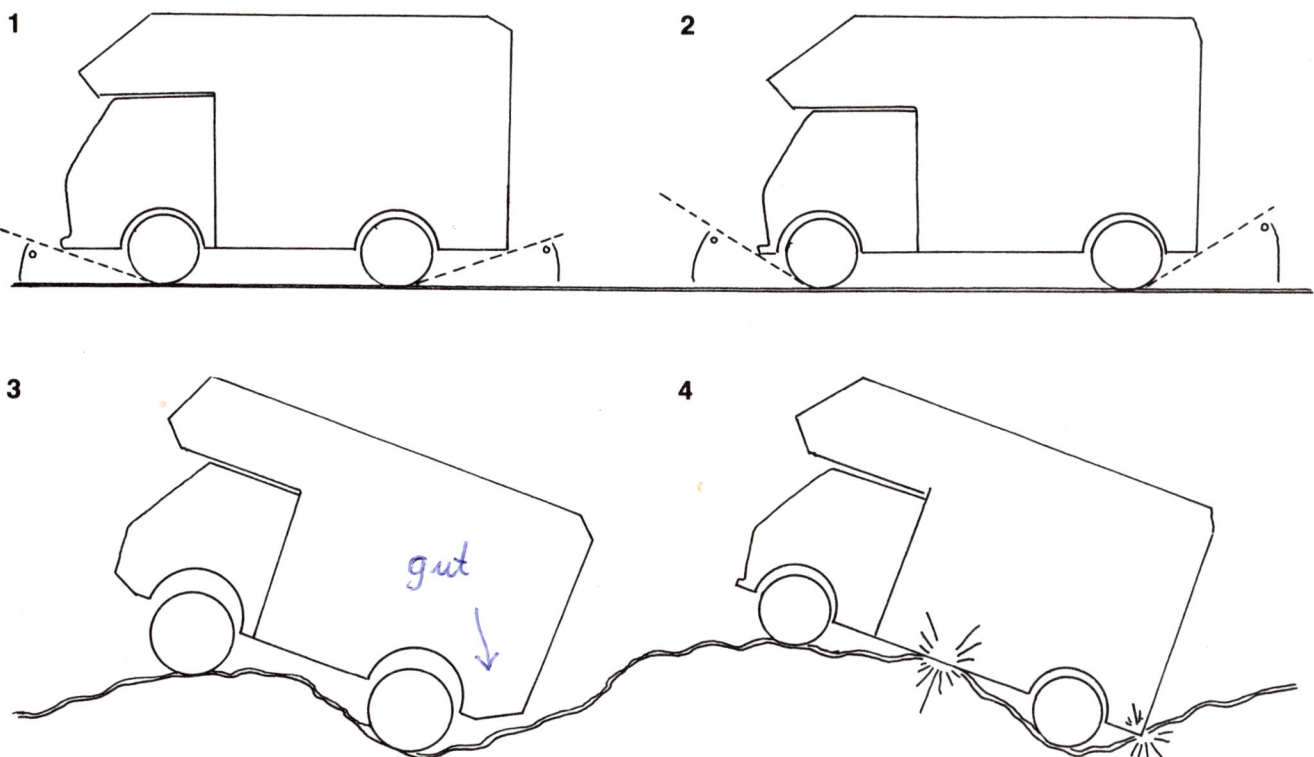

1

2

3 *gut* ↓

4

Die Graphik zeigt auf allen vier Abbildungen jeweils Fahrzeuge gleicher Außenabmessungen. In Bild 1 hat das Reisemobil einen kurzen Radstand, dadurch lange Überhänge vorn und hinten. Der Böschungswinkel ist schlecht. Dieses Fahrzeug neigt schnell zum Aufsetzen im Gelände. Bild 2 zeigt einen langen Radstand mit günstigen Böschungswinkeln durch kurze Überhänge. Der lange Radstand ist gut für den Fahrkomfort, aber schlecht für den Wendekreis. Wohnmobil 3 ist das ideale off-road-Gefährt. Es hat größere Räder, mehr Bodenfreiheit und abgeschrägte Front- und Hecküberhänge. Der Unterschied wird deutlich in Bild 4, wo das Fahrzeug aus Zeichnung 2 in der gleichen Situation gezeigt wird wie Fahrzeug 3.

Kriterien wie lichte Raumhöhe, Höhe und Breite der hinteren Radkästen, Anordnung der Türen beeinflussen stark die Grundrißgestaltung.

Bei einem Reisemobil sollten unbedingt aber auch das Fahrverhalten, die Ergonomie des Fahrerhauses, die Motorisierung und die Übersichtlichkeit bei der Entscheidung berücksichtigt werden. Langjährige Pkw-Fahrer, die zum erstenmal ins Reisemobil umsteigen, seit Jahren auf die Marke mit dem Stern schwören und nun unbedingt auch einen Mercedes-Kastenwagen ausbauen wollen, erschrekken meistens nicht schlecht, was für ein lahmer, lauter und hart gefederter Bock so ein Transporter sein kann. Womit nichts gegen die Fahrzeuge aus diesem Haus gesagt sein soll, die auf der anderen Seite Langlebigkeit, vorbildliche Servicebetriebe und weltweite Verfügbarkeit von Ersatzteilen für sich beanspruchen können. Es heißt also vor dem Kauf: Probefahren und immer wieder Probefahren. Jedes

Fahrzeug, das Sie in die engere Wahl ziehen, kann bei einem x-beliebigen Autohändler (sofern es noch gebaut wird), notfalls unter Vorspiegelung ernster Kaufinteressen, für einen Probegalopp ausgeliehen werden.

Des weiteren sollten Sie ausprobieren, wie bequem man vom Fahrerhaus in den Wohnraum durchsteigen kann. Untergeordneten Einfluß auf die Wahl einer bestimmten Fahrzeugmarke kann auch deren regionale Verbreitung haben. Über alle Kundendienstbetriebe oder direkt von den Herstellerwerken lassen sich kostenlos weltweite Verzeichnisse der einzelnen Servicestützpunkte beziehen. Haben Sie sich eine besondere Ecke der Welt ausgesucht, kann es ratsam sein, das Fahrzeug auf die Verfügbarkeit einer Werkstatt abzustimmen. Banal etwa, einem passionierten Italienfahrer einen Fiat zu empfehlen, wissenswert aber vielleicht, Türkei-Aspiranten den Ford Transit ans Herz zu legen. Der wird u. a. dort in Lizenz gebaut.

Geht es jedoch um den geplanten Aufbau eines Caravans oder einer Leerkabine, so sind vor der Entscheidung auch die Aufbaurichtlinien der einzelnen Fahrzeughersteller zu konsultieren. Beim Caravanaufbau entscheidet die »Kompatibilität«, insbesondere, ob die Lage der Hinterachse am Basisfahrzeug einigermaßen problemlos mit dem Caravaninterieur zu vereinbaren ist. Am besten, sie paßt unter die Radhäuser des Caravans!

● Hier ein paar überlegenswerte Auswahlkriterien:
– Viele Pkw-Fahrer wissen den Antrieb der Vorderräder zu schätzen: Sicherer Winterbetrieb, belastete Antriebsachse und gutes Kurvenverhalten sprechen dafür. Ins Reisemobil sollte diese Technik nur bedingt übernommen werden. Frontantrieb eignet sich nur bei kleineren Mobilen. Bei größeren Aufbauten lastet zuviel Gewicht auf der Hinterachse, die Antriebsachse entlastet sich dann. Traktion geht verloren.
– Frontantrieb ist auch nur bei Fahrzeugen mit kurzem Radstand zu empfehlen. Durch die Antriebswellen bedingt wird sonst der Wendekreis zu groß – das Fahrzeug läßt sich schlecht manövrieren.
– Allradantrieb lohnt sich nur bei entsprechender Zielorientierung. Ernsthaften Interessenten hilft spezielle Literatur viel weiter, als wir es im Rahmen dieses Buches können. Für die nasse Wiese, aus der man morgens nicht mehr herauskommt, reicht meist ein Sperrdifferential (sehr empfehlenswert, bei Neukauf für nahezu alle Fahrzeuge mit Heckantrieb lieferbar, für verschiedene Modelle auch nachrüstbar – fragen Sie Ihren Kundendienstbetrieb).
– Diesel oder Benzinmotor? Ein Diesel ist immer sparsamer, lohnt sich bei Neukauf (Aufpreis) allerdings erst bei einer Jahreskilometerleistung über 15 000 km bzw. dem Besuch von Ländern, in denen Benzin sehr teuer oder von unsicherer Qualität ist (außerhalb Europas). Diesel sind im allgemeinen lauter. Derzeit beste Reisemobilmotorisierung sind starke Turbodiesel. Sie bieten einen guten Kompromiß zwischen Leistung und Verbrauch. Die Turboaufladung bewirkt einen günstigeren Drehmomentverlauf bei niedrigeren Drehzahlen. Das schlägt sich in höherer Reisegeschwindigkeit (bei Fahrzeugen, die schneller als 80 km/h fahren dürfen) oder geringerem Treibstoffverbrauch (bei in der Höchstgeschwindigkeit beschränkten Fahrzeugen) nieder, verbessert die Beschleunigung und ermöglicht standfestes Bergfahren.
– Reisemobile mit Benzinmotor haben einen sehr schlechten Wiederverkaufswert. Katalysatormodelle, zu denen vom umweltpolitischen Standpunkt aus unbedingt geraten werden müßte, schränken mangels ausreichender Bleifrei-Kraftstoffversorgung im Ausland den Aktionsradius stark ein. Katalysatormotoren sind ohnehin auch nur für kleine Reisemobile (»VW-Bus-Größe«) lieferbar. Das hierzulande überall erhältliche »Bleifrei«-Benzin vertragen allerdings fast alle neueren Ottomotoren, auch die ohne Katalysator!
– Der Radstand ist für den Fahrkomfort wesentlich mitverantwortlich. Ein langer Radstand mit kurzen Überhängen vorn und hinten fährt am angenehmsten. Lange Überhänge schaukeln das Fahrzeug auf, ein weit ausladendes Heck neigt zum Aufsetzen in kritischem Gelände.
– Ob die Basis für Ihr Reisemobil neu oder gebraucht sein soll, entscheidet vorrangig der Geldbeutel. Wenn Sie zum ersten Mal ein Reisemobil ausbauen wollen, erscheint die gebrauchte Basis auch für finanzkräftige Leser anratenswert, gewissermaßen als »Übungsmaterial«. Ist beim Ausbau eines Kastenwagen- oder Busmodells der Erhaltungszustand der Karosserie fast wichtiger als der der Technik, so kann es bei der Basis für einen aufgesetzten Caravan oder eine Leerkabine ruhig umgekehrt sein. Ein billiges Fahrgestell reicht fürs erste, man kann sein »Schneckenhaus« später auch auf ein besseres Fahrzeug umsetzen.

Informationsmöglichkeiten

Auch wenn es sehr teuer erscheint: Das Mieten unterschiedlicher Wohnmobilkategorien erleichtert die Bedarfsplanung. Man kann ebenso aus den Fehlern anderer lernen wie interessante Detaillösungen entdecken. Außerdem findet man praxisbezogen heraus, wo der persönliche Bedarf wirklich liegt.
Selbst wenn Sie die Wohnmobilmiete voll bezahlen müssen: Drei gemietete Wochenenden sind immer noch billiger als ein falsch gebautes Fahrzeug!
Das Lesen von Fachzeitschriften schafft durch die vorgestellten Fahrzeuge einen Blick für die Vielfalt der Typen, zeigt aber auch bevorzugte Grundrißvarianten und gibt Ideen für eigene Wünsche. Neben *promobil*, das auch eine Menge Tips speziell für Selbstbauer gibt, sind *Caravan, Camp, Camping* und *Caravaning* am Zeitschriftenmarkt vertreten. Eventuell kann auch das *tours*-Magazin konsultiert werden.
Im Buchhandel befinden sich einige Titel, die ebenfalls bei der Planung behilflich sein können. Bibliographische Angaben, auch zu den Zeitschriftentiteln, finden Sie im Anhang.
Außerdem haben einige – leider nur die wenigsten – Zubehörhändler vorbildliche Kataloge. Die zeigen nicht nur

das Warensortiment, sondern geben gleichzeitig vielfache Einbauhinweise, Tips und Kniffe aus der Praxis. Natürlich sind diese Informationen nicht uneigennützig: Das jeweils angebotene Produkt ist immer gleich das beste, das auf dem Markt zu finden ist. Sind Sie aber kritisch genug, ausreichend viele Angebote verschiedener Anbieter zu vergleichen, können Sie diesen Katalogen eine Menge nützlicher Details entnehmen. Einige Lieferantenadressen finden Sie im Anhang, weitere – stets aktuelle! – in den Anzeigenseiten der Fachzeitschriften. Wenn Sie schon dabei sind, verschiedene Angebotslisten zu vergleichen, werden Sie auch schnell den oft erstaunlichen Preisunterschieden auf die Spur kommen, die es für ein und dasselbe Teil gibt. Es sei Ihnen also gleich am Anfang in aller Deutlichkeit gesagt, daß es lohnen kann, per Versand den Kühlschrank aus München und den Wassertank aus Hamburg zu bestellen oder umgekehrt. Was Sie an Preisvergleich-Zeit investieren, sparen Sie an Barem.

Letztendlich schafft der Besuch von Fachmessen einen unmittelbar vergleichenden Überblick über den Variationsreichtum im Reisemobilsektor. Messebesuche sollten allerdings erst dann eingeplant werden, wenn die eigenen Vorstellungen schon einigermaßen konkret geworden sind. Sonst schafft die Vielzahl der Ausstellungsstücke eher Verwirrung als Durchblick.

Messebesuche lohnen auch für Selbstbauer, die schon angefangen haben. Messeschnäppchen sind auch beim Zubehör keine Seltenheit, insbesondere, wenn Auslaufmodelle verramscht werden. Eine Aufstellung der wichtigsten Veranstaltungen dieser Art finden Sie ebenfalls im Anhang.

Aufmaß

Am Anfang steht die Planung. Hat man sich für ein bestimmtes Basisfahrzeug entschieden, kann man sich mit dem optimalen Grundriß beschäftigen. Hierzu ist ein möglichst genaues Aufmaß Voraussetzung. Für die Wahl des geeigneten Basisfahrzeuges kann die Vorplanung noch nach Prospektangaben über Laderaummaße vorgenommen werden, es kommt nicht auf den letzten Zentimeter an. Jetzt, für die Ausführungsplanung, braucht man genaue Maße, die nur am Fahrzeug selbst genommen werden können.

Mit Unterlegkeilen oder ähnlichen Hilfen wird der Wagen nach der Wasserwaage eben ausgerichtet. Dies ist notwendig, um mit Hilfe eines Senkbleis Verjüngungen nach oben erfassen zu können. Auf einem vergrößerten Grundriß- und Schnittplan des Kastens werden alle wichtigen Maße so genau wie möglich eingetragen. Fahrzeugpläne erhält man entweder aus den Anlagen dieses Buches oder aus Prospekten. Vergrößerungen im gewünschten Maßstab kann man relativ preisgünstig in Fotokopiergeschäften anfertigen lassen, die Qualität reicht für diese Zwecke.

Neben den Fahrzeugmaßen werden in die Aufmaßpläne auch die Lage der Holme, Versteifungsprofile, Querstreben, Leitungen und alle anderen Teile eingemessen, die später durch die Innenverkleidung verdeckt werden, die man aber zur Befestigung der Möbel und Verkleidungen benötigt. Eine zusätzliche Hilfe ist hier das Fotografieren dieser Teile zusammen mit einem Meterstab. Es wird bestimmt ein Maß geben, das Sie später bitter vermissen; mit diesen Hilfsfotos kann es nachvollzogen werden, wenn der Abbildungsmaßstab durch den mitfotografierten Meterstab fixiert ist.

In möglichst kleinem Maßstab werden nun anhand der Aufmaße und der Fahrzeugpläne die Grundriß- und Schnittzeichnungen des Basisfahrzeuges erstellt. Bewährt hat sich der Maßstab 1:10 (1 cm auf der Zeichnung entspricht 10 cm im Fahrzeug). Dieser Maßstab ist klein genug, um alle Details durchplanen zu können und reicht für die Grundrißplanung. Geeigneter Maßstab für die Werkzeichnungen der Einbauten ist 1:5. Hier können alle gebogenen Blechteile, Holzverbindungen, Einbaugeräte usw. erfaßt werden.

Grundriß

Nach dem Besuch von Messen und Ausstellungen, dem Studium von Fachzeitschriften und Prospekten sowie ausgiebigen Gesprächen im Familienkreis kristallisieren sich langsam die Wünsche und Forderungen an den Grundriß heraus.

Wohl dem, der vor Beginn der Planung genau weiß, für welchen Einsatz und für welche Ansprüche er sein Reisemobil baut. Er kann den Grundriß auf diese speziellen Aufgaben hin konzipieren und braucht nur wenige Multifunktionen einzuplanen.

Zur Erläuterung zwei extreme Beispiele:

Ein ausschließlich von zwei Personen für Nordlandreisen eingesetztes Reisemobil braucht eine Unmasse Stauraum für Lebensmittelkonserven und eine gut ausgestattete Küche. Auf große Wassertanks kann wegen genügend vorhandener Quellen verzichtet werden, nicht aber auf eine gute Heizung mit Gebläse und Trockenmöglichkeit für Kleidung.

Das Reisemobil einer Familie mit Kind und baldmöglichem Zuwachs, das sowohl für Wochenenden als auch für den Jahresurlaub, mal im Süden zum Baden, mal im Norden zum Skifahren benutzt wird, stellt den Planer vor wesentlich größere Probleme. Der Urlaub im Süden mit einem Kind verlangt naturgemäß ganz andere Einrichtungslösungen als der Skiurlaub mit Kind und Baby in Norwegens einsamen Schneelandschaften.

● Wichtige Kriterien für die Grundrißgestaltung sind:
– *Gewichtsverteilung:* Schwere Einrichtungsteile wie Küchenblock, Wassertank und Sitzgruppe mit großen Stauräumen gehören zwischen die Achsen. Zusatzbetten und Sitzgruppen, Naßzelle und leichtere Schränke können im Hecküberhang untergebracht werden. So bleiben die Fahreigenschaften des Fahrzeugs bestmöglich erhalten.
– *Kommunikation:* Sollen Kinder mit auf große Fahrt, ist die Anordnung der Sitzgruppe hinter dem Führerhaus aus Erfahrung besser als eine Hecksitzgruppe. Die Kommunikation in der Familie funktioniert auch dann, wenn die Eltern beide vorn sitzen.
– *Multifunktionalität:* Besonders bei begrenztem Raum kann durch Multifunktion einzelner Einrichtungsteile viel Platz gewonnen werden. Hierzu zählen ausziehbare Naßzellen, vergrößerbare Sitzgruppen, Klappwaschbecken in der Naßzelle.
– *Bewegungsraum:* Bei aller Liebe zu Multifunktion, großem Stauraumangebot und kleinsten Ausmaßen darf nicht vergessen werden, daß in dem Fahrzeug gewohnt werden soll und hierzu ein gewisser Bewegungsraum notwendig ist.
– *Sicherheit:* Während der gesamten Planung sollte immer darauf geachtet werden, daß die Sicherheit der Insassen nicht zu kurz kommt. Nicht nur, weil der TÜV bei der Abnahme ein gestrenges Auge darauf hat, sondern weil es um Leib und Leben unserer Lieben geht. Scharfe Kanten und Ecken im Bereich der Sitzgruppe, zu tief angeordnete Hängeschränke, unstabile Rückenlehnen und andere Mausefallen in dieser Richtung haben schon manchen Urlaub frühzeitig enden lassen. Beachtung der einschlägigen Vorschriften ist hier nicht spießbürgerlich, sondern sicherheitsbedingt notwendig.

Da dieses Buch nicht einen bestimmten Fahrzeugtyp zum Inhalt hat, sollen die einzelnen Hauptgruppen der Einrichtung anhand bewährter Systemgrundrisse als Module beschrieben werden. Sie können daraus die für Ihr Fahrzeug passende Lösung übernehmen und sich den individuellen Grundriß als Puzzle zusammenstellen.

Naßzellen

Selbst mit dem Grundsatz, nur auf Campingplätzen zu übernachten, fährt man mit einer eigenen Naßzelle an Bord besser.

Die Naßzelle sollte den Lebensraum möglichst wenig einengen; tote Winkel in den Fahrzeugecken sind hierfür gut genug. So kann z. B. die Ecke zwischen Küche und Kleiderschrank für eine komplette Zelle mit Dusche genutzt werden. Im Küchenblock ist Gas- und Wasserinstallation ohnehin vorhanden, die Leitungswege sind kurz und dadurch weniger störanfällig. Im Unterteil des Kleiderschrankes kann ein Klapp-WC oder eine ausziehbare Chemietoilette platzsparend verstaut werden.

Durch das geringe Gewicht einer Naßzelle bietet sich die Anordnung im Hecküberhang quer zur Fahrtrichtung an. Hat man sich für diese Lösung bei einer Kabine oder einem

Eine Naßzelle quer im Heck mit Zugang von innen und außen dient als Schmutz- und Kälteschleuse.

Kastenwagen mit Doppelflügelhecktür entschieden, kann auch der Einstieg von außen mit integriert werden. Die Naßzelle dient so als Schmutzschleuse und Windfang. Nasse Kleidung kann vor Betreten des Wohnraums abgelegt werden, er bleibt sauber und trocken. Darüber hinaus bleiben die Seitenwände frei für Möblierung, es muß kein Platz für die Kabinentür im Wohnraum eingeplant werden.

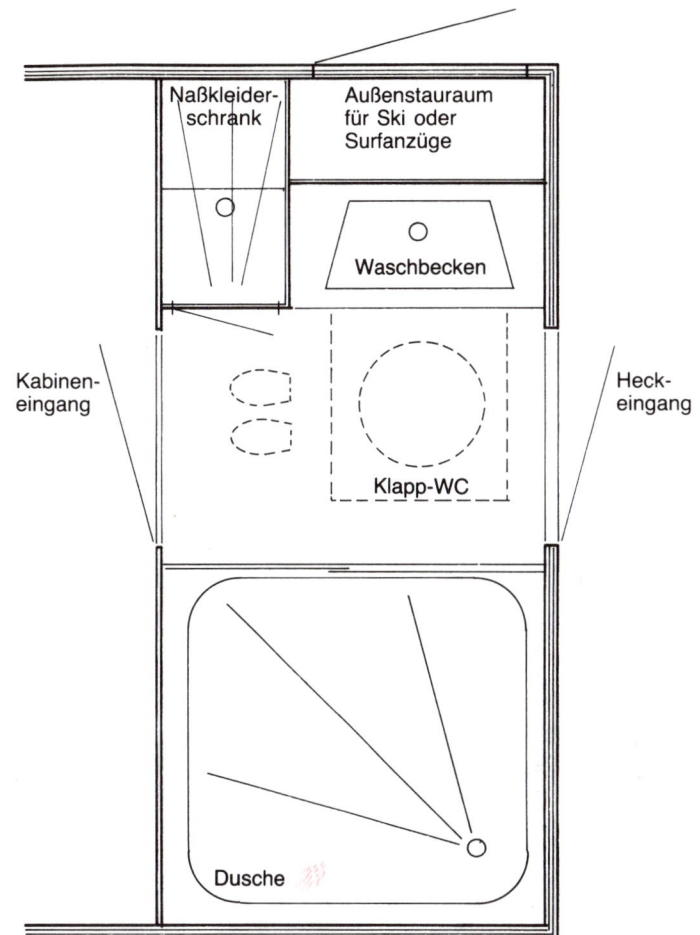

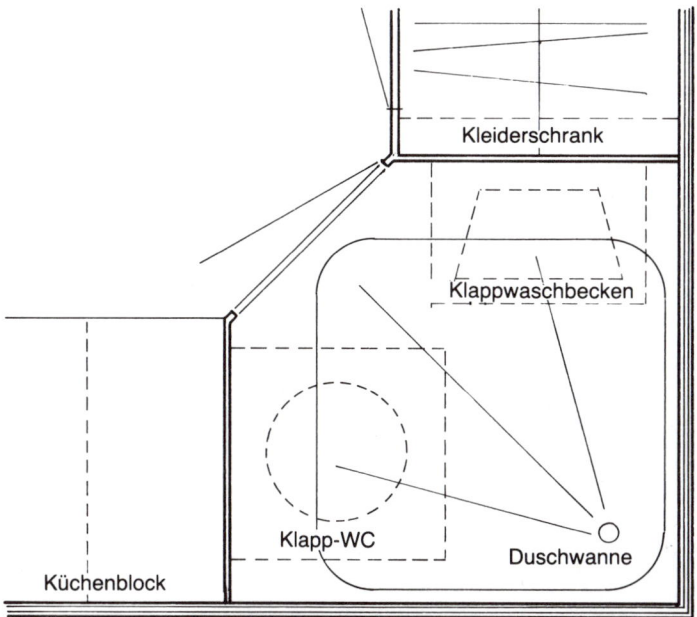

Raumsparende Ecklösung mit klappbarem WC und Waschbecken

Naßzelle quer im Heck mit Heckeinstieg

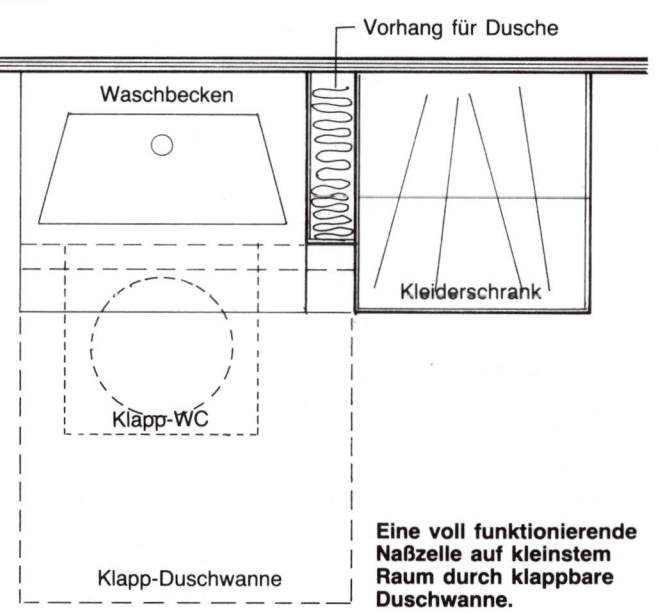

Eine voll funktionierende Naßzelle auf kleinstem Raum durch klappbare Duschwanne.

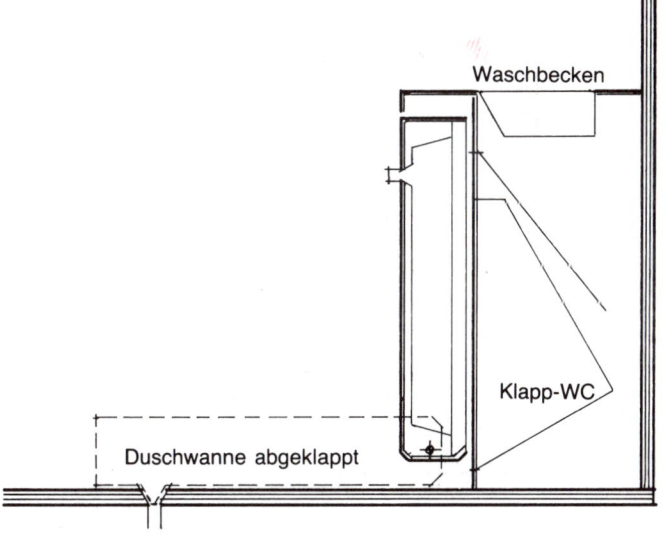

Wird die Duschwanne hochgeklappt, nimmt die Naßzelle nicht mehr Raum ein als das Waschbecken.

Auch bei kleinen Fahrzeugen braucht man sich nicht notgedrungen in der Spüle zu waschen: Eine klappbare Duschwanne im Unterteil eines Waschschrankes und dahinter angeordnetes Klapp-WC, der Duschvorhang als Sicht- und Spritzschutz im Kleiderschrank »geparkt«, ergeben eine funktionsfähige Naßzelle. Für Abwasser- und Fäkaltank findet man an der Unterseite zwischen den Trägern in den meisten Fällen einen geeigneten Platz.

Bei der Grundrißgestaltung fester Naßzellen sind verschiedene Standardmaße zu berücksichtigen: Mindestmaß für die Duschwanne ist 65×65 cm, dieser Platz kann gleichzeitig als untere Grenze der Bewegungsfläche vor dem Waschtisch angesehen werden, wenn die Duschwanne als Standfläche benutzt wird. Soll hier noch eine Toilette installiert werden, wird es schon zu eng, es muß ein Standort außerhalb der Wanne, meist unter dem klappbaren Waschtisch, gewählt werden. Waschtische sind in allen Größen auf dem Markt. Soll es mehr als ein Spucknapf sein, ist eine Mindestraumtiefe von 35 cm zu wählen.

Addiert man diese Zahl, ergibt sich eine Grundfläche von 100×65 cm als Mindestmaß für eine gut nutzbare, feste Naßzelle.

Küchenblock

Bei der Grundrißplanung sind für die Anordnung der Küche einige Fakten zu berücksichtigen, die die Lage im Fahrzeug bestimmen:
– *Gewicht des Küchenblocks:* Ein mit Kühlschrank, Wasservorrat, Geschirr und eventuell Gaskasten ausgestatteter Küchenblock ist so schwer, daß eine Anordnung zwischen den Achsen sinnvoll wird.
– *Bewegungsfläche:* Vor dem Küchenblock sollte so viel Platz vorhanden sein,daß man in gebücktem Zustand noch eine Tür oder ein Schubfach öffnen und daraus etwas entnehmen kann. Abstellmöglichkeiten sollten zumindest neben Herd und Spüle leicht erreichbar sein.
– *Entlüftung:* Eine Anordnung der Küche im hintersten Winkel ohne Außenöffnung verdirbt einem schnell die Freude am Kochen. Die Kochschwaden verlangen einen wirkungsvollen Abzug nach draußen. Sinnvoll ist deshalb der Platz neben der Eingangstür oder zumindest unter einem zu öffnenden Fenster. Dabei muß aber die Gasflamme vor Zugluft geschützt werden können. Ein mechanischer Dunstabzug wie zu Hause ist zwar ganz nett, aber nicht unbedingt notwendig. Zu- und Abluft benötigt auch der Kühlschrank zur Ableitung der Wärme an der Rückseite.

– *Brand- und Spritzgefahr:* An den Herd angrenzende Bauteile müssen gegen Brand und Fettspritzer geschützt werden.

Bei bescheidenen Ansprüchen und begrenztem Platz genügt ein Kompaktblock mit zweiflammiger Herd-Spülekombination, darunter angeordnetem Kühlschrank und Besteckschublade. Der Mindestplatzbedarf für diesen Block wird bestimmt durch die Abmessungen des Kühlschranks und der Herd-Spülekombination und beträgt 50×50 cm. Die Höhe der Küchenschränke sollte der Normhöhe häuslicher Küchen, also 85 cm, angeglichen werden. So ist ergonomisches Arbeiten in gewohnter Höhe möglich.

Mit schwenkbaren Kochern, ausziehbaren Spülen und ähnlichen Scherzen kann viel Platz gewonnen werden. Gute Ansätze sind hier in manchen Serienfahrzeugen und Bausatzmöbeln zu finden.

Beliebter Vertreter dieser Gattung war lange Jahre der

Wenn irgend möglich, sollte zwischen Herd und Spüle eine Abstellfläche eingeplant werden.

Westfalia Helsinki mit seinem in den Kleiderschrank ein-klappbaren Kocher, der zum Gebrauch über den Durch-gang zum Fahrerhaus geschwenkt wurde. Aber auch neuere Fahrzeuge bieten Multifunktionalität. Die Firma ACBA zieht alle Register und bietet für den VW-Bus oder ähnliche Kleintransporter einen in der Verwandlungsfähig-keit einmaligen Küchenblock an. Auf den ersten Blick sieht der Block bis auf den fehlenden Herd noch ganz normal aus. Ein Hochschrank mit seitlich angeordneter Spüle, dar-unter Kühlschrank und Stauraum, vorn eine eingesetzte Blende mit Schubkästen. So weit, so gut. Zieht man die Spüle seitlich über den Sitz, kommt aus dem Hochschrank ein Zweiflammenkocher zum Vorschein. Die vermeintliche Blende an der Front entpuppt sich als ein Teleskoptisch mit den stattlichen Maßen von 60×90 cm, in dem zwei Schub-kästen mit 50×20×5 cm eingebaut sind. Neben der Spüle kann ein weiteres Tischchen als Ablage ausgeklappt wer-

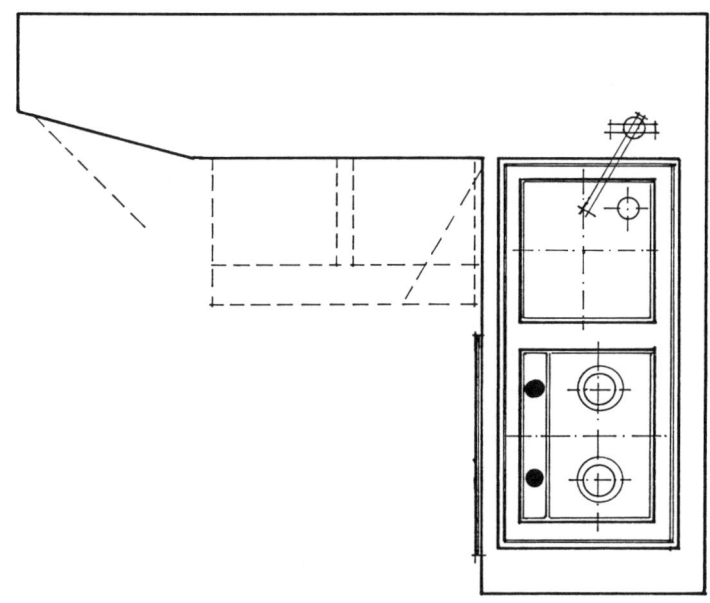

**Winkelküche im Heck mit
großer seitlicher Arbeitsplatte**

den. Der Hochschrank bietet hinter zwei Fronttüren Platz für Vorräte und Geschirr, eine seitliche Tür nutzt den Leer-raum dahinter für eine kleine Garderobe. Im Unterteil ist Platz für Gasflasche und Wasserkanister.

Hat man mehr Platz und höhere Ansprüche, sollte auf größere Arbeitsplatte und Trennung von Herd und Spüle Wert gelegt werden. Ein sinnvoller Ablauf der Kocherei ist nur möglich, wenn genügend Raum für die Vorbereitung der Speisen und für das Abstellen von Töpfen vorhanden ist. Sehr gut bewährt hat sich eine Anordnung im Winkel. Bringt man in einem Schenkel den Herd und im anderen die Spüle unter, ergibt sich im toten Eck dazwischen auto-matisch genügend Abstellfläche. Kann einer der Schenkel länger ausgeführt werden, ist Vorbereitungsfläche zum Ge-müseputzen u. a. vorhanden, ohne daß man Spüle oder Herd abdecken muß. Eine Winkelküche kann gut hinter der Dinette angeordnet werden.

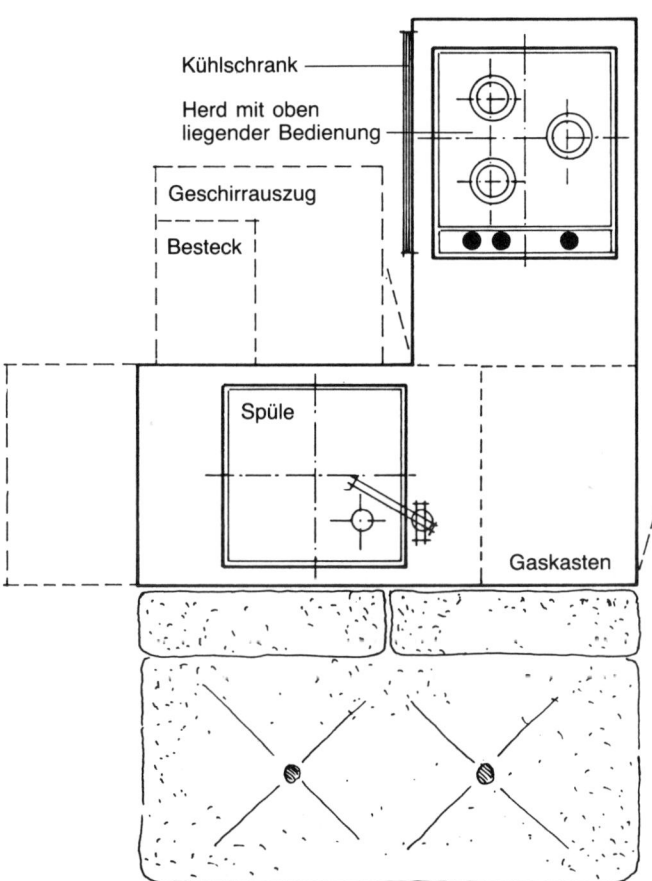

Kühlschrank

Herd mit oben
liegender Bedienung

| Geschirrauszug

| Besteck |

Spüle

Gaskasten

Winkelküche hinter der Dinette mit Gaskasten im toten Win-kel, von außen zugänglich.

Sitzgruppe ✗

Eine zu einem Doppelbett umbaubare Sitzgruppe benötigt einen Mindestplatz von 130×190 cm. Mindestsitzbreite für zwei Personen ist 100 cm, bei schmalen Innenmaßen kann also die Bank so gebaut werden, daß sie zum Schlafen auszuziehen ist. So bleibt tagsüber Freiraum als Bewe-

gungsfläche, der nachts sinnvoll genutzt wird. Wenig sinnvoll ist es, die Länge zu variieren. Bei einer Sitztiefe von zweimal mindestens 45 cm, einer Polsterdicke der Lehnen von je 10 cm und einer Tischbreite von 70 cm wird dieser Platz auch tagsüber benötigt. Dies gilt für die als Dinette bezeichnete Sitzgruppe mit gegenüberliegenden Sitzen und dem Tisch in der Mitte, das Ganze quer zur Fahrtrichtung oder bei genügender Innenbreite auch längs. Reicht die Fahrzeugbreite nicht zum Querschlafen, wie dies bei Kastenwagen üblich ist, bleiben nur Längssitzbänke oder eine Querbank ohne Gegenüber. Bei Längssitzbänken im Heck verliert man also bereits mindestens 190 cm der so wichtigen Innenlänge. Ordnet man die Sitzgruppe hinter dem Fahrer an, kann man mit einer Länge von 140 cm auskommen. Fahrer- und Beifahrersitz werden mit Drehgestellen versehen, um 90° geschwenkt und mit einem Zwischenpolster ausgefüllt in die Liegefläche integriert. Mit dieser Version wird es selbst beim VW möglich, eine andere als die seit dem Ur-Bulli bekannte Grundrißlösung zu verwirklichen. Bei Hochdachfahrzeugen hat man plötzlich Platz für eine kleine Naßzelle vor und eine Querküche auf dem Motorraum.

Für Sitzgruppen quer zur Fahrtrichtung werden Variobeschläge dem Wunsch nach Variabilität am ehesten gerecht. Mit ihnen können die Sitze so gestellt werden, daß im Stand am Tisch gegenüber gesessen wird, in Fahrt aber alle Mitreisenden in Fahrtrichtung sitzen. In Liegestellung wird bei diesen Beschlägen der Tisch nicht zum Bau der Liegefläche mitverwendet, die Größe spielt also eine unter-

geordnete Rolle und der Unterbau muß nicht abklappbar sein. Werden Sitzfläche und Rückenlehne der Bänke mittig geteilt und pro Bank zwei Variobeschläge eingebaut, sind alle nur denkbaren Sitzstellungen möglich.

Im Grundriß muß diese Variabilität natürlich entsprechend berücksichtigt und genügend Bewegungsfläche für die verschiedenen Stellungen eingeplant werden.

Schränke, Stauräume

Der rollende Haushalt funktioniert nur dann einwandfrei, wenn die Ausrüstung zweckmäßig und leicht zugänglich

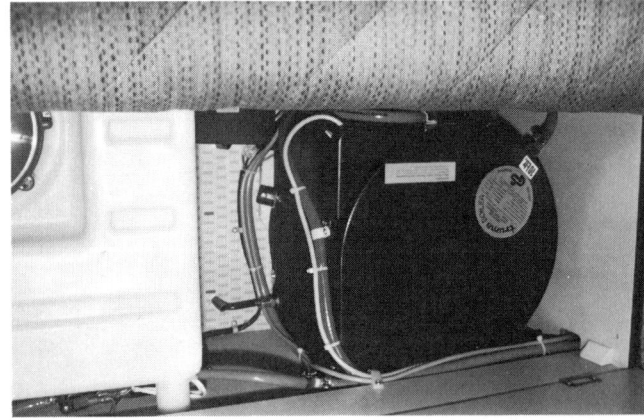

Wassertank und Boiler verschwinden im großen Stauraum unter der Sitzbank.

verstaut werden kann. Es werden deshalb soviel Schränke als möglich eingeplant und diese so angeordnet, daß sie leicht zugänglich sind.

Hängeschränke über der Sitzgruppe sollten so schmal wie möglich ausgeführt werden, da sie sonst gefährlich werden können.

Die großen Stauräume in der Sitzgruppe geben die Möglichkeit, eine Fülle sperriger Gegenstände unterzubringen. Es bieten sich hier der Wassertank und der Warmwasserboiler an. Aber auch die Elektroversorgung mit Ladegerät und Zweitakku, bei kleineren Fahrzeugen ohne Naßzelle die Toilette auf einem Vollauszug und eventuell bei wintergeeigneten Reisemobilen ohne Dusche der Abwassertank sind im Sitzkasten platzsparend und frostgeschützt aufgehoben.

Da man an der Sitzgruppe nicht unbedingt volle Stehhöhe benötigt, kann diese ohne weiteres auf ein ca. 15 cm hohes Podest gesetzt werden. Man erhält dadurch einen Bodenstauraum zwischen den Sitzen von beachtlichen Ausmaßen, bei vollformatigen Längssitzbänken immerhin ca. 190×70×15 cm. Außerdem werden die Sitzbänke um 15 cm tiefer, es kann dadurch sogar der Gaskasten für 5 kg Flaschen integriert werden.

Ungenutzte Ecken finden sich bei jeder Grundrißlösung; sie sinnvoll auszufüllen, gelingt meist mit dem Kleiderschrank. Hauptsache, man kommt an die Kleiderstange, sei es seitlich oder von vorn, der Rest kann zugebaut werden.

Wie bei Naßzellen und Küchen bestimmen auch hier vorgegebene Größen die Abmessungen. Die Breite oder Tiefe des Kleiderschranks ist bestimmt durch die Breite eines Kleiderbügels mit übergehängter Jacke und beträgt mindestens 55 cm. Sinnvoll ist es, im rechten Winkel zu diesem Maß die Tür anzuordnen, also parallel zur Kleiderstange. Dies bringt gegenüber einer Tür parallel zu den Kleiderbügeln den Vorteil besserer Übersichtlichkeit und leichterer Entnahme.

Das zweite Fixmaß ist die Hängehöhe, die wenigstens 120 cm betragen sollte. Nur so ist es möglich, Hosen durchhängend und nicht über dem Bügel gefaltet aufzuhängen.

Standard in den meisten Reisemobilen ist der Kleiderschrank mit im Unterteil eingebauter Heizung. Wählt man diese Ausführung, wird er zwangsläufig im Mittelpunkt stehen, da die Heizung freiliegen muß. In großen Fahrzeugen kann dies verkraftet werden, man hat trotzdem noch genügend Bewegungsraum. Bei kleineren sollte man sich eine bessere Lösung einfallen lassen oder zumindest versuchen, weitere Funktionen in ihm unterzubringen. Dies ist

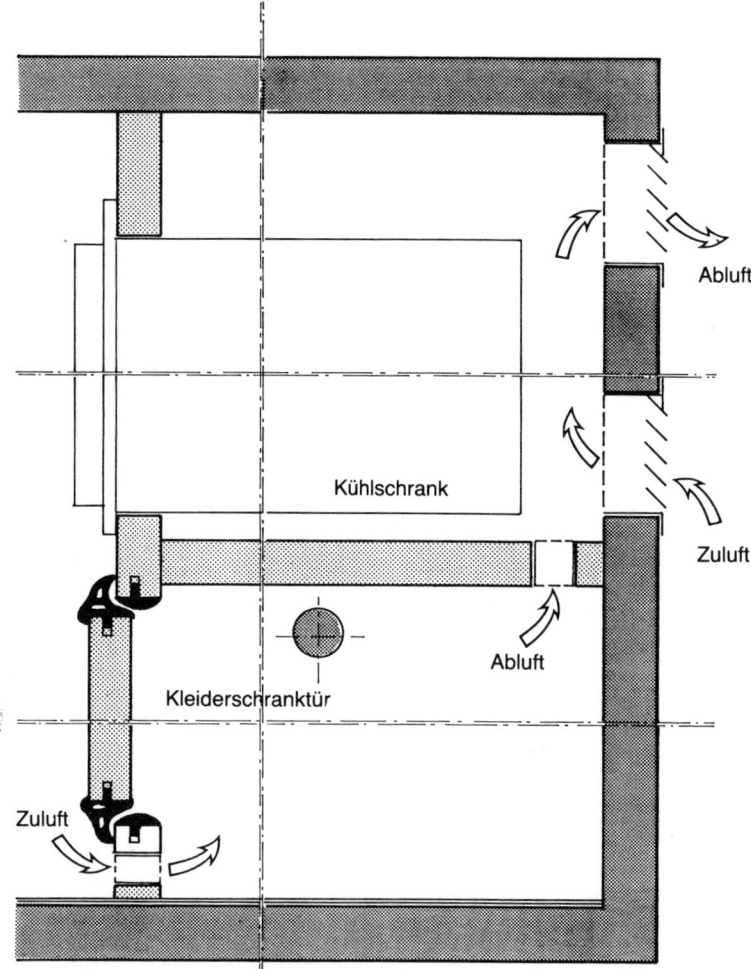

Kleiderschrank unter dem Kühlschrank

z. B. möglich bei Zuordnung zur Naßzelle. Es können ein Klappwaschbecken und die Toilette platzsparend in den Schrank integriert werden, ohne daß wesentlicher Stauraum für die Kleidung verlorengeht.

Bei großem Platzbedarf im Kleiderschrank ist eine Trennung zweckmäßig. Ein schmaler Schrank für Hosen und Mäntel mit ca. 120 cm Hängehöhe und einer für Jacken und Blusen mit ca. 70 cm Höhe können ohne weiteres an verschiedenen Standorten, jeweils in Verbindung mit anderen Funktionen, eingeplant werden. Der »Jackenschrank« kann z. B. unter dem in Augenhöhe eingebauten Kühlschrank, der »Hosenschrank« zwischen Naßzelle und Außenwand seinen Platz finden.

In VW-Ausbauten findet man schmale, seitliche Kleiderschränke, die relativ wenig Platz benötigen; meist sind sie neben dem Motorraumpolster angeordnet und von vorn zugänglich. Ihre Breite beträgt selten mehr als 20 cm, Platz genug für ca. vier Hosen und zwei Jacken.

Spezialschränke

Der Hauptvorteil des Selbstausbauers liegt bekanntlich darin, daß er sich sein Gefährt nach den eigenen, individuellen Bedürfnissen maßschneidern kann. Liegt ein Hobby an, das spezielle Kleidung erfordert, baut man sich den Kleiderschrank eben nach diesen Anforderungen. Dies gilt z. B. für Surfer und Taucher.

Wohin mit den nassen Klamotten, wenn man während einer kurzen Rast ins Naß verschwindet und anschließend weiterfahren will?

Ein spezieller Naßkleiderschrank, zusätzlich eingeplant, enthebt uns dieser Probleme und die Naßzelle bleibt frei. Ein solcher Schrank sollte möglichst nahe am Eingang angeordnet sein, damit sich durch den Wohnraum nicht eine nasse Spur zieht, besser noch ist eine Außentür. Hat man als Ausgleich noch Ambitionen zum Wintersport, kann man, bei entsprechender Höhe des Naßkleiderschrankes mit Außentür, diesen im Winter als Skischrank verwenden.

Zusatzbetten

Zusatzbetten müssen keine Primitivlösungen sein. Es ist ohne weiteres denkbar, ein Zusatzbett als Hauptschlafstelle einzurichten und dadurch die Sitzgruppe freizuhalten. Meist wird es dann jedoch, schon wegen der zur Verfügung stehenden Maße, als Einzelbett oder Kinderkoje dienen. Der Phantasie in der Gestaltung und Unterbringung sind meist nur durch die Verfügbarkeit der dafür notwendigen Beschläge Grenzen gesetzt.

Die einfachste Version eines Kinderbettes z. B. im Fahrerhaus sind zwei Rundrohre in Aufnahmelagern, zwischen denen die Liegefläche aus kräftigem Segeltuch aufgehängt wird. Abgenommen und zusammengerollt nimmt das Bett tagsüber kaum Platz weg. Eine Matratze ist nicht notwendig, es ist auch so weich genug. Selbstverständlich können solche Hängebetten auch im Wohnraum an geeigneter Stelle vorgesehen werden.

Bei größeren Fahrzeugen sind stationäre Etagenbetten

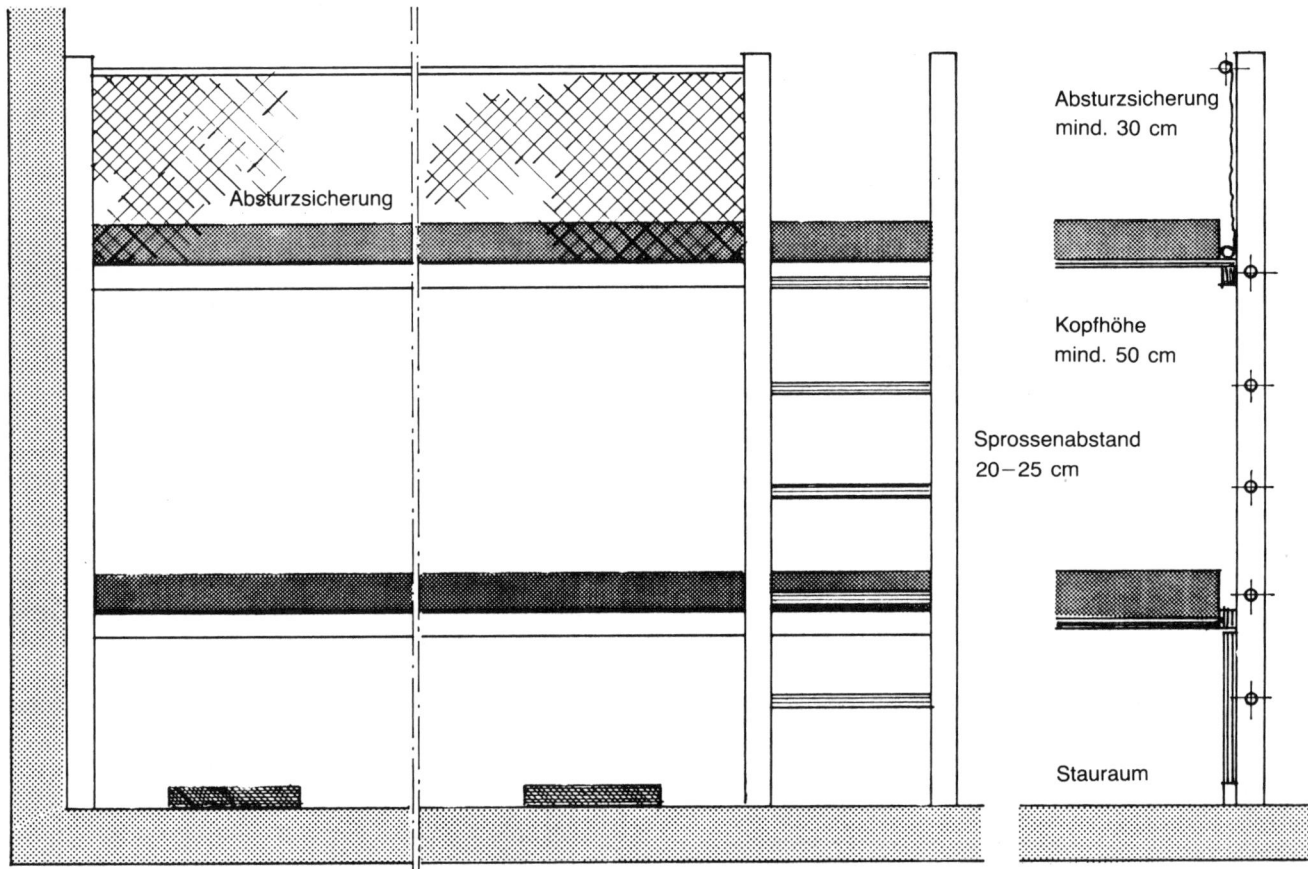

Etagenbett mit fester Aufstiegleiter

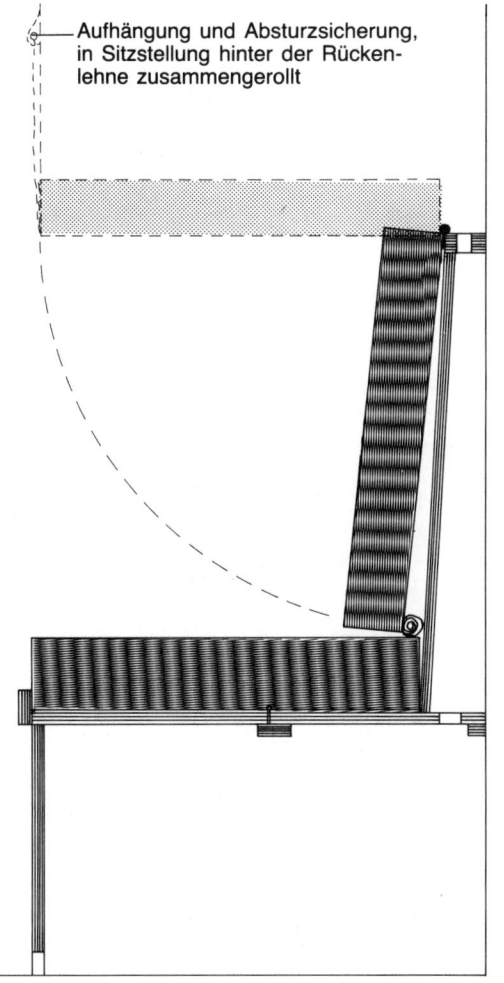

Aufhängung und Absturzsicherung, in Sitzstellung hinter der Rückenlehne zusammengerollt

Aus einer Längssitzbank wird durch Hochklappen und Fixieren ein Etagenbett für Kinder.

sehr beliebt und einfach herzustellen. Der Abstand zwischen den beiden Etagen sollte mindestens 50 cm betragen. Zur oberen Etage führt eine festinstallierte Leiter aus zwei Holmen mit eingedübelten Rundholzsprossen. Etagenbetten können auch klappbar, z. B. aus der Rückenlehne einer Längssitzbank oder einem durchgehenden Seitenpolster einer Einzelsitzgruppe gebildet werden. Hierzu wird das Polster auf einer Grundplatte befestigt, die mit kräftigen Scharnieren am oberen Ende gelagert ist. Zum Bettenbau wird die Lehne hochgeschwenkt und mit stabilen Gurten an der Decke gesichert.

Neben diesen einfachen Zusatzbetten gibt es das breite Spektrum der Absenk- und Ausziehbetten, die an die handwerklichen Fähigkeiten des Selbstausbauers ziemliche Anforderungen stellen, da hierfür meist die Beschläge selbst angefertigt werden müssen. Absenkbetten können zwischen den Hängeschränken an der Fahrzeugdecke befestigt und zum Schlafen um ca. 60 cm abgesenkt werden. Darunter kann die Dinette als Hauptschlafstelle benutzt werden. Ausziehbare Betten, die tagsüber über dem Führerhaus zusammengefaltet verschwinden, sind besonders bei Kastenwagen mit Hochdach ein leicht und preisgünstig herzustellendes Zusatzbett. Meist genügt die Aufteilung der Bettlänge in drei gleichgroße Teile, die übereinandergelegt werden. Die rafiniertesten Lösungen für Ausziehbetten findet man in italienischen Kastenwagenausbauten. Der Ideenreichtum italienischer Designer und die meist bambinireichen Familien ergänzen sich hier in hervorragendem Maße. Ein Nachbau dieser Konstruktionen scheitert jedoch oft an den komplizierten Beschlägen. Anläßlich eines Italienurlaubs kann man sie ja dort im Zubehörhandel besor-

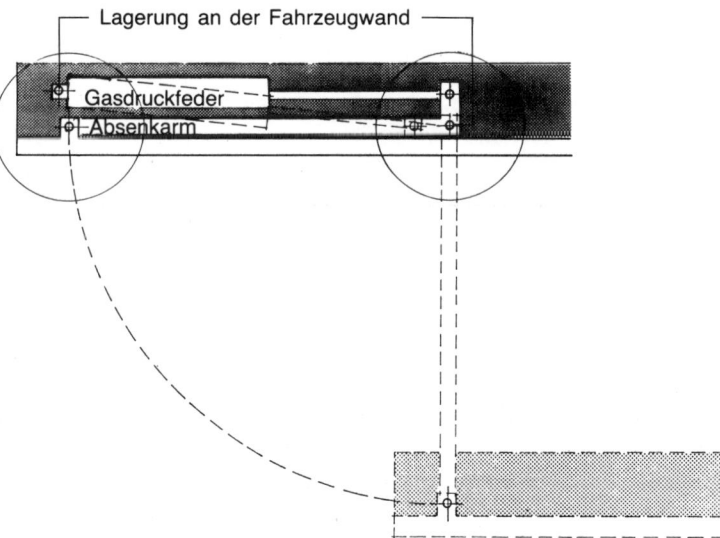

Lagerung an der Fahrzeugwand

Gasdruckfeder

Absenkarm

Absenkbett mit Gasdruckfedern. Das Bett schwenkt beim Absenken um die Länge des Absenkarms nach vorne oder hinten.

Eine Quersitzgruppe im Heck wird nachts zum Etagenbett, wenn die Rückenlehne nach oben geklappt wird.

gen und nach dem Urlaub sein Reisemobil vervollkommnen.

Oft klagen kinderreiche Familien, die ein Alkovenmobil ausbauen wollen, daß die für ihre Zwecke notwendigen Fahrzeuge zu groß und unhandlich, dadurch auch zu teuer sind. Fahrzeuge mit handlichen Maßen, also Kabinenlängen um drei Meter, kommen wegen der max. vier Schlafplätze nicht in Frage. Da ein Dachzelt für die wenigsten diskutabel ist, wäre der Einbau eines Schlafdachs hier die beste Alternative. Die Dachkonstruktion der meisten Fertigkabinen verträgt die zusätzliche Last und den meist nur ca. 105×115 cm großen Dachausschnitt mühelos. Dachhersteller bieten außer den für bestimmte Kastenwagen konfektionierten Dächern auch Universaldächer mit gerader Unterkante zum Selbstschablonieren an. Diese Dächer kann man ohne weiteres auf die geraden Sandwichplatten

aufsetzen, meist ohne Nacharbeit. Die Dachlänge zwischen Alkoven und Heck reicht bei fast allen Kabinen aus. Was liegt also für kinderreiche Familien näher, als sich eine Dreimeterkabine auf einem handlichen Basisfahrzeug mit sechs Sitzplätzen zuzulegen und sich darauf ein Schlafdach mit zwei Zusatzbetten zu montieren? Das Schlafdach engt nicht ein, fällt von außen nicht negativ auf und ist, im Gegensatz zu einem Dachzelt, von innen zu besteigen. Mit zusätzlichen Isoliermatten wird es auch noch wintergeeignet. Diese Lösung bietet sich auch für ausgebaute Hochdachkastenwagen an. Mit Ausziehbett im Hochdach und aufgesatteltem Schlafdach hat man dann drei Schlafebenen und mit Hängebett im Fahrerhaus sieben Schlafplätze.

Ein Zwischending zwischen Dachzelt und Schlafdach sind die in Frankreich unter der Bezeichnung chambres

Ein Schlafdach, auf einem Serienhochdach montiert.

portables bekannten Klappkonstruktionen mit isolierten, festen Seitenwänden, die durch eine 50×50 cm große Dachluke vom Innenraum aus zu besteigen sind. Bei Nichtgebrauch können sie demontiert werden.

Werkzeichnungen

Sind die Aufmaßpläne erstellt und der Grundriß abgesegnet, werden die Werkzeichnungen für die Möbel angefertigt. Nach diesen wird später gebaut.

Vorher sollte jedoch Gewißheit darüber bestehen, ob der Grundrißentwurf im Fahrzeug auch wirklich funktioniert. Dazu wird er auf dem Fahrzeugboden mit Klebeband aufgerissen.

Ganz Vorsichtige bauen sich aus billigen Dachlatten Möbelgerüste und stellen diese in das Fahrzeug. Schwachpunkte der Planung bleiben jetzt nicht mehr verborgen. Probewohnen ist möglich und sinnvoll, am besten mit der kompletten späteren Besatzung. Spielen Sie dabei ruhig ein Rollenspiel, z. B. einer steht am Herd und kocht, die Kinder kommen vom Strand und wollen vor dem Essen duschen. Nach kritischer Beurteilung kann jetzt immer noch geändert werden.

In die Werkzeichnungen werden alle Holzstärken, Eckverbindungen, Türen und Einbaugeräte eingeplant. Dazu ist ein möglichst kleiner Maßstab von Vorteil, damit genau geplant werden kann. Ist das zur Verfügung stehende Zeichenbrett groß genug, sollte Maßstab 1:2 gewählt werden, also halbe Originalgröße. Hier kann man wirkliche Detailplanung durchführen, die einem später die Arbeit erleich-

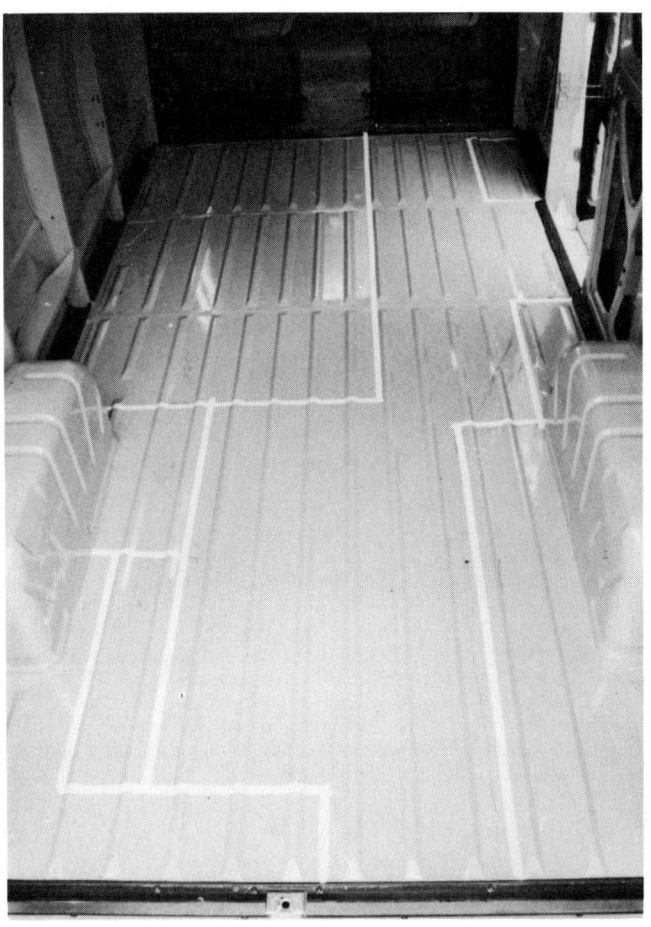

Zum „Probewohnen" wird der Grundriß mit Klebeband im Fahrzeug aufgerissen. Engstellen können so noch entschärft werden.

tert. Auf keinen Fall sollte der Maßstab größer als 1:5 sein.

Neben dem Möbelgrundriß sind für die Detailplanung je ein Schnitt in Längs- und Querrichtung und die Ansichten erforderlich.

Ideal ist es, wenn zum Zeitpunkt der Werkzeichnungen bereits die wichtigsten Einbaugeräte wie Herd, Kühlschrank, Heizung, Boiler usw. vorhanden sind. So kann man am Gerät maßnehmen und braucht sich nicht auf die meist dürftigen und ungenauen Maßangaben in den Katalogen zu verlassen. Oft ist nicht klar, ob es sich dabei um Einbau-, Blenden- oder sonstige Maße handelt.

Zur Detailplanung gehört auch das Zusammenspiel der Möbel. Gerade an Ecklösungen ist es interessant zu wissen, ob z. B. die Türen des einen Schranks nicht mit dem Korpus des anderen kollidieren und später nicht mehr zu öffnen sind.

Holzlisten

Anhand der Werkzeichnungen werden die Holzlisten für den Zuschnitt erstellt. Dabei wird jedes Einzelteil ausgemessen bzw. errechnet und in die nach Material und Holzstärke getrennten Listen eingetragen. Beim Längenmaß muß man berücksichtigen, daß dies der Laufrichtung des Deckfurniers bei furnierten oder beschichteten Platten mit Holzdekor entspricht. Verwechselt man hier Länge und Breite, stimmt nachher das Design nicht mehr. Ein kleines Beispiel: Die Frontplatte eines Küchenblocks mit 140 cm Länge und 85 cm Höhe soll ein stehendes Furnierbild zeigen. Die Länge dieses Teils ist also 85 cm, die Breite 140 cm. Bewußt wurde hier dieses Maß gewählt, zeigt es doch, daß manchmal Kompromisse zwischen Gestaltung und Konstruktion geschlossen werden müssen: Die übliche Handelsbreite von Holzplatten liegt zwischen 120 und 125 cm. Es muß also entweder die Furnierrichtung gestürzt (Länge 140 cm, Breite 85 cm) oder konstruktiv an sinnvoller Stelle ein Plattenstoß eingeplant werden.

Bei Holzteilen an gewölbten Seitenwänden der Karosserie ist eine Zugabe für das Anpassen notwendig. Millimetergenaues Ausrechnen der einzelnen Abmessungen unter Berücksichtigung angrenzender Materialstärken erspart späteres Nacharbeiten beim Zusammenbau. Beim Zuschnitt ist es gleichgültig, ob man den Schnitt bei 99,7 cm ansetzt oder bei 100 cm, beim späteren Zusammenbau nicht mehr.

Werden die Teile zugeschnitten bestellt, sollte der Händler zur Sicherheit darauf hingewiesen werden, welches Maß der Furnierrichtung entspricht.

Wird selbst zugeschnitten, benötigt man vor dem Platteneinkauf Schneideskizzen zur Ermittlung des Materialbedarfs. In möglichst kleinem Maßstab wird die Liefergröße des ausgesuchten Plattenmaterials aufgezeichnet. Darauf werden maßstabsgerecht die Einzelteile laut Holzliste so aufgeteilt, daß einerseits möglichst wenig Verschnitt entsteht, andererseits aber problemlos zugeschnitten werden kann. Diese Arbeit gleicht einem Puzzlespiel, erspart aber unnötigen Materialverbrauch. Die Aufteilung erfolgt so, daß die einzelnen Schnitte auf Länge oder Breite der Platte durchgezogen werden können. Die Einzelteile werden sofort nach dem Aufriß mit abwaschbarem Stift auf der Platte bezeichnet. Nach dem Zuschnitt ist es unter Umständen nur noch schwer möglich, zu rekonstruieren, welches Teil wo hingehört.

Schablonen

Im Gegensatz zu Kabinen sind Kastenwagenwände nirgends gerade oder rechtwinklig. Sie verjüngen sich meist nach oben und gehen mit Rundungen in das Dach über. Diese Kurven müssen paßgenau auf die Möbel übertragen werden. Ihre Herstellung ist reine Geduldsarbeit, die sich später aber durch Paßgenauigkeit auszahlt.

Kräftiger Karton oder dünne Hartfaserplatten werden zuerst nach Augenmaß auf die Konturen der Karosserie an der betreffenden Einbaustelle zugeschnitten. Im vorher waagrecht ausgerichteten Fahrzeug werden die groben Schablonen möglichst dicht an die Außenwand gestellt und mit einem Senkblei genau ausgerichtet. Der exakte Karosserieverlauf wird nun mit einem Abstandsklotz auf die Schablone übertragen. Der Klotz mit darauf befestigtem Bleistift muß mindestens so lang sein wie der größte Abstand der Schablone zur Außenwand. Ohne zu verkanten wird der Klotz entlang der Innenverkleidung geführt, dabei überträgt der Bleistift die Konturen auf die Schablone. Ab-

standslehren kann man auch fertig im Handel kaufen.

Mit Schere oder Stichsäge wird die Schablone ausgeschnitten und nochmals angepaßt. Gibt es keine Unstimmigkeiten mehr, wird die Schablone auf die Möbelplatte übertragen. Wird die Möbelplatte mit der Stichsäge zugeschnitten, sollte die Schablone immer auf der späteren Innenseite angelegt werden, es gibt dann außen einen Schnitt ohne Fetzen.

Werkzeugausstattung

Der Ausbau eines eigenen Wohnmobils setzt keine lückenlos bestückte Profiwerkstatt voraus. Wer sich an den Selbstausbau heranwagt, wird in den meisten Fällen bereits über allerhand Heimwerkererfahrung verfügen. Da kann man auch von einem einigermaßen sortierten Heimwerker-Werkzeugsortiment ausgehen.

So wahr der alte Spruch, nur mit gutem Werkzeug ge-

linge gute Arbeit, auch ist, Sie müssen sich kein teures Spezialwerkzeug kaufen. Das erscheint unsinnig, denn das Reisemobil bauen Sie nur einmal. Auch wenn Sie so etwa 800 Stunden in Ihren Kastenwagenumbau investieren werden, brauchen Sie doch nur ganz wenige Werkzeuge wirklich ständig. Absolute Voraussetzung für eine ordentliche Arbeit am Wohnmobil sind:

☐ Ein Satz Qualitätsschraubendreher
☐ Anreißlehre (kann man selber machen oder fertig kaufen)
☐ Zimmermannswinkel
☐ Qualitätsgabelschlüsselsatz
☐ Diverse Zangen (Rohr-, Flachzange)
☐ Kfz-Elektrikzange mit Saitenschneider, Abisolierer und Quetschverbinderzange
☐ Kartuschendrückpistole

Weitere Werkzeuge erleichtern die Arbeit, auch wenn es notfalls ohne sie geht:

☐ Nietzange für Blindnieten
☐ Feststellbare Gripzangen
☐ Rohrschneider
☐ Biegegerät für Rohre (Gasrohr)
☐ Steckschlüsselsatz mit Knarre
☐ Karosseriemeißel mit Handschutz und ein
☐ kräftiger Fäustel dazu

Freilich, ganz mit Handarbeit kommt heute keiner mehr zum fertigen Wohnmobil. Ohne elektrische Heimwerkermaschinen geht's kaum. Unumgänglich sind:

☐ Bohrmaschine
☐ Stichsäge

Nur diese beiden elektrischen Helfer werden Sie so oft einsetzen, daß sich ein Neukauf in jedem Fall rasch lohnen wird. Während die meisten Heimwerker wohl eine Bohrmaschine schon ihr eigen nennen, muß die Säge gegebenenfalls noch erworben werden.

Steht bei der Bohrmaschine ein Kauf an, wählen Sie am besten eine mit elektronisch geregeltem Rechts-/Linkslauf. Dann ersparen Sie sich dicke Blasen an den Händen und können die vielen Schrauben bequem maschinell eindrehen.

Bei der Stichsäge ist Qualität fast noch wichtiger als bei allem anderen Werkzeug! Die Stichsäge ist das zentrale Werkzeug jeden Reisemobilausbaus. Es sollte auf jeden Fall etwas tiefer in die Tasche gegriffen werden. Man spart diese Mehrausgabe an Verschnitt und Ärger wieder ein. Billige Stichsägen hoppeln und haken, sind besonders in dikkerem Holz und Blech schwach, lassen sich nur ungenau führen und verkanten leicht. Am besten sind sogenannte »Body-Typen« geeignet, die man mit zwei Händen führen kann (Griffknauf über dem Blatt, längs nach hinten ragen-

der Motor). Sie sind den sogenannten »Pistolentypen«, bei denen der Griff gerundet über dem Motor liegt, überlegen. Kaufen Sie die Geräte dort ein, wo Sie sie ausprobieren können!

Weiteres Elektrowerkzeug ist nicht erforderlich, jedoch hilfreich:

☐ Hand- oder Tischkreissäge, am besten kombinierbar, zum Ablängen von Möbelholzteilen
☐ Winkelschleifer (Flex, Trennjäger, Trennschleifer) für einfache Blechausschnitte
☐ elektrischer Fuchsschwanz, ein ziemlich neues Elektrowerkzeug, das einige Aufgabenbereiche der traditionellen Stichsäge kraftvoll übernehmen kann, auch im Blech
☐ Elektrotacker, um Folien und Isoliermaterial auf Holzleisten zu fixieren
☐ Heißluftgebläse, löst oder trocknet Farbe und Kleber und kann Kunststoffmaterialien zur besseren Biegefähigkeit erhitzen
☐ Band-/Schwingschleifer
☐ Akkuschrauber, meist zierlicher als die Bohrmaschine, dreht ohne Kabelwirrwarr auch an unzugänglichen Stellen Schrauben ein
☐ Lötkolben zum Verzinnen von Kabelenden und Anschluß elektrischer Leitungen

Manche Hersteller empfehlen vielerlei der genannten Geräte als Aufbauteil zur Bohrmaschine, besonders Stich- und Kreissäge. Lassen Sie sich bitte dringend davon abraten! Es ist sinnvoller, auf die Kreissäge ganz zu verzichten, als ein Bohrmaschinenvorsatzgerät zu verwenden. Das sind wackelige, mickerige Dinger mit mangelnder Leistung. Geräte mit eigenem Antrieb sind allemal leistungsstärker, schlanker und somit besser zu handhaben (Ergonomie!).

Die einzigen Zusätze zur Bohrmaschine, die sich im Reisemobilbau bewähren, sind:

☐ Lochsäge
☐ Schleifteller aus Gummi für Schleifpapiere
☐ Topfbürsten (runde Drahtbürsten) für Roststellen
☐ Nutenfräser, zum Einnuten von Umleimern

Tip: Größere Werkzeuge wie Winkelschleifer, aber auch Alltägliches wie eine Bohrmaschine, lassen sich inzwischen auch schon bei größeren Baumärkten und professionellen Werkzeugvermietern zum Tagessatz ausleihen. Für nur wenig benutzte Geräte ist dies sicherlich der preiswertere Weg als die Anschaffung.

Wer nicht nur einen Kastenwagen ausbauen, sondern einen Caravan oder eine Leerkabine aufsetzen will, benötigt eigentlich kaum mehr Werkzeug. Vielfach wird ein Schweißgerät – so man damit umgehen kann – hilfreich sein. Achtung! Für Karosseriearbeiten an der tragenden Struktur ist Schutzgas Vorschrift! Autogen oder elektrisch dürfen Sie nur Teile schweißen, die nichts mit der Statik des Fahrzeugs zu tun haben.

Wer an einem Selbstbau auch der Kabinenwände interessiert ist, sollte sich einen Druckluftkompressor besorgen. Er muß so viele Kartuschen Kleber leeren, daß sich die Luftpistole lohnt. Außerdem lassen sich mit Druckluftschraubern gut die Befestigungen zwischen Chassis und Aufbau festziehen.

Vorteilhaft ist es, wenn Sie über einen Keller oder eine Garage verfügen, die Sie kurzfristig zur Werkstatt umgestalten können. An einer Werkbank lassen sich Möbelteile vormontieren, die dann komplett ins Fahrzeug geschafft und dort nur noch verankert werden müssen.

ACHTUNG: Bei sämtlichen Klebe- und Lackierarbeiten müssen Sie auf eine gute Durchlüftung Ihres Arbeitsraums achten. Die Lösemitteldämpfe sind schwerer als Luft und sammeln sich deshalb am Boden. Schaffen Sie durch Querlüften eine ausreichende Zirkulation!

Fehlender Keller- oder Garagenraum sind aber kein Grund, auf den Selbstbau zu verzichten. Auch am Straßenrand in einer Wohnsiedlung läßt sich ein Fahrzeug komplett ausbauen. Gerade in einem solchen Fall bewährt sich eine kleine tragbare und zusammenlegbare Werkbank, auf der man Werkstücke einspannen und bearbeiten kann. Müssen Sie das gesamte Fahrzeug auf diese Art ausbauen, sind Sie auf trockenes Wetter und wohlmeinende Nachbarn (jeder Ausbau, besonders bei den Blecharbeiten, macht Krach) angewiesen. Sie müssen außerdem nach jedem Arbeitstag alles fein säuberlich wieder wegräumen, was die ganze Sache umständlich macht. Zu überlegen wäre es deshalb, für die Dauer der wichtigen Arbeiten eine Garage mit Stromanschluß zu mieten, die man als Lager und Werkstatt nutzen kann.

Zu guter Letzt: Zu jeder Werkzeugausstattung müssen unabdingbar auch gehören:

☐ Schutzbrille bei Arbeiten mit Winkelschleifer
☐ Grobe Arbeitshandschuhe aus Leder für die Karosseriearbeiten (Anfassen gratiger, scharfkantiger Blechausschnitte)
☐ Geeignete Arbeitskleidung (Blaumann ist sicherer als Shorts und T-Shirt!)
☐ Vernünftiges, trittsicheres und rutschfestes Schuhwerk; besonders bei den Bauabschnitten, bei denen außen am Fahrzeug auf Gerüst oder Leiter gearbeitet werden muß
☐ Ein Verbandskasten mit Pflaster und Verbandpäckchen sollte immer erreichbar bereitstehen (ohne Blessuren an den Fingern kommen bestimmt auch Sie nicht davon!).

III. Kastenwagen-Ausbau/ Karosseriearbeiten

Grundsätzliches

Der ausgebaute Kastenwagen ist, von der Statistik her gesehen, das Reisemobil schlechthin. Fahrzeuge dieser Gattung stellen die absolute Mehrheit schon in den Listen des Kraftfahrtbundesamts, wo nicht nach Selbstbau und Fertigprodukt unterschieden wird.

Lange Zeit gab es auf dem Markt der Selbstgebauten so gut wie überhaupt keine Alternative zum Ausbau einer vorhandenen Transporterkarosserie. Das beginnt sich erst in jüngster Zeit zu ändern. Dennoch bleiben – nach fachkundigen Schätzungen – etwa 85% der Wohnmobilselbstbauer beim Kastenwagen oder Bus. Diese Zahl rückt die Beschreibung des Kastenwagenausbaus an die erste Stelle in unserem Buch. Er wird auch am ausführlichsten beschrieben. Dies hat allerdings nur zum Teil etwas mit der statistischen Übermacht zu tun.

Sehr viele Arbeitsgänge und Handgriffe, wie zum Beispiel der Einbau von Fenstern, werden im Kastenwagen gleich oder ganz ähnlich vorgenommen wie beim Ausbau von Kabinen. Um Platz zu sparen, beschreiben wir diese wiederkehrenden Arbeiten jedoch nur einmal. Sinnvollerweise dann, wenn im Ausbauablauf zum erstenmal die Sprache auf den jeweiligen Arbeitsgang kommt.

Wenn Sie einen speziellen Teil über das Vorbereiten des Basisfahrzeugs vermissen, so liegt auch das am begrenzten Umfang dieses Buches. Die Techniken und Handgriffe, die Werkzeugausstattung und das Know-how für die fahrzeugtechnische Instandsetzung füllen nicht nur ein eigenes Kapitel, man könnte ein komplettes Buch darüber zusammentragen. Das sprengt den Rahmen der vorliegenden Anleitung. Sie ist für den Wohnmobilausbau gedacht.

Natürlich wollen wir Sie nicht im Dunkeln tappen lassen, denn die Lebensdauer Ihrer schönen Einrichtung richtet sich im allgemeinen nach der des Fahrzeugs. Es gibt spezielle Literatur (siehe auch Anhang) und Zeitschriften, die sich mit Fahrzeugrestaurierung befassen. Wenn Ihr Wohnmobilbasisauto schon kurz vor der Schrottplatzreife steht, müssen wir Sie bitten, sich zunächst in der entsprechenden Fachliteratur zu informieren.

An dieser Stelle können wir nur einen knappen Überblick geben.

Fahrzeugvorbereitung

Motor, Getriebe, Antriebsstrang und Bremsen, elektrische Anlage und übliche Fahrzeugtechnik lassen wir dabei ganz außen vor. Schließlich läßt sich das alles ersetzen und nachbessern, auch wenn die Einrichtung drin ist. Schäden an der Karosserie jedoch müssen gründlich und sorgfältig bearbeitet werden. Schließlich kommen Sie nie wieder von beiden Seiten dran. Sitzt erst einmal der Rostfraß tief im Blech, wird die punktuelle Behandlung immer häßliches Stückwerk bleiben.

Deshalb muß das Basisfahrzeug vor dem Ausbau gründlich entrostet werden. Bei größeren Schäden, durchgerosteten Blechen oder flächigen Rostpartien kann der Ersatz der befallenen Teile durch Reparaturbleche oder aufgeschweißte Stücke sinnvoll werden. Transporter bringen erst in jüngerer Zeit ähnlich intensiven Korrosionsschutz mit wie Pkw. Lange wurde dieser vollkommen vernachlässigt. Die Autoindustrie baut Transporter schließlich für gewerbliche Zwecke. Dort sind die Fahrzeuge wiederum Abschreibungsgüter, meist werden sie nach vier bis fünf Jahren ersetzt. Maßnahmen, die zu einer wesentlich längeren Haltbarkeit führen, machen sie »unnötig« teuer. Darüber hinaus streßt ein Transporterleben natürlich mehr als ein gewöhnliches Pkw-Leben. Hohe Laufleistungen und lieblose

Reklameaufschriften sollten vor dem Ausbau entfernt werden. Auch wenn man sie später überlackiert, scheinen ihre Konturen immer wieder durch. Meist sind Reklameaufschriften aus Folien geklebt. Sie lassen sich nach Erwärmung mit einem Heißluftgebläse rückstandsfrei abziehen. Lackierte Schriften müssen abgeschliffen werden.

Behandlung sind alltäglich. Gleichwohl sind Transporter vom Chassis her meist langlebig. Schäden an tragenden Teilen sind vergleichsweise selten. Besonders die größeren Fahrzeuge, in der Klasse oberhalb 3,5 Tonnen zulässiges Gesamtgewicht, weisen meist stabile Leiterrahmen auf. Solch ein Chassis hält mit ein bißchen Pflegeaufwand auch 20 Jahre ohne Macken.

Bei Neufahrzeugen oder jungen Gebrauchten lohnen sich in jedem Fall eine komplette Hohlraumversiegelung, aufwendige Unterbodenschutzmaßnahmen sowie im Karosseriebereich eventuell eine nachträglich aufgebrachte Deckschicht aus Klarlack, besonders im steinschlaggefährdeten Bereich der Radläufe und der Frontbleche.

Ältere Kandidaten werden akribisch auf Roststellen abgesucht. Auch kleinste Lackwölbungen müssen großräumig ausgeschliffen werden. Hat man partiell bereits den Eindruck, Schweizer Käse statt Autoblech zu behandeln, kann man die Partien verzinnen (lassen). Billiger ist meist der Ersatz durch neues Blech. Im Bereich von Karosserieschürzen und Motorhauben läßt sich das recht dauerhaft auch mit Alublechen erledigen. Die dürfen natürlich nicht direkt mit dem Stahlblech in Verbindung kommen. Es droht dann Alufraß (Elektrolyse, Aluminiumlochkorrosion). Als Trennschicht können an der Nahtstelle Kontaktfolie, doppelseitig klebendes Karosseriedichtband oder ein kräftiger Schutzanstrich dienen.

Eine einmal wiederhergestellte Karosserie wird sehr effektiv und dauerhaft durch das – kostspielige und arbeitsaufwendige – Auflaminieren einer dünnen Schicht aus Glasfasermatten und Polyesterharz konserviert. Nach Schleifen, Spachteln und Lackieren sieht man dem Fahrzeug die Kunststoffhaut nicht mehr an.

Für besonders vom Rostfraß heimgesuchte Teile wie z. B. Türen, hält die Wohnmobilzubehörindustrie Austauschteile, ebenfalls aus glasfaserverstärktem Kunststoff, bereit. Leider ist das Angebot hier allerdings nur auf einige wenige gängige Modelle beschränkt (VW LT, Mercedes 207 D und alle Fahrzeuge dieser Baureihe mit gleicher Karosserie sowie Mercedes 508 D nebst seinen Verwandten). Für alle anderen Fahrzeugtypen findet sich Ersatz nicht nur im Ersatzteilregal des Servicebetriebes, sondern meist auch auf dem Schrottplatz.

Um eine dauerhafte Dichtigkeit des späteren Reisemobils zu erreichen, müssen gegebenenfalls nicht nur die Türen, sondern auch deren Gummidichtungen ausgetauscht werden. Bei älteren Fahrzeugen wird es allerdings nicht immer möglich sein, noch Originaldichtungen beim Hersteller zu beziehen.

TIP: Eine Vielzahl von Moosgummidichtungen aller Stärken hält der Boots- und Yachtzubehörhandel auf Lager. Spezielle Profilgummikleber erleichtern die Anbringung.

Der Laderaum des Transporters, der einmal der Wohnraum des Reisemobils werden soll, muß ebenfalls ganz sorgsam auf Roststellen untersucht werden. Am besten, man entfernt alle Innenverkleidungen von Wänden und Decke, nimmt Gummimatten und sonstige Bodenbeläge heraus, entfernt überhaupt, was lösbar ist, um möglichst nahe an das Bodenblech und die Wandstruktur zu kommen.

Sodann folgt das gründliche Entfernen allen Schmutzes, wo nötig auch Entfetten, dann das Ausschleifen aller er-

GfK-Türaustauschteil für VW LT

reichbaren Roststellen. Nur in besonders schwierigen Fällen sollte auf die Möglichkeit zurückgegriffen werden, das Karosserieblech durch Sandstrahlen zu entrosten (Tips dazu siehe im Kapitel »Fahrgestell herrichten« bei den Leerkabinen). Zum gründlichen Entrosten gibt es keine Alternative. Von Roststoppern, Umwandlern und ähnlichen »Wundermitteln« muß dringend abgeraten werden. Ihre Wirkung existiert meist nur im Prospekt, die Praxis zeigt nur unbefriedigende Ergebnisse. Herkömmliche Methoden sind wirkungsvoller: Bis aufs blanke Blech ausschleifen, spachteln wo nötig; ansonsten mit Zinkstaubfarbe oder Zinkchromat als Rostschutz streichen. Auch Eisenglimmerfarbe (bekannt von schmiedeeisernen Werkstücken) bietet einen geeigneten Korrosionsschutz. Von Bleimennige, wiewohl ein hervorragender Rostschutz, sollte aus Rücksicht auf die Umwelt Abstand genommen werden. Auf Schönheit kommt es im Inneren nicht an, denn alles wird später unter der Wandverkleidung oder dem Innenboden verschwinden. Deshalb sei zu einem mutigen, satten Pinselstrich geraten.

ACHTUNG: Der Umgang mit den angegebenen Mitteln ist nicht unproblematisch: Entfetter sind hochaggressiv und die Korrosionsschutzfarben enthalten z. T. gefährliche Schwermetalle. Tragen Sie Handschuhe, sorgen Sie für ausreichende Luftzirkulation (Zu- und Abluft). Bei diesen Arbeiten darf nicht geraucht, getrunken oder gegessen werden (Schwermetallaufnahme in den Organismus!).

Vielfach wird die Innenraumversiegelung mit einem Unterbodenschutz angepriesen. Die Wirkung ist nicht anzuzweifeln – allerdings kann auf Bitumenbasis aufgebauter Unterbodenschutz bei starker Erwärmung auch später noch anfangen zu stinken. Deshalb sollte, wenn überhaupt, nur der Fahrzeuginnenboden mit diesem Material ausgestrichen werden. Die Seitenwände, die im Sommer starker Erhitzung durch Sonneneinstrahlung ausgesetzt sind, können nur dann die gleiche Behandlung erfahren, wenn eine zum Innenraum garantiert an allen Stellen diffusionsdichte Verkleidung aufgelegt wird. Andere Verfahren sind jedoch vorzuziehen.

Eine recht einfache, aber wirkungsvolle Innenbeschichtung ist die Verwendung von Schwimmbadlacken. Diese ergeben eine porenfreie, geschlossene Kunststoffschicht mit genügender Elastizität, um auch bei extremen Temperaturunterschieden, wie sie auf ein Wohnmobil zukommen, nicht zu reißen. Eine Innenversiegelung mit verstrichenem Polyesterharz ist ebenfalls denkbar, aber teuer und aufwendig. Ein ganz besonderes Augenmerk ist den vielen Versteifungen, Verstrebungen und Holmen zu widmen, die sich im Laderauminneren finden. In viele der Winkel und Falze kommt man nur mit Produkten aus der Sprühdose oder der

Lackierpistole heran. Kriechfähige Konservierungsmittel sind dort angebracht.

ACHTUNG: Verarbeitungshinweise des Lackherstellers beachten! Arbeiten mit lösemittelhaltigen Produkten möglichst im Freien, sonst nur bei wirkungsvoller Durchlüftung des Arbeitsraums!

In den seltensten Fällen wird es möglich sein, beim späteren Wandaufbau zu unterbinden, daß sich an der Karosserieblechinnenseite Kondensat, also Schwitzwasser, niederschlägt. Das hängt mit den erheblichen Temperaturunterschieden von außen und innen zusammen, die zu Wasserniederschlag auf dem kalten Blech führen. Daß außerdem viele häufig und gern verwendete Isolationsmaterialien Wasser aufnehmen, verschlimmert das Problem. Zwei Dinge sind also im jetzigen Vorbereitungsstadium von allergrößter Wichtigkeit. Erstens muß der Schutzanstrich von Wand und Boden so wasserdicht wie eben möglich sein. Zweitens sollte eine Luftzirkulation zwischen der späteren Isolierschicht und dem Blech möglich sein (im Baubereich heißt so etwas Fassadenhinterlüftung).

Dazu bohrt man mit einem kleineren Bohrer (z. B. 6 mm) im Abstand von etwa 40 cm Entlüftungslöcher in den Fahrzeugbogen, direkt am Übergang von der Wand zum Bodenblech. Diese Löcher erlauben ein Ablüften der Feuchtigkeit. Wer es ganz gründlich machen möchte, kann als Pendant zur Bodenlüftung kleine, spritzwassergeschützte Lüftungsbleche im oberen Wandbereich, etwa unterhalb der Regenrinnen, einsetzen. Damit ist eine ständige Luftzirkulation gegeben. Die Löcher im Bodenbereich setzen sich durch aufgewirbelten Straßendreck leicht zu. Von Zeit zu Zeit müssen sie deshalb mit einem Stocherdraht vom Schmutz befreit werden.

Wie bei allen Bohr- und Schneidearbeiten am Blech müssen die Bohrstellen sorgfältig entgratet und möglichst alle Späne entfernt werden (mit Staubsauger aufnehmen oder per Druckluft ausblasen, dabei unbedingt Schutzbrille tragen – hohes Verletzungsrisiko für die Augen!). Bohr- und Schnittspäne sind Anlagen zu Rostnestern. Die Bohrlöcher sind mit Korrosionsschutz auszupinseln.

Ist das Fahrzeug vom Zustand des geschundenen Gebrauchttransporters auf dieses Niveau gebracht, kann mit dem eigentlichen Ausbau begonnen werden. Los geht's mit den wichtigsten *Karosseriearbeiten* beim Kastenwagenausbau. Veränderungen der Karosserie betreffen den Einbau von Fenstern, Dachluken, Kofferklappen; von Versorgungsanschlüssen sowie den Aufbau von Hub-, Schlaf- oder Hochdächern. Das hört sich nach viel Spengler-Arbeit an, ist aber auch vom Laien zu leisten. Die Zubehörindustrie ist dem Selbstausbauer gerade da in den letzten Jahren stark

entgegengekommen. Zumeist lohnt es sich nur noch für den wirklich versierten Fachmann, diese Bauteile selbst herzustellen und entsprechend einzubauen. Für den ambitionierten Heimwerker versprechen fertige Fenster, Dachhauben etc. schnelleres Vorankommen, besseres Finish und problemlosere TÜV-Abnahme.

Fenster, Dachhauben, Klappen und Türen

Achtung: Für den Fahrzeugbereich sind nur Fenster und Dachhauben mit Prüfzeichen zugelassen. Ein TÜV-freies Prüfzeichen kann entweder die DIN-Wellenlinie, verbunden mit einem Zahlencode, oder die ECE-Kennzeichnung sein, die ein »E« in einem Kreis zeigt, verbunden mit einer Ziffer. Reine Herstellerbezeichnungen sind dabei nicht maßgebend. Im Bereich des Fahrerhauses dürfen nur Einscheiben-Sicherheitsverglasungen eingesetzt werden, also Verbundglas oder Krümelglas.

Im Wohnraum hingegen sind auch andere Materialien zulässig. Die weiteste Verbreitung haben Acrylglasdoppelfenster. Bei ausgebauten Reisebussen wird gern die teure Isolierverglasung (»Thermopane«) übernommen und besonders im amerikanisch inspirierten Van-Bereich werden Hartglasdoppelfenster eingesetzt.

Dabei zeichnen sich Vor- und Nachteile ab. Acrylfenster bieten am Markt die bei weitem größte Auswahl. Es gibt sie in allen erdenklichen Maßen als Schiebe-, Ausstell- und starre Fenster, sogar schon in Kombination der einzelnen Funktionen. Die überwiegende Mehrheit der Wohnmobilbauer entscheidet sich schon deshalb für diese Variante. Zudem bieten sie ein geringes Eigengewicht, sind einfach einzubauen und vergleichsweise preiswert. Leider verkratzt der Scheibenkunststoff leicht, schon die Berührung mit Zweigen hinterläßt nicht mehr »auszubügelnde« Riefen. Durch die Wölbung des Acrylglases entsteht zudem eine geringfügige Verzeichnung des Blickbilds.

Für den Einbau ist es völlig unerheblich, ob ein Schiebefenster, ein Ausstellfenster oder ein starres Fenster vorgesehen ist. Starre Fenster sind am billigsten, sie lassen außer Licht aber nichts hinein. Will man auch lüften, muß ein Fenster schieb- oder ausstellbar sein. Schiebefenster können auch während der Fahrt geöffnet bleiben, sie bieten allerdings immer nur den halben Querschnitt der gesamten Fensterfläche als Lüftung. Ausstellfenster sorgen für Luft über den gesamten Querschnitt, sie können auch bei leichtem Regen noch ein wenig offen bleiben. Dafür kann man sie dort nicht einbauen, wo die aufgestellte Scheibe weitere

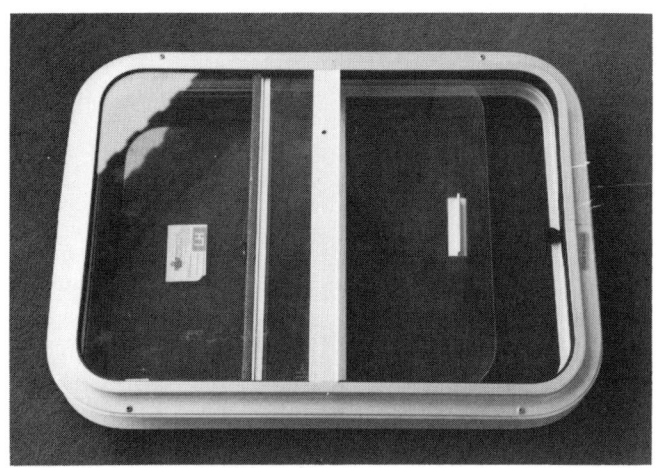

Hartglas-Doppel-Schiebefenster

Hartglasdoppelfenster sind in wesentlich geringerer Auswahl am Markt, sehr schwer, stellen höhere Anforderungen an den Einbau und sind recht teuer. Es gibt sie nur als starre oder Schiebefenster. Thermopanefenster gibt es konfektioniert eigentlich nur in Reisebusfenstergrößen, sie werden im Reisemobilbereich fast gar nicht vertrieben. Allerdings gibt es für Selbstbauer mit exklusiven Wünschen und dicker Brieftasche die verlockende Möglichkeit, sich solche Fenster nach Maß anfertigen zu lassen, auch in extravaganten, gerundeten oder dreieckigen Formen. Möglich sind auch hier nur starre oder schiebbare Scheiben. Die Kratzempfindlichkeit aller Hartglasvarianten gegenüber Acrylglas ist wesentlich geringer.

Nur bei den Acrylglasfenstern kann man zwischen verschiedenen Rahmenmaterialien wählen. Früher bestanden die Fassungen ausschließlich aus Aluminium, heutzutage überwiegen die Vollkunststoff-Fenster. Deren Rahmen besteht aus PVC- oder Polyurethanmaterial. Gleichwohl sind auch noch Aluminiumfenster auf dem Markt zu finden. Der Unterschied ist gravierend. Aluminium ist, da Metall, ein guter Wärmeleiter. Im Winter heizt man über den Alu-Fensterrahmen seine Umwelt, umgekehrt kriecht die bittere Kälte in die Wohnstube. Dadurch schlägt sich an Aluminiumrah-

Funktionen – z. B. eine Einstiegstür – behindert. In manchen europäischen Ländern dürfen im Bereich der Sitzgruppe, wenn diese bei der Fahrt benutzt werden soll, ausschließlich Schiebefenster eingebaut werden. Eine entsprechende EG-weite Regelung ist seit Jahren in Vorbereitung. Bislang ist es zu keiner Einigung gekommen.

Amerikanische Van-Verglasung mit getöntem Verbundglas (Einscheiben-Ausführung)

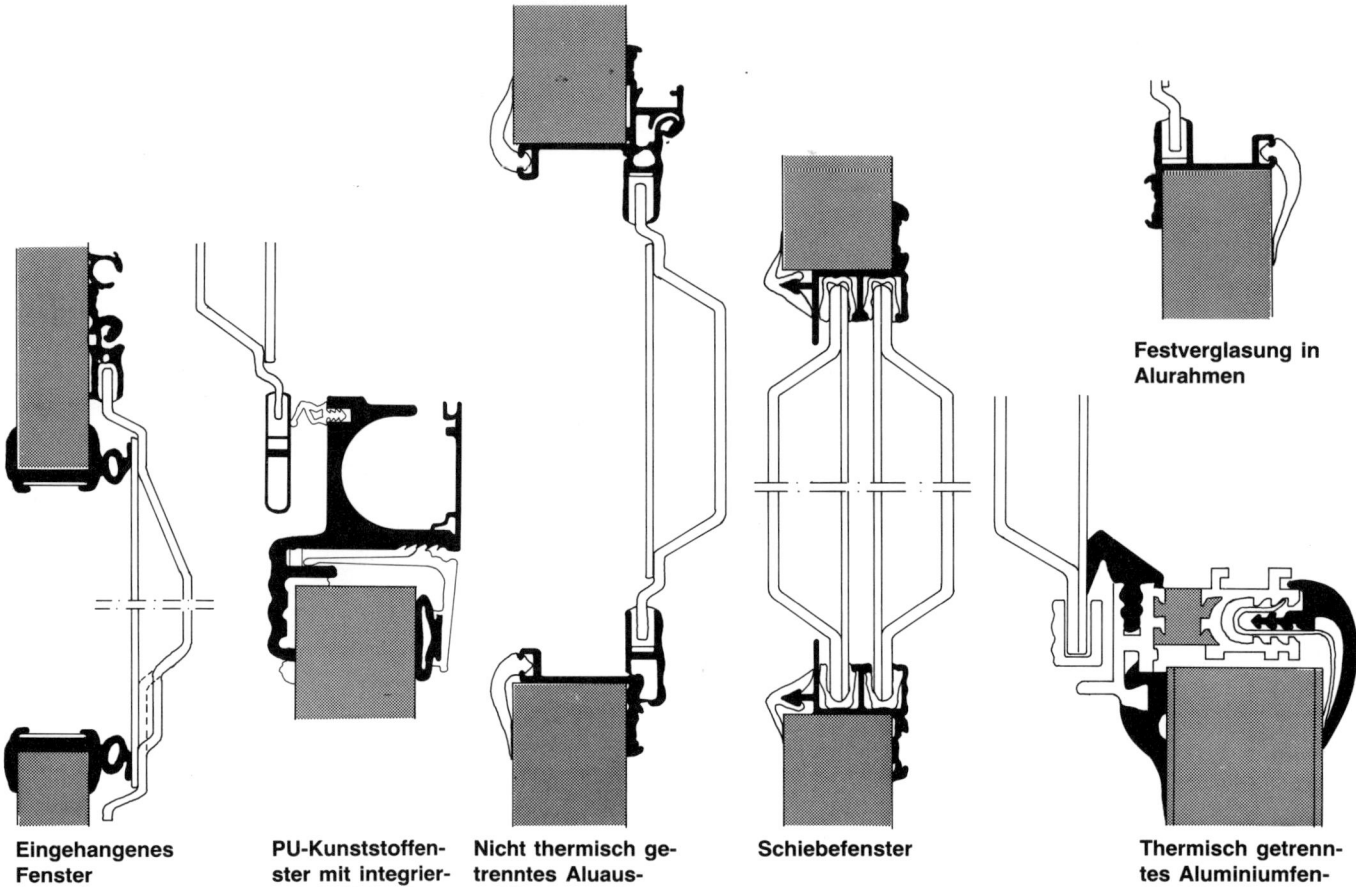

Festverglasung in Alurahmen

Eingehangenes Fenster

PU-Kunststofffenster mit integriertem Rollokasten

Nicht thermisch getrenntes Aluausstellfenster

Schiebefenster

Thermisch getrenntes Aluminiumfenster

men das lästige Kondensat (Schwitzwasser) nieder und sorgt für muffigen Geruch, feuchte Polster, klamme Kleidung und Stockflecken. Aluminiumfenster unterlaufen die Bemühungen des Selbstausbauers, durch geeignete Isolation Temperaturbrücken zu minimieren.

Vollkunststoffmaterial leitet die Temperatur längst nicht so gut. Der Rahmen dieser Fenster, besonders der Polyurethan-Fenster (PU-Fenster), wirkt selbst als Isolator. Wärmeverluste werden hier sehr gering gehalten. Nach heutigem Kenntnisstand kann nur zu solchen Fenstern geraten werden. Ihr Nachteil ist das stärker auftragende Material, sprich: der dickere Rahmen. Außerdem haben sie einen wesentlich anderen Temperaturausdehnungskoeffizienten als das Karosserieblech und sollten deshalb nicht genietet oder geschraubt werden. Die Nieten könnten unter extremen Temperatureinwirkungen abscheren oder die Bohrlöcher erweitern. Vollkunststofffenster sind teurer als Alufenster.

Als gelungene Alternative sind Aluminiumrahmen anzusehen, die zwischen Außen- und Innenrahmen thermisch getrennt sind. Bei ihnen ist eine Gießharzbrücke als Puffer zwischengeschaltet.

Hartglasdoppelfenster werden ausschließlich mit konventionellen Aluminiumrahmen geliefert.

Der Einbau geht allerdings im wesentlichen – auch bei den unterschiedlichen Systemen – ähnlich vonstatten. Einzig die Einscheibensicherheitsfenster (Original-Autoverglasung) können auch mit speziellen Gummiprofilen ohne weiteren Rahmen in die Karosserie eingesetzt werden (siehe: Busverglasung).

Diese Befensterung ist allerdings in einem richtigen Reisemobil abzulehnen. Einscheibenfenster heizen im Sommer das Fahrzeug extrem auf, im Winter bilden sie eine großflächige Temperaturbrücke, an der sich mengenweise Schwitzwasser niederschlägt (beschlagene Scheiben, Eisbildung, Tropfwasser). Solche Fenster kommen nur dort in Betracht, wo entweder Kostensparen unter allen Umständen oberste Devise ist oder ein Fahrzeug bewußt für einen bestimmten Einsatzzweck ausgerüstet werden soll, wo man auf Isolation ganz verzichten will.

Das gewünschte Fenstermaß wird von vielen Gesichtspunkten bestimmt. Zunächst setzt die Karosserie Grenzen. Will man nämlich nicht aufwendige Schweißarbeiten an tragenden Teilen in Kauf nehmen, muß man die senkrecht verlaufenden Karosseriesäulen stehen lassen. Werden sie durchtrennt, ist ein Hilfsrahmen einzuschweißen.

ACHTUNG: Schweißarbeiten an tragenden Teilen im Reisemobil nur mit Schutzgasschweißgeräten! Autogen- und Elektroschweißnähte werden vom TÜV nicht anerkannt!

Der Hilfsrahmen muß eine ausreichende Kraftableitung zu den nächstliegenden Säulen herstellen und ist gegebenenfalls mit Knotenblechen zu verstärken. Hat man so etwas vor, ist ein frühzeitiger Kontakt mit dem abnehmenden Prüfingenieur beim TÜV dringend erforderlich. In Absprache mit ihm sollte dann der Umbau vorgenommen werden. Solange man die tragende Struktur des Fahrzeugs nicht verändert, solange also nur Teile der Blechhaut ausgeschnitten werden und solche (Längs-)Verstrebungen, die

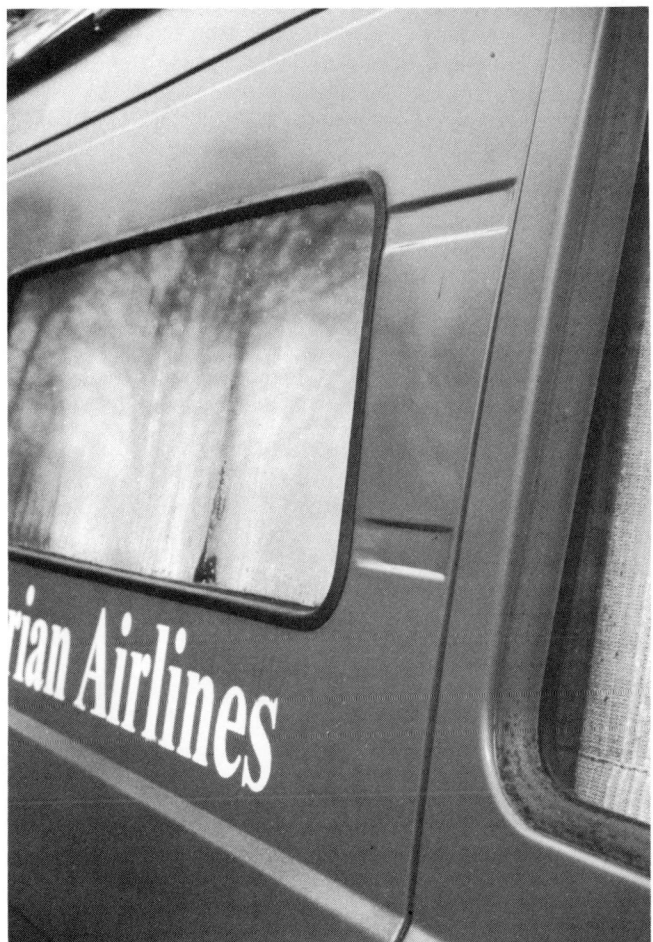

Nachträglich mit Gummiprofil in einen Kastenwagen eingebautes Sekurit-Fenster

nur zur Versteifung des Blechs dienen und dieses am Flattern hindern sollen, kann man getrost anfangen.

Von den meisten Kastenwagen gibt es im übrigen auch verglaste Kombi- oder Busversionen. Deren Glasflächen bieten einen guten Anhaltspunkt, welche Flächen sich zum Einbau von Fenstern eignen und welche Verstrebungen unbedingt stehenbleiben müssen. Häufig setzen auch Rundungen und Sicken in der Karosserieform dem Wunsch nach Panoramaverglasung Grenzen. Fensterrahmen müssen spannungsfrei eingesetzt werden. Man kann sie nicht in Rundungen zwingen, ohne Glasbruch oder zumindest undichte Rahmen zu riskieren.

Persönliche Gründe sind weitere Kriterien. Der eine möchte möglichst viel Licht im Innern, der andere fürchtet sich vor Einbrechern und möchte deshalb nur »Schießscharten« einsetzen, so eng, daß sich niemand hindurchzwängen kann. Letztendlich hat natürlich auch die Grundrißlösung ein Wörtchen mitzureden: Was soll ein Riesenfenster, das zur Hälfte bis hinter den Kleiderschrank reicht?

Ist die Planung also so weit fortgeschritten, daß man sich über mögliche Fenstervarianten im Klaren ist, werden möglichst viele Zubehörkataloge auf die Verfügbarkeit der gewünschten Maße abgesucht. Sodann werden von den endgültig ausgewählten Fenstern Pappschablonen geschnitten, die zur letzten Überprüfung der technischen Machbarkeit innen an den vorgesehenen Stellen angehalten werden. Mit Klebeband auf die Außenseite geheftet, gibt es einen ersten Eindruck davon, wie die Außenoptik des Wohnmobils sein wird. Bei akutem Mißfallen sind jetzt noch Korrekturen möglich.

Sind die Fenster dann gekauft, werden neue, exakte Pappschablonen gefertigt, genau so groß, wie der Karosserieausschnitt werden soll. Von diesen Schablonen überträgt man mit einem dicken Filzschreiber die Kontur außen aufs Blech. Sorgfältiges Anhalten und Nachmessen erspart schief eingesetzte Fenster.

TIP: Bitte verzichten Sie auf die Zuhilfenahme einer Wasserwaage – Ihr Fahrzeug steht vermutlich niemals exakt gerade. Je nach Untergrund (abschüssige Garageneinfahrt) oder Beladungszustand (Federspannung) haben Sie immer leichte Schräglagen. Besser ist es, sich an festen Linien der Karosserie (Sicken, Streifen, Regenrinne) zu orientieren. Wenn Sie nach Abschluß der Umbauarbeiten nicht ohnehin eine komplette Neulackierung des Fahrzeugs vorhaben, sollten Sie nun den äußeren Rand Ihrer Anzeichnung sorgfältig mit widerstandsfähigem Klebeband abkleben. Das verhindert Riefen und Kratzer beim folgenden Ausschneiden. Nun setzt man mit einem dicken Bohrer leicht innerhalb der umzeichneten Fläche in einer beliebi-

Hier wurde der Schnittrand nicht abgeklebt. Der Sägefuß hat tiefe Kratzer in den Lack gezogen.

gen Ecke ein Bohrloch, groß genug, damit das Metallsäge-blatt der Stichsäge hineinpaßt. Mit der elektrischen Stich-säge ist auch starkes Karosserieblech schnell heraus, vorausgesetzt, dahinterliegende Holme wurden vorher bereits herausgetrennt. Ärgern Sie sich nicht, wenn Sie mehrere Sägeblätter verschleißen: Schnell werden sie stumpf oder brechen ab. Das sind notwendige Investitionen für Ihr Reisemobil.

Sägeblattsparend ist der Einsatz eines Trennschleifers, mit dem sich zumindest auf den geraden Stücken schnel-

lere, saubere Schnitte setzen lassen. Allerdings ist dazu einiges an Vorarbeit nötig. Alle Glasflächen, auch Außenspiegel, sollten abgedeckt werden, da sich der funkenstiebende Scheibenabrieb einbrennt. Das Tragen von Arbeitshandschuhen und Schutzbrille, schon beim Umgang mit der Stichsäge angeraten, ist unerläßlich. Der Winkelschleifer trennt problemlos auch Verstrebungen in einem Arbeitsgang mit dem Deckblech heraus. Für gerundete Schnitte ist er allerdings ungeeignet. Hier sollte man unbedingt auf die Stichsäge zurückgreifen. Ist das Blech heraus, werden sofort alle Späne beseitigt, am besten mit Druckluft ausgeblasen. Fegen mit einem weichen Besen ist aber das mindeste, will man sich später Rostnester ersparen. Auch im Außenbereich müssen die Späne beseitigt werden.

ACHTUNG: Beim Einsatz des Winkelschleifers immer nur über kurze Strecken trennen, dann eine Pause einlegen. Bei der großen Hitzeentwicklung kann es sonst zum Verfärben, Aufblähen, Anlösen oder Abplatzen des Fahrzeuglacks kommen. Durch die Hitze können überdies gesundheitsgefährdende Stoffe entstehen.

Dann kann das Fenster zur ersten »Anprobe« vorsichtig in den Ausschnitt eingepaßt werden. Dabei sollte es auf keinen Fall in einen zu engen Ausschnitt hineingepreßt werden. Besser ist ein etwas zu großer Ausschnitt, in dem man das Fenster völlig spannungsfrei justieren kann. So haben die unterschiedlichen Materialien auch Gelegenheit, sich ohne Verspannungen bei Hitze auszudehnen. Bevor

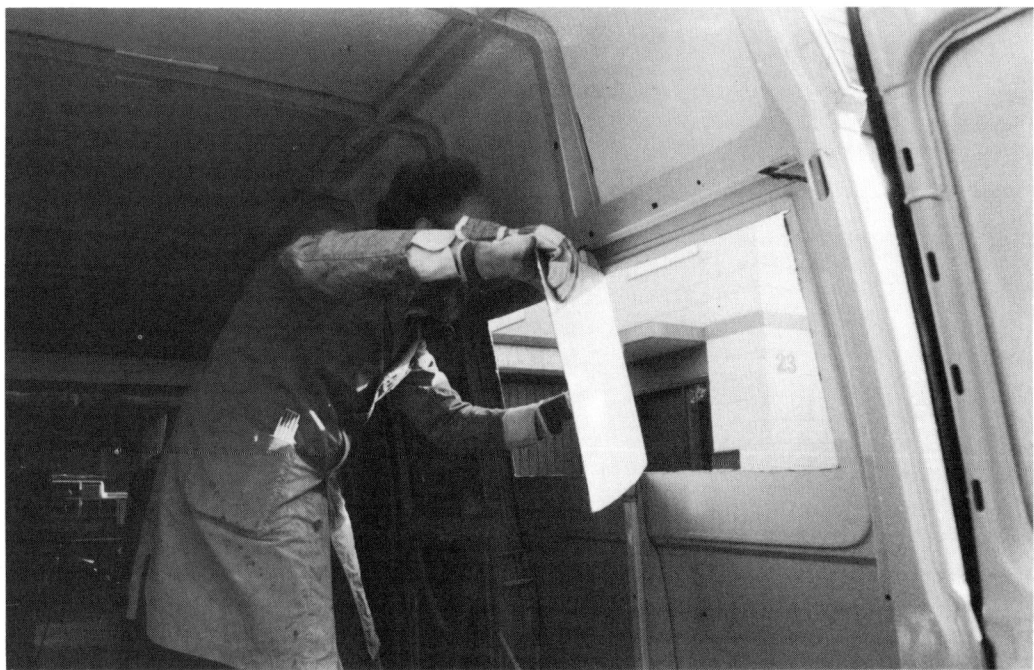

Schneller Fensteraus-schnitt mit dem Win-kelschleifer

das Fenster endgültig eingesetzt wird, muß die Schnittkante sorgfältig entgratet werden. Etwas Korrosionsschutz auf dem Schnittrand beugt dem Rostfraß vor. Gut geeignet ist auch das Einfassen der Schnittkante mit einem dünnen Karosseriedichtband zum Aufkleben.

Im Arbeitsablauf folgt jetzt das gründliche Säubern des Blechrandes direkt rund um den Ausschnitt. Bei Vollkunststoff-Fenstern ist die ausschließliche Verklebung mit der Karosserie die beste Montagetechnik. Je nach verwendetem Kleber gibt es auch von dessen Hersteller einen Reiniger oder Primer, der die Haftung und Dichtigkeit der Klebmasse stark verbessert. Steht kein auf das Klebeprodukt abgestimmter Reiniger zur Verfügung, kann die Stelle auch mit Lösungsmittel, Verdünner oder Intensivlackreiniger behandelt werden.

ACHTUNG: Sie arbeiten mit giftigen Stoffen, die nicht in die Umwelt gelangen dürfen. Sammeln Sie die während des Ausbaus anfallenden »chemischen Keulen« und geben Sie sie nach Abschluß der Arbeiten bei einer Sondermüllsammelstelle ab. Das ist besser, als sie in den Hausmüll zu werfen!

Nach Einwirk- und Ablüftzeit können Sie beginnen, laut Klebstoffherstelleranweisung das Klebebett auf das Blech aufzutragen. Am weitesten verbreitet ist Sikaflex, eine haftstarke Dichtungsmasse auf Polyurethanbasis. Von der Sika Chemie, dem Hersteller, gibt es kostenlos ein sogenanntes »Caravan-Manual«, das neben der technischen Beschreibung der Sikaflex-Produktfamilie, die aus verschiedenen Klebern für verschiedene Anwendungsbereiche besteht, konkrete Einbauanweisungen gibt. Außerdem finden Kleber von Teroson, Bostik und Henkel Verwendung.

TIP: Sie sollten im Blechbereich grundsätzlich keine Kleber und Dichtungsmassen auf Siliconbasis verwenden. Silicon spaltet beim Aushärten Essigsäure ab. Die fördert die Rostbildung erheblich. Die Kleber müssen unbedingt dauerelastisch sein, um die unterschiedlichen Ausdehnungen der Materialien aufnehmen zu können. Wenn Sie im Freien arbeiten, also keine Halle für Ihren Ausbau nutzen können, sind feuchtigkeitshärtende Klebesysteme notwendig. Massen auf Polyurethanbasis sind hier die Mittel der Wahl.

ACHTUNG: Polyurethanprodukte enthalten Isocyanate. Bei der Verarbeitung können toxische (giftige) und allergische Wirkungen hervorgerufen werden, besonders bei Asthmakranken. Nach dem Aushärten sind die Produkte jedoch unbedenklich.

Je nach Verarbeitungshinweis des Kleberherstellers müssen Sie den Kleber nur auf das Fahrzeugblech auftragen oder aber beidseitig, d. h. auf Fensterrahmen und Blech.

Pfusch beim Fenstereinbau wird teuer. Hier wurde versäumt, den Schnittrand mit Korrosionsschutz zu versehen. So entstehen böse Rostnester.

Achten Sie besonders auf lückenlosen Auftrag, da die Klebemasse gleichzeitig als Dichtung dient. Lieber etwas zuviel als zuwenig, sollte die Devise sein. Bei der Montage unter dem Rahmen hervorquellende Masse kann einfach mit einem Holzspatel oder spülmittelbenetztem Finger geglättet oder aber mit der Ziehklinge entfernt werden.

Sie setzen nun das Fenster von außen in die Fahrzeugwand ein. Bei allen gängigen Klebesystemen haben Sie Zeit genug, den Rahmen, wenn er bereits im Klebebett liegt, durch allseitiges leichtes Verschieben richtig zu positionieren. Ein Helfer sollte das Fenster nun durch leichten, stetigen Druck (nicht pressen) in der richtigen Lage halten, während Sie den Gegenrahmen von innen anbringen.

Das ist von Fenstertyp zu Fenstertyp unterschiedlich, manche Gegenrahmen werden einfach eingeclipst, bei anderen Fenstern dienen Krampen mit Schrauben zur inneren Befestigung. Dabei ist der Innenrahmen nicht als tragende Konstruktion gedacht, er fixiert das Fenster nur. Der

Das Fenster sitzt.
Letzte Arbeit vor dem
Einsetzen der Scheibe:
Anbringen der Gummi-
dichtung.

eigentliche Halt kommt von der Verklebung. Je nach Wand-stärke kann es nötig werden, Hartholzleisten zu unterfüt-tern, damit die Krampen Halt bekommen. Auf Schönheit kommt es hier nicht an. Ein Innenabdeckprofil wird später die Konstruktion verbergen.

TIP: Haben Sie keine Hilfsperson zur Hand, stehen Ih-nen zwei Alternativen frei: Sie können kurzfristig das Fen-ster außen mit Krepp- oder Paketklebeband großflächig auf der Karosserie fixieren, um dann von innen in Ruhe den In-nenrahmen anzubringen. Oder Sie verwenden statt der pa-stösen Klebesysteme aus der Kartusche doppelseitig kle-bendes Dichtprofil aus geschlossenzelligem Schaum, wie man es in Karosseriebaufachbetrieben erhalten kann. We-niger geeignet ist die Methode, den Fensterflügel auszu-hängen und den Rahmen mit Schraubzwingen zu fixieren. Hierbei handelt man sich leicht Verspannungen ein.

Das erwähnte doppelseitig haftende Band allerdings klebt sofort und wie der Teufel. Ein Nachjustieren des Fen-stersitzes ist nicht möglich, das Einsetzen muß absolut paßgenau sein. Von der Zugscherfestigkeit sind die gängi-gen Klebebänder für den Fenstereinbau ausreichend.

Vor dem endgültigen Festziehen des Innenrahmens sollte geprüft werden, ob sich das Fenster auch leicht öff-nen und schließen läßt. Man kommt jetzt noch unangeneh-men Verspannungen auf die Spur und kann sie wieder be-seitigen.

Nach geglücktem Einbau ist es zur Verbesserung der Dichtigkeit angeraten, einen feinen Wulst der Dichtklebe-masse rund um den Rahmen zu ziehen. Optisch wird der Übergang zwischen dem aufgesetzten Rahmen und der Karosserie perfekt abgerundet, wenn man diese Fuge mit dem spülmittelbenetzten Finger sauber nachzieht (vorheri-ges Abkleben des karosserieseitigen Randes mit Krepp-band schafft eine saubere, gradlinige Fuge). Diese Dicht-fuge sollte bei beiden Verklebungstechniken angewendet werden. Mit ihr ist auch etwas »Pfusch« möglich.

Rostnest an der Rahmenverschraubung im Radius dieses Alu-Fensters. Besser ist die ausschließliche Verklebung.

TIP: Um nämlich die geraden Fensterrahmen in der gewölbten Karosseriewand einigermaßen bündig einzusetzen, wird man häufig am oberen und unteren Rahmenrand größere Abstände zum Blech haben, während der Rahmen in der Mitte anliegt. Eine sauber aufgebaute Fuge stellt den Anschluß vollflächig wieder her.

Alurahmen haben meist in regelmäßigen Abständen vorgestanzte Löcher, durch die man sie mit der Karosserie verschrauben soll. Man hält das Fenster an den Ausschnitt, richtet es aus und setzt dann das erste Bohrloch. Zunächst fixiert man das Alufenster an den vier Ecken, probiert dann die Gängigkeit (Verspannungen), um darauf sukzessive ein Loch nach dem anderen zu bohren. Nichtrostende Blechtreibschrauben oder wasserdichte Blindnieten verbinden Karosserieblech und Rahmen. Diese Methode hat allerhand Nachteile. Jedes Bohrloch ist die mögliche Anlage eines neuen Rostnests. Die Gefahr, daß sich Bohrlöcher im Laufe der Jahre durch Verwindungen der Karosserie erweitern, ist groß. Deshalb sollten auch Alurahmenfenster am besten nur spannungsfrei verklebt und mit einem Innengegenrahmen fixiert werden. Man spart sich damit einen Arbeitsgang, da ein sorgfältiges Abdichten mit einer dauerelastischen Fuge gerade bei den vielen Bohrlöchern im Rahmen ohnehin auch bei der Schraub- oder Nietbefestigung erforderlich wäre. Im übrigen neigt man beim Einnieten eher dazu, den Rahmen zu verspannen als beim Kleben.

Eine Sonderstellung nehmen Ausbauten von Kombi- und Busmodellen ein. Häufig werden ja nicht geschlossene Kastenwagen, sondern bereits verglaste Versionen von Transportern ausgebaut. Da sind die Fensterflächen vorgegeben. Sie in aufwendiger Karosserieschlosserarbeit zu verschließen, um nachher Fensterrahmen einsetzen zu können, wird in den meisten Fällen sinnlos sein. Jedoch muß auch der Besitzer eines Campingbusses nicht mit ständigem Wärmeverlust durch die Fenster leben. Die Zubehörindustrie hält für alle gängigen Busmodelle von Volkswagen, Mercedes, Ford, Fiat, Peugeot, Citroën und Renault sogenannte Doppelaustauschfenster bereit. Das sind Acrylglas-Zweischeiben-Isolierfenster, meist braun getönt, die in die Originalfensterprofile des jeweiligen Modells passen. Es gibt auch sie als starre, Schiebe- und Ausstellfenster!

Um die serienmäßigen Einscheibensicherheitsglasfenster herauszubekommen, drückt man sie von innen – am besten mit den Füßen (große druckverteilende Auflagefläche) – sanft und gleichmäßig heraus. Man braucht einen Helfer (sogenannter »Außenseiter«), der die herausspringende Scheibe auffängt. Das Scheibeneinfaßprofilgummi wird aus dem Blechfalz gelöst und auf Unversehrtheit überprüft. Hat es Risse – weg damit. Profilgummi gibt's als

So bekommt man Serienfenster aus dem Bus heraus.

preiswerte Meterware im Zubehörhandel, der auch die Austauschfenster verkauft. Das Gummi wird um die neue Isolierscheibe herumgeführt. Dann legt man in die äußere Nut des Gummis ringsherum eine dünne, kräftige Schnur ein. Setzen Sie die Scheibe mit dem Gummi soweit ein, wie es möglich ist. Die Hilfsperson preßt nun unter stetigem Druck die Scheibe von außen gegen das Fahrzeug, während Sie von innen ganz langsam die Schnur aus dem Profil ziehen. Die Schnur holt dabei das Gummi nach innen, so daß es die Blechkante umschließen kann. Ein bißchen Talkum macht das Gummi vor dieser Aktion geschmeidiger.

TIP: Wer billig Licht in seinen geschlossenen Kastenwagen bringen will, kann auch mit der oben beschriebenen Austauschmethode zum Ziel kommen: Vom Schrottplatz werden ein paar maßlich passende Autoscheiben besorgt, mit der Stichsäge die entsprechenden Ausschnitte gesetzt und dann mit der Gummi-Schnur-Methode die Fenster eingesetzt. Um das Profilgummi vor Rissen zu schützen (Un-

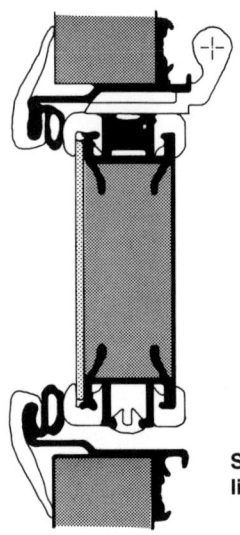

Systemschnitt durch eine isolierte Kofferklappe

dichtigkeit!), muß der Blechausschnitt besonders sauber entgratet werden.

Der Einbau von Dachluken, Hauben, Glasdächern und Kofferklappen geht im Prinzip genauso vonstatten wie bei den Fensterrahmen beschrieben. Kofferklappen haben meistens Alurahmen. Es gibt sie in zahlreichen konfektionierten Größen fix und fertig, mit isolierter Tür und Schloß.

TIP: Wer mehrere Klappen und Türen einbaut, sollte sich beim Reisemobilzubehörhändler gleichschließende Schlösser besorgen. Dann können alle Kofferklappen mit nur einem Schlüssel geöffnet werden.

Dachluken werden häufig auch in Kunststoffhochdächer oder Schlafdachschalen eingebaut. Hierbei kann getrost Silicondichtmasse verwendet werden, denn Kunststoff korrodiert dadurch nicht. Allerdings erweist sich auch hierbei die ausschließliche Verklebung mit haftstarken Dichtungsmassen als einfachster und sicherster Weg.

Dachvarianten

Wollen Sie in Ihrem Campingbus auch stehen und mehrere Schlafplätze unterbringen, kommen Sie meist um eine Raumerweiterung nach oben nicht herum. Im Zweipersonenhaushalt reicht ein Hubdach, welches im Küchenbereich ausgefahren werden kann und dort das aufrechte Stehen ermöglicht. Während der Fahrt wird es genauso eingeklappt wie das Aufstelldach (auch Klappschlafdach genannt), in dem man zusätzlich zur Stehhöhe auch noch Platz für zwei Betten hat. Die feste Lösung bietet ein Hochdach. Hochdächer sind inzwischen bei Wohnmobilen am beliebtesten.

Hochdächer

Viele Basisfahrzeuge werden ab Werk auch als sogenannte Hochraumkästen angeboten. Sie sind dann bereits mit einem Hochdach ausgerüstet. Leider bieten aber auch diese Dächer nur ganz knappe Stehhöhe, die noch geringer wird, wenn man Boden- und Deckenisolierung einrechnet. An Dachbetten ist da aus Platzmangel meist nicht mehr zu denken. Deshalb hält die Zubehörindustrie eine inzwischen schon unübersichtliche Vielfalt verschiedener Spezialhochdächer bereit. Für den Campingaspiranten sind diese Dächer die einzig vernünftige Wahl, ihr Aufbau ist ziemlich unproblematisch.

TIP: Findet man für sein Basisfahrzeug kein speziell hergestelltes Dach, läßt sich meist durch Verändern und Anspachteln eines ähnlich geformten Dachs eine befriedigende Lösung erreichen.

Für das feste Hochdach sprechen: Bessere Raumausnutzung, Wintertauglichkeit durch mögliche Isolation rundum, Betten im Oberstübchen, Gehen und Stehen, wo man es möchte. Und dabei sind Kunststoffhochdächer, wenn ihre Qualität o. k. ist, heutzutage hochstabil und ähnlich belastbar wie das Karosserieblech selbst. Mißtrauen gegen die aufgesetzten Schalen ist hier allenfalls aus ästhetischen Gründen angebracht.

Es gibt ganz erhebliche Unterschiede bei Preisen und Qualitäten. Viele Hochdächer kommen aus großen Zulieferbetrieben für die Automobilindustrie. Der allgemeine Preiskampf läßt leider aber auch eine ganze Menge kleiner Hinterhoffirmen im Dachgeschäft mitmischen. Hier fehlen gelegentlich Erfahrung und Verantwortung.

Auch der Laie ist durchaus in der Lage zu sehen, ob ein Dach sorgfältig gemacht und damit seinen Preis wert ist oder nicht.

GfK-Dach, Vollpolyesterhochdach, laminierte Dachschale, Kunststoffdach, Sandwichdach oder Plastikdach sind Bezeichnungen, die der Reisemobilinteressent immer wieder zu lesen bekommt, wenn er die Prospekte der Anbieter studiert. Das ist im Grund alles dasselbe.

Denn ein Hochdach besteht heutzutage üblicherweise aus einer Mischung verschiedener Kunstharzkomponenten, der zur Verstärkung Glasfasern beigefügt werden.

GfK heißt nicht mehr als »Glasfaserverstärkter Kunststoff«. Polyester nennt man das Kunstharz. Ein Laminat schließlich ist ein schichtförmig aufgebautes Werkstück. Das Sandwichdach erhält seinen Namen von einer zusätzlichen Schicht: Wie bei einem belegten Brötchen ist hier Isolationsmaterial in das noch feuchte Kunstharz eingelegt und beim Aushärten fest mit der Dachschale verbacken

Neues Dach auf altem Bulli. Mit Spachtel- und Anpaßarbeit paßt ein Hochdach für den Typ 2 Baujahr 72—79 auch auf den Samba-Bus.

worden. Sandwichdächer gibt es auch zweischalig, dann liegt das Isomaterial zwischen einer Außen- und einer Innenschale fest verklebt.

Es gibt verschiedene Arten von Herstellungsverfahren. Am weitesten verbreitet für den Reisemobilzubehörmarkt sind gespritzte oder im Handauflegeverfahren hergestellte Hochdächer.

Als erste Schicht wird ein Lack aufgebracht, der sogenannte Gelcoat. Zumeist ist er weiß, nach Wunsch sind aber auch alle anderen Farbtönungen denkbar, etwa die Wagenfarbe oder ein Perlmuttglanzeffekt. Hier gibt es bereits die ersten entscheidenden Unterschiede.

Da diese Schicht später die Außenhaut des Dachs darstellt, muß sie nicht nur ästhetischen Anforderungen genügen, sondern sollte auch unbeschadet kratzende Zweige und Äste überstehen. Ist diese Schicht nur Bruchteile eines Millimeters (My) dick, wird sie schnell abgekratzt. Hat der Hersteller etwas mehr Lack spendiert, lassen sich Astkratzer immer mühelos mit Lackreiniger oder Politur ausbessern.

Jetzt folgen verschiedene Schichten aus Glasfaser und Kunstharz. Dabei werden beim Handauflegeverfahren Glasfasermatten in das Kunstharzbett gelegt. Beim Spritzverfahren kommt die Glasfaser von einer überdimensionierten Garnrolle, wird in der Spritzpistole zu kurzen Stücken zerhäckselt und zusammen mit dem Sprühnebel des flüssigen Harzes unter hohem Druck in die Form gespritzt. Dieser Vorgang ähnelt dem Arbeiten mit einer Lackierpistole. Allerdings wird vom Arbeiter viel Erfahrung und ein sehr gutes Auge verlangt, damit die Schichten gleichmäßig werden. Von größter Wichtigkeit für die Qualität des Dachs ist, daß nach jeder gespritzten Schicht sorgfältig mit einer Rolle alle Glasfasern niedergewalzt werden. Sonst hat das Dach später keine gleichmäßige Dichte. Verzichtet man darauf, halten sich Luftblasen im Dach. Zug um Zug wird nun Schicht über Schicht naß in naß aufgebracht, bis die 3—5 mm, die ein Dach stark ist, erreicht sind.

Gespritzte Dächer haben im allgemeinen einen höheren Harzanteil, handlaminierte Dächer einen höheren Glasanteil. Letztere sind deshalb leichter, was kein Nachteil ist, denn durch die vermehrte Glasfaser sind sie ebenso stabil. Das Handauflegeverfahren ist allerdings teuer.

Das fertige Dach muß jetzt in der Form austrocknen (am besten im Ofen, dann heißt es »getempert«), an den Rändern mit dem Winkelschleifer von überstehenden Zipfeln befreit werden, geht durch die Endkontrolle und kann ausgeliefert werden.

So einfach und zügig sich das liest, so aufwendig und langdauernd ist der Arbeitsgang. Auch hier kann natürlich husch-husch gearbeitet werden, denn Zeit kostet Geld. Betrachten Sie deshalb Ihr Dach genau. Außen weiß oder in einer anderen Farbe, auf jeden Fall aber glatt und mit geschlossenen Poren, innen honigfarben und deutlich uneben von den Glasfaserschnipseln muß es sein. Halten Sie das Dach gegen das Licht: Wenn Sie allzu deutliche Unterschiede im Durchscheinen bemerken, stimmt etwas mit der gleichmäßigen Dichte nicht. Finger weg vom Dach, wenn Sie gar eingeschlossene Luftblasen entdecken. Hier hat der Arbeiter »vergessen«, nach einem Spritzgang zu rollen. Nach Jahr und Tag hat sich die Luft in der Blase in Winter und Sommer oft ausgedehnt und zusammengezogen, schließlich platzt das Dach Schicht um Schicht ab.

Sollten Sie in der äußeren Schicht feine Haarrisse wie Spinnweben erkennen können, dann ist das auf unsachgemäße Verarbeitung zurückzuführen. Wahrscheinlich wurden die vorgeschriebenen Verarbeitungstemperaturen nicht eingehalten, die der Harzhersteller auf seinen Packungen vermerkt. Dann trocknet die obere Schicht zu schnell ein, während der Härtungsprozeß tiefer noch im Gange ist. Das äußere Material kann aber nicht mehr nachgeben, so daß die Risse entstehen.

Häufiger als von einer schlechten Form rühren Wellen, Würfe und eingefallene Flanken von unsachgemäßer Verarbeitung her. Polyester besteht aus Harz und Härter; vermischt man beide Komponenten, so entsteht aus der flüssigen Mischung mit der Zeit ein harter, fester Kunststoff. Die größten bundesdeutschen Zulieferer der GfK-Industrie, die qualitativ hochwertige Rohmaterialien anbieten, geben exakte Mischungsrezepturen an. Aus Schlampigkeit, Unwissen oder um etwas zu sparen werden jedoch nicht immer die korrekten Mischungen eingehalten. Außerdem sind minderwertige Konkurrenzprodukte im Umlauf.

Sichtbare Qualitätsmängel können ihre Ursache haben in:
- Schlechtem Modell
- Nichteinhalten der Aushärtungszeit
- Falscher Mischung der Komponenten
- Falscher Verarbeitungstemperatur

In jedem Fall sagt die äußere Form viel über die Qualität des Dachs.

Ein weiterer Prüfpunkt: die Dicke des Materials. Nicht unbedingt muß das dickere Dach immer das bessere sein, aber wenn Sie innerhalb ein und desselben Dachs zu große Unterschiede bemerken, dann wurde bewußt Material gespart. Zur unmittelbaren Stabilität des Dachs tragen nämlich hauptsächlich die Falze und Sicken, Knicke und Stufen bei, die in der Form angelegt sind. Getragen wird das Dach außerdem natürlich von den Rundungen. An den übrigen Teilen könnte man sparen. Das erleichtert erfreulicherweise das Gewicht. Nur: Läßt man zuviel weg, hat man »schlabberige« Seitenflanken und ein durchhängendes Dach, was im Fahrzeugbetrieb zu dauernden Pumpeffekten durch Auf- und Niederwölben führt und schließlich die Dichtigkeit der Verklebung in der Regenrinne gefährdet.

Das Beschneiden des fertigen Dachs ist wieder ein sehr zeitraubender Arbeitsgang, der allerhand Fingerspitzengefühl voraussetzt. Bleibt ein zu großer Kragen als nutzloser Rand stehen, vergrößert sich die Gefahr, daß das Dach an diesen Stellen beim Transport einbricht, denn hier ist das Material völlig ungleichmäßig dick. Die Risse setzen sich leicht bis in die Seitenflanken fort. Aber auch ein heilgebliebenes Dach ist insbesondere für den Selbstaufbauer problematisch, wenn es nicht werkseitig beschnitten wurde. Ein Winkelschleifer ist die Voraussetzung, denn wer sich mit der Stichsäge daranbegibt, erntet unbefriedigende Ergebnisse und wird einen Haufen Sägeblätter los. Eine Steintrennscheibe ist aber auch beim Winkelschleifer nur ein Notbehelf. Optimal für GfK-Bearbeitung ist allemal nur eine Diamantscheibe; und die kostet pro Stück so um die 500 Mark. Kosten, die sich der Anbieter unbeschnittener Dächer sparen möchte.

Nicht alle Dächer werden im Spritz- oder Auflegeverfahren hergestellt. Mancher Fahrzeughersteller setzt auf gepreßte Dächer. Hierbei handelt es sich um ein weitgehend automatisiertes und weiterentwickeltes Spritzverfahren. In den entsprechenden Werkstätten benötigt man dazu nicht eine, sondern zwei Formen. Und die dürfen nicht aus GfK sein, sondern sind teure Werkzeuge aus legiertem Stahl. Die beiden Formen passen genau mit allseitig gleichem Abstand ineinander. In die größere Form wird Glasfaser und Kunstharz eingespritzt, worauf die kleinere abgesenkt wird und nun unter hohem Druck den noch flüssigen glasfaserverstärkten Kunststoff bis zum Aushärten verpreßt. Dadurch entsteht ein Dach von völlig gleichmäßiger Dichte. Lufteinschlüsse sind ausgeschlossen und eine hohe Steifigkeit des Daches ist garantiert.

Dächer selber machen

Rein theoretisch können Sie sich Ihr Dach natürlich auch selber bauen. Bei den derzeitigen niedrigen Preisen für Fertigware ist dies allerdings kaum anzuraten, wenn Sie nicht gerade Fachmann auf dem Gebiet GfK-Verarbeitung sind. Zu beachten ist folgendes: Zunächst einmal müssen Sie die Qualität Ihrer Erzeugnisse nachweisen. Einige etliche Quadratzentimeter große Musterstücke (genaue Maßvorgaben fehlen, als Richtwert sind 30×30 cm anzunehmen) müssen der BAM, der Bundesanstalt für Materialprüfung in Berlin, für ein Splittergutachten und für eine Prüfung auf die Schwerentflammbarkeit zur Verfügung gestellt werden. Ähnlich wie bei Autoglasscheiben muß der ausgehärtete Kunststoff nämlich ein ganz bestimmtes Bruchverhalten zeigen, wenn er zum Betrieb in Fahrzeugen zugelassen werden soll. Kein in Deutschland verkauftes Dach kommt ohne Splittergutachten des Herstellerwerks zum Verkauf. Sie brauchen es dann, wenn Sie dem TÜV Ihr fertiges Wohnmobil zur Abnahme vorführen. Außerdem wird an diesem Musterstück überprüft, wie es um die gesetzlich vorgeschriebene Schwerentflammbarkeit der Probe steht. Durch Beimischung entsprechender Stoffe ist das in den Griff zu bekommen. Das heißt allerdings nicht, daß das Material feuerfest wäre; es dauert nur länger, bis die Flamme sich des Dachs bemächtigt.

Der Kunde, der ein ausgehärtetes und abgelüftetes Dach erwirbt, hat im allgemeinen keine Gesundheitsgefährdungen zu erwarten. Ganz anders ist es bei der Produktion. Hier sind es vor allem die gefährlichen Styroldämpfe, die zu strengen Arbeitsschutzvorschriften geführt haben. Beherzigen Sie diese beim Eigenlaminat, achten Sie vor allem auf gute Durchlüftung! Styrol ist schwerer als Luft und sammelt sich in Bodennähe.

Bei Interesse an Eigenlaminaten hilft die GfK-Branche mit Schriften und praktischen Beratungen ausgesprochen intensiv weiter.

Dachaufbau

Egal, ob Sie Ihr Dach selber machen oder von der Stange kaufen: Es muß aufs Fahrzeug! Dachhersteller, die ab Werk verkaufen, sowie größere Reisemobilzubehörlieferanten bieten inzwischen höchst rationellen Aufbauservice zu pauschalisierten Komplettpreisen. Wenn Sie morgens dort mit Ihrem Flachdachfahrzeug hinkommen (Terminabsprache vorausgesetzt), können Sie nachmittags bereits wieder mit dem Hochdachmobil zu Hause sein. Das kostet natürlich Geld, ist aber auch versierten Heimwerkern aus verschiedenen Gründen nahezulegen: Bei unsicherem Wetter und Nichtverfügbarkeit einer Halle; um einen Garantieanspruch auf Dichtigkeit zu haben; um an Ort und Stelle die erforderlichen Dachspiegel richtig, nämlich mit Schutzgas, eingeschweißt zu bekommen, oder wenn kein Hilfspersonal zur Verfügung steht. Man kann nämlich ein Dach kaum allein aufsetzen, es sei denn, man verfügt über technische Hilfsmittel wie einen Kran. Beim Aufbau durch den Händler erübrigen sich Formalitäten meist. Er liefert sowohl das Splittergutachten als auch die Unbedenklichkeitsbescheinigung des Fahrzeugherstellers.

Machen Sie alles in Eigenregie, benötigen Sie, bevor Sie in die Hände spucken können, das Einverständnis Ihres Fahrzeugherstellerwerks. Man kann dort (Adresse über Kundendienstbetrieb) vorgefertigte Formblätter anfordern. Darin steht dann, bis zu welcher Höhe und mit welchen Veränderungen an der tragenden Struktur das Dach geändert werden darf.

Dann fängt der Cabriobau an: Auftrennen und Entfernen des alten Dachs. Der Schnitt sollte möglichst gleichmäßig etwas oberhalb (3−5 cm) der Regenrinne angesetzt werden. Am besten mit dem Trennschleifer von außen. Dazu ist ein kleines Gerüst sehr hilfreich, auf dem Sie an der Fahrzeugseite entlang gehen können. Es geht natürlich auch mit der Leiter, die Stück für Stück verrückt wird. Wichtig allerdings ist, daß Sie ganz sicher stehen, denn die Arbeit ist nicht ungefährlich.

TIP: Kommen Sie nicht auf die Idee, mit dem Trennschleifer innen im Fahrzeug zu arbeiten! Die Blechkarosse eines geschlossenen Kastenwagens stellt einen wunderbaren Resonanzkörper dar. Sie dürfen Gehörschäden erwarten. Außerdem ist die Arbeit in gebückter Haltung über Kopf mit dem Winkelschleifer sehr anstrengend, in den Ecken kommt man nicht weiter.

Haben Sie keinen Trennschleifer zur Verfügung, geht's auch mit der Stichsäge (das kostet dann ein paar Dutzend Sägeblätter!). Vor dem Arbeiten mit der Säge sollten allerdings die Holme innen mit einem Karosseriemeißel durchtrennt werden – das schafft die Säge nicht. Notfalls geht auch alles in Handarbeit, mit Meißel und Blechknabber. Ein gutes Konditionstraining . . .

Achten Sie darauf, daß Ihnen das ausgeschnittene Dach nicht ins Wageninnere fällt. Es ist manchmal sehr schwer, es dort wieder herauszubekommen, außerdem beschädigen die scharfen und gratigen Schnittkanten leicht den Innenraum. Rechtzeitiges diagonales Unterlegen von Hölzern an den aufgeschnittenen Ecken verhindert den »Rein-

Hochdachmontage. Das Dach wird ins Klebebett eingesetzt. Hat man keine feststellbaren Gripzangen, kann man das Dach auch mit kräftigen Zurrgurten verspannen.

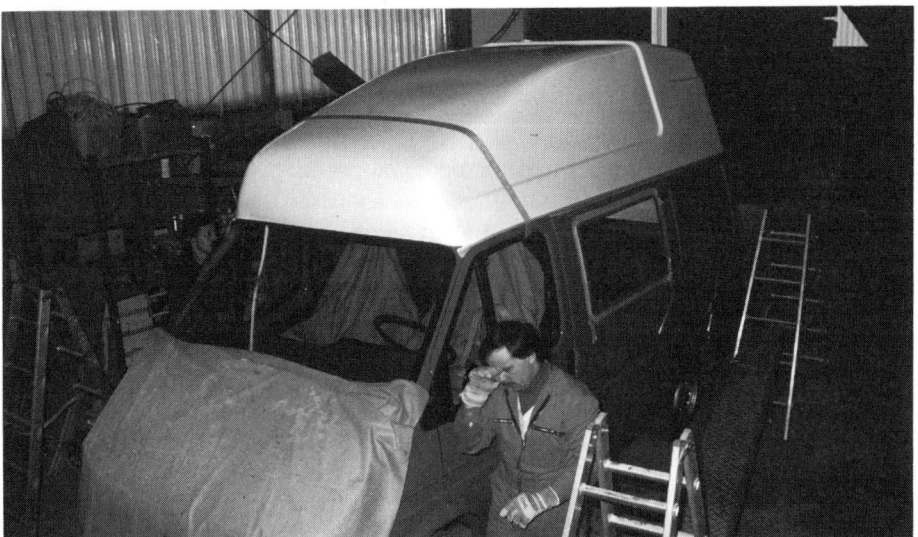

fall«. Ist das gesamte Blechdach abgetrennt, kann es von innen mit Schwung weit über die Seitenwand befördert werden. Wundern Sie sich nicht, je nach Wagengröße ist so ein Stück Blech ordentlich schwer, ein Zentner und mehr sind drin! Überlegen Sie vorher, wie Sie das Stück von da auf den Schrottplatz transportiert bekommen (eine Frage, die Ihnen beim Aufbau in der Händlerwerkstatt abgenommen wird).

Ist jetzt das Cabrio fertig, werden die Schnittkanten entgratet und der oberhalb der Regenrinne stehengebliebene Blechkragen leicht nach innen eingebördelt. Besonders an den Ecken ist das wichtig, es erleichtert das Aufsetzen der Hochdachschale. Den Ecken können Sie ruhig ein paar kräftige Hammerschläge nach innen verpassen.

Jetzt müssen die Regenrinne und der stehengebliebene Blechkragen sehr sorgfältig mit Primer oder Lösungsmittel (siehe auch »Fenstereinbau«) gereinigt werden, damit der Hochdachkleber richtig anziehen und dichten kann. Besonders ältere Kastenwagen sind hier sehr verschmutzt. Sorgfältiges Arbeiten lohnt sich durch spätere Dichtigkeit. Man darf wirklich kein Fitzelchen Dreck mehr in der Rinne finden. Wenn sich der Lack dabei anlöst, ist das nicht so wichtig.

Bevor nun Kleber verstrichen wird, sollte das Dach zur »Anprobe« einmal aufgesetzt werden. Man sieht dann, wo eventuell noch etwas für die Paßform getan werden muß. Ist alles o. k., muß das Dach »wie angegossen« in den Regenrinnen aufsitzen, allseitig gleichmäßig. Nach dem Abnehmen der Dachschale kann der Kleber satt, jedoch nicht bis zum Rand als eine lückenlose »Wurst« in die Regenrinnen gelegt werden. Ein gleichmäßiger Auftrag ist wichtig. Besonders beim Arbeiten mit hochviskos eingestellten (= besonders zähen) Klebern aus Handpreßkartuschen ist Sorgfalt geboten. Die Verwendung von Druckluftkartuschendrückern ist besser. Jetzt wird das Dach aufgesetzt und an den vier Ecken mit feststellbaren Gripzangen fixiert.

Die Regenrinne wird um den Sockel des Dachs weiter gleichmäßig aufgefüllt. Von innen wird der Bereich zwischen dem stehengebliebenen Blechkragen und der Dachschaleninnenseite ebenfalls mit Kleber aufgefüllt. Ängstliche Gemüter setzen zur Fixierung bis zum Aushärten des Klebers ein paar Blindnieten durch Dach und Blechkragen. Das ist aber wirklich nicht erforderlich, es schafft nur wieder zusätzliche mögliche Undichtigkeiten. Nicht vergessen werden darf natürlich, nach dem Abnehmen der Gripzangen deren Auflagefläche ebenfalls abzudichten. Um die Klebefuge schön gleichmäßig zu säubern, hilft es, mit dem Ziehspachtel oder dem spülmittelbenetzten Zeigefinger die gesamte Regenrinne nachzufahren. Der Kleber sollte gleich-

mäßig zum Hochdach hin ansteigen, damit das Wasser gut abläuft und nicht in Ausbuchtungen stehen bleibt. Für die Hochdachschale ist die Verklebung (am besten mit PU-Kleber, z. B. Sikaflex) die einzige Befestigung. Sie dürfen ihr ruhig trauen, sie ist besser als Schrauben oder Nieten, weil gleichzeitig mehrere Funktionen erfüllt werden (befestigen, abdichten und dauerelastisch verbinden). Durch die unterschiedliche Temperaturausdehnung von Blech und Kunststoff sowie durch Verwindung und Erschütterung würde jede mechanische Verbindung bald reißen, abscheren oder durch Erweiterung undicht werden.

Ihr Fahrzeug hat jetzt eine imposantere Figur als vorher und sieht von außen schon recht fertig aus. Das verklebte Hochdach kann jedoch nicht die statische Sicherheit wiederherstellen, die das Blechdach mit den Überrollbügeln geboten hatte. Deshalb ist es erforderlich, genau nach Anleitung, wie in der Unbedenklichkeitsbescheinigung des Fahrzeugherstellers beschrieben, entsprechende Spriegel wiedereinzusetzen. Meist sind sie im Lieferumfang des Dachs vorgefertigt enthalten. Je nach Fahrzeugtyp sind die Bedingungen sehr unterschiedlich. Während die meisten japanischen Fahrzeuge überhaupt keine Dachverstärkung benötigen, ist es bei manchen kleineren Fahrzeugen (VW-Bus oder Ford Transit beispielsweise) erforderlich, in Regenrinnenhöhe einen rundumlaufenden Verstärkungsrahmen einzusetzen. Wieder andere Fahrzeuge, vor allem die großen, benötigen als Ersatz für jeden herausgetrennten Holm den Einsatz eines neuen. Diese Arbeiten dürfen nur mit Schutzgasschweißgeräten ausgeführt werden. Machen Sie Fotos davon, um den TÜV später überzeugen zu können! Bei werkseitigem Aufbau sollten Sie sich die Schutzgasverwendung auf der Rechnung bestätigen lassen. Sonst kann es Ihnen blühen, daß Sie später sämtliche Schweißpunkte unter der Einrichtung und Innenverkleidung zur Begutachtung wieder freilegen müssen. Ganz Vorsichtige gehen deshalb mit dem innen noch nackten Fahrzeug nach Dachaufbau zum TÜV und lassen dort schon mal den Aufbau absegnen (neue Höhe wird eingetragen). Diese Vorsicht ist allerdings gebührenpflichtig.

TIP: Beim Einsetzen der Holme müssen Sie darauf achten, daß allseitig Abstand zum Kunststoffhochdach eingehalten wird. Die Holme sollen nicht das Dach tragen, sondern die Statik der Karosserie wiederherstellen. Da sie durch Verwindungen unter der Dachschale arbeiten, sollen sie nicht anliegen. Sonst kann die Dachhaut angescheuert werden. Schmale Streifen Schaumgummi oder ein Wulst aus haftstarker Dichtungsmasse zwischen Dach und Spriegel garantieren eine elastische Zwischenschicht.

Andere Dacherhöhungen

Solange Sie im Rahmen der vom Fahrzeughersteller vorgegebenen Maße und Statik bleiben, können Sie im Prinzip die Dacherhöhung herstellen wie Sie wollen. Wenn keine gefährdenden Fahrzeugteile außen entstehen, die der StVZO widersprechen, und die Aufbaulast vom Fahrgestell ertragen wird. Niemand schreibt vor, daß das Hochdach aus GfK sein muß. Allerdings haben sich diese Dächer wegen ihrer einfachen Handhabbarkeit und vor allem wegen ihres geringen Gewichts durchgesetzt. Sie können genauso aber auch das abgetrennte Originaldach nach Verlängerung der durchtrennten Holme wieder oben drauf setzen und mit einem umlaufenden Blechstreifen die Karosserie verschließen. Beliebt sind auch auf Kastenwagen aufgesetzte Pkw-Oberteile. Das sieht zwar urig und individuell aus, bringt aber dem Ausbau nichts – durch die großen Fensterflächen hat man zwar viel Licht von oben, muß jedoch mit größten Kältebrücken kämpfen. Das große Gewicht sorgt für ungünstige und unsichere Fahreigenschaften.

Vereinfachte Hochdachmontage

Solange Sie nicht die gesamte Dachfläche über dem Laderaum heraustrennen, weil Sie gar nicht so viel Stehbereich brauchen, geht alles noch viel einfacher. Gemeinhin läßt man über dem Fahrerhaus das Dach ohnehin stehen. Bei den meisten Fahrzeugen wird auf dem verbleibenden Dachrest das einschiebbare Dachbett untergebracht. Man kann den Raum allerdings auch sehr gut als Staukasten nutzen. Besonders beim VW-Bus ist es beliebt, nur den kleinen Bereich an der Schiebetür auszuschneiden (Küchenbereich). Wegen des heckseitigen Motorraumes ist Stehen hinten ohnehin nicht möglich. Die Dachbetten werden deshalb meist über dem hinteren Dachrest zusammengeschoben. Das Dach wird dann nur zwischen zwei Originalholmen (der B- und der C-Säule) aufgeschnitten. Die Statik ändert sich nicht. Nach Verkleben der Hochdachschale ist schon alles fertig. Weitere Versteifungen sind nicht erforderlich. Diese Bauart erspart auch bei allen anderen Fahrzeugen jede größere Karosserieschlosserarbeit, schränkt allerdings den freien Bewegungsraum erheblich

Blech-Hochdach mit Mammut-Innenraum. Die Konstruktion ist ein beplanktes Stahlrohrgerippe.

Billige Kombination: Alter Kastenwagen mit aufgesetztem VW-Bus-Oberteil vom Schrott. Das Trägerfahrzeug ist etwa 20, das Oberstübchen fast 30 Jahre alt.

ein. Es steht nur der freie Querschnitt zur Verfügung, den man bei Hubdächern vorfindet.

Hub- und Aufstelldächer

Als die Motorcaravan-Touristik anfing, waren sie einmal das entscheidende Teil, das den Transporter zum Campingbus machte – Hub- und Aufstelldächer. In den vergangenen Jahren hat das fest aufgebaute Hochdach den Hub- und Aufstelldächern Marktanteile weggenommen. Immer weniger Fahrzeuge werden mit Klappdächern ausgerüstet, immer mehr mit festem Hochdach. Dennoch wird auch das klappbare Dach weiterhin seinen ganz speziellen Anhängerkreis finden.

Ein Hubdach ist ein Teil des Fahrzeugdachs, der sich anheben läßt. Dabei bleibt die Dachschale parallel zum Fahrzeugdach. Alle vier Seitenteile sind also gleich hoch. Üblicherweise werden nur kleine Dächer so genannt, die keine Schlafplätze bieten.

Ein Aufstelldach ist meistens vorn oder hinten, manchmal sogar seitlich am Fahrzeugdach angeschlagen. Es wird nur an einer Seite angehoben, eben aufgestellt. Dabei entsteht eine keilförmige Raumerweiterung.

Die Begriffe werden allerdings auch von den Herstellern nicht einheitlich verwendet. Außerdem gibt es noch allerhand Modelle, auf die weder das eine noch das andere so recht passen will, was die Verwirrung steigert.

Hubdächer

Hubdächer sind meistens die kleine Lösung für ein Zweipersonenmobil. Die angebotenen Dachschalen, ganz gleich, ob ultra-, super- oder normalflach, lassen einen lichten Dachausschnitt von etwa einem Meter mal gut einen Meter, maximal 1,30 (je nach Fahrzeug) zu. Das bringt Bewegungsfreiheit dort, wo man sie am nötigsten hat: im Küchen- und Einstiegsbereich. Solche Dächer werden deshalb auch meistens mittig ins Auto gesetzt, über dem seitli-

chen Einstieg durch die Schiebetür. Hubdächer lassen dann über dem Fahrerhaus und über dem Heckbereich noch Platz für zwei große Dachgepäckträger, was besonders von Ferntouristen geschätzt wird. Schlafplätze im Dach sind bei dieser Lösung allerdings nicht möglich.

Der Zubehörhandel bietet solche Dächer zum Selbsteinbau, als Bausatz vormontiert oder als fertig eingebautes Teil an. Der Selbsteinbau eines Hubdaches ist an sich recht problemlos, sollte aber in einer Halle oder an einem garantierten Sonnentag stattfinden. Denn auch der geübte Wohnmobilbastler braucht so seine sieben Stunden, bis das Dach endgültig fertig ist. Den Dächern liegen ab Werk Montageanleitungen bei, die in Text und Zeichnung anschaulich erläutern, was zu tun ist. Zum Einbau wird nur die Dachhaut wie bei der vereinfachten Hochdachmontage zwischen B- und C-Säule herausgetrennt (Technik siehe oben). Dafür reicht eine Stichsäge gut aus.

Zur Vorbereitung wird der mitgelieferte Holzrahmen aufs Fahrzeugdach gelegt und so vermessen, daß er genau zwischen den Holmen zu liegen kommt. Wichtig: Auf den gleichen Seitenabstand zu den Regenrinnen achten! Die Innenseite des Holzrahmens wird mit dem Filzstift nachgefahren, dann kann entlang der Anzeichnung gesägt werden (Technik wie Fenstereinbau). Nach Säubern des Ausschnitts wird der Holzrahmen von unten gegengelegt und durchs Dachblech rundherum verschraubt. Gemäß Einbauanleitung kann dann die Aufstellmechanik links und rechts angebracht werden (Bohrschablonen liegen bei). Wird ein gebrauchtes Hubdach ohne Einbauanleitung aufgesetzt, muß durch Nachmessen und Anhalten der Befestigungspunkt herausgefunden werden. Ganz zuletzt wird der Zelt-

stoff ausgerichtet und am Holzrahmen angetackert oder -geschraubt. Ein umlaufendes Profil deckt dann Ausschnittkante und Holzrahmen sauber ab.

TIP: Wenn das entsprechende Profil fehlt, kann ein Kunststoffhandlauf für Stahltreppengeländer aus dem Baumarkt gute Dienste leisten.

Aufstelldächer

Wer mehr als zwei Personen in einem Campingbus unterbringen möchte, braucht Platz im Oberstübchen. Dann können unten und oben je zwei Personen schlafen. Soll das

Die Hubdachschale kann bei Dächern, die nicht für einen bestimmten Fahrzeugtyp hergestellt sind, den Konturen des Daches angepaßt werden: Anzeichnen und mit Winkelschleifer oder Stichsäge zuschneiden.

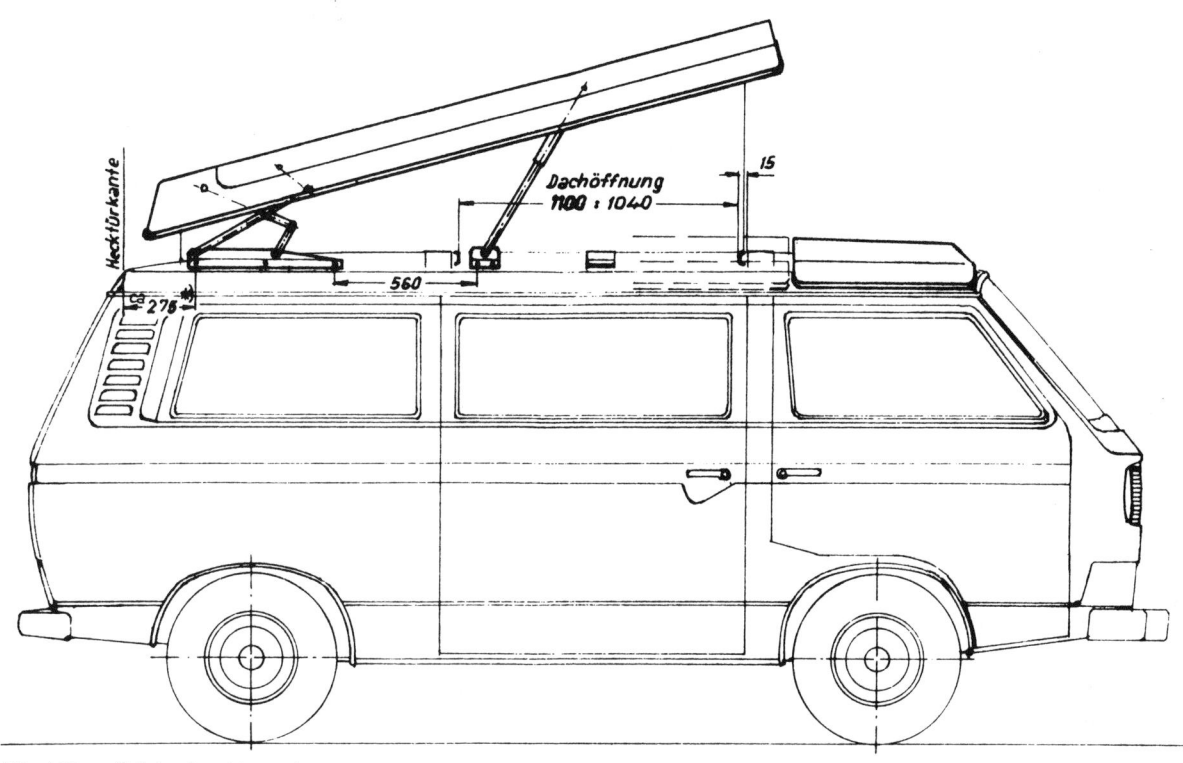

Heckltürkante

Dachöffnung
1100 x 1040

15

560

ca 275

*) Achtung ! Nur Hilfsmaß. Beim Anzeichnen der
Scherenbohrungen nach der Beschreibung
vorgehen.

Fahrzeug dennoch eine niedrige Gesamthöhe behalten, ist der Aufbau eines Aufstelldaches die Lösung. Diese Dächer, die manchmal auch »Klappschlafdach« genannt werden, gibt es inzwischen ebenfalls für alle gängigen Kastenwagen und Busse.

Bei den preiswertesten Vertretern dieser Sorte ist der Dachausschnitt gleich groß wie für ein Hubdach. Auf dem verbleibenden Dachrest werden die Betten montiert. Die sind meist zweiteilig. Zum Schlafen zieht man das obere Teil hervor und erhält so eine durchgehende Liegefläche. Je nach Dachschalenhöhe können die Betten oben gemacht bleiben, bzw. kann das Bettzeug liegen bleiben. Will man es luxuriöser haben, stehen auch große Dachausschnitte zur Wahl. Die Dachholme fallen weg, statt ihrer muß aber ein umlaufender Verstärkungsrahmen eingeschweißt werden, damit das Fahrzeug seine Stabilität behält (Techniken siehe Einbau Hubdächer, Einbau Hochdächer). Jetzt kann man fast überall im Wagen stehen und hat ein großes Raumgefühl, viel Licht und ein angenehmes Klima.

Gerade bei den Aufstelldächern haben die Hersteller viel Entwicklungsarbeit geleistet, und es gibt inzwischen zahl-

reiche ganz unterschiedliche Systeme. Neben den klassischen, vorn oder hinten angeschlagenen Klappschlafdächern, die fast jeder Zubehörlieferant in seinem Sortiment hat, bieten SCA und Reimo (mit dem ehemaligen Voll-Dach) Schlafdächer an, die wie ein Hubdach, nur eben über die gesamte Laderaumlänge, parallel aufgestellt werden. Das kommt der gleichmäßigen Stehhöhe zugute und ist auch bei unebenen Übernachtungsplätzen von Vorteil: Niemand schreibt vor, wo der Kopf und wo die Füße zu liegen kommen. Die niederländische Firma Eurec befestigt die Dachschale längsseits. Das Dach schwenkt seitlich auf und gibt einen vergleichsweise riesigen Raumeindruck. Dachschläfer haben hier üppige Platzverhältnisse. Besonders viel Raum für die Gäste im ersten Stock bieten auch die kombinierten Hoch-Aufstelldächer, wie sie von Weinsberg, SCA und Carthago angeboten werden. In geschlossenem Zustand hat man gerade Stehhöhe (1,90 m), aufgestellt kann man oben bequem schlafen. Gerhard Grau, der seit 20 Jahren seine »Grawo-Mobile« baut, hat schließlich ein Aufstelldach mit festen Seitenteilen entwickelt. Diese Sandwichseitenteile sind winterfest isoliert. Damit kann sich das Grawo-Aufstelldach mit einem herkömmlichen Hoch-

57

dach messen. Dieses Dach gibt's nur für VW. Das zweite winterfest isolierte Aufstelldach hat die Firma SKW für den Fiat Ducato, Peugeot J 5 oder Citroën C 25 entwickelt.

Für den besonders harten Einsatz auf Expeditionen hat special mobils ein Aufstelldach entworfen, das in Mercedes G und andere Geländewagen eingebaut wird. Es ist nicht, wie alle anderen, aus GfK gefertigt, sondern aus Aluriffelblech und kann auch schwer bepackt noch aufgestellt werden.

Wie bei fast allem Reisemobilzubehör gibt es auch hier enorme Preisunterschiede. Nicht alle sind als willkürlich anzusehen. Denn von den verwendeten Materialien und der Sorgfalt, mit der sie verarbeitet wurden, hängt ganz wesentlich die Lebensdauer und Gebrauchstüchtigkeit der Dächer ab. Das billigste Angebot kann sich auch hier als teurer Kauf entpuppen.

Üblicherweise bestehen die Dachschalen aus glasfaserverstärktem Kunststoff (GfK). Dieser kann im Faserspritzverfahren, im Handauflegeverfahren oder, wie bei SCA, im Injektionsverfahren hergestellt sein. Dabei ergeben sich natürlich von Angebot zu Angebot Unterschiede in Materialdicke und Güte, in der Sauberkeit der Form und der Glattheit der Oberfläche. Das Injektionsverfahren ist das modernste und bietet eine glatte Außen- und Innenschicht. Eine Dachschale sollte immer isoliert sein. Ein späteres Anbringen einer Isolation in Eigenleistung ist schwierig. Auf der Innenseite empfiehlt sich eine Beflockung oder ein Veloursbezug aus unverrottbarem Material. Dieser kann Schwitzwasser binden und beugt so Stockflecken und Schimmel an Zeltbalg und Dachpolstern vor.

Bei fast allen Hub- und Aufstelldächern sind die Seitenwände aus Zeltstoff. Das kann Baumwolle oder ein Mischgewebe sein, muß aber auf jeden Fall imprägniert sein, sonst regnet's durch. Dieser Zeltstoff unterliegt natürlicher Alterung und wird überdies häufig beim Einklappen des Dachs gequetscht, gerät zwischen die Aufstellscheren und kann dort leicht reißen. Neben Gewebeband als »Bordapotheke« im Reisegepäck sollte man generell den Zeltbalg nach fünf bis zehn Jahren erneuern, zwischendurch muß er häufiger nachimprägniert werden.

Eurec verwendet statt Stoff PVC-Folie. Die hat den Vorteil absoluter Windundurchlässigkeit. Sie kann auch nicht verrotten und man kann das Dach beruhigt naß einklappen, ohne gleich den nächsten Sonnenstrahl zum Trocknen ausnutzen zu müssen. Bei sehr heißem Wetter gibt allerdings ein atmungsaktiver Zeltstoff ein besseres Klima.

Die meisten Dächer öffnen und schließen gasdruckfederunterstützt über ein Scherengelenk. Der Zubehörhandel hält sogenannte Kniehebelgelenkstützen bereit, die den Aufstellmechanismus entlasten, wenn das Dach mit Gepäck – beispielsweise Surfbrett – über 30 kg aufgestellt werden soll.

Wintercamping empfiehlt sich allenfalls mit SKW- oder Grawo-Dach, alle anderen Lösungen wie aufknöpfbare Thermomatten mit Luftkammern und Alubeschichtung erfordern eine harte Natur und schaffen erhebliche Schwitzwasserprobleme durch die enormen Temperaturunterschiede zwischen dem beheizten Innenraum und der frostigen Außenwelt. Hub- und Aufstelldächer sind nun einmal etwas für Sommercamping. Und da bieten sie echtes Campingerlebnis, Nähe zur Natur mit ihren Geräuschen und Gerüchen.

Gründe, sich für ein solches Dach zu entscheiden, muß jeder für sich finden. Ein paar allgemeingültige, immer im Gegensatz zu einem gleichen Fahrzeug mit festem Hochdach: weniger Kraftstoffverbrauch, Garagenhöhe (nicht immer!), niedrigere Fährgebühren, weniger Seitenwindanfälligkeit.

Ein Fahrzeug mit aufgebautem Hub- oder Aufstelldach muß natürlich auch dem TÜV zur Abnahme vorgeführt werden, allein schon, weil sich die Fahrzeughöhe ändert.

TIP: Gelegentlich lassen frühere Hub-/Klappdachcamper ihr Fahrzeug auf ein festes Hochdach umrüsten. Mit ein bißchen Herumtelefonieren bei verschiedenen Zubehörhändlern kann man so zu einem billigen gebrauchten Hub- oder Aufstelldach kommen.

Während der Aufbau von Hubdächern am wenigsten Zeit beansprucht, gefolgt von Hochdächern, macht das Aufbauen eines Aufstelldachs entschieden am meisten Arbeit. Über den Daumen wird man von etwa 20 Stunden ausge-

Dachrahmen-Verstärkung mit Knotenblech bei großem Dachausschnitt für ein Aufstelldach.

Mit Aufstelldach paßt der Campingbus ins Parkhaus.

hen müssen, will man's in Eigenregie montieren. Daher ist eine Halle oder zumindest ein Wetterschutz unabdingbar.

Im Prinzip ähnelt der Aufbau vollkommen dem des Hubdachs, die Vorarbeiten am Blech und an der Fahrzeugstatik entsprechen den Karosseriearbeiten für eine Hochdachmontage. Da die oberen Betten meist mit zum Lieferumfang des Dachs gehören, entfällt allerdings ein Teil der langen Arbeitszeit auf ihre Montage. Sollen diese Betten auf dem verbleibenden Dachrest untergebracht werden, empfiehlt es sich, sie wegen der besseren Zugänglichkeit vor dem endgültigen Aufsetzen der Klappdachschale einzubauen. Soll das Fahrzeug einen großen Dachausschnitt bekommen, kann man die Betten auch hinterher noch einlegen.

Durch den großen Dachausschnitt erreicht man eine niedrigere Außenhöhe bei eingefahrenem Dach. Die Betten müssen nicht auf dem höchsten Punkt des stehengebliebenen Flachdachs aufgelegt, sondern können zwischen den Dachlängsträgern eingepaßt werden.

Isolierung *wichtig*

Eine der unangenehmsten Arbeiten beim Ausbau eines Kastenwagens zum Reisemobil ist die Isolierung der Karosserie. Deshalb sind viele der irrigen Meinung, sie könnten sich davor drücken. Spätestens nach dem ersten Urlaub wird dieser Schritt bereut, dann ist es aber wegen des Ausbaus zu spät. Isolierung ist nicht nur dann notwendig, wenn das Fahrzeug im Winter eingesetzt wird. Im Gegenteil, hier kann man mit entsprechendem finanziellen Einsatz auf Teufel komm raus heizen und die Innentemperatur erträglich halten. Wenn im Sommer tagsüber die Sonne auf das Blechdach knallt, ist es bei fehlender Isolierung nachts mit erholsamem Schlaf nicht weit her.

Der Markt bietet eine Fülle mehr oder weniger gut geeigneter Isoliermaterialien an, aus denen die Auswahl zu treffen ist. Der Wandaufbau bleibt im Prinzip bei allen Materialien gleich. Die Dicke der Isolierung richtet sich nach den verwendeten Materialien und dem Einsatz des Fahrzeugs.

Da zwischen den Karosserieholmen meist ca. 50 mm Platz ist, sollte man diesen voll ausnutzen.

Wandaufbau

Da bei einer Isolierung mit 40 bis 50 mm Dicke der Taupunkt, also die Zone, in der Wasserdampf zu Wasser kondensiert, im inneren Bereich des Isoliermaterials liegt, muß dieses dampfdicht verlegt werden. Eine durchfeuchtete Isolierung ist vom Dämmwert schlechter als gar keine. Deshalb wird direkt hinter der Innenwandverkleidung eine Dampfsperre aus einer PE- oder Alufolie über die Isolierung gezogen. Dabei müssen sämtliche Anschlußpunkte abgedichtet werden. Der ideale Wandaufbau (von innen nach außen) sieht folgendermaßen aus:

Innenwandverkleidung, dampfdiffusionsfähig
Dampfsperre, dampfdicht und belüftet
Isolierung, Dicke ca. 40–50 mm
Hinterlüftung mit Abstandsmatte
Antidröhnbelag als Matte oder Anstrich
Korrosionsschutz als Beschichtung
Karosserieblech

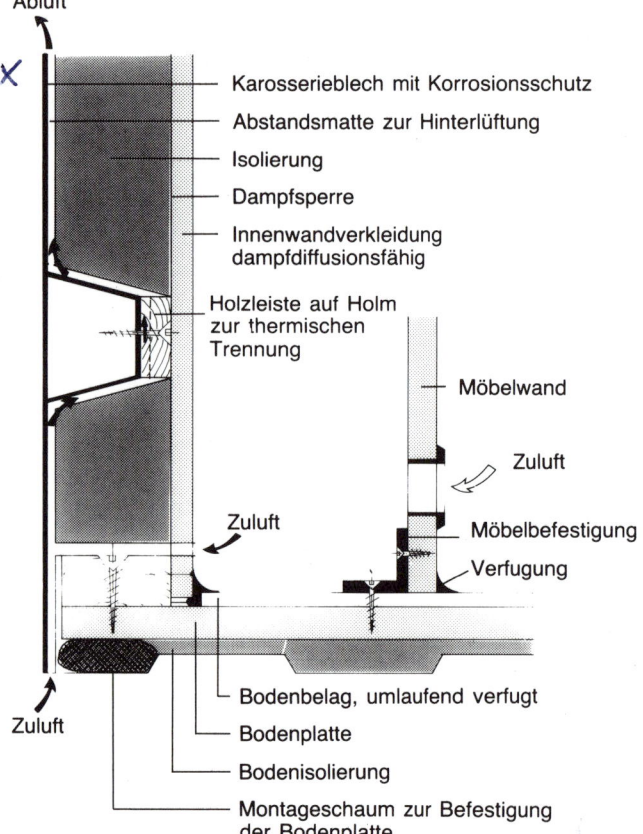

Wand- und Bodenaufbau eines ausgebauten Kastenwagens mit hinterlüfteter Isolierung

Isoliermaterialien

Je nach finanziellen Mitteln, handwerklichem Geschick und Anforderungen kann nach der folgenden Materialbeschreibung die passende Isolierung gewählt werden.

Hartschaum

Die billigste Isolierung sind Hartschaumplatten aus Polystyrol (PS) oder Polyurethan (PU). Sie lassen sich gut bearbeiten und sacken durch ihre Steifigkeit nicht zusammen. Dafür können sie nicht gebogen werden. Werden sie genau zwischen die Holme eingepaßt, was zur guten Isolierung erforderlich ist, quietschen sie während der Fahrt. Polystyrol, unter der Handelsmarke Styropor besser bekannt, löst sich ab ca. 60 °C in Nichts auf. Diese Temperatur kann am Karosserieblech bei Sonnenbestrahlung leicht auftreten. Außer giftigen Dämpfen hat man dann nichts mehr von der Isolierung. Wenn trotzdem Polystyrol verwendet werden soll, muß vorher Schaumstoff an die Außenwand und um sämtliche Holme geklebt werden. Damit dämmt man die hohen Temperaturen und das Quietschen. Der Preisvorteil ist dann allerdings weg.

Mineralfaser

Die größte Auswahl geeigneter und ungeeigneter Isolierstoffe ist bei Mineralfaser zu finden. Nicht geeignet sind alle losen Stoffe und kaschierte Matten mit ungebundener Faser. Glaswolle scheidet wegen der starken Hautreizung und Gefährdung der Atemwege durch lose Fasern während der Verarbeitung aus. Gut geeignet sind kunstharzgebun-

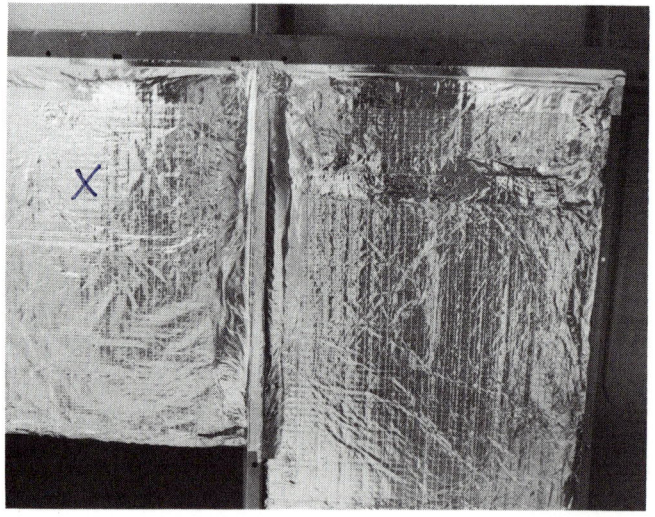

Alukaschierte Mineralwolle bringt neben der Wärmedämmung gute Schalldämmung.

dene Steinwolleplatten. Ihre Isolierwirkung ist zwar nicht ganz so gut wie die von Polystyrolplatten, dafür haben sie zusätzliche Schalldämmeigenschaften. Sie lassen sich leicht bearbeiten und biegen. Durch die Kunstharzbindung sind sie standfest und sacken nicht zusammen. Alukaschierte Platten bringen die Dampfsperre gleich mit. Die gewebeverstärkte Kaschierung aus kräftiger Alufolie wird innen angeordnet, Stoßkanten und Verletzungen werden mit selbstklebendem Aluband geschlossen. Damit werden die Platten auch an den Holmen befestigt. Die Dichtigkeit der Dampfsperre erreicht man durch sauberes Abkleben der Anschlüsse an angrenzende Bauteile mit Aluklebeband.

Schaumstoffe

Sehr gut zu verarbeiten sind Schaumstoffe auf Polyethylenbasis, wenn sie geschlossenzellig geschäumt sind. Gesägte Schaummatten sind nicht geeignet. Unter anderem sind diese Schaumstoffe als Liegeunterlagen vom Trekking bekannt. Sie sind im gut sortierten Campingfachhandel auch als Meterware erhältlich. Schaumstoffe müssen vollflächig mit Spezialkleber am Karosserieblech verklebt werden. Damit die volle Isolierstärke von 40 mm erreicht wird, werden zwei Lagen der 20 mm dicken Matten kreuzweise oder mit versetzten Stößen übereinandergeklebt.

Geeignet ist auch Moltoprenschaum, wie er zu Surfanzügen und Rohrisolierungen verwendet wird. Seine Verarbeitung entspricht der von Polyethylenschaum. Die Isolierwirkung ist geringfügig besser, dafür kostet er noch mehr als der schon nicht billige Polyethylenschaum.

Alternative Isolierstoffe

Selbstverständlich ist die Verwendung biologischer Materialien auch bei der Isolierung möglich. Sinnvoll ist dies nicht, da durch die Dampfsperre ihre Wirkung aufgehoben wird. Da die biologischen Materialien komplett eingeschlossen sind, besteht erhöhte Schimmelgefahr bis hin zur Fäulnis. Sie sind nur dann angebracht, wenn sie offen verlegt werden und so ihre guten Eigenschaften voll entfalten können. Wer es auf dieser Basis versuchen will, für den sind Korkplatten aus Backkork interessant. Backkork wird aus der Rinde von Korkeichen gewonnen, dazu verwendet man den harzreichen Kork der ersten Schälung, den Jungfernkork. Er wird in Hochdruckdampf expandiert, dabei tritt das Harz aus und verklebt die Korkkrümel miteinander. Backkork enthält also keine fremden Substanzen. Die Platten lassen sich bei der gewünschten Stärke nicht biegen, sie müssen daher oft geschnitten und angepaßt werden. Es ist die teuerste Möglichkeit der Isolierung.

Dämmwerttabelle und Kostenvergleich

Dämmstoff	Wärmeleitwert λ (W/m×K)	Diffusionswiderstandszahl ϑ	Preisfaktor zu PY bei 40 mm
Polystyrol	0,025–0,040	20–300	± 0,0
Polyurethan	0,025–0,035	30–100	+ 3,0
Mineralfaser	0,035–0,050	1	+ 0,0 bis 2,5
Backkork	0,045–0,055	10–20	+ 4,5 bis 6,0
Polyethylen	0,020–0,035	dampfdicht	+ 4,0
Moltopren	0,018–0,025	dampfdicht	+ 5,0

Verarbeitung

Nach Abschluß der Karosseriearbeiten, also nach dem Einbau aller Teile in die Außenhaut und dem Aufbringen des Korrosionsschutzes, kann mit der Isolierung begonnen werden.

Vorher ist es sinnvoll, etwas für die Ohren zu tun. Die großen Blechflächen eines Kastenwagens sind ideale Resonanzflächen zur Verstärkung und Übertragung von Schwingungen des Antriebs. Zwar erreicht man mit der Isolierung eine Dämpfung, besser ist aber, sie zu dämmen. Dies gelingt durch Gewicht und durch Verbund mit Materialien, die eine andere Schwingungsfrequenz als das Blech haben. Eine Entdröhnung kann also entweder durch Aufspritzen relativ schwerer Antidröhnmasse oder durch vollflächiges Verkleben von Antidröhnplatten erreicht werden. Dabei muß nicht sklavisch das gesamte Blech beklebt werden. Es genügt, die Hauptflächen zu entdröhnen. Übrigbleibende Teilflächen sind selten in der Lage, mitzuschwingen. Das gleiche gilt für stark gebogene Flächen wie runde Heckabschlüsse o. ä. Vergessen Sie bei diesen Maßnahmen das Dach nicht, falls es sich um ein Blechdach handelt.

TIP: Es müssen keine teuren Antidröhnplatten aus dem Kraftfahrzeug-Zubehörhandel sein. Das gleiche Produkt gibt es wesentlich billiger bei Fassadenfirmen, die Metallfassaden verlegen. Mit dem Branchenbuch läßt sich hier mancher Zehmarkschein sparen.

Wird die bei der Vorbereitung des Kastenwagens empfohlene Luftzirkulation zwischen Karosserieblech und Isolierung gewählt, muß für eine dauerhafte Trennung gesorgt werden. Hierzu eignet sich Luftpolsterfolie, wie sie als Winterrückenlehne im Campingzubehör erhältlich ist. Sie bietet den gewünschten Luftdurchsatz und Abstand. Punktweises Verkleben auf der Antidröhnplatte oder dem Blech reicht aus.

TIP: Luftpolsterfolie wird oft zum Verpacken hochwertiger Geräte verwendet. Radiogeschäfte sind froh, wenn Sie zur Abfallbeseitigung beitragen.

Auf die verklebten Entdröhnungsplatten kommt die Wärmedämmung ...

... die anschließend mit selbstklebenden Alustreifen dicht verklebt werden.

Eigentlich wäre jetzt die Isolierung an der Reihe, wenn da nicht die Karosserieholme wären, zwischen die die Isolierung eingepaßt wird. Später ragen sie unisoliert ins Innere und bilden Temperaturbrücken. Deshalb muß hier etwas getan werden. Sie in der gleichen Stärke zu isolieren wie die Bleche, wäre zuviel des Guten; wir verlieren unnötig Platz. Eine thermische Trennung kann mit dünnen Streifen aus Polystyrol, Dämmfilz, Mineralwolle oder auch aufgeklebten Holzleisten erreicht werden. Gerade Holzleisten sind für diesen Zweck besonders nützlich. An ihnen kann später die Wandverkleidung befestigt werden. Verwenden Sie Mineralwolle als Isolierstoff, können Sie jetzt schon mal den Badeofen anschüren. Sie werden nach Abschluß der Arbeiten keinen dringenderen Wunsch haben als zu duschen. Trotz gemildertem Juckreiz gegenüber Glaswolle setzen sich die feinen Fasern auf der Haut fest. Bei der

Wahl der Kleidung spalten sich die Selbstausbauer in zwei Lager. Die einen gleichen Astronauten, die anderen machen Generalprobe für den ersten Urlaub und isolieren in der Badehose, weil sie überzeugt sind, daß sich so die Fasern nicht so sehr in die Haut eindrücken. Am besten, Sie probieren beide Methoden selbst aus.

Die Platten werden mit einem Brotmesser oder Fuchsschwanz zugeschnitten und unter Spannung zwischen die Holme gesetzt. Zwischenräume, in die keine ganzen Platten passen, werden mit loser Wolle gefüllt. Solange die kunstharzgebundenen Platten nicht zu sehr geknickt werden und brechen, bleiben sie von selbst stehen. Eine Befestigung ist nicht notwendig. Nach abgeschlossener Isolierung werden alle Stöße, Fugen und Anschlüsse mit breitem Klebeband verklebt. Hierzu gibt es spezielle Aluklebebänder, die sehr flexibel sind und teuflisch kleben. Mit ihnen wird auch die als Dampfsperre dienende Alukaschierung der Mineralfaserplatten ergänzt und Beschädigungen repariert. Achten Sie darauf, daß die Dampfsperre wirklich an allen Ecken dicht ist. Nur so kann sie funktionieren.

Wurden unkaschierte Isolierplatten verlegt, muß jetzt die Dampfsperre aufgebracht werden. Dazu wird die ganze Fläche mit einer Kunststoffolie aus Polyethylen, wie sie als Abdeckfolie für Malerarbeiten verwendet wird, überzogen. Die Folie kann entweder an den Holzleisten auf den Holmen festgetackert oder mit Klebeband befestigt werden. Auch hier ist auf Dichtigkeit aller Anschlüsse zu achten, auch der Tackerstellen.

Ganz andere Voraussetzungen als bei Wänden und Decke ergeben sich bei der Isolierung des Fußbodens. Selten reicht die Raumhöhe aus, so daß hier die gleiche Isolierdicke eingebaut werden kann. Dazu muß sie trittfest sein und sich später unter dem Gewicht der Einbauten nicht übermäßig zusammendrücken. Dafür braucht weniger Rücksicht auf hohe Temperaturen genommen werden und die Verlegung ist wegen überwiegend glatter Flächen einfacher. Als Isolierstoff eignen sich Trittschalldämmatten aus Polystyrol oder Mineralfaser. Auch bituminierte Weichfaserplatten sind geeignet. Alle drei Produkte erhalten Sie preisgünstig im Baustoffhandel. Die wenigsten Probleme mit dem in den meisten Basisfahrzeugen vorhandenen Trapezblechboden hat man mit Mineralfasermatten. Sie gleichen sich den Sicken am besten an.

Fußbodenplatte

Auf die Fußbodenisolierung kommt die Bodenplatte. Da in ihr später die Möbel befestigt werden, ist nur Material mit hoher Festigkeit geeignet. Spanplatten scheiden aus, wasserfest verleimte Tischlerplatten mit mind. 16 mm Dicke sind gerade noch geeignet. Am besten sind Baufurnier- bzw. Siebdruckplatten. Dieses schichtverleimte Material ist so widerstandsfähig, daß daraus u. a. Ladeflächen von Lkws gebaut werden. Zur Vermeidung von Unebenheiten durch unterschiedliche Setzung sollte die Bodenplatte aus einem Stück gefertigt werden. Ist sie genau eingepaßt, wird sie mit Schloßschrauben durch den Fahrzeugboden verschraubt. Abdichtung der Verschraubung von unten mit Unterbodenschutz nicht vergessen. Da jedes Loch im Fahrzeug eine programmierte Undichtigkeit ist, ist es besser, die Bodenplatte einzukleben. Dazu wird die Nachbarschaft eingeladen, die sowieso neugierig hinter den Gardinen den Fortschritt unserer Arbeit verfolgt. Mit Montageschaum wird zügig rings um die Begrenzung der Bodenplatte eine Raupe mittlerer Dicke gelegt. Die Isolierung muß an dieser Stelle natürlich ausgespart werden. Mit Hilfe der geladenen Gäste wird jetzt die Bodenplatte vorsichtig aufgelegt und ihnen dann verkündet, daß man sie eigentlich nur zum Beschweren braucht. Sie werden gleichmäßig auf dem Boden verteilt und dort so lange sitzengelassen, bis der Schaum reagiert hat. Je nach Fabrikat und Typ dauert dies bis zu

Zusätzliche Wärmedämmung am Fußboden erreicht man durch Auffüllen der Sicken mit Polystyrolstreifen. Die Radkästen werden mit Entdröhnungsplatten beklebt.

63

einer Stunde, Zeit genug, um die weiteren Schritte dem staunenden Publikum erläutern zu können. Bei richtiger Dosierung des Schaums hält die Bodenplatte bombenfest. Kommen Sie aber nicht auf die Idee, anstelle der Nachbarn ein paar Dachlatten zu nehmen, mit denen Sie die Platte gegen das Fahrzeugdach absprießen. Durch den Schaumdruck kann sich die Karosserie verziehen oder zumindest Beulen bekommen. Eher eignen sich zur Beschwerung Zementsäcke.

Innenwandverkleidung

Für die Verkleidung der Decke und der Wände gibt es vielfältige Möglichkeiten:
- Foliertes Pappelsperrholz
- Beschichtete Hartfaserplatten
- Lochplatten
- Edelholzfurniertes Sperrholz
- Hartfaser mit Zusatzbelag

Wichtig ist, daß sich die Verkleidung gut den Rundungen anpassen und sicher befestigen läßt. Sie kann an den Holmen verschraubt oder mit speziellen Profilen befestigt werden. Der Zubehörhandel hat hier für die einzelnen Arten verschiedene Profile im Programm. Wer die mühevolle Feinarbeit des exakten Anpassens der einzelnen Platten an die Karosserie scheut, für den eignet sich die Verkleidung mit Hartfaser und Zusatzbelag.

Hier wird rohe, 3,2 mm dicke, billige Hartfaserplatte so gut wie möglich angepaßt und an die Leisten auf den Holmen festgetackert. Breitere Fugen können mit Moltofill oder ähnlichen Spachtelmassen ausgefüllt werden. Darauf wird dann Teppich oder ein Spezialbelag aus beflocktem Schaumstoff mit Dispersionskleber verlegt. Diese Beläge lassen sich leicht anpassen. Aber auch Tapete ist im Reisemobil denkbar. Vielleicht nicht gerade ein Röschenmuster, eher eine gute Textiltapete. Dabei empfehlen wir, auf die Hartfaser eine Untertapete aus 5 mm Schaum zu verkleben. Unebenheiten des Untergrundes werden so verborgen und sie wirkt als zusätzliche Isolierung an den neuralgischen Holmen. Damit die Textiltapete leicht zu reinigen ist, wird sie nach dem Tapezieren mit Latexfarbe im gewünschten Farbton oder farblosem Lack überzogen.

Regelmäßige Überwachung der Gasanlage hätte diesen Schaden verhindert.

Die »Haustechnik«

Ein Motorcaravan benötigt, soll er ungetrübte Urlaubsfreuden vermitteln, die komplette Installation eines Einfamilienhauses, also Wasser, Abwasser, Heizung und Elektrik. Dies alles auf kleinstem Raum und dem Handicap ständiger Rüttelei, Hitze, Frost und der Gefahr eines Unfalls. Nur wenn diese Punkte bei Planung und Bau ständig berücksichtigt werden, kann nichts schiefgehen.

Bei der Leitungsführung ist besonderes Augenmerk zu richten auf:
- Übersichtlichkeit und leichte Prüfmöglichkeit
- Sichere Befestigung
- Schutz vor Beschädigungen
- Schutz vor Frost
- Genügend Gefälle bei Abwasserleitungen
- Leichtes Auswechseln und Nachrüsten
- Kennzeichnung zur Fehlersuche

Bei Beachtung dieser Punkte verbietet sich die Verlegung hinter der Seitenverkleidung von selbst. Auch eine Verlegung in den Möbeln ist nicht unproblematisch, wenn auch am weitesten verbreitet. Die besten Ergebnisse erzielt man mit umlaufenden Kabelkanälen. Dieses im Bürobau schon lange bewährte Bauteil ist leicht zugänglich, einfach zu installieren und in jeder gewünschten Abmessung und Ausführung im Handel. Die Kabelkanäle werden so verlegt, daß in ihnen sämtliche Leitungen zu den Verbrauchern geführt werden können. Sie werden so angeordnet, daß sie notfalls auch bei reisefertigem Fahrzeug zugänglich bleiben, wenn unterwegs ein Fehler in der Anlage gesucht werden muß. Da die Kanäle in verschiedenen Abmessungen erhältlich sind, können für die Hauptleitungen breite und für die Verteilerleitungen schmale Kanäle verlegt werden. Zu beachten ist, daß bei Parallelführung von 220-V-Leitungen mit 12-V- und Gasleitungen die Netzleitung durch einen eingeklipsten Trennsteg separat geführt werden muß. Ein weiterer Vorteil der Leitungsführung in Kabelkanälen ist, daß die Leitungen erst nach Montage der Möbel verlegt werden müssen.

Gasinstallation

Vor die Gasanlage haben die Götter die Vorschrift gesetzt. Das nicht zu Unrecht, retten sie doch dadurch ihr Reich vor Überbevölkerung. Ausströmendes Gas ist ein heimtückischer Feind des Campers. Zwar ungiftig, aber in Verbindung mit Luft ein hochexplosives Gemisch, dem selbst der Funke eines Lichtschalters ausreicht, ein Reisemobil in die Luft zu sprengen. Deshalb ist hier auf peinliche Einhaltung der umfangreichen, aber leicht verständlichen Vorschriften zu achten.

Es wird immer wieder betont, daß Gasanlagen wie Elektroinstallation nur vom Fachmann ausgeführt werden sollen. Dem wollen wir keinesfalls widersprechen, sind aber der Meinung, daß unter den Selbstausbauern viele die Installation unter Einhaltung der Sicherheitsrichtlinien mindestens genauso sauber und fachlich richtig ausführen können wie mancher Fachmann. Da jede Gasanlage vor Inbetriebnahme in einem zugelassenen Fachbetrieb abgenommen werden muß und eine Prüfplakette erhält, ist das Risiko unter Kontrolle.

Vorschriften

Eine Zusammenfassung der wichtigsten Vorschriften zur Gasanlage enthält das *DVGW-Arbeitsblatt G 607 »Flüssig-gasanlagen und Feuerstätten in Fahrzeugen«*. In diesem Arbeitsblatt sind alle Punkte genau beschrieben, außerdem sind die einzelnen DIN-Vorschriften für Einbauteile und Materialien aufgeführt. Diese DIN-Vorschriften müssen Sie nicht im einzelnen kennen, beim Einkauf ist jedoch darauf zu achten, daß das Gerät der DIN entspricht.

Darüber hinaus ist für den Selbstausbauer eigentlich nur noch eine Vorschrift interessant, falls er einen Gastank installieren möchte. Hierfür ist die *Druckbehälterverordnung TRG 380 »Treibgastanks«* zuständig.

Die in den folgenden Abschnitten enthaltenen Arbeitsschritte sind nur ein grober Überblick und ersparen Ihnen nicht das Studium des Arbeitsblattes G 607.

Aufbau der Gasanlage

Die einfachste Art der Gasanlage ist die Versorgung eines schwenkbaren Kochers aus einer unmittelbar darunter befindlichen Gasflasche. Hier sind lediglich ein Druckregler (offizielle Bezeichnung Druckminderer) und ein Gasschlauch erforderlich, da schwenk- und ausziehbare Kocher, und nur diese, mit Schläuchen von 30 bis max. 40 cm Länge angeschlossen werden dürfen.

Diese Anlage genügt jedoch in den wenigsten Fällen. Deshalb soll hier als Beispiel eine umfangreiche Versorgung mit allen vorkommenden Verbrauchern systematisch aufgebaut werden.

Flaschenversorgung

Gasflaschen müssen in einem zum Innenraum abgedichteten Flaschenschrank aufgestellt werden. Ideal ist die Zugänglichkeit von außen durch eine Stauklappe, der Flaschenschrank kann aber auch von innen zugänglich sein, wenn bestimmte Auflagen beachtet werden.

Im Schrank wird an der tiefsten Stelle eine unverschließbare Öffnung von 100 cm² freiem Querschnitt verlangt, die gegen Eindringen von Ungeziefer mit einem Kiemenblech und Fliegengaze abgedeckt wird. Dabei ist jedoch an die Vorschrift »freier Querschnitt« zu denken. Eine Öffnung 10×10 cm, abgedeckt mit einem Kiemenblech, hat keine 100 cm², die Öffnung muß also um die Materialstärke der Kiemen größer gewählt werden. Im Handel gibt es hierfür genormte Bleche.

»Zum Innenraum dicht« ist ein von innen zugänglicher Flaschenkasten, wenn die Zugangsöffnung (Tür oder Klappe) mit nachgiebigen Dichtungsstreifen aus Hohlmaterial oder Moosgummi abgedichtet ist und der Verschluß die Tür gegen die Dichtung preßt.

Die Gasflaschen müssen durch Halterungen unverrückbar und gegen Verdrehen gesichert sein. Im Zubehörhandel gibt es hierfür Spezialhalterungen mit Bodenstützen und Spanngurten über den Flaschenhals. Zugelassen sind aber auch Spanngurte mit Spannschloß, die an der Wand befestigt werden und die Flasche am Umfang umschließen. Die Sicherung gegen Verdrehen erreicht man hierbei durch einen kräftigen Gummiklotz am Befestigungspunkt des Gurts. Im Flaschenkasten darf je eine Gebrauchs- und Vorratsflasche bis zu je 15 kg Füllgewicht aufgestellt werden. Allerdings gibt es im Handel nur 5- und 11-kg-Flaschen. Auf das Flaschenventil wird ein Druckregler mit Sicherheitsventil nach DIN 4811 Teil 1 von Hand aufgeschraubt. Das Anziehen mit Zangen oder Schraubenschlüsseln ist nicht erlaubt. Der Druckregler wird mit dem Leitungsnetz durch einen 30 bis max. 40 cm langen Schlauch nach DIN 4815 Teil 2 verbunden. Diese fertig konfektionierten Schläuche haben auf einer Seite eine Verschraubung mit Linksgewinde, auf der anderen eine Schneidringverschraubung für 8-mm-Rohrleitungen.

Bei Einbau eines elektrischen Gasfernschalters wird dieser zwischen Regler und Verbindungsschlauch zwischengeschaltet. Mit diesem Gerät kann ohne Mühe per Knopfdruck vom Wohnraum aus das Gas abgestellt werden, ohne daß jedes Mal der Gaskasten geöffnet werden muß.

Die Rohrdurchführung einschließlich Kabel für den Gasfernschalter durch den Flaschenkasten wird mit Silicon oder Sikaflex abgedichtet. Schlauchdurchführung durch den Kasten ist nicht erlaubt. Die Vorschriften verlangen, daß die Rohre mindestens alle 50 cm befestigt und gegen Durchbiegung geschützt sein müssen.

Jeder Verbraucher muß über ein eigenes Schnellschlußventil abgestellt werden können. Zur Übersichtlichkeit wird empfohlen, an leicht zugänglicher Stelle einen Verteilerblock mit der entsprechenden Anzahl Abgänge zu installieren. Gut geeignet hierfür ist der Küchenblock, da hier schon zwei Leitungen, für Herd und Kühlschrank, benötigt werden. Die einzelnen Abgänge müssen den zugeordneten Verbraucher eindeutig erkennen lassen. Hierfür liegen den

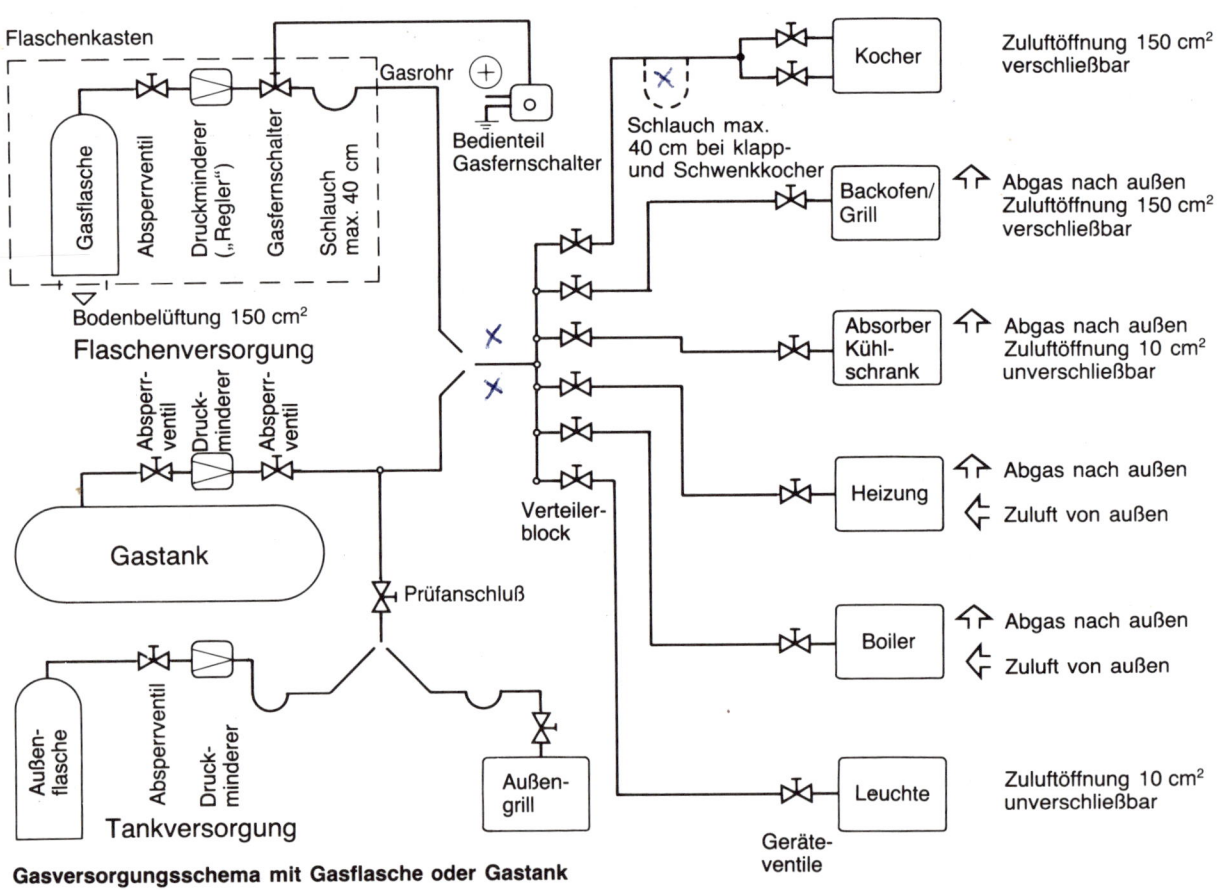

Gasversorgungsschema mit Gasflasche oder Gastank

Ein von innen zugänglicher Gasflaschenkasten läßt sich im Möbel integrieren.

Ein von außen zugänglicher Gasflaschenkasten ist nicht nur sicherer, er läßt sich auch besser bedienen.

Verteilerblocks entsprechende Aufkleber mit Piktogrammen für Herd, Kühlschrank, Boiler und Leuchten bei.

Als Gasleitung sind nahtlose oder geschweißte Präzisionsstahlrohre nach DIN 2391 bzw. 2393 sowie Kupferleitungen nach DIN 1786 zugelassen. Kupferleitungen haben den Vorteil, daß sie sich leichter verlegen lassen als Stahlrohre, da sie biegsamer sind. Dafür müssen sie entweder hartgelötet nach DVGW-Arbeitsblatt GW 2 oder bei Schneidringverbindungen mit speziell dafür lieferbaren Einsteckhülsen versehen werden. Ein Tip: Fotografieren Sie das Einbringen dieser Einsteckhülsen an jeder Verschraubung möglichst deutlich, bei der Gasabnahme muß die Verwendung bestätigt werden. Werden Gasleitungen unter dem Fahrzeugboden verlegt, sind die Durchtrittsstellen durch die Karosserie durch weiche Einlagen mit Dichtung oder durch Schottverschraubungen zu sichern und das Rohr mit Korossionsschutz zu versehen.

Tankversorgung

Im Prinzip ist die Installation bei Verwendung eines Gastanks die gleiche wie bei Flaschenversorgung. Es entfällt der Flaschenkasten, da in den überwiegenden Fällen der Tank außen unter dem Fahrzeug montiert wird. Es gibt annähernd für jedes Basisfahrzeug passende Tanks, die die Bodenfreiheit kaum einengen. Auch für Gastanks gibt es, wie könnte es anders sein, entsprechende Vorschriften. Es gilt die *Druckbehälterverordnung TRG 380 »Treibgastanks«.* Im Gegensatz zu Gastanks für den Fahrbetrieb wird das Gas bei unserem Tank aus der Gasphase ent-

nommen. Es dürfen also keine Antriebstanks zweckentfremdet werden und bei gasbetriebenen Basisfahrzeugen darf die Versorgung der Gasverbraucher nur dann aus dem gleichen Tank erfolgen, wenn der Tank über eine spezielle Zweiphasenarmatur verfügt. Der Gastank wird so installiert, daß alle Armaturen von außen zugänglich sind und sich im Umkreis von 50 cm um den Füllanschluß keine Lüftungsöffnungen befinden. Hinter dem Gastank wird wie bei der Flasche ein Druckregler installiert, hier jedoch mit beidseitiger Schneidringverschraubung. Da diese Verbindung für die Druckprobe nicht gelöst werden kann, benötigt der Gastank einen getrennten Prüfanschluß. Hierfür wird nach dem Regler ein Schnellschlußventil montiert, damit dieser nicht mit dem Prüfdruck beaufschlagt wird und abbläst. Daran anschließend wird der Prüfanschluß in Form einer DVGW-anerkannten Verschlußkupplung (»Gassteckdose«) angebracht. Als Abfallprodukt dieses Prüfanschlusses erhalten Sie eine außenliegende Gassteckdose, mit der ein Gasgrill, ein Herd im Vorzelt oder eine Vorzeltheizung ohne zusätzliche Gasflasche betrieben werden kann. Außerdem kann an diesen Prüfanschluß eine außenstehende Gasflasche über eine Schlauchleitung bis max. 150 cm Länge mit Stecknippel angeschlossen werden. Sie erhalten so die Möglichkeit, bei leerem Tank eine Leihflasche anzuschließen, interessant z. B. in Spanien, wo Gastanks nicht befüllt werden oder in Gegenden, in denen keine Gastankstelle angefahren werden kann. Bekanntlich können Gastanks an jeder Autogastankstelle befüllt werden (außer, wie gesagt, in Spanien). Dies hat den Vorteil eines dichten Versorgungs-

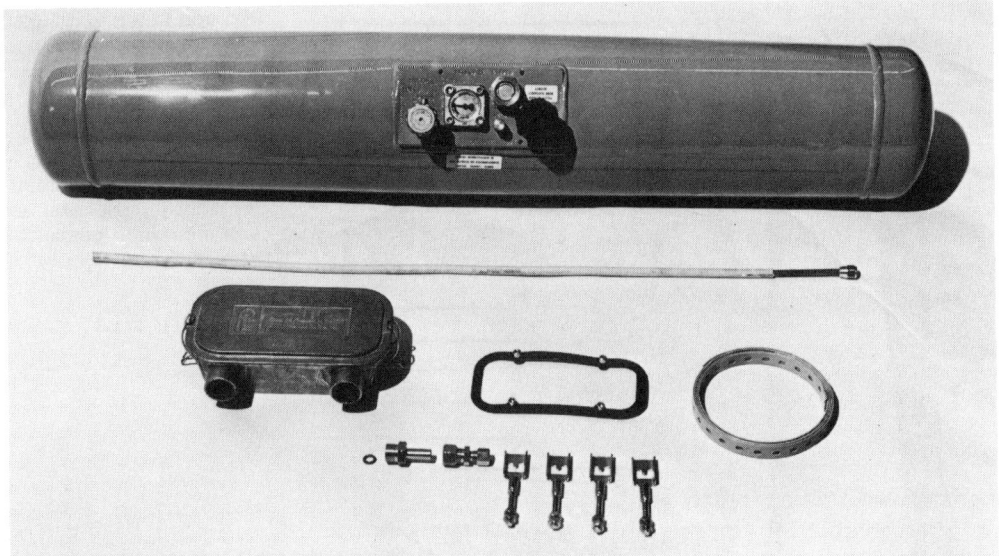

Notfalls läßt sich ein Gastank auch ohne Grube montieren.

netzes in Europa (leider nicht in der Bundesrepublik, wo die Gastankstellen immer mehr schrumpfen) und eines teilweise sehr großen Preisvorteils gegenüber Flaschengas, das zudem im Ausland Probleme mit den deutschen Tauschflaschen mit sich bringt. Die weitere Installation entspricht der bei Flaschenversorgung.

Anschluß der Geräte

Vom Verteilerblock werden die Gasleitungen spannungsfrei zu den einzelnen Verbrauchern geführt. Ecken sollten, so-

weit Platz vorhanden ist, mit Rohrbogen gebildet werden. Es gibt hierfür spezielle Biegevorrichtungen und Zangen. Keinesfalls sollten Stahlleitungen freihändig gebogen werden. Ist kein Platz für Bögen vorhanden, gibt es 90°-Eckverbinder mit Schneidringverschraubung. Dabei ist jedoch zu bedenken, daß möglichst wenig Verschraubungen eingesetzt werden sollten. Nicht nur des Geldes wegen, hauptsächlich deswegen, weil jede Verschraubung eine zusätzliche Quelle eventueller Undichtigkeiten darstellt. Keineswegs sollten Winkel oder andere Verschraubungen an später nicht mehr zugänglichen Stellen eingesetzt werden. Zum Anschluß der Geräte an das Leitungsnetz sind Schneidringverschraubungen, je nach Platz gerade oder geknickt, unumgänglich, da alle Verbraucher fest und spannungsfrei angeschlossen werden müssen. Eine Ausnahme hiervon bilden schwenk- oder ausziehbare Kocher, die über 30 bis 40 cm lange Schläuche oder über DVGW-anerkannte Steckverbindungen mit vorgeschaltetem Schnellschlußventil angeschlossen werden.

Geräte

Alle im Fahrzeug eingebauten Gasgeräte müssen vom DVGW für den Einbau zugelassen und mit einer Zündsicherung ausgestattet sein, die spätestens 60 Sek. nach Erlöschen der Flamme die Gaszufuhr unterbricht.

Für die einzelnen Gerätearten gelten unterschiedliche Vorschriften für den Betrieb, zusammengefaßt im Arbeitsblatt G 607, zum schnellen Überblick hier kurz aufgeführt:

Koch-, Grill- und Backeinrichtungen
Lüftungsöffnungen mit freiem Querschnitt von 150 cm². Sie können verschließbar sein, wenn ein gut sichtbares Warnschild daran erinnert, daß sie beim Betrieb der Geräte offen sein müssen. Abgasführung von Back- und Grillgeräten ins Freie.

Beheizung des Fahrzeugs mit diesen Geräten ist verboten, Warnschild erforderlich.

Absorberkühlschränke und -boxen
Verbrennungsluftzufuhr und Abgasführung dicht gegen den Innenraum.

Werden die Abgase nicht nach außen geführt, müssen unverschließbare Lüftungsöffnungen von min. 10 cm² freiem Querschnitt pro Gerät eingebaut werden.

Raumheizungen
Verbrennungskammer, Zuluft- und Abgasführung müssen dicht gegen den Innenraum sein.

Abgasrohre steigend verlegt installieren und gegen Abrutschen sichern. Installation und Ausführung entsprechend DIN 30 691 Teil 1.

Warmwasserboiler
Hier gelten die gleichen Vorschriften wie für Heizungen.

Durchlauferhitzer
Geräte mit offenem Verbrennungskreislauf müssen in Kästen eingebaut sein, die gegen den Innenraum dicht sind und nur von außen zugänglich sein dürfen.

An gut zugänglicher Stelle wird der Gasverteiler mit Schnellschlußventilen für jeden Verbraucher montiert.

Gasanschlüsse der Geräte sollten leicht zugänglich sein. Hier ist der Kühlschrankanschluß unter dem Abtropfblech der Spüle angeordnet.

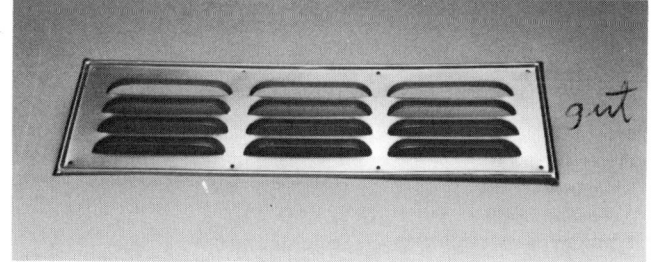

Kiemenbleche mit vorgeschriebenem Luftdurchlaß sorgen für spritzwassergeschützte Zuluft.

Leuchten

Das Umfeld der Leuchte muß so ausgeführt werden, daß durch die Wärmeentwicklung kein Bauteil entzündet werden kann.

Pro Leuchte ist eine unverschließbare Lüftungsöffnung von 10 cm² freiem Querschnitt erforderlich.

Abgasabführungen

Im Bereich der Abgasabführung von Heizungen, Back- und Grillgeräten, Boilern und Kühlschränken dürfen keine Öffnungen wie Fenster und ähnliches angeordnet sein, durch die das Abgas in das Fahrzeuginnere gelangen kann. Ist dies unumgänglich, muß ein Fensterkontakt das betreffende Gerät beim Öffnen des Fensters zuverlässig außer Betrieb setzen.

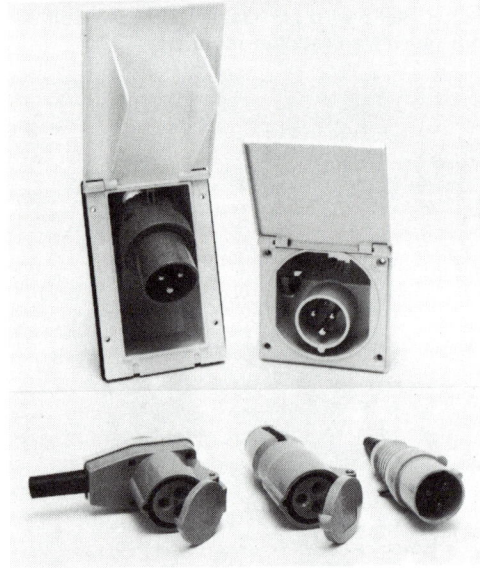

Die Bordstromversorgung erfolgt über eingebaute CEE-Stecker und passende Kupplungen am Verlängerungskabel. Die früher üblichen Schukostecker sind nicht mehr zugelassen.

Die Innenbeleuchtung kann je nach Geschmack stromsparend mit Leuchtstoffröhren oder stimmungsvoll mit Spots und Glühlampen gestaltet werden. Grundsätzlich sollten nur 12-V-Leuchten installiert werden.

Werden Abgasabführungen durch Abdeckungen verschlossen, muß am entsprechenden Gerät ein unübersehbarer Hinweis angebracht sein, der an das Entfernen der Abdeckung vor Inbetriebnahme erinnert.

Stromversorgung

Neben dem Hauptenergieträger Gas ist die elektrische Energie im Reisemobil überall dort von Nutzen, wo man bequem Energie mit geringer Leistung braucht.

Die Bordstromversorgung im autarken Reisemobil wird mit Akkus gewährleistet. Da diese nicht ewig Leistung abgeben, muß Energie zur Ladung von außen zugeführt werden. Dies kann während der Fahrt durch die Lichtmaschine

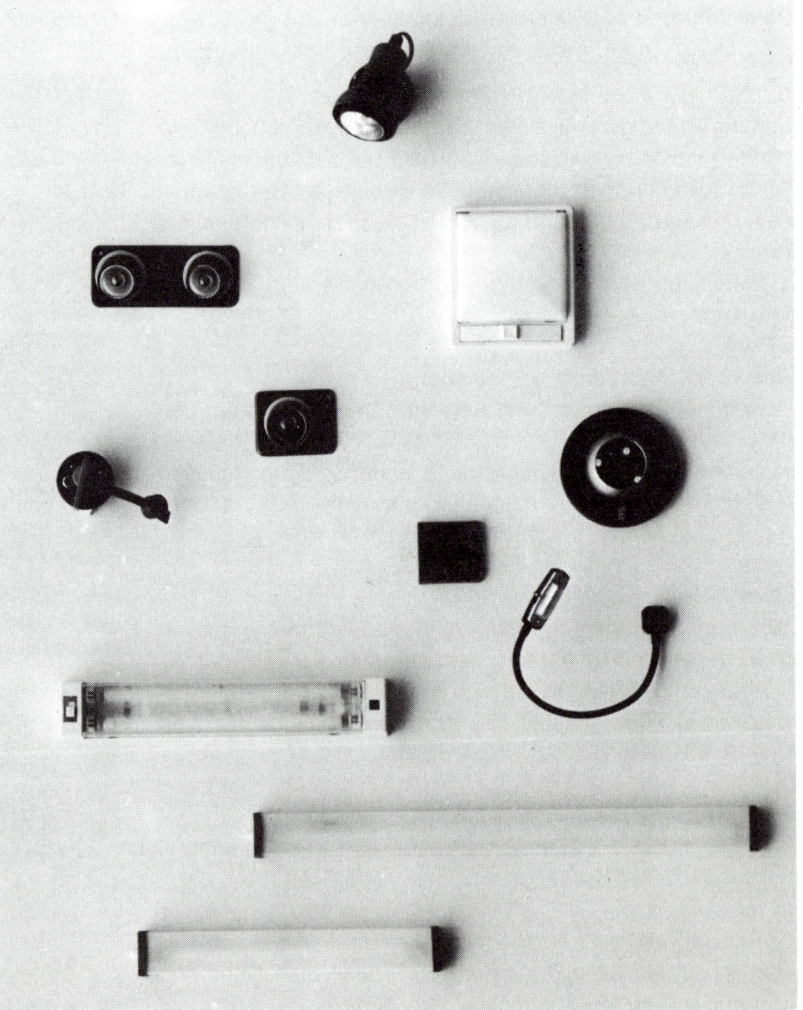

des Fahrzeugs erfolgen. Im Stand übernehmen die Ladung externe Generatoren mit eigenem Antrieb, Sonnenkollektoren oder ein Außenanschluß für 220-V-Wechselstrom mit entsprechendem Umformer.

Die Installation ist weniger problematisch als die Gasinstallation. Sie muß aber auch unter Beachtung der einschlägigen Vorschriften und exakt ausgeführt werden.

Installation

Es wird grundsätzlich empfohlen, das gesamte Bordnetz ausschließlich auf 12-Volt-Spannung auszulegen und nur das Ladegerät und den Kühlschrank mit 220 Volt zu betreiben. Netzstrom an den Verbrauchern ist auf diesem engen Raum, bei den ständig wechselnden Bedingungen und der Rüttelei ein unnötiges Sicherheitsrisiko. Außerdem sind 220-V-Verbraucher außerhalb der Campingplätze wirkungsloser Ballast. Das Leitungsnetz wird so aufgebaut, daß in der Nähe des Akkus ein Sicherungsverteiler zentral angeordnet wird. Von diesem Verteiler gehen die Leitungen zu den einzelnen Verbrauchern. Gegenüber einer Ringleitung, an die alle Verbraucher angeschlossen werden, hat diese Installation Vorteile, die den Mehrverbrauch an Kabel immer aufwiegen. Die Installation wird übersichtlicher, bei einem Kurzschluß in einem Verbraucher fällt nicht gleich das ganze Netz aus, und die Sicherungen können in ihrer Stärke dem jeweiligen Verbraucher angepaßt werden.

Der erforderliche Leitungsquerschnitt, also der Durchmesser der Kupferadern, richtet sich nach der Stromaufnahme der angeschlossenen Verbraucher, der Leitungslänge und der Bordspannung. Sämtliche Leitungen müssen

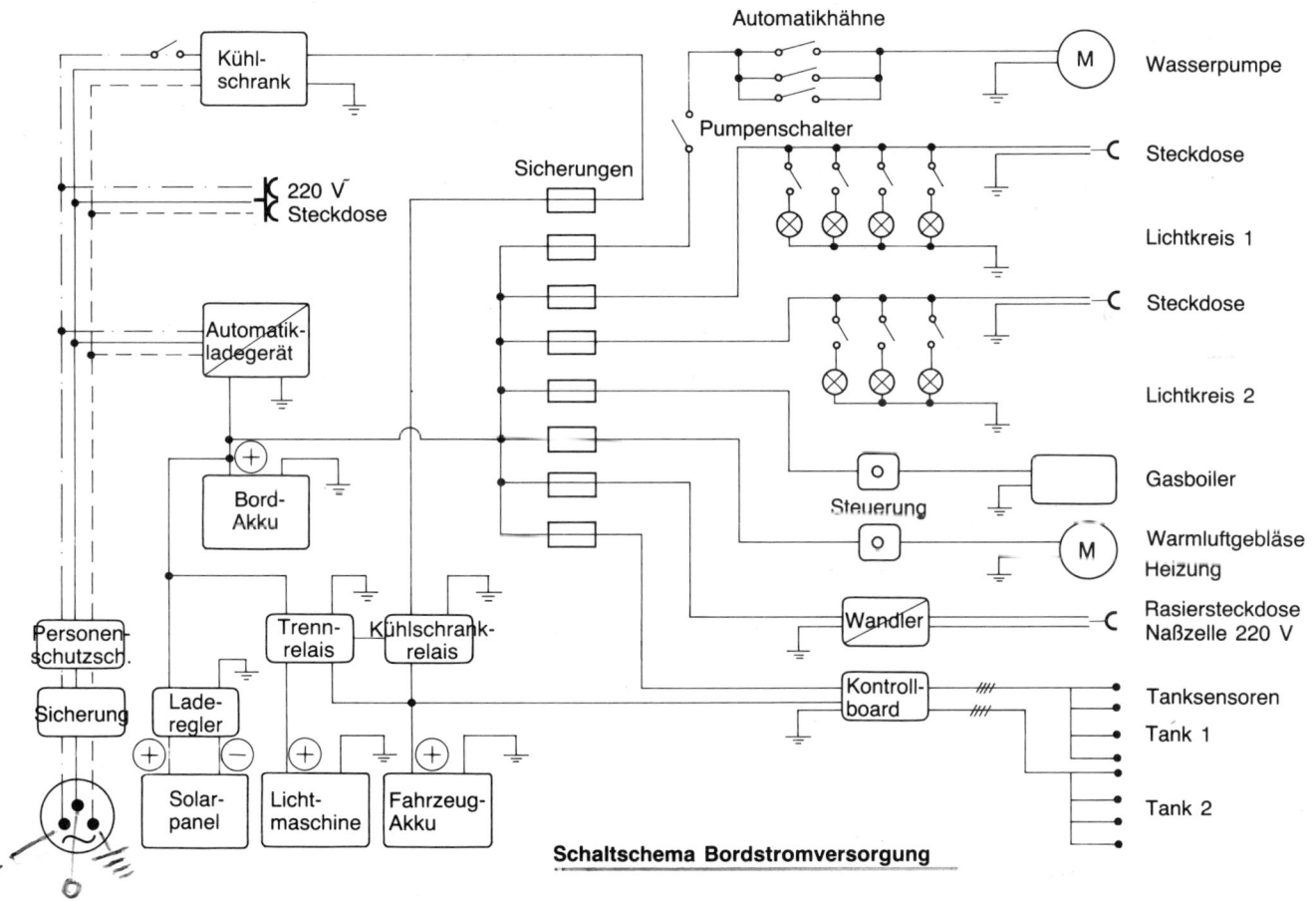

Schaltschema Bordstromversorgung

71

Von der Elektrozentrale aus sollte jeder Verbraucher mit einer eigenen, abgesicherten Leitung angefahren werden. Fehler wirken sich so nicht auf das ganze Netz aus.

Die Zuleitungen zu Stromverbrauchern in Hub- oder Aufstelldächern, Klappalkoven und ähnlichen, beweglichen Bauteilen erfolgt über Spiralkabel.

aus flexibler Litze bestehen. Der Spannungsverlust des Leitungsnetzes für die im Reisemobil üblichen Verbraucher soll sieben Prozent, also 0,84 V bei 12-V-Bordspannung, nicht überschreiten. Unter Berücksichtigung des Spannungsverlusts bei Verwendung von Kupferkabeln (Leitwert 56) errechnet sich der erforderliche Leitungsquerschnitt nach folgenden Formeln.

Stromaufnahme (A) = Leistung (W) : Spannung (V)

Leitungsquerschnitt = 2 × Kabellänge (m) × Stromaufnahme (A)
(qmm)   : 56 × 0,84 (V)

Ein Beispiel hierzu:
Kühlschrank mit 60 Watt Leistung, Leitungslänge bis zum Verteiler 7 Meter, Bordnetz 12 Volt.
Stromaufnahme: 60 (W) : 12 (V) = 5 A
Querschnitt: 2 × 7 (m) × 5 (A) : 56 × 0,84 (V) = 1,48 qmm

Gewählt wird der nächsthöhere genormte Querschnitt 1,5 qmm als Mindestquerschnitt. Überdimensionierung schadet auf keinen Fall, der Spannungsverlust wird dann geringer und die Leistungsfähigkeit des Netzes steigt.

Zur Vermeidung von Falschpolungen und zur Erleichterung der Fehlersuche werden Plusleitungen in rot, Minusleitungen in braun oder schwarz verlegt. Vorteilhaft ist es, die einzelnen Leitungen nach dem angeschlossenen Verbraucher in gewissen Abständen zu beschriften. Hierzu eignet sich farbiges Klebeband, das mit nicht wasserlöslichen Overheadstiften beschriftet wird.

Bei Einbau eines 220-V-Außenanschlusses muß ein Potentialausgleich geschaffen werden. Hierzu wird der Schutzleiter der Einspeisungssteckdose mit einem grün-gelben Kabel mit 4 qmm Querschnitt mit der Stahlkarosserie verbunden. Das gleiche gilt für alle angeschlossenen Verbraucher. Bei elektrisch nicht leitfähigem Aufbau muß die Potentialausgleichsleitung zu den einzelnen Verbrauchern geführt und an den Erdungsfahnen bzw. Schutzleitern angeschlossen werden.

Das 220-V-Netz sollte von einem Fachmann verlegt oder zumindest geprüft werden.

Zur Sicherheit wird empfohlen, anstelle der Sicherungsautomaten in die Netzstromeinspeisung einen Sicherungsblock mit integriertem Fehlerstromschalter (FI-Schalter) zu installieren. Diese Fehlerstromschalter schalten das Netz in Millisekunden bei einem Fehlerstrom von nur 10 mA automatisch ab. Ungewollte Berührung führt also nicht zwangsläufig zu einem Unfall.

Bordnetz-Akkus

Wenn in Zusammenhang mit Reisemobilen das Wort „Zweitbatterie" fällt, ist vom Bordnetz-Akku die Rede. Akkumulator, kurz Akku, ist die exakte Bezeichnung für einen Sammler oder Speicher elektrischer Energie. Sein innerer Aufbau richtet sich nach der Aufgabe, für die er konstruiert wurde. Die heute üblichen Bleiakkus enthalten Bleiplatten und verdünnte Schwefelsäure. Für Interessierte im Telegrammstil der chemische Vorgang bei Ladung und Entladung:

Platten aus Bleidioxid (PbO_2) als Anode und Bleischwamm (Pb) als Kathode tauchen in 20%ige Schwefelsäure (H_2SO_4). Bei Entladung gehen Bleidioxid und Bleischwamm in Bleisulfat ($PbSO_4$) über. Bei Ladung wird das Bleisulfat an der Anode durch den dort entwickelten Sauerstoff zu Bleidioxid oxidiert, an der Kathode durch Wasserstoff zu Blei reduziert. So ist wieder das Anfangsstadium, ein geladener Akku, erreicht. Je mehr Blei an der chemischen Umsetzung beteiligt ist, umso größer wird die Kapazität des Akkus.

Im Reisemobil unterscheidet man bei richtiger Ausstattung zwischen Starter- und Bordnetzakku, die vom Aufbau her unterschiedlich sind.

Starterakkus sind so konzipiert, daß sie in kurzer Zeit einen hohen Strom abgeben können. Diese kurzzeitige Hochstromentnahme wird dadurch ermöglicht, daß viele dünne Platten eingebaut werden. Die verfügbare Plattenoberfläche bestimmt die Größe der möglichen Belastung, die besonders bei tiefen Temperaturen interessant ist. Deshalb wird bei Starterakkus auf dem Typenschild der Kälteprüfstrom angegeben. Darunter ist die Stromstärke in Ampere zu verstehen, mit der ein vollgeladener und auf −18° C abgekühlter Akku belastet werden kann, ohne daß die Klemmenspannung während der ersten 30 Sek. unter 9 V und nach insgesamt 150 Sek. unter 6 V absinkt.

Bordnetzakkus (auch Heavy Duty oder HD-Akkus bezeichnet) sind für Langzeitentladung mit geringem Strom und für extreme Rüttelbeanspruchung konstruiert. Hier werden dicke Platten mit besonderer Befestigung eingebaut. Damit wird ein Schwingen des Plattensatzes bei höherer Vibration unterdrückt. Vorzeitiges Abschlammen der positiven Platten beim Entlade-/Ladebetrieb (Zyklus) wird durch Sonderisolation verhindert. Durch diese Isolation und die dickeren Platten wird die Zyklenfestigkeit, also Anzahl der Entlade-/Ladevorgänge gegenüber Starterakkus, um ca. 100 % erhöht. Der Kälteprüfstrom hat hier keine unmittelbare Bedeutung und fehlt deshalb auf dem Typenschild. Speziell auf die Verwendung mit Solaranlagen abge-

Bordnetzakkus mit Außenableitung der Gase können übersichtlich und gut zugänglich mit dem Netz-Gerät zusammen in einem Sitzstauraum untergebracht werden.

stimmte Bordnetzakkus sind unter dem Zusatz Solar im Handel.

Codierung

Die DIN-Tpyennummer auf dem Typenschild enthält in codierter Form die Nennspannung, Kapazität und die Ausführungsart. Weiter werden die Leistungsdaten im Klartext angegeben.

Beispiel: Die Typennummer 536 24 12 V 36 AH 175 A bedeutet: 536 schlüsselt Kapazität und Spannung auf, wenn man weiß, daß 501−799 für 12 V steht, 500 von 1−99 Ah, 600 von 100−199 Ah, 700 von 200−299 Ah Kapazität, hier also 36 Ah. 24 steht für die Ausführung, z. B. Bodenleisten, Griffe etc. Die folgende Gruppe nennt im Klartext Spannung (12 V), Kapazität (36 Ah) und Kälteprüfstrom (175 A). Es handelt sich hier also um einen Starterakku, sonst würde diese Angabe fehlen. Wichtig ist die DIN-Typnummer bei der Ersatzbestückung. Gleiche Typnummer bedeutet einen maß- und leistungsgleichen Akku, auch wenn es sich nicht um das gleiche Fabrikat handelt.

Kapazitätsbestimmung

Welche Akkugröße ist für mein Reisemobil richtig? Die Kapazität des einzubauenden Akkus richtet sich nach der Leistung und der täglichen Betriebszeit der installierten Verbraucher. Die auf dem Akku angegebenen Amperestundenzahl (Ah) bezieht sich auf eine lineare, 20stündige Entladung bei 27° C. Der Wert verringert sich durch steigenden Entladestrom, tiefere Temperaturen und Alterung. Deshalb wird der errechnete Kapazitätsbedarf mit dem Faktor 1,7 multipliziert.

Die Formel für die Berechnung des Kapazitätsbedarfs jedes einzelnen Verbrauchers lautet:

Leistung (W) : 12 V × tägliche Betriebszeit (h) × 1,7 = Kapazitätsbedarf (Ah).

Nicht empfehlenswert ist die Parallelschaltung von Akkus zur Kapazitätserhöhung. Durch unterschiedliche Entladung oder Alterung der einzelnen Zellen können Fehlerquellen auftreten. Außerdem führen ungleiche Ladezustände zu Ausgleichsströmen zwischen den Akkus, die vorhandene Kapazität kann dadurch nicht optimal ausgenutzt werden.

Ermittlung des Ladezustands

Der Ladezustand von Akkus kann sowohl mit einem Säureheber (wenn Säurestopfen vorhanden sind) als auch mit einem Voltmeter, am besten mit einem digital anzeigenden Präzisionsinstrument, kontrolliert werden. Als Anhaltspunkte dienen die folgenden Werte:

Säuredichte:
1,28 kg/l = 100%
1,20 kg/l = 50%
1,10 kg/l = leer, zur Vermeidung von Schäden sofort nachladen oder Verbraucher ausschalten!

Spannung
12,7 V	=	100%
12,5 V	=	75%
12,3 V	=	50%
12,1 V	=	25%
11,8 V	=	leer, wie oben verfahren.

Die Spannungsmessung gibt nur dann Aufschluß über den Ladezustand, wenn der Akku unbelastet ist und unmittelbar vor der Messung weder ge- noch entladen wurde.

Akkutrennung

Im Stand werden Starter- und Bordnetzakku durch verschiedene Schaltungsmöglichkeiten voneinander getrennt. Dadurch ist gewährleistet, daß die Startfähigkeit nicht durch Verbraucher im Wohnteil beeinträchtigt wird. Zur Aufladung des Bordnetzakkus wird dieser bei laufendem Motor dem

Ladekreis zugeschaltet. Dazu bieten sich drei Schaltmöglichkeiten an:

Trennrelais: Vollautomatische Kopplung/Trennung der beiden Akkus über ein Relais. Nachteil: Die Relaiskontakte altern, verschmoren und beeinträchtigen dadurch den Ladestrom.

Diodenverteiler: Ebenfalls vollautomatische Kopplung/Trennung, jedoch verschleißfrei über Dioden. Nachteil: Der Spannungsabfall an den Dioden (ca. 0,5 V) muß durch eine erhöhte Reglereinstellung kompensiert werden, nicht jeder Regler ist dafür vorgesehen.

Akkuschalter: Im Bootsbau ist eine manuelle Trennung mit Wahlmöglichkeit der Ladung über einen Schalter üblich, die auch im Reisemobil Vorteile bietet. Mit ihm kann gewählt werden, welcher Akku ge- und entladen werden soll. Nachteil: Manuelle Umschaltung, Kontakte altern, Voltmeter zur Prüfung des Ladezustands notwendig.

Ladegeräte

Bei kombinierter Netz-Akku-Stromversorgung übernehmen eingebaute Ladegeräte die Ladung bzw. Pufferung des Akkus im Standbetrieb; über eine Eingangssteckdose nach Norm CEE 17 und einen Sicherungsautomaten, möglichst noch mit einem Fehlerstromschalter, wird das Netzgerät mit Netzspannung versorgt. Im Handel sind unterschiedliche Typen, deren Charakteristik man vor dem Einkauf beachten sollte.

Ungeregelte Ladegeräte: Preisgünstiges Gerät mit W-Charakteristik (die Typbezeichnung enthält den Buchstaben W mit einer Zahl) kann nur zur überwachten Ladung verwendet werden. Diese Geräte laden bis in den Gasungsbereich des Akkus, d. h. bei längerem unkontrolliertem Laden kommt es zu einer Überladung und damit zur Schädigung des Akkus. Nach Aufladung muß das Gerät abgeschaltet werden.

Ladegeräte mit geregelter Kennlinie: Geräte mit WU-, Wae- und IU-Charakteristik laden bis zur Gasungsspannung und regeln dann den Ladestrom automatisch ab. Dadurch ist längeres unkontrolliertes Laden und Puffern möglich.

Converter: Elektronisch geregelte Zentraleinheit zur gesamten Stromversorgung, Ladung, Anzeige des Ladezustands sowie des Inhalts der Wassertanks. Gesondert ab-

Ein Converter an zentraler Stelle übernimmt die gesamte Stromversorgung, Akkuladung und Anzeige der Tank- und Akkustände.

Elektroinstallationen in Sitzstauräumen sollten abgeschottet werden, damit sie durch rutschende Ladung nicht beschädigt werden.

gesicherte Stromkreise für die einzelnen Verbraucher vereinfachen die Installation. Ein eingebauter Stromwächter schaltet die Verbraucher bei einer Akkuspannung von 10,7 V ab.

Vorschaltgeräte: Eine weitere Möglichkeit der Stromversorgung im Standbetrieb. Das Gerät liefert 12 V Gleichspannung in das Bordnetz bei angeschlossenem 220-V-Netz. Fällt die Netzspannung ab, schaltet ein Relais auf den Bordakku um. Manche Geräte sind mit Ladeteil ausgestattet. Zum Anschluß von Transistorleuchten, Fernsehern, Elektronikheizungen, Peltierboxen und Radios muß ein Phonoausgang eingebaut sein, der geglebten Gleichstrom abgibt. Vorschaltgeräte sind für Reisemobile nur bedingt geeignet.

Solarenergie

Dem Drang des Menschen, den Mann im Mond kennenzulernen, verdanken wir die rasante Entwicklung der Umwandlung von Sonnenenergie in elektrische Energie, die in Akkus gespeichert werden kann und so jederzeit zur Verfügung steht. Bereits 1955 wurde die Versorgung von Satelliten über Solarzellen entwickelt. Die Leistungsfähigkeit dieser Zellen und vor allem die enormen Kosten schlossen damals eine Verwendung außerhalb staatlich subventionierter

Projekte von selbst aus. Inzwischen stand die Forschung nicht still, neue Halbleitertechniken ergaben höheren Wirkungsgrad und größere Widerstandsfähigkeit. Zeitraffertests mit modernen Solargeneratoren zeigten auch nach 40 Jahren ständigem Gebrauch nur minimale Leistungseinbußen. Da die meisten Generatoren dazu noch aus den USA kommen, macht der derzeit niedere Dollarkurs die Anschaffung eines treuen Lebensbegleiters möglich. Bei entsprechender Anbringung am Fahrzeug, die einen Umbau bei Fahrzeugwechsel erlaubt, kann er viele Reisemobilleben überdauern.

Wie funktioniert ein Solargenerator?
Hauptbestandteil ist eine hauchdünne Schicht des praktisch in unbegrenzten Mengen zur Verfügung stehenden Halbleiters Silizium (Quarzsand), die auf eine Trägerfolie aufgebracht ist. Diese Folie wird, ähnlich einem Verbundglas, mit einer getemperten, hoch lichtdurchlässigen Glasscheibe verbunden und mit einem Rahmen versehen. Grundsätzlich unterscheidet man zwischen mono-, polykristallinen und amorphen Siliziumzellen. Im Handel sind Generatoren mit allen Kristallanordnungen. Den höchsten Wirkungsgrad haben monokristalline Zellen mit ca. 19%. Da ihre Herstellung jedoch sehr kostenintensiv ist, wird meist polykristallines Silizium verwendet und der geringere Wirkungsgrad von ca. 12% in Kauf genommen. Amorphe

Zellen, als Dünnschicht-Solarmoduln vereinzelt schon im Handel, sind das neueste Produkt der Forschung. Tausendstel Millimeter dicke Schichten Silizium werden auf eine Trägerglasscheibe aufgebracht, durch Laser in Streifen geschnitten und in Serie miteinander verbunden. Durch die hauchdünne Schicht sind sie kostengünstig herzustellen, allerdings liegt ihr Wirkungsgrad zur Zeit noch bei nur ca. 6%.

Der Photovoltaische Effekt
Werden die Solarzellen durch einen angeschlossenen Verbraucher kurzgeschlossen, fließt in dem Stromkreis ein durch Licht induzierter Photostrom, der sogenannte Kurzschlußstrom. Er nimmt proportional zur Strahlungsintensität zu, während die Zellenspannung, die sogenannte Leerlaufspannung, nur sehr gering von der Intensität abhängt. Dadurch erreichen Solarzellen bereits bei schwachem Licht ihre volle Betriebsspannung von 0,5 V.

Solarzellen können problemlos parallel- oder seriengeschaltet werden. Je nach Schaltungsart erhöhen sich die Spannung oder die Stromstärke des Generators.

Nicht nur im Wirkungsgrad, auch in der Intensität des »hot-spot-Effekts« unterscheiden sich die mono- und die polykristallinen Zellen. Dieser Effekt, der zur Zerstörung der Zellen und damit des Generators führen kann, entsteht, wenn eine Zelle oder ein Modul eines in Reihe geschalteten Generators verschattet ist, während die anderen der vollen Bestrahlungsstärke ausgesetzt sind. Die verschattete Zelle wirkt dann nicht mehr als Stromerzeuger, sondern durch Spannungsumkehr als Stromverbraucher. Der dadurch durch die Zelle fließende Gesamtstrom erhitzt die Zelle bis zur Zerstörung. Diese Gefahr besteht hauptsächlich bei monokristallinem Aufbau, sie kann durch eine Diode in Parallelschaltung verhindert werden. Gleichzeitig verhindert diese Diode auch den Rückstrom aus dem Akku bei Nacht.

Die Leistungsdaten werden grundsätzlich bei 25 Grad C angegeben. Bei zunehmender Umgebungstemperatur sinkt, bei abnehmender steigt die Zellenspannung, pro Grad Temperaturänderung ergibt sich eine Differenz von 2 mV. Dies wirkt sich natürlich positiv im Winter aus, wo erhöhter Strombedarf einer verminderten Speicherkapazität des Akkus gegenübersteht.

Akkuladebetrieb
Sinnvoll ist ein Solargenerator nur in Verbindung mit einem Akku als Speicher der erzeugten Energie. In den meisten Fällen wird Strom abends benötigt, wenn die Zellen keine Energie abgeben. Außerdem ist ein Generator zur Deckung des Strombedarfs z. B. eines Kühlschranks im Direktbetrieb tagsüber nicht leistungsfähig genug. Nur aus diesem Grund mehrere Generatoren parallel zu schalten, wäre mehr als unwirtschaftlich.

Als Akku eignen sich am besten die speziell für diesen Zweck konstruierten Solarakkus mit einer hohen Zyklenfestigkeit und geringer Selbstentladung. Sie sind so ausgelegt, daß ihre elektrischen Eigenschaften mit denen der Solargeneratoren übereinstimmen.

Damit genügend Energie gespeichert werden kann, sollte der Akku eine Kapazität von mindestens 100 Ah haben. Mit einem Akku dieser Größe und einem Solarkollektor von ca. 40 Watt erhalten wir ein photovoltaisches Solarsystem, das im Sommer in Deutschland bei üblichem Sonnenschein und Temperatur eine Energiemenge von ca. 80 bis 120 Wh zur Verfügung stellt.

Montage und Anschluß
Über die Standortwahl gibt es kein großes Kopfzerbrechen, man ordnet den Solargenerator himmelwärts an, also auf dem Dach. Wenn es nicht auf das letzte Milliwatt ankommt, ist Festmontage waagrecht die einfachste Lösung. Will man mit der Sonne gehen und dadurch das letzte Quantum Energie nutzen, konstruiert man eine dreh- und neigungsfähige Lagerung. Damit handelt man sich allerdings eine ständige Beschäftigung, das Verfolgen der Sonne, ein. Die auf der Rückseite angebrachten Anschlußdosen werden mit einem zweiadrigen, flexiblen Kabel mit 2,5 qmm Querschnitt versehen, das ins Fahrzeuginnere zum Akku geführt

Beweglich gelagerte Solarpanels können je nach Sonnenstand ausgerichtet werden und nutzen so das letzte Quantum Energie.

X X
gut Wird die Elektrozentrale hinter einer Außenklappe eingebaut, ist sie jederzeit leicht zugänglich. Laderegler, Umformer und Netzgerät können gemeinsam gewartet werden.

wird. Daß die Kabelführung durch das Dach sauber abgedichtet werden muß, braucht nicht extra gesagt zu werden.

X Das Anschlußkabel sollte bei 2,5 qmm Querschnitt nicht länger als 5 m sein, andernfalls muß ein größerer Querschnitt gewählt werden, damit die Leitungsverluste so gering wie möglich bleiben.

Der weitere Anschluß ist von der Wahl des Generators abhängig. Ein selbstregulierendes Modul kann direkt mit dem Akku verbunden werden, nachdem die Schutzdiode in die Plusleitung geschaltet wurde. Selbstregulierende Moduln ähneln einem automatischen Ladegerät, sie verringern die Ladespannung bei zunehmender Akkuladung bis zur minimalen Pufferung.

Nicht selbstregulierende Moduln müssen unter Zwischenschaltung eines Ladereglers angeschlossen werden.

Prinzipiell sind natürlich die Solarsysteme, die ohne Regler auskommen, die preiswerteren. Erstens spart man sich den ca. 200 Mark teuren Laderegler, zweitens gibt es keinen Spannungsabfall zwischen Paneel und Akku. Dafür ist ein geregeltes System komfortabler und reagiert flexibler auf den jeweiligen Ladezustand des Akkus. Die bei zunehmender Oberflächentemperatur zurückgehende Ladespannung wird vom Regler ausgeglichen. Selbstregulierende Systeme benötigen dazu eine wesentlich höhere Leerlaufspannung.

X X Nach erfolgtem Anschluß kann man das ganze System sich selbst überlassen. Es erfordert von jetzt ab weder Wartung noch Betriebskosten. Mehr kann man von einem Energiesystem eigentlich nicht erwarten!

Stromerzeuger X

Die Unabhängigkeit des mobilen Reisens steht und fällt mit der Spannung des Bordakkus. Ohne Strom versiegt bei einem modernen Reisemobil die Wasserversorgung, gibt die elektronisch gesteuerte Heizung den Geist auf, kommt nicht mal mehr ein Rauschen aus dem Radio, und die Transistorleuchte hüllt sich in Dunkel. Die klassische Art der mobilen Stromversorgung stellt der Stromerzeuger mit Verbrennungsmotor-Antrieb dar.

Zugegeben – gegenüber den immer stärker auf den Markt drängenden Solaranlagen haben die motorkraftgetriebenen Aggregate einen schweren Stand. Sie machen Krach, erzeugen Vibrationen und belasten die Umwelt darüber hinaus noch mit Abgas und Ölrückständen. Außerdem bedürfen sie, gegenüber ihren sonnigen Kollegen, eines vergleichsweise hohen Pflegeaufwands. Der geht im übrigen, mit Kraftstoff, Öl, Austauschteilen und Reparaturen mit den Jahren ins Geld.

Doch gibt es eine bedeutende Vielzahl von Aggregaten. Ihr Angebot ist in der Typen- und Anwendungvielfalt den Solargeneratoren – noch – haushoch überlegen. Deshalb, das sei hier klipp und klar festgestellt: Trotz allen Engagements für den Umweltschutz, auch Stromerzeuger mit Verbrennungskraftmaschine haben ihre Berechtigung am Markt.

Die Anschaffung eines Solarpaneels konkurriert nur dort mit der Kaufentscheidung für einen Kraftstoff-Generator, wo es ausschließlich um das Nachladen der Bordnetzakkus in einer 12- oder 24-V-Anlage geht. Und auch dann noch muß der Anwender selbst entscheiden, ob er sein Wohnmobil mit Solarpaneel auf dem Dach in die pralle Sonne stellen möchte, um die Sonne anzuzapfen – oder ob er lieber im Schatten campiert und den Strom »aus dem Benzintank« erzeugt . . .

Sobald jedoch, beispielsweise zum Betrieb einer Kompressor-Klimaanlage, 220-V-Wechselstrom erforderlich ist, kann nur noch der Benzin- oder Dieselgenerator helfen.

Im übrigen hat der umweltorientierte Konkurrenzdruck der Solarkraft-Anlagen bei den angeblich ach so laut knatternden und stinkenden Kleinkraftwerken einen bedeutenden Innovations- und Entwicklungsschub ausgelöst.

Moderne Kraftstoff-Generatoren sind leise geworden. Die unterste, heute von Serien-Aggregaten in Schallschluck-Boxen erreichten Lautstärken liegen mit ca. 52 dB (A) im Bereich menschlicher Flüster-Unterhaltung.

Moderne Kraftstoff-Generatoren tragen eine weiße Weste. Zumindest manche Modelle zeigen ernsthafte Bemühungen der Hersteller, zum Umweltschutz beizutragen. So können alle Zweitakt- und sogar manche Viertakt-Benzin-Stromerzeuger mit bleifreiem Normalbenzin auskommen. Einige Zweitaktgeneratoren laufen zusätzlich auch mit Castrol-Biolube, einem speziell für Motorboote entwickeltem Öl-Ersatz. Biolube ist gewässerneutral und voll biologisch abbaubar. Das Mischungsverhältnis kann auf 1:50 reduziert werden. Viele Generatoren, beispielsweise Mase, Kawasaki und Minlux, aber auch andere Benzin-Viertakt-Geräte, können über Umrüstsätze auch mit Gas betrieben werden.

Moderne Kraftstoff-Generatoren sind überdies sehr wartungsarm geworden. Hier gibt es allerdings noch immer bedeutende Unterschiede von Hersteller zu Hersteller. Bürstenlose Generatoren, vereinfachte Wartung und verlängerte Serviceintervalle sind Stand der Technik.

Für den Betrieb im Reisemobil kommen zwei verschiedene Generator-Typen in Betracht: Mobile Aggregate, die man als separates Zubehör in die Staukiste packt und zum Betrieb außerhalb des Wohnmobils aufstellt, sowie fest eingebaute, stationäre Aggregate. Erstere liegen leistungsmäßig meist im Bereich von 400 bis 700 Watt und eignen sich zur Spannungserhaltung im Bordnetz-System. Solche kleineren »Handkoffer«-Aggregate sind die klassischen Batterielader.

Sie leisten auch sonst gute Dienste, zum Beispiel im Haushalt, wenn der Strom ausfällt. Allerdings muß man sie auspacken, ankabeln, überwachen.

Komfortabler sind die Einbaugeneratoren, die es in den verschiedensten Ausführungen gibt. Während sich Ergon Wolf darauf spezialisiert hat, Batterie-Nachlader zum Festeinbau anzubieten, die automatisch starten, wenn die Akku-Spannung nachläßt, ist das traditionelle Anwendungsfeld für den Einbaugenerator eigentlich die leistungsstarke 220-V-Anlage. Kein größeres US-Reisemobil, in dessen Stauraum es nicht irgendwo auf Knopfdruck zu summen beginnt! Nur so können Klimaanlage und Mikrowellenherd auch abseits vom Netzanschluß Essen wärmen und die Esser dabei kühlen. Daß dabei gleichzeitig auch die Akkus eine Auffrischung erfahren, soll nicht verschwiegen werden.

Der Verzicht auf ein nahegelegenes Atomkraftwerk durch autarke Spannungsversorgung erfordert einige Planung. Schließlich reicht die Preisspanne für Reisemobil-Stromerzeuger von etwa 1300 bis 13 000 Mark. Da sollte vor dem Kauf der Bedarf festgelegt werden.

TIP: Wie für die Zusammenstellung einer Solaranlage auch, errechnet man die Dimensionierung des Stromerzeugers durch Addition der Verbraucher. Die Summe sämtlicher Watt-Zahlen darf die Endkapazität des Erzeuger-Aggregats nicht überschreiten. Dies gilt für 12-Volt-Anlagen ebenso wie für 220-V-Anlagen.

Der Bordnetz-Akku sollte eine Kapazität von etwa 80 bis 135 Ampèrestunden haben. Größere Akkus sind nur mit unnötig langen Generator-Laufzeiten vollzubekommen, kleinere Akkus sind ungeeignet und altern bei häufigem Generatorladen vorzeitig.

Die Unterbringung richtet sich nach Gerät und Fahrzeug. Größere Einbaustromerzeuger sollten in möglichst tief gelegenen, schallgedämmten Stauräumen Platz finden. Wegen des nicht unerheblichen Gewichts (große Geräte zum Speisen eines 220-V-Wechselstromnetzes mit Klimaanlage bringen bis zu 90 Kilo auf die Waage!) ist eine Anordnung zwischen den Achsen günstig. Liegt der Stauraum unterhalb des Fußbodens, ist die Schalldämmung einfach und wirkungsvoll (wenig Vibration im Innenraum) zu optimieren. Der Einbaustaukasten darf nur nach Hinweis des Genera-

Schallgedämmt installierter Einbau-Generator mit Wartungsstauklappe.

78

torherstellers gedämmt werden und muß über eine ausreichende Luftzirkulation verfügen. Zu dick »eingepackte« Geräte sterben sonst an Überhitzung.

Kleine, mobile Stromerzeuger können in jedem Stauraum transportiert werden. Sie werden dann bei Bedarf außerhalb des Fahrzeugs aufgestellt. In manchen Basisfahrzeugen lassen sich jedoch auch für sie geschickte Unterbringungen schaffen, wo sie durchaus fest installiert werden können. Dazu reicht ein kräftiges Spannband aus.

Geeignet sind Basisfahrzeuge mit »Schnauze«, in deren Motorraum noch ausreichend Platz ist. Man muß mit verschiedenen Geräten probieren und tüfteln. Zum Beispiel paßt ein kleiner 500-Watt-Yamaha-Stromerzeuger genau auf die Zweit-Batteriekonsole des Ford Transit. Bringt man den Bordakku im Wohnraum unter, kann man das Kraftwerk im schallgedämmten Motorraum flüsternd betreiben. Durch Kühlergrill und Bodenöffnung kann die Maschine ausreichend atmen.

Alternative Energieträger

Die klassische Bordversorgung eines Reisemobils ist ohne Flüssiggasanlage undenkbar. Verschiedene Gründe können allerdings auch zur Planung eines Reisemobils ohne Gas führen. Das Gastankstellennetz in Europa wächst nicht mehr, in der Bundesrepublik ist es einem stetigen Schrumpfungsprozeß unterworfen. Von den ehemals ca. 700 Gastankstellen in der Bundesrepublik werden zu Beginn der 90er Jahre wohl nur noch etwa 300 übrig sein.

Das läßt durchaus über den Sinn eines festinstallierten Gastanks nachdenken. Trotz EG, trotz riesigen, internationalen Urlaubsverkehrs, trotz weltweiter Campingbewegung gibt es außerdem das unsinnige nationalstaatliche Relikt verschiedenartiger Gasflaschen- und Anschlußsysteme in den verschiedenen Ländern. Wer eine längere Europareise mit einem Gasflaschen-bestückten Mobil antritt, kommt mit einer bunten Sammlung europäischer Flaschenvielfalt wieder zurück. Nicht überall bekommt man Gas. Verläßt man die ausgetretenen Pfade, falls es etwas Abenteuer sein darf, bricht schnell die Versorgung zusammen.

Daher bauen Fernreisende gern ausschließlich oder zusätzlich zur Gasheizung eine Kraftstoffheizung ein (Eberspächer oder Webasto, gibt's für fast alle Fahrzeugtypen). Zum Kochen kann ein moderner Spiritus- oder Petroleumkocher dienen, wie man ihn im Bootszubehör in reicher Auswahl finden kann. Gekühlt wird dann über Kompressoraggregate mit Kältespeicher (siehe »Kühlgeräte«).

Wasser-Abwasserinstallation

Bei der Planung der Wasserversorgung sind vorrangig hygienische Aspekte zur berücksichtigen. Dazu zählen die Algen-Vorsorge, vor verseuchtem oder altem und dadurch verdorbenem Wasser und die Entsorgung des anfallenden Abwassers.

Wasservorrat

Ein zweischneidiges Schwert ist die Festlegung des Wasservorrats. Einerseits möchte man nicht ständig Wasser bunkern müssen, andererseits nimmt unnötiger Wasservorrat wertvolle Zuladung in Anspruch. Der durchschnittliche Tagesverbrauch beträgt pro Person ca. 8–10 Liter, bei eingebauter Dusche bis 15 Liter. Geht man davon aus, daß in unseren Breitengraden problemlos alle zwei Tage aufgefüllt werden kann, genügt bei drei Personen ein Wasservorrat von 60 bis 90 Litern. Bleibt das Wasser nicht länger als zwei Tage im Tank oder Kanister, braucht es nicht chemisch aufbereitet zu werden. Solange hält sich Leitungswasser ohne Zusatz frisch.

Von der Höhe des Wasservorrats hängt auch die Wahl des Vorratsbehälters ab. Geringe Mengen können noch in Kanistern gebunkert werden, bei größeren Mengen ist ein Tank günstiger. Für Kanister spricht auch die leichtere Reinigung und die Möglichkeit, ohne das Fahrzeug zu bewegen den Vorrat auffüllen zu können. Die üblichen Weithalskanister mit 17 Litern Inhalt können noch problemlos transportiert und an jedem Wasserhahn gefüllt werden. Durch den großen Verschlußdeckel kann man sie leicht reinigen. Gegen Kanister spricht, daß wertvoller Raum in Unterschränken oder in der Naßzelle verlorengeht und die Pumpe nach Leerwerden eines Kanisters in den anderen umgesetzt werden muß.

Ein Tank mit 120 Litern Inhalt braucht lediglich etwa 88×50×30 cm Platz, ist also ohne Probleme in einem Sitzstauraum untergebracht. Darüber kann noch Ausrüstung verstaut werden, da der Tank ja fest montiert ist und von außen befüllt wird. Steht von Anfang an fest, daß das Fahrzeug nicht im Winter benutzt wird, kann ein maßgefertigter Unterflurtank vorgesehen werden. Diese Tanks gibt es für nahezu jedes Basisfahrzeug. Man spart damit wertvollen Stauraum, muß jedoch zum Reinigen auf eine Hebebühne oder Grube.

Tanks und Kanister für Trinkwasser sollten auf jeden Fall in lebensmittelechter Qualität eingekauft werden.

Befüllen, Reinigen und Entleeren

Befüllt werden die eingebauten Tanks über einen Einfüllstutzen in der Außenwand. Die anschlußfertigen Stutzen sind abschließbar und werden bündig in die Karosserie eingelassen. Meist genügt hierfür ein runder Ausschnitt mit 85 mm Durchmesser. Die Verbindung zum Tank erfolgt mit einem 40-mm-Schlauch. Dieser Schlauch muß ohne Knick verlegt werden, damit der Einlauf des Wassers nicht behin-

Maßgefertigte Unterflurtanks gibt es für nahezu jedes Basisfahrzeug. Ist Frostsicherheit nicht gefragt, bieten sie viele Vorteile.

dert wird. Parallel zum Füllschlauch wird ein dünner Be- und Entlüftungsschlauch vom Tank zum Einfüllstutzen geführt. Er führt die beim Füllen verdrängte Luft nach außen und läßt beim Entleeren Luft nachströmen. Der Einfüllstutzen sollte unbedingt mit einem Schild *Wasser* oder *Trinkwasser* gekennzeichnet werden. Dieselkraftstoff aus der Brause ist nicht nach jedermanns Geschmack.

Ein wichtiges Bauteil des Frischwassertanks ist die Reinigungsöffnung mit dichtschließendem Schraubverschluß. Sie soll so groß sein, daß man mit dem Arm in die letzten Ecken des Tanks kommt, um eine gründliche Reinigung durchführen zu können. Andererseits muß sie so dicht ver-

schlossen werden können, daß im Fahrbetrieb kein Wasserschaden entsteht.

Nach der großen Fahrt, zum Reinigen und vor Beginn der Frostperiode muß man in der Lage sein, den Tank problemlos und ganz entleeren zu können. Hierzu wird an geeigneter Stelle ein Auslaufventil so angebracht, daß man es ohne Akrobatik öffnen und schließen kann. Es muß an der tiefsten Stelle des Tanks sitzen, damit dieser restlos entleert werden kann. Damit nach der Reinigung gelöste Rückstände beim Ablassen sich nicht wieder absetzen können, sollte eine zügige Entleerung möglich sein. Deshalb das Ablaßventil im Querschnitt nicht zu klein wählen, 19 mm Nennweite sollte untere Grenze sein.

Pumpen, Armaturen

Da im Reisemobil kein Netzdruck das Wasser fließen läßt, muß eine Pumpe eingebaut werden. Je nach Komfortanspruch und Ausrüstung sind drei verschiedene Systeme möglich, die auch kombiniert eingesetzt werden können.

Manuelle Pumpen
Für Einfachausbauten ohne Bordstromnetz gibt es Wasserhähne mit eingebauter Saugpumpe, die manuell bedient wird. Diese einfache Methode eignet sich, außer zum Händewaschen unter fließendem Wasser, bei Anlagen mit nur einer Zapfstelle in unmittelbarer Nähe des Kanisters. Im Yachtbauzubehör gibt es darüber hinaus hochkomfortable und entsprechend teure Fußpumpen aus Messing, die in der Leistungsfähigkeit manche Elektropumpe in den Schatten stellen und eine echte Alternative zu diesen sind. Bei

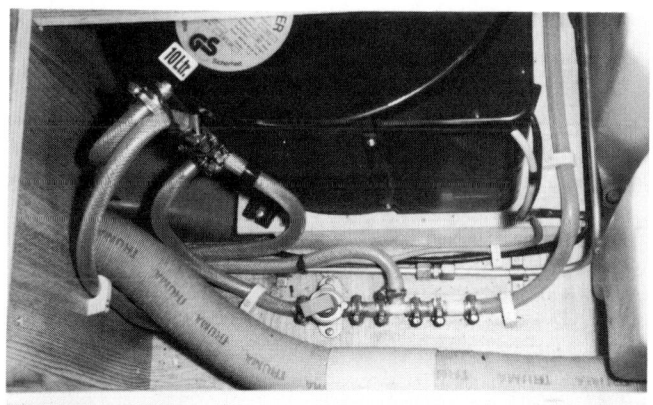

An gut zugänglicher Stelle werden die Warm- und Kaltwasserleitungen mit Auslaufventilen zum Entleeren der Anlage ausgestattet.

81

kombiniertem Einsatz hat man auch mit vollem Tank noch Wasser zur Verfügung, wenn das Elektronetz ausfällt. Es braucht ja nicht unbedingt eine Pumpe aus massiv Messing mit Mahagoniunterlage zu sein, auch im Caravanhandel gibt es teilweise einfache Fußpumpen aus Kunststoff.

Tauchpumpen

Für einfache bis mittlere Anlagen ohne allzulange Leitungswege können die preisgünstigen Tauchpumpen eingesetzt werden. Sie werden direkt im Kanister oder Tank am Wasserschlauch aufgehängt und an 12 V angeschlossen. Wird mit ihnen nur eine Zapfstelle versorgt, genügt ein Fußschalter zur Bedienung: Dies ist die wassersparendste Methode, da nur dann eingeschaltet wird, wenn Wasser benötigt wird. Als Auslauf reicht ein gebogenes Metallröhrchen ohne Absperrung, da sonst die Pumpe evtl. gegen den geschlossenen Hahn arbeitet und zerstört wird. Bei mehreren Zapfstellen werden Automatikwasserhähne benötigt, die absperrbar und mit eigenem Schalter ausgerüstet sind. Die Pumpe wird dann von dem jeweils geöffneten Hahn eingeschaltet. Tauchpumpen werden mit Waser geschmiert und dürfen deshalb nicht trocken laufen. Es sollten nur selbstansaugende Pumpen eingebaut werden, die paar Mark Mehrausgaben sind eine lohnende Investition. Bei nicht selbstansaugenden muß nach jedem Kanisterwechsel die Leitung leergesaugt werden. Unmittelbar hinter der Tauch-

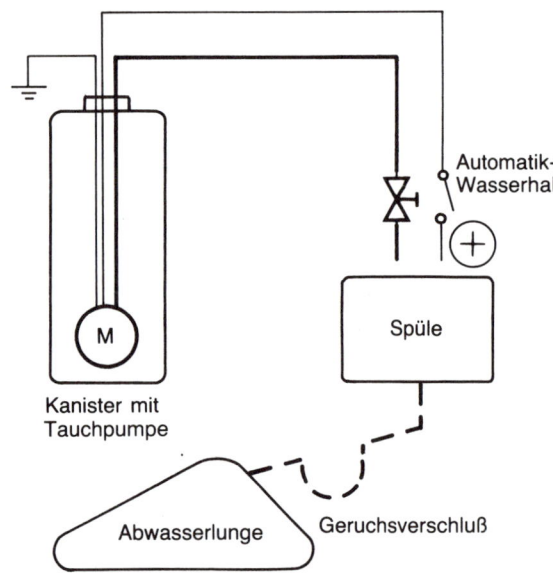

Einfache Wasserversorgung mit Kanister und Abwasserlunge

pumpe wird ein Rückschlagventil in die Leitung eingebaut. Es verhindert das Zurückfließen des Wassers aus der Leitung nach Abstellen des Hahns. Bei erneuter Wasserentnahme muß so nicht jedesmal die Leitung wieder neu gefüllt werden.

Durchflußpumpen

Ähnlich preisgünstig und genauso zu installieren wie Tauchpumpen sind Durchflußpumpen, die außerhalb des Tanks oder Kanisters in das Leitungsnetz eingebaut werden. Sie sind nicht selbstansaugend, müssen also unterhalb des Wasserniveaus angeordnet werden.

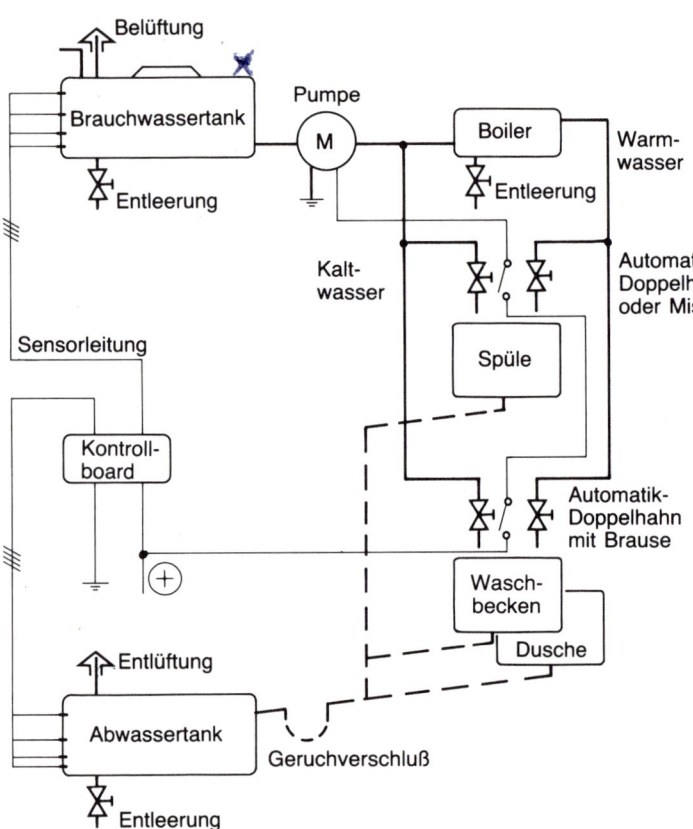

Wasserversorgung mit Durchlauf- oder Tauchpumpe. Warm- und Kaltwasser.

Druckpumpen

Komfort wie zu Hause bieten Druckpumpen. Sie sind mit einem Druckschalter ausgerüstet, der den Wasserdruck im Leitungsnetz konstant hält. In Verbindung mit Druckpumpen können komfortable und weitverzweigte Leitungsnetze

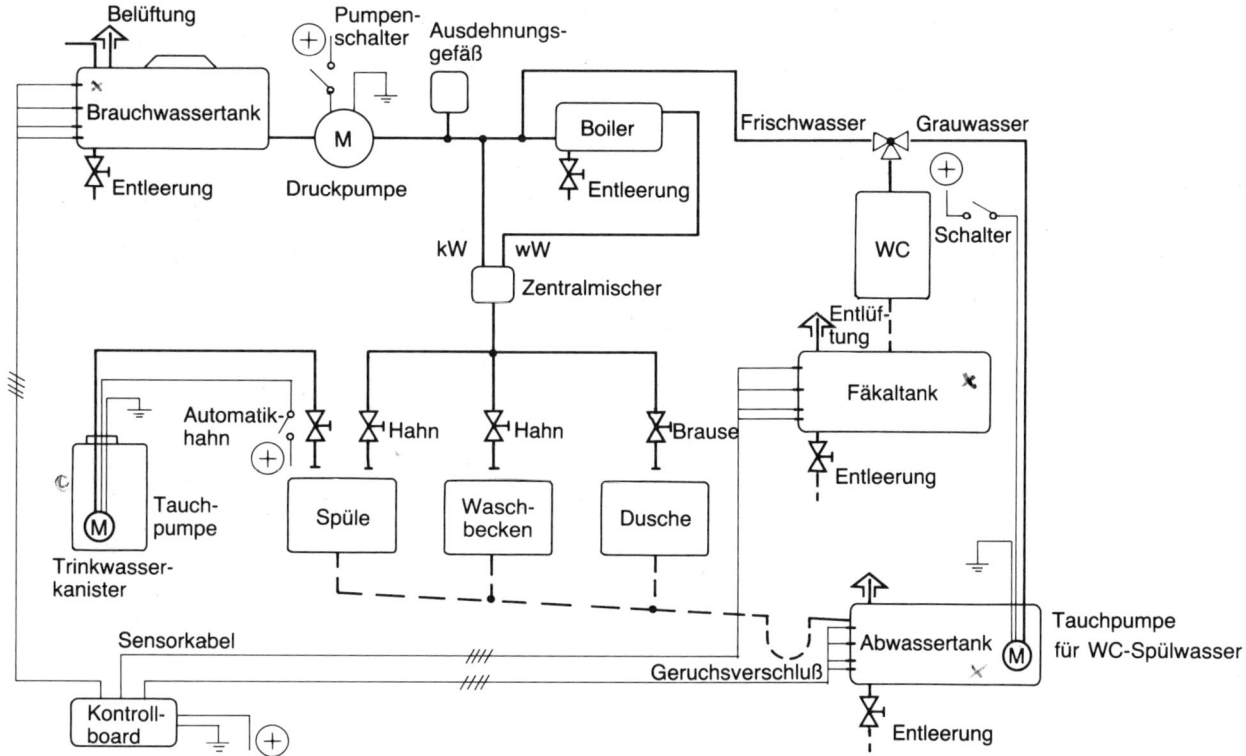

Druckwasserversorgung mit getrennter Frischwasseranlage für Trinkwasser und WC-Spülung mit Abwasser

mit Kalt- und Warmwasser aufgebaut und anstelle billiger Kunststoffarmaturen wertbeständige und robuste Haushaltsarmaturen verwendet werden. Die Druckpumpe wird von einem zentralen Pumpenschalter geschaltet. Ein nach-

Druckpumpen bieten im Reisemobil den Komfort von zu Hause. Ein eingebauter Druckschalter hält den Leitungsdruck konstant.

geschalteter Druckausgleichsbehälter hält den Druck konstant und verhindert, daß die Pumpe bei der kleinsten Wasserentnahme sofort einschaltet. Allerdings erfordern Druckanlagen feste Schlauchverbindungen und intakte Installation. Ist der Hauptschalter eingeschaltet, leert die Pumpe bei einem Leitungsschaden den ganzen Wasservorrat in das Fahrzeug. Obwohl sie trockenlaufsicher sind, sollte auch bei leerem Tank dran gedacht werden, den Hauptschalter auszuschalten, da sonst die Pumpe ständig arbeitet. Dies ist hier umso schmerzlicher, da Druckwasserpumpen im Vergleich zu Tauch- und Durchgangspumpen die höchste Stromaufnahme haben.

Sonstige
Bei Fahrzeugen mit Druckluftanlage kann mit entsprechendem Aufwand die Wasserversorgung an diese angeschlossen werden. Eine Druckleitung wird vom Windkessel zum Tank geführt. Ein Druckminderer regelt den Druck auf max. 1,7 bar. Die Luft wird oberhalb des Wasserspiegels in den Tank gedrückt. Dazu muß der Füllschlauch für die Außenbefüllung und die Tankentlüftung mit Absperrschiebern ausgerüstet werden, der Tank selbst natürlich luftdicht sein.

Damit auch nach längerer Standzeit des Fahrzeugs Druck auf der Anlage verfügbar ist, benötigt man zusätzlich einen elektrischen Kleinkompressor oder eine Fußpumpe. Ob der Aufwand lohnt, sei dahingestellt.

Leitungsnetz

Das Leitungsnetz wird aus gewebeverstärkten Druckschläuchen mit 10 mm Innendurchmesser aufgebaut. Sie müssen lebensmittelecht und geschmacksneutral sein. Soweit sie dem Licht ausgesetzt sind, wird lichtundurchlässige Qualität zur Vermeidung von Algenbildung empfohlen. Die Warmwasserleitungen werden in gleicher Qualität, aber temperaturbeständig, verlegt.

Bei der Leitungsführung sollte darauf geachtet werden, daß Außenwände wegen Frostgefahr so weit wie möglich gemieden werden. Bei Verlegung parallel zu den Heizungsrohren kann auch Tieffrost dem Leitungsnetz nichts anhaben. Die Verlegung erfolgt so, daß sich keine Wassersäcke, also durchhängende Leitungen, bilden. Aus ihnen kann das Wasser vor der Frostperiode nicht entleert werden. Alle Verbindungen sollten mit Schlauchschellen gesichert werden. Obwohl die Schläuche nur sehr stramm auf die Verbinder, T-Stücke und Armaturen geschoben werden können, lockern sie sich sonst mit der Zeit und richten Unheil an. Die Verbindungen in einem weitverzweigten Leitungsnetz entnehmen Sie dem Schaubild und ändern es entsprechend Ihren Bedürfnissen ab.

Warmwasserbereitung

Komfort wie zu Hause bietet eine Warmwasseranlage im Reisemobil. Dabei ist sie gar nicht so schwierig einzubauen. Grundsätzlich sind drei verschiedene Systeme auf dem Markt, die jeweils Vor- und Nachteile haben.

Eigenständige Boiler
Marktbeherrschend ist hier die Firma Truma mit ihren Boilern zu 10 oder 14 Liter Wasserinhalt. Ihre günstigen Abmessungen und die über Fernbedienung überwachte Vollautomatik erlauben den Einbau an unzugänglichen Stellen im Sitzkasten oder Kleiderschrank. Das geschlossene Verbrennungssystem ist mit einem Seitenwandkamin ausgestattet. Der gesamte Betrieb wird an der Fernbedienung geschaltet und über Leuchtdioden angezeigt. Am Boiler ist nur der Entleerungshahn zu bedienen. Die Nennwärmeleistung von 1,4 kW heizt 15 °C warmes Einlaufwasser in 25 Minuten auf ca. 75 °C auf. Auf den ersten Blick sind 10 Liter Boilerinhalt für ein Fahrzeug mit einer Dusche zu wenig.

Durch seine Fernbedienung kann der Warmwasserboiler auch an schwer zugänglichen Stellen eingebaut werden.

Bedenkt man aber, daß das 75 °C heiße Wasser zum Duschen im Verhältnis 1:4 gemischt wird, ergeben sich letztlich mit einer Aufheizung ca. 50 Liter Warmwasser in

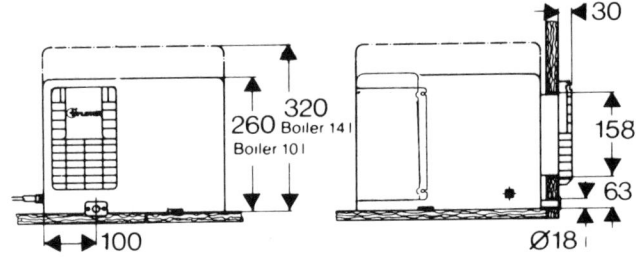

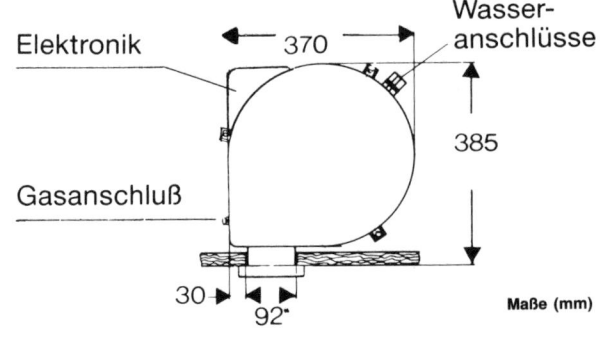

Einbaumaße der Truma-Boiler mit 10 und 14 l Inhalt.

Duschtemperatur. Dies reicht bei einem Durchschnittverbrauch von 20–25 Liter pro Duschbad für zwei Personen. Dabei werden ca. 40 Gramm Gas verbraucht. Ebenfalls gering ist der Stromverbrauch für die Elektronik. Da die Brennerflamme jedesmal neu gezündet und durch gute Isolierung der Inhalt lange warmgehalten wird, sind die Betriebskosten äußerst gering. Als Sonderzubehör ist eine Frostschutzautomatik erhältlich. Über einen im Boiler integrierten Wärmetauscher zirkuliert Warmwasser unabhängig vom Boilerinhalt und hält das Tankwasser frostfrei. Die Temperatur des Frischwassers kann dabei auf 5–15 °C eingestellt werden. Die im Zubehörprogramm enthaltene Elektrobeheizung ist für den Motorcaravan uninteressant. Die hierfür notwendigen 450 Watt Netzstrom stehen zu selten zur Verfügung, als daß sich die Investition lohnen würde. Aus diesem Grund sind auch die wesentlich billigeren Elektroboiler aus dem Haushalt für unsere Zwecke leider nicht zu gebrauchen.

Heizungsabhängige Boiler

Sowohl für Gas-Warmluftheizungen als auch für Gas-Warmwasserheizungen gibt es integrierte Boiler zur Warmwasserversorgung mit unterschiedlich gutem Wirkungsgrad. Die für Warmluftheizungen lieferbare Ausführung besteht aus einem fünf Liter fassenden Boiler, der den Warmluftstrom zur Aufheizung nutzt. Unterstützung erhält er von einem eingebauten Heizelement für Netzstrom mit einer Leistung von 200 Watt. Da der Wasserinhalt und die Temperatur ohne Heizpatrone nicht mal zum Spülen reichen, ist davon abzuraten.

Anders verhält es sich bei den Boilern, die in Warmwasser-Zentralheizungen integriert sind. Die zwei bei Heizungen beschriebenen Systeme arbeiten nach unterschiedlichem Prinzip. Bei Primus ist ein zehn Liter fassender Boiler in das Rohrsystem integriert. Er liefert bis 70 °C heißes Wasser. Der Warmwasserbereiter im Alde-System arbeitet als Durchlauferhitzer. Bei einem Wasserdurchsatz von 3 l/min wird die Temperatur um 27 °C erhöht. Bei einer Wassertemperatur von 10 °C im Tank kann also beliebig lange geduscht werden. Zum Spülen kann kurzzeitig Wasser mit erhöhter Temperatur entnommen werden. Beiden Systemen eigen ist die Möglichkeit, mit einem eingebauten Motorwärmetauscher Wasser während der Fahrt kostenlos aufzuheizen.

Durchlauferhitzer

Die preisgünstigste Warmwasserbereitung sind Gas-Durchlauferhitzer. Sie bereiten nur dann warmes Wasser, wenn es benötigt wird. Da sie kein geschlossenes Verbrennungssystem haben, müssen sie in einem zum Innenraum gasdichten Einbaukasten mit Frischluftzuführung von außen installiert werden. Sie sind also von der Vorschrift her wie Gasflaschen zu behandeln. Dafür liefern sie Warmwasser in jeder beliebigen Menge. Die Wasserdurchflußmenge beträgt ca. 5 l/min. Gegenüber einem Boiler können ca. 200 Mark Einstandskosten eingespart werden.

Eigenkonstruktionen

Sowohl während der Fahrt als auch im Stand stehen im Reisemobil kostenlose Energien zur Warmwasserbereitung zur Verfügung, die für Motorcaravaner mit Hang zu technischen Basteleien Herausforderung genug sind, daraus etwas zu machen.

Für Vielfahrer mit kurzen Zwischenhalten käme ein Motorwärmetauscher mit integriertem Boiler im Kühlwasserkreislauf des Fahrzeugs in Frage. Da dieser bei längerem Stand nicht mehr funktioniert, aber in den meisten Fällen Sonnenenergie zur Verfügung steht, bietet sich zusätzlich, oder für Wenigfahrer mit langen Standzeiten ausschließlich, Solaraufheizung an. Schwarze Kunststoffrohre, in Schlangen auf das Dach montiert und über eine Umwälzpumpe mit einem Boiler verbunden, garantieren nach einem Tag Standzeit das Duschbad am Abend ohne Einsatz zusätzlicher Energie.

Sanitärgegenstände

Blättert man die Zubehörkataloge der Reisemobilausstatter durch, bleibt kein Wunsch unerfüllt. Es gibt praktisch kein Bauteil im häuslichen Bad, das es inzwischen nicht auch für das rollende Heim gibt. Darüber hinaus platzsparende Multifunktionseinrichtungen und ganze Raumzellen, paßgenau auf das Basisfahrzeug zugeschnitten. Das gleiche gilt für die Küche. Selbst auf Geschirrspüler braucht der Motorcaravaner nicht mehr zu verzichten. Aus der Fülle des Angebots gilt es, das jeweils notwendige Zubehör sinnvoll auszuwählen.

Waschbecken

Trotz der räumlichen Enge in der Naßzelle sollte das Waschbecken mindestens 48×32 cm groß sein. Tote Ecken nutzt ein Eckwaschbecken aus. Die Standfläche in der Dusche kann damit gut genutzt werden, ohne das Becken klappbar ausführen zu müssen. Dies ist unumgänglich, wenn man darunter das WC anordnet. Bevor man ein normales Waschbecken klappbar installiert, sollte man sich darüber im klaren sein, daß Restwasser im Becken vorher ausgewischt werden muß, sonst läuft es nach hinten weg.

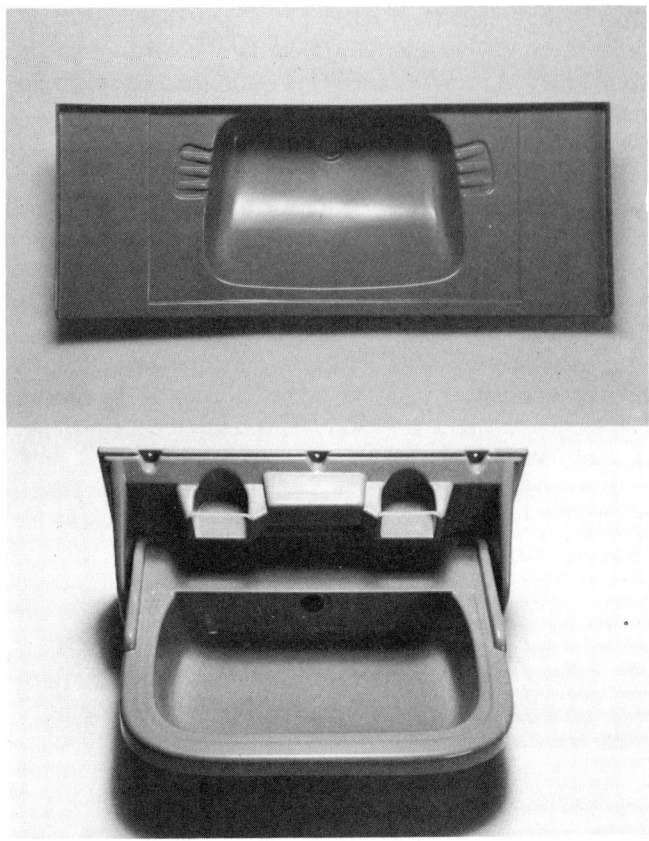

Eckwaschbecken nutzen tote Ecken, geben zusätzliche Armfreiheit und stören nicht beim Duschen.

Der Zubehörhandel hält Spezialwaschbecken zum Anpassen und vielfältige Klappwaschbecken bereit.

Dies wird verhindert bei speziellen Klappwaschbecken, die ihren Auslauf im feststehenden Teil haben. Das Becken wird hier erst beim Einklappen entleert. Sie sind auch wesentlich stabiler als die für festen Einbau konstruierten Kunststoffbecken aus dünnem ABS.

Klappwaschbecken gibt es auch in Kombination mit Spiegelschrank und WC als ganze Sanitärwand zum Festeinbau. Hier hat man den vollen Platz der Zelle zum Duschen frei. Die Einbautiefe beträgt nur ca. 30 cm, also gerade das Maß des Radkastens, wenn er mit integriert wird.

Duschwannen

Farblich auf die Waschbecken abgestimmte Duschwannen in der für Reisemobile üblichen Abmessung 65×65 cm oder in Raumsparversion 60×60 cm gibt es in verschiedenen Ausführungen. Achten Sie beim Kauf darauf, daß die Schürze der Wanne seitliche Ränder zum Anschluß der Wandverkleidung hat. Nur so kann eine einwandfreie Abdichtung der Naßzelle durchgeführt werden.

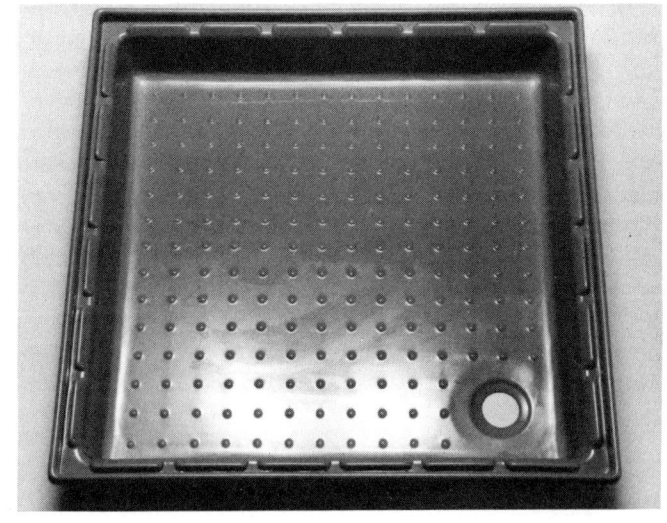

Duschwannen, in die die Seitenwände eingesetzt werden können, beugen Wasserschäden vor.

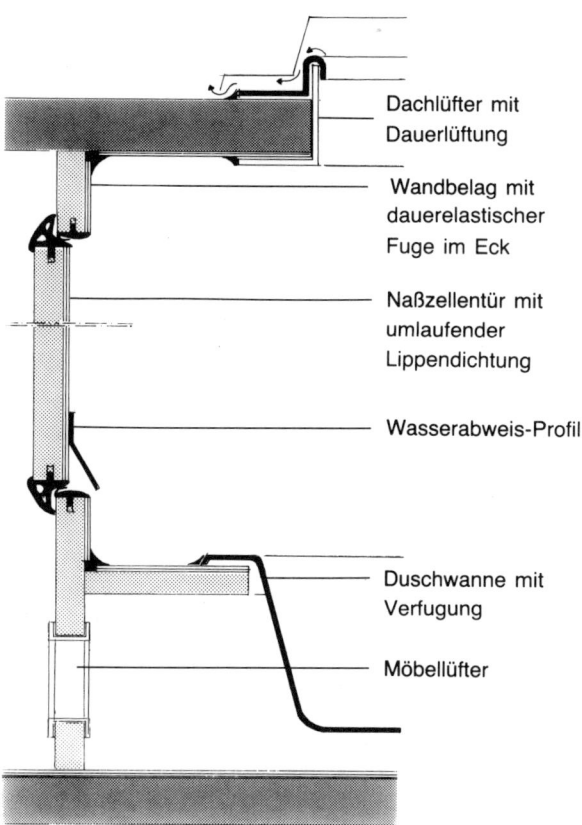

Dachlüfter mit
Dauerlüftung

Wandbelag mit
dauerelastischer
Fuge im Eck

Naßzellentür mit
umlaufender
Lippendichtung

Wasserabweis-Profil

Duschwanne mit
Verfugung

Möbellüfter

Systemschnitt durch eine Naßzelle mit Dusche. Bei richtiger Abdichtung aller Fugen und Durchlüftung des Zwischenraums unter der Duschwanne keine Feuchtigkeitsschäden.

Eine ganz besondere Duschwanne bietet die Toptravel-Gruppe an. Hier wird die Wanne mit einer kürzbaren Radkastenabdeckung kombiniert. Die Wanne hat die nicht alltägliche Abmessung 108×40 cm bei 30 cm Tiefe. Daran schließt sich die Radkastenabdeckung mit 108×50 cm an, die leicht auf die gewünschte Breite zugeschnitten werden kann. Auf diese Abdeckung kann das WC gestellt werden ohne daß der Radkasten stört. Gewöhnungsbedürftig sind die Abmessung der Wanne und die Sitzhöhe auf dem WC. Hat man sich darauf eingestellt, kann man gut damit leben. Gleichzeitig bietet die tiefe Wanne die Möglichkeit, kleine Kinder darin zu baden. Durch das verwendete Material, glasfaserverstärkter Kunststoff ohne Fugen, ist eine lange Lebensdauer vorgegeben.

Fertigkabinen
Für die gebräuchlichsten Kastenwagen mit Hochdach gibt es fertige Naßzellen. Diese aus zwei Halbschalen gefertigten Bauteile sind maßgenau gefertigt und ersparen viel Ar-

Fertig konfektionierte Naßzellen aus Kunststoff ersparen dem Selbstausbauer viel Arbeit und Ärger mit der Abdichtung.

beit und Ärger mit Abdichtung. Allerdings ist man dann an den vorgegebenen Platz und die Größe gebunden. Kann dies akzeptiert werden, geht der Einbau schnell und problemlos. Die Zelle braucht nur noch von außen mit Holz verkleidet und mit einer Tür versehen zu werden. Zum Einbau des Waschbeckens, einer Leuchte und des WCs sind entsprechende Nischen vorbereitet. Zur Abdichtung der Tür sind spezielle Dichtprofile zum Aufklemmen auf die GFK-Wandung erhältlich. Außer dem Einbau der Entlüftung als Fenster oder Dachlüfter sind keine weiteren Arbeiten notwendig.

Armaturen
Armaturen für die Wasserversorgung in Reisemobilen sind in unübersehbarer Auswahl im Handel. Setzt man einen strengen Qualitätsmaßstab an, schrumpft die Auswahl bald zusammen. Hier sollte man nicht auf die letzte Mark achten. Billige Kunststoffarmaturen verblüffen zunächst durch ihr oft tolles Design. Wenn sie nach der dritten Fahrt den

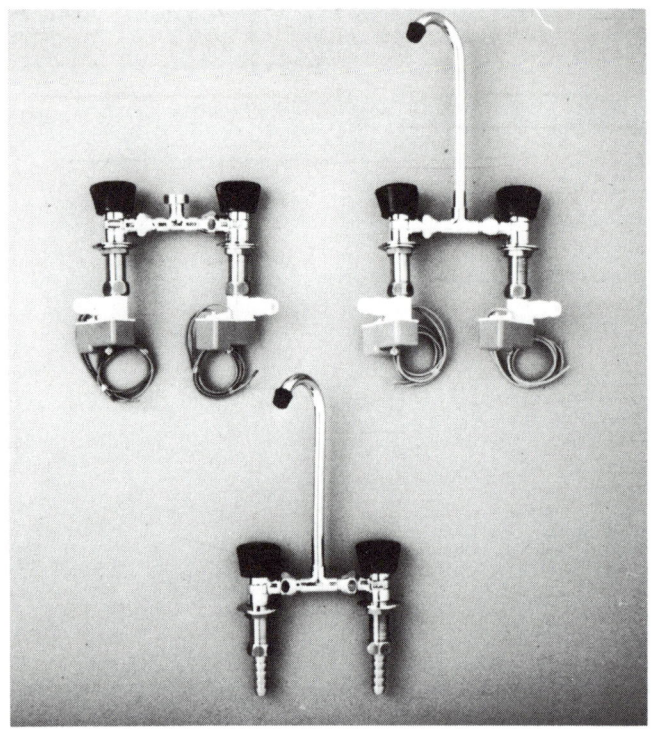

Armaturen aus Metall, mit oder ohne Automatikschalter für die Pumpe, versprechen lange Lebensdauer.

Wassersteckdosen außen ermöglichen Duschen im Freien. Auf Duschmittel verzichtet der umweltbewußte Camper in solchen Fällen.

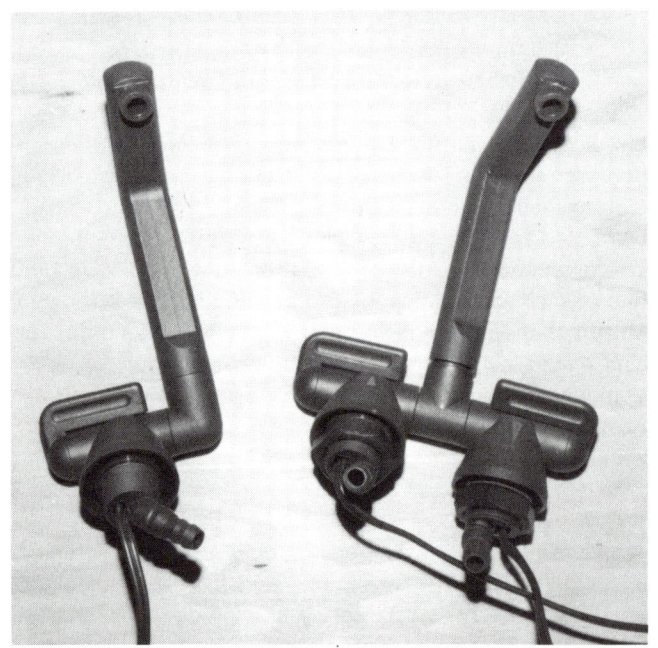

Kunststoffarmaturen sind preisgünstig, ihre Lebensdauer begrenzt.

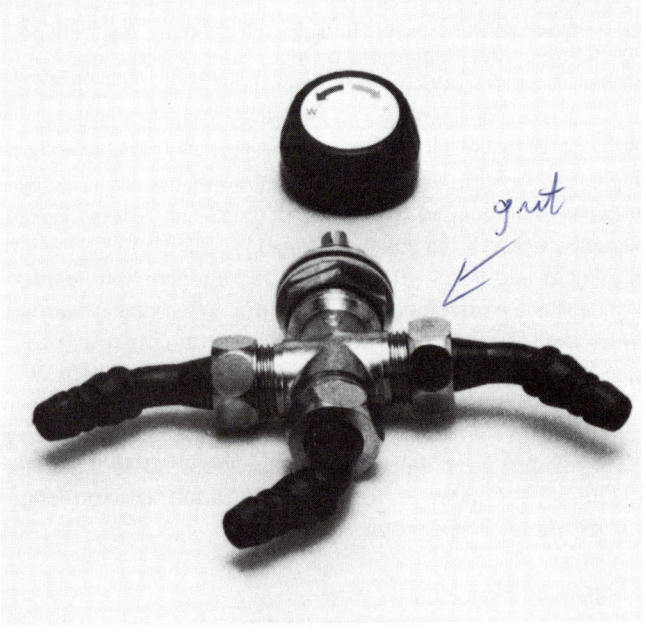

Ein Zentralmischer für Warm- und Kaltwasser hat viele Vorteile.

Dienst versagen, ist das Design bald vergessen. Qualitätsbewußte nehmen deshalb gleich Armaturen aus Metall, evtl. in Kombination mit Kunststoff für Auslauf und Griffe. Diese Armaturen sind auch in Automatikausführung mit einem Mikroschalter für Tauchpumpen erhältlich. Sie sind leichtgängig, haben überwiegend austauschbare Dichtungen und eine vielfach höhere Lebenserwartung als reine Kunststoffausführungen. Das Nonplusultra sind natürlich Haushaltsarmaturen. Sie kosten allerdings ein Vielfaches der Caravanausführungen und sind nur für Druckanlagen verwendbar.

Für Anlagen mit Warmwasserversorgung sollten Vormischer anstelle von Mischbatterien eingesetzt werden. Diese halten, einmal eingestellt, die Temperatur konstant. Durch das überflüssige Einregulieren bei jeder Wasserentnahme können bis zu 30% Wasser gespart werden. Dies ist besonders bei Duschen von Vorteil.

In der Naßzelle wird meist im Waschbecken eine Duscharmatur mit langem Schlauch eingebaut. So kann man sie gleichzeitig zum Duschen benutzen. Wassersparender ist allerdings eine getrennte Duscharmatur mit Handregler, der beim Loslassen den Wasserstrahl abstellt und mit dem man während des Duschens den Druck und damit den Wasserdurchfluß regeln kann.

Für kleine Fahrzeuge mit Heckklappe ist eine Außendusche empfehlenswert. An der Heckklappe wird eine Duscharmatur mit Klemmhalter und Handregler befestigt. Wird rund um die Heckklappe ein Duschvorhang in einer Gardinenleiste geführt, hat man ohne viel Umstände eine Duschkabine ohne Zuschauer. Umweltfreundlich ist hierbei allerdings nur das Duschen ohne Seife.

Abwasser

Im Haushalt ist dieses Thema kein Problem, das Abwasser geht irgendwohin, nach Gebrauch sieht man es nicht mehr und hat keine Arbeit damit.

Ganz anders im Reisemobil. Fast jeden Liter, den man mehr oder weniger mühsam ins Fahrzeug bringt, muß man auch wieder entsorgen. Daß dies nicht einfach über ein »Bächlein« passieren sollte, ist inzwischen jedermann klar. Auch die Lösung mit einem untergestellten Eimer ist bei Reisemobilen nicht zeitgemäß. Deshalb muß ein Abwassertank oder zumindest ein Abwasserkanister als Standardausstattung als selbstverständlich angesehen werden.

Kanister für Abwasser haben den großen Vorteil, daß man sie zum Entleeren wegtragen kann und nicht auf eine

Maßgefertigte Tanks können aus Rohren selbst angefertigt werden.

Entsorgungsstation angewiesen ist. Dafür nehmen sie im Innenraum wertvollen Platz weg und haben ein vergleichsweise geringes Fassungsvermögen. Außerdem ist die Einleitung von Abwasser aus tief gelegenen Abflüssen, z. B. von Duschen, nicht möglich. Diese Probleme hat man mit einem Abwassertank unter dem Fahrzeugboden nicht. Raumsparend zwischen den Trägern aufgehängt, nimmt er keinen Nutzraum weg. Es gibt heute für fast jedes Basisfahrzeug konfektionierte Tanks, die maßlich genau passen und auch die Bodenfreiheit kaum verringern. Die Entleerleitung wird so angeordnet, daß der Auslauf an der rechten Fahrzeugseite endet und leicht erreicht werden kann. Ein großkalibriger Auslaufhahn mit Absperrschieber erleichtert die Entsorgung.

Ist im Fahrzeug eine Wasserspültoilette installiert, kann zur Spülung ohne weiteres Abwasser verwendet werden. Dazu wird im Tank eine Tauchpumpe eingebaut, die als Filter eine Umhüllung aus Fliegengitter oder einem Nylonstrumpf erhält. In Reichweite der Toilette kommt ein Schalter oder Drücker zur Bedienung der Pumpe. Da es Leute geben soll, die unmittelbar nach Leerung des Abwassertanks auf das WC müssen, wird zusätzlich ein Dreiwegeventil in den Spülkreislauf eingebaut, mit dem auf Frischwasserspülung umgeschaltet werden kann.

Da die Frostgefahr im Gegensatz zum Frischwassertank notfalls mit einer Hand voll Salz gebannt werden kann, braucht hierfür kein Platz im Fahrzeug verschenkt zu werden. Bei strengem Frost und ausgeprägtem Umweltbewußtsein (wegen des Salzes) ist es sowieso besser, den Absperrschieber offen zu lassen und ausnahmsweise einen Eimer unterzustellen oder eine Abwasserlunge anzuschließen. Das Fassungsvermögen des Abwassertanks

Praktisch für Wintercamping und längerem, stationärem Aufenthalt: eine tragbare Abwasserlunge, die an den Auslauf des Abwassertanks angeschlossen wird.

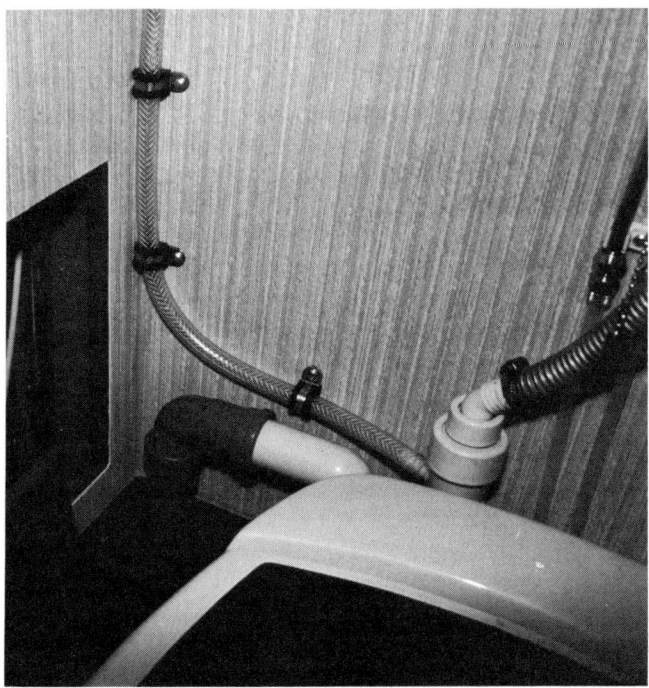

Abwasserinstallation mit Rohren ist sicherer als mit Schläuchen.

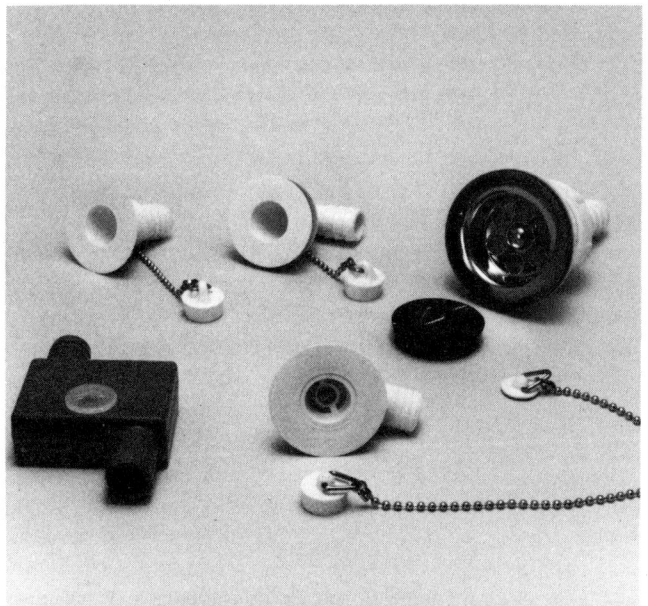

Mit einschraubbaren Abläufen und Geruchverschlüssen lassen sich Waschbecken auch selbst aus Kunststoffschüsseln herstellen.

sollte ungefähr dem Frischwasservorrat entsprechen.

Bei kleineren Anlagen ist auch die Entsorgung über einen Kanister oder eine Abwasserlunge möglich. Da beide in einem Stauraum unter der Spüle untergebracht werden müssen, ist ständiges Beobachten des Wasserstands unumgänglich. Wenn erst an der nicht mehr ablaufenden Spüle festgestellt wird, daß der Kanister voll ist, kann nicht mal mehr ohne Überschwemmung geleert werden. Deshalb wird empfohlen, parallel zur Kanistereinführung einen Notüberlauf ins Freie einzubauen.

Leitungsnetz

Das Abwassernetz kann entweder mit Spiralschläuchen oder besser mit haushaltsüblichen Abwasserrohren NW 40 verlegt werden. Bei Schläuchen ist auf sichere Montage unter gleichmäßigem Gefälle ohne Wassersäcke zu achten. Schläuche haben gegenüber Rohren den Nachteil, daß sie innen nicht so glattwandig und damit anfälliger gegen Verschmutzung sind. Aus hygienischer Sicht ist deshalb Rohren der Vorzug zu geben. Mit ihnen läßt sich auch sicherer installieren. Passende Formstücke wie Bögen, T-Stücke und Abzweige sind in allen Winkelgraden im Handel und

Kein Vorbild: Schlauch-
wirrwarr und unbefe-
stigte Pumpe. Schäden
und vermiester Urlaub
sind hier vorprogram-
miert.

werden mit den Rohren dauerhaft verklebt. In die Leitung
zum Tank wird ein Geruchverschluß zentral eingebaut. Bei
Schlauchmontage reicht eine im Bogen verlegte Zuleitung
zum Tank, um unangenehme Gerüche aus dem Abwassertank zu verschließen.

Leerkabinen

Ökologisch ausgeglichener Aufbau aus afrikanischem Mahagoni-Holz. Dieses Fahrzeug dient einem Ethnologen seit 8 Jahren als Hauptwohnsitz.

IV. Leerkabinenauf- und -ausbau

Leerkabinen für Reisemobil-Selbstbauer

Neuerdings tummeln sich auf dem Reisemobilmarkt zunehmend individuell ausgebaute Sonderaufbauten. Welche Kabinenbauweisen und Verarbeitungsqualitäten es gibt, erfahren Sie in diesem Kapitel. Es befaßt sich mit den grundlegenden Unterschieden bei den fix und fertig angebotenen Leerkabinen. Auch derjenige, der seine Kabinenwände selbst herstellen möchte, sollte dieses Kapitel aufmerksam lesen. Denn die Vor- und Nachteile der Industrieware kann man für den Selbstbau übernehmen oder vermeiden.

Bevor man sich für ein Fahrzeug mit Sonderaufbau entscheidet, sollte man sich über dessen Vor- und Nachteile gänzlich im klaren sein. Unübertroffen ist der ausgebaute Kastenwagen in Wendigkeit und Fahreigenschaften. Viele dieser Fahrzeuge kann man unauffällig gestalten, was das ungestörte Übernachten fördert. Freilich – das Platzangebot ist nur begrenzt. Für Familien mit mehr als einem Kind ist das Alkovenfahrzeug mit seinem stets gemachten Bett über dem Fahrerhaus das Mittel der Wahl. Bei gleicher Fahrzeuglänge wie ein Campingbus kommt man immer auf mehr Innenraum. Die Breite und die lotrechten Wände machen's möglich. Das bezahlt man natürlich mit einer klobigeren Außenform, die auf Geschwindigkeit und Kraftstoffverbrauch Auswirkungen hat. Das breitere, unübersichtlichere Fahrzeug läßt sich nicht mehr so leicht manövrieren und schmale Altstadt-Passagen können zum Problem werden. Ein integriertes, also vollkarosseriertes Fahrzeug kann optisch gefälliger und schlanker wirken, obwohl es dies meist gar nicht ist. Sein Bau ist kostenaufwendiger und technisch schwieriger.

Immer mehr passionierte Selbstausbauer – weit entfernt davon, sich mit Konfektionsware aus der Serie zu umgeben – steigen um, vom Kastenwagen zum Kabinenfahrzeug. Wenn man den Werbesprüchen der Anbieter glauben will,

steigen sie auf nahezu unbegrenzte Lebensdauer um. Und nicht nur dies. Gegenüber einem Kastenwagen mit seiner Karosserie voller Rundungen, Sicken und Ecken, die bei Isolierung und Möbelbau Kopfzerbrechen bereiten, bietet sich die Leerkabine mit ihren rechtwinkligen Wänden und geraden Flächen für einen wesentlich schnelleren, einfacheren und saubereren Ausbau an. Doch Vorsicht, es gibt beachtliche Preis- und Qualitätsunterschiede, gute und weniger gute Arbeit, vorbildlichen und schlechten Kundenservice.

Drei grundsätzliche Aufbauvarianten gibt es: Skelettbauweise mit Außen- und Innenbeplankung und einer Füllung der Gefache mit Isolationsmaterial; Verbundplattenbauweise, wobei verschiedene Deckschichten fest mit einem Schaumkern verbunden werden, und schließlich gespritzte oder handlaminierte GfK-(Glasfaserverstärkter Kunststoff)-Kabinen aus der Negativ-Form. Den beiden letztgenannten Technologien wird die Zukunft gehören.

Die Skelettbauweise ist das klassische und seit Jahrzehnten im Wohnwagenbau eingesetzte Aufbausystem. Es besteht aus einem Form und Stabilität gebenden Holzlattengerüst, das außen meist mit Alublech beplankt und innen mit Sperrholz verkleidet wird. In die Zwischenräume wird Isoliermaterial eingepaßt. Diese für Caravans bewährte Technik wird in vielen serienmäßig hergestellten Wohnmobilaufbauten angewandt.

Die Qualitäten solcher Aufbauten können stark unterschiedlich sein. Zumeist werden gewöhnliche Fichte-Tanne-Dachlatten als Skelett verwendet. Diese Hölzer werden mit einer relativ hohen Restfeuchte von 12 bis 15% verarbeitet, was in der Deckschicht zu Korrosion führen kann. Trocknen die Hölzer mit der Zeit aus, reißen sie leicht und geben Schraubverbindungen nicht mehr den nötigen Halt. Kabinen mit Hartholzgerüst (beispielsweise Sipo-Mahagoni) sind wesentlich besser, stabiler und haltbarer, jedoch

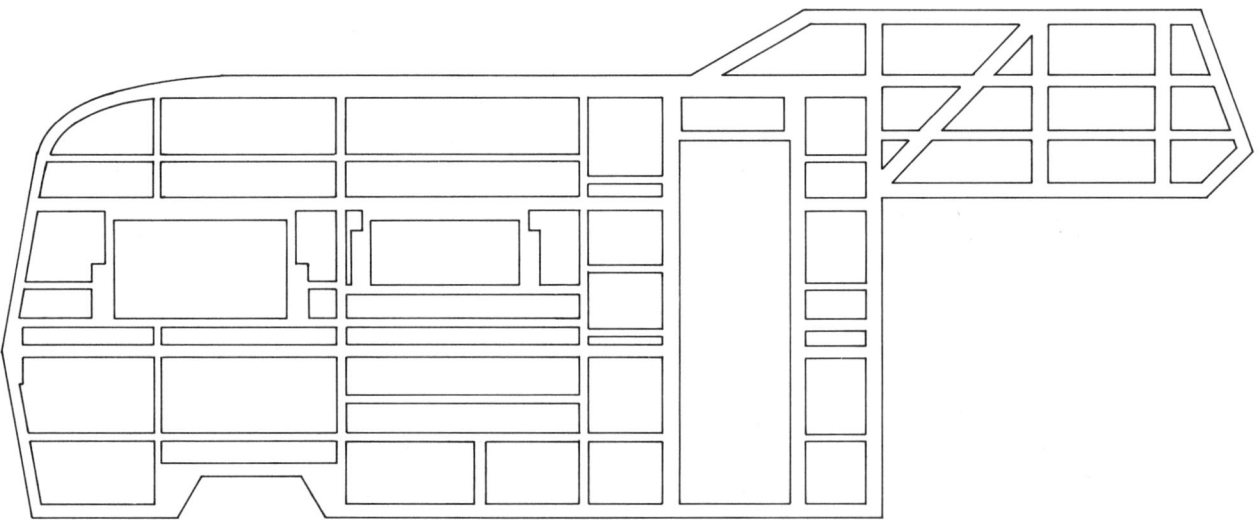

Caravan-ähnlicher Reisemobilaufbau in Holzrahmen-Skelettbauweise.

Vorbildlich angelegter Holzlatten-Gerüst-Aufbau hoher Stabilität. Wichtig: Die diagonal eingesetzte Verstrebung im Alkoven. Sie verhindert ein späteres Absacken des Überbaus.

schwer zu bekommen und wegen des höheren Holzpreises auch deutlich teurer.

Leerkabinen mit Skelettbauweise sind deshalb auch nicht so stark vertreten. Zu viele Nachteile muß der Kunde in Kauf nehmen. Die Belastbarkeit der Kabine ist begrenzt: Nur das Skelett trägt, nicht aber die ganze Wand. Die Möbel können nicht überall mit genügender Sicherheit angebracht werden, und bei Öffnungen für Fenster, Türen und Klappen muß man sich, ähnlich wie beim Ausbau eines Kastenwagens, am Verlauf der Streben und Versteifungen orientieren. Der Kunde ist also letztlich doch weitgehend daran gehindert, die eigene Kreativität in Formgebung und Grundriß auszutoben. Vorgegebene Standardgrößen, fixe Fenstereinbaupunkte und eine bereits in der Wandverlattung angelegte Einstiegstür machen den Selbstbau nachher leicht zu einem semiprofessionellen Nachbau. Skelettkabinen sind ein bißchen wie Ausbauhäuser: Durch Eigenleistung spart man, aber der Architekt gibt dennoch vor, wie es nachher auszusehen hat.

Skelettkabinen sind etwas für schmale Geldbeutel. Leidlich ordentliche Leerkabinen in der vorbeschriebenen Bauweise erhält man ab etwa drei Meter Kabinenlänge (Maße immer zuzüglich Alkovenlänge!) für knapp 7000 Mark. Sie ermöglichen einen raschen Ausbau, denn sie bieten natürlich innen viel Platz, rechte Winkel und gerade Wände. Doch was für einen Caravan gut ist, der mehr Stand- als Fahrbetrieb leistet, ist fürs Reisemobil nicht ideal. Die Verspannungen eines Transporterfahrgestells sind wesentlich intensiver, die Erschütterungen viel stärker als beim Anhänger. Verwindungen, Lastwechsel, Schub- und Scherkräfte nagen mit Gewalt an den Kabinen. Eine Lebensdauer von zehn oder gar mehr Jahren ist da nur bei bester Qualität und großer Sorgfalt zu erwarten. So gesehen ist die preiswerte Rechnung – billiges Fahrgestell (Pritschenwagen sind auf dem Gebrauchtwagenmarkt bei gleicher Laufleistung etc. bis zu 50% billiger als Kastenwagen!) plus billige Kabine – möglicherweise allzu rasch von Folgekosten gekrönt.

Eine Sandwichplatte im Reisemobilbau hat wenig mit einem Imbiß zu tun. Sandwichbauweise stammt aus dem Yachtbau. Sandwich- oder Verbundplatten sind schichtförmig aus Deckschichten und Isolierkern zusammengesetzte Baumaterialien. Die Sandwichbauweise ist gewichtssparend, je nach Verarbeitungsaufwand ziemlich oder tatsächlich völlig wärmebrückenfrei, hochbelastbar und selbsttragend. Im Reisemobil-Kabinenbau werden vor allem zwei Verfahren angewendet. Das erste – und ältere – ist eine technische Weiterentwicklung der Skelettbauweise. Ein an den Rändern der jeweiligen Platten umlaufender Rahmen

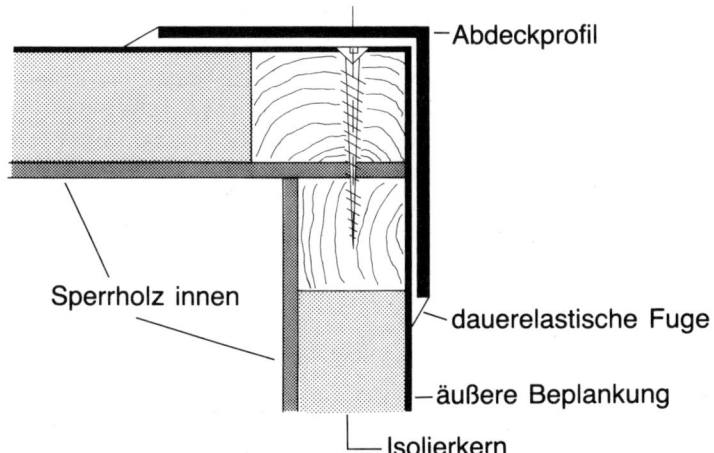

Schnitt durch die Verbindung von Dach und Seitenwand bei einer Sandwichkabine mit eingelegten Randleisten. Das Dach liegt auf der Wand auf.

aus massiven Holzleisten dient zur Verschraubung von Wand-, Boden- und Deckenplatten untereinander. Die Füllung der Platten besteht meist aus Polystyrol- oder Polyurethan-Hartschäumen. Diese Schäume werden mit den Deckschichten (Aluminiumblech oder GfK-Flachbahnen) verklebt und unter Druck verpreßt. Die Randleisten werden bei diesem Arbeitsgang gleich mit eingepreßt. Vorteile dieser Konstruktion liegen in der einfachen Handhabbarkeit: Auch der Laie kann die Kabine selbst zusammenbauen. Voraussetzungen sind nur Platz, Hilfskräfte und möglichst ein Akkuschrauber, denn in die Randhölzer müssen je nach Kabinengröße um die 500 Schrauben eingedreht werden. Nachteile gibt es allerdings auch: Um sicher zu gehen, daß keine Feuchtigkeit entlang der Schrauben ins Innere dringt, müssen sehr sorgfältig Abdeckprofile aus Alu oder GfK aufgesetzt werden. Dennoch bleiben die Schrauben ein Schwachpunkt: Sie arbeiten bei Verwindungen im Holz, leiten Kälte nach innen und im Zweifelsfall auch Feuchtigkeit. Schlecht bekommt es einer Kabine, wenn die Randleisten aufquellen oder, noch schlimmer, durch Frost spalten. Positiv sind die Isolationswerte solcher Kabinen.

Der Individualität weiteren Vorschub leistet die Möglichkeit, Fenster, Türen und Klappen beliebig einzubauen, denn die gerippefreien Verbundplatten bringen es bei vergleichsweise geringem Gewicht auf hohe Stabilität und gleichförmige Wandstruktur. Dächer dieser Fahrzeuge sind meist voll begehbar und vertragen auch Zuladung.

Ganz ohne Holzteile, also auch ohne Holzrahmen rundum, kommen die Vollsandwich- oder -verbundplattenaufbauten aus. Diese sind der letzte Stand der Technik. Zwei Prinzipien bieten sich an, jedes hat seine Anhängerschaft: Der eine schwört auf den Alu-Aufbau (Isolierkern fest verklebt zwischen Aluminiumblechen außen und innen), der andere auf den GfK-Aufbau (Isolierkern zwischen Flachbahnen aus glasfaserverstärktem Kunststoff). Außerdem gibt es Wandhersteller, die außen einen der beiden genannten Werkstoffe und innen Sperrholz verwenden. Die Vollsandwich-Technologien stammen aus dem Nutzfahrzeugsektor. Großfirmen wie Ackermann-Fruehauf standen bei der Entwicklung Pate. Tiefkühl-Sattelzüge, die bis zu zwei Millionen Kilometer zurücklegen, erbrachten das Aufbau-Know-how und zeigten, wie sich solche Kabinen bei extremsten Temperaturunterschieden von außen zu innen verhielten, welche Ermüdungserscheinungen nach Dauerstrecke auftraten und wie Lebensdauer, Reparaturfreundlichkeit und Haltbarkeit der Materialien zu bewerten sind.

Solche Kabinen haben ihre Preise. Und je aufwendiger die Verarbeitung, desto höher ist auch der Lohnkostenanteil. Dennoch ist das, was die wenigen auf diese Aufbauten spezialisierten Firmen anzubieten haben, den hohen Preis (12 000 bis 30 000 Mark) letztlich wert.

Entscheidungshilfen

Wenn Sie sich für eine Kabine interessieren, müssen Sie selbst entscheiden, welche für welchen Einsatz und welches Geld von welchem Hersteller Sie bestellen. Das können wir Ihnen nicht abnehmen. Vorteile bieten alle Kabinen: Gebrauchte Fahrgestelle sind, wie gesagt, wesentlich billiger als vergleichbare Kastenwagen. Außerdem sind Kabinen umsetzbar. Reicht also das Geld nicht gleich für eine gute Kabine und einen guten »Untersatz«, dann tut's erst einmal auch ein Schrott-Fahrgestell für 1000 Mark. In ein, zwei Jahren kann man sich dann ja immer noch nach dem »richtigen« Auto umsehen. Nicht alle Leerkabinenhersteller sind gleichzeitig auch Karosseriebaubetriebe. Das ist zwar nicht zwingend erforderlich, darf doch auch ein Laie (noch?) seine Kabine selber »zimmern«, kann aber bei speziellen Fragen wie Radstandverlängerungen, Auflastungen etc. von Vorteil sein. Lassen Sie sich auch die Qualität, Schwerentflammbarkeit und das Splitterverhalten (bei GfK) der Kabinenwände nachweisen. Leider verfügt auch hier nicht jeder Kabinenbauer über die entsprechenden Gutachten. Zu Ihrer persönlichen Sicherheit sollten Sie außerdem nicht darauf verzichten, sich Referenzen geben zu lassen, also Adressen von anderen Kunden, die der von Ihnen gewählte Lieferant mit einer Kabine versorgt hat. Sie können sich dort nach Qualität und Kundenservice erkundigen. Da

mag die Kabine objektiv noch so gut sein – wer solche Informationen versteckt oder nicht herausrücken will, betreibt keinen guten Kundendienst. Sie brauchen die gutachterlichen Papiere spätestens, wenn Sie beim TÜV zur Eintragung der Wohnkabine in den Fahrzeugbrief vorfahren.

Die beste Haltbarkeit erreichen Kabinen aus homogenen Materialien. Sind Außenwand, Isolierkern und Innenwand zu unterschiedlich, verzieht sich die Kabine leicht aufgrund von Feuchtigkeitsschwankungen, unterschiedlicher Alterung der Materialien oder eines unterschiedlichen Wärmeausdehnungskoeffizienten. Das ist ein schweres Wort, vereinfacht heißt es: Bei einem in der Sonne stehenden Wohnmobilaufbau kann die Ausdehnung des Deckmaterials größer sein als die des Innenmaterials. Am besten machen sich da Kabinen, die außen Alu und innen Alu oder außen GfK und innen GfK haben. Vierschichtig aufgebaute Kabinen, die zusätzlich zur inneren Deckschicht noch mit Sperrholz oder Hartfaser-Preßplatte beschichtet sind, haben den Vorteil, daß man eine weitere Innenverkleidung spart. Die Stabilität wird dadurch nur wenig erhöht.

Lassen Sie sich unbedingt Muster der verwendeten Platten geben! Bei den Schäumen gibt es große Unterschiede. Einige enthalten zu viel Härter, der bei Alterung den Schaum bröselig macht.

TIP: Testen Sie die Probestücke. Wie leicht fällt es Ihnen, die Deckschichten abzuziehen? Eigentlich dürfte Ihnen das kaum gelingen. Geht es leicht, kaufen Sie besser eine andere Kabine.

Manche Platten werden aufgeschäumt: Die äußere Deckschicht liegt in einer Form, der Schaum wird aufgebracht. Noch bevor er richtig steigen kann, wird die innere Deckschicht aufgelegt und mit hohem Druck auf den Schaum gepreßt, bis der Aushärtevorgang beendet ist. Der Schaum klebt von allein an den Deckschichten fest, er »verbackt« mit ihnen. Dies führt zu einer besonders abschersicheren Verbindung von Beplankung und Füllkern. Leider hat der Schaum aber manchmal Lufteinschlüsse. Dies kann man in der Herstellung kaum unterbinden. Hier sind später Beulen und Dellen zu erwarten, da die eingeschlossene Luft sich bei Erhitzung (Sonneneinstrahlung) stark ausdehnt. Der Isolierwert solcher Stellen ist zwar noch ausreichend, doch die Stabilität der Wand ist an dieser Stelle unbefriedigend. Die meisten Hersteller verwenden deshalb inzwischen PU- oder PS-Plattenware, die sehr homogen aufgeschäumt ist. Diese Platten werden mit hochstabilen Spezialklebern mit den Deckschichten verklebt und, wenn's gute Qualität ist, ebenfalls verpreßt, oft mit großen Vakuumpressen.

Zur Verbindung der Platten ist die ausschließliche Verkle-

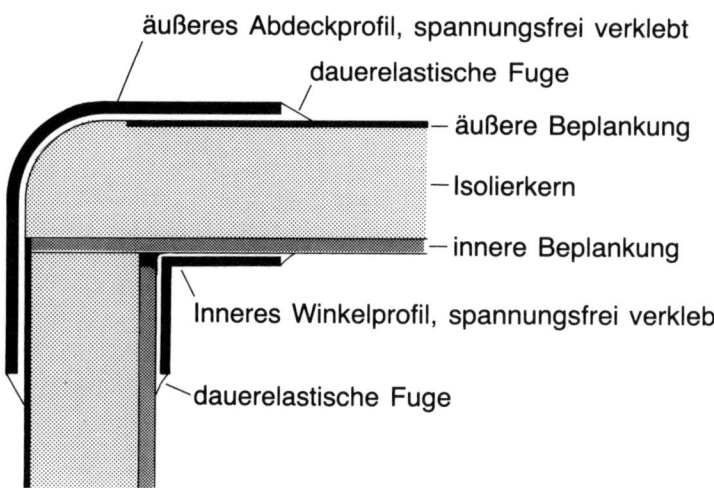

äußeres Abdeckprofil, spannungsfrei verklebt

dauerelastische Fuge

— äußere Beplankung

— Isolierkern

— innere Beplankung

Inneres Winkelprofil, spannungsfrei verklebt

dauerelastische Fuge

Schnitt durch die Verbindung von Dach und Seitenwänden bei einer Vollsandwichkabine. Das Dach liegt auf der Wand auf.

bung das haltbarste Mittel. Die besten Kabinen sind die, die keine Schrauben, Nieten oder Splinte enthalten, sondern nur sorgfältig verklebt, mit Kantenprofilen abgedichtet und sauber verschliffen sind. Da gibt es wirklich keinerlei Temperaturbrücken, keine Löcher, die sich bei Verwindungen erweitern können und auch keine Stellen, an denen Wasser eindringen kann. Außerdem hat der gesamte Aufbau eine wirklich gleiche Elastizitätscharakteristik.

Hält Ihr Lieferant passend entwickeltes Zubehör für Sie bereit? Nur wenige Kabinenproduzenten haben Entwicklungsarbeit in die Schaffung von temperaturbrückenfreien Türrahmen, stabilen Türblättern und ebensolchen Kofferklappen investiert. Auch hier sollte das Material stimmen: GfK zu GfK, Alu zu Alu.

Aluminiumkabinen stellen einen Faradayschen Käfig dar, sind also blitzschlaggeschützt. Das sonst so widerstandsfähige Alublech kann jedoch vom »Alufraß« befallen werden, einer häßlichen Korrosion, wenn es an Stahl scheuert. Durch Elektrolyse wird der Werkstoff dann zerstört. Alukabinen dürfen deshalb niemals direkt mit dem Fahrgestell des Autos verschraubt werden. Achten Sie bei Alukabinen auf eine isolierte Bodenplatte (Sperrholz wasserfest verleimt oder GfK-überzogen)! Außerdem ist Alublech nur nach einem aufwendigen (und teuren) Laugenbad mit herkömmlichem Autolack lackierbar. Wenn Sie sich für eine

Alukabine interessieren, fragen Sie den Hersteller, ob er chromatisiertes oder anderweitig vorbehandeltes Alu verwendet!

Die GfK-Flachbahnen, die die meisten Hersteller verwenden, sind »Pecolit-Bahnen« vom größten deutschen Hersteller. Viele Aufbau-Anbieter pressen damit ihre Sandwichwände, andere Kabinenhersteller verwenden gleich fertig verpreßte Plattenware. Aber auch Pecolit ist nicht gleich Pecolit. Es wird in verschiedenen Materialdicken verwendet, und zunächst unverständliche Preisunterschiede erklären sich manchmal nach einem Blick in die Tabelle der Wandstärken . . .

TIP: Um einem GfK-Aufbau, der ja elektrisch nicht leitfähig ist, Blitzschlagsicherheit zu geben, empfiehlt es sich, ihn mit elektrisch leitendem Lack zu behandeln. Alukabinen-Hersteller machen sich in ihrer Werbung häufig gerade dieses Manko ihrer Kunststoff-Konkurrenz zunutze. Sie sollten dabei aber wissen, daß es immer noch wahrscheinlicher ist, sechsmal hintereinander sechs Richtige im Lotto zu tippen, als einmal vom Blitz im Reisemobil erlegt zu werden!

Maßnehmen

Welche Kabine auf welches Fahrzeug paßt, sagt Ihnen gern jeder Kabinenhersteller. Die Verbundplatten-Kabinenbauer können auch in der Formgebung weitgehend Ihre individuellen Wünsche berücksichtigen. Ob mit oder ohne Alkoven, vorn oder hinten Alkoven, Keller oder Sonnenterrasse, ob gerades oder gestuftes Dach, zeichnen Sie mal und fragen Sie dann. Eins allerdings werden Sie schon vorher beherzigen müssen: Rechnen Sie anhand der Unterlagen, die Ihnen der Hersteller zur Verfügung stellt, grob das Gewicht Ihrer Wunschkabine mitsamt Möbeln und Zuladung aus – und suchen Sie dann nach einem passenden Basisfahrzeug! Denn was nützt Ihnen der günstige Anschaffungspreis, wenn Ihr neuer Mitsubishi L 300 nicht mit einer 6-Meter-Kabine fertig wird. Spaß beiseite – der Aufbau muß den Richtlinien des Fahrzeugherstellers entsprechen – und der setzt Grenzen in Höhe und Gewicht. Als Zulassungsvorschrift gilt, daß der hintere Überhang nicht mehr als 60% des Radstands betragen darf. Nur in besonders begründbaren Einzelfällen kann hierzu eine Ausnahmegenehmigung erteilt werden. Mit einem größeren Überhang schert das Heck beim Wenden zu stark aus, es gibt störende Schaukelbewegungen und die Hinterachse geht »in die Knie«.

Je länger und größer der Aufbau wird, desto dicker und fester sollte das Plattenmaterial sein.

Kabinen am Stück

Der Leerkabinenmarkt hat noch eine andere Seite: Anders als die der Form nach individuell aus Platten zusammengesetzten Kabinen sind GfK-Leerkabinen, die ähnlich hergestellt werden wie Hochdächer (siehe dort), Standardware. Da sie in Formen gespritzt oder handlaminiert werden, kann man sie stets nur in ein und dergleichen jeweiligen Form bekommen.

Leer, zum Selbstausbau, bekommt man nur wenige GfK-Kabinen. Da das Angebot auf diesem Markt in relativ kurzen Abständen wechselt, würde eine Auflistung an dieser Stelle mehr Verwirrung stiften als Aufklärung schaffen.

TIP: GfK-Kabinen werden auch von großen Reisemobil-Zubehör-Händlern vertrieben. Ein genaues Studium der einschlägigen Kataloge sei deshalb angeraten. Außerdem hilft der Besuch von Fachmessen. Dort kann man die verschiedenen Qualitäten gleich an Ort und Stelle vergleichen.

Puzzle

Noch recht klein ist das Angebot von auf Kunden spezialisierten Unternehmen, die nicht nur eine Kabine selbst ausbauen, sonden auch gleich die Wände aus Bausatzteilen zusammenfügen möchten. Dabei ist abzusehen, daß sich gerade diese Mischform in Zukunft stark entwickeln wird. Die Vorteile sind deutlich: Gegenüber einem selbst erstellten Sandwich, das immens Zeit kostet, Platz voraussetzt und einige Kenntnisse im Fahrzeugbau erfordert, erhält man eine vorgefertigte Wandstruktur, für die es Mustergutachten gibt, und die Sicherheit, daß – genaues Arbeiten nach Montageanleitung vorausgesetzt – die Kiste nachher paßt.

Der selbst unternommene Zusammenbau des Bausatzes spart den gesamten Lohnkostenanteil einer fertig montierten Kabine, gibt die Befriedigung, das gesamte Wohnmobil selbst gebaut zu haben und läßt darüber hinaus weitestgehende individuelle Gestaltung zu. Dieses System, Mittel-

Selbstbau-Kabine aus Paneelsystem

ding zwischen völlig selbstgebauter Wand und fertig montierter Kabine, läßt den Eigenbau auch bei nur begrenztem Zeitbudget und vergleichsweise geringem Platzangebot zu. Ein Vorteil, den sich in Zukunft einige Firmen durch das Anbieten von Bausatz-Paketen zunutze machen werden. Zur Zeit sind es nur drei:

Zunächst die niederländische Firma Gema-Albra-Panelen, Zelfbouw Kamperauto. Zu einem selbstgebauten Camperauto verhilft ein Paneelsystem aus schaumisolierten Alu-Platten, die durch Nut und Feder miteinander verbunden werden. Nahezu jede gewünschte Aufbauform ist dadurch zu verwirklichen. Inzwischen hat auch schon das erste Reisemobil mit Albra-Aufbau den deutschen TÜV-Segen bekommen, so daß diese Hürde für die Holländer genommen ist. Auch in Österreich werden bereits Reisemobile im Paneelsystem angeboten.

Conti-Mobil heißt eine Bausatzfirma im westfälischen Bocholt, bei der man Alu-Vollsandwichplatten in Rastermaßen bekommt. Die Aufbautechnologie und das Material sind o.k., in Grenzen ist eine freie Formgebung des Wohmobil-Aufbaus möglich. Wer selbst baut, erhält hier in etwa die Qualität einer 15 000-Mark-Fertigkabine für gut die Hälfte.

Dritter im Bunde ist eine österreichisch-deutsche Coproduktion. Das Grazer Spezialhaus für Wohnmobile, Münnich, und der Egelsbacher Zubehör-Riese Reimo vertreiben das Reimo-Münnich-Maß-Mobil gemeinsam. Geliefert werden mehr oder weniger standardisierte Bausätze, die nur wenig Variation zulassen. Für 10 000 bis 13 000 Mark je nach Kabinenlänge erhält man hier gerippefreie Verbundplatten mit eingepreßten Randleisten, durch die die Wand-, Dach- und Bodenteile miteinander verschraubt werden.

Der individuelle Kunde ist freilich nicht nur auf dieses noch schmale Angebot von spezialisierten Lieferanten angewiesen. Auch mancher Leerkabinenhersteller verkauft einen Aufbau plattenweise, also vorkonfektioniert, zum Selbst-Zusammenbau. Hartnäckiges Fragen ist manchmal nötig, denn lieber lastet der Kabinenproduzent seine Werkstatt aus und verdient das Geld für die fertige Montage noch mit dazu.

TIP: Bei besonderen Problemstellungen, etwa Kabinen für schwierige Einsatzzwecke – Expedition, besonders große Kabine für Lkw-Chassis, spezielle Klimafestigkeiten – helfen die großen Aufbauhersteller mit einer erstaunlichen Kundenfreundlichkeit. Es lohnt sich daher, in einem solchen Fall bei Ackermann-Fruehauf oder Pecolit vorzusprechen. Gerade diese beiden Firmen bieten sich an, weil sie beide auch den Reisemobilbau beliefern und inzwischen große Kenntnisse auf diesem Gebiet haben.

Vorbereitung des Fahrzeugs

Um eine Wohnkabine auf ein Fahrzeug setzen zu können, müssen natürlich verschiedene Vorarbeiten geleistet werden. Auch wenn diese Aufgaben »Vorarbeiten« heißen, sind sie besonders wichtig und nehmen mehr Zeit in Anspruch als das anschließende Aufsetzen und Verankern der Kabine. Gerade bei diesen Vorarbeiten ist Sorgfalt besonders wichtig – viele Stellen sind später überhaupt nicht mehr, die meisten nur mit großem Aufwand zugänglich.

Je nachdem, welches Fahrzeug Sie vorsehen, sind unterschiedliche Arbeiten erforderlich. In den meisten Fällen wird ein Fahrgestell mit Führerhaus verwendet. Beim Neukauf des Basisfahrzeugs sind Sie in der glücklichen Lage, genau jene Ausstattungsvarianten bestellen zu können, die Sie brauchen – Länge des Rahmens, Lage des Reserverads, Hinterachsübersetzung und so weiter. Wir lassen die Verwendung eines Neufahrzeugs in unserer Beschreibung einfach aus, denn Vorarbeiten sind hierbei zunächst nicht notwendig. Die später folgenden Arbeitsschritte – ab Kapitel »Hilfsrahmen« – sind gleich. Lesen Sie dann bitte dort weiter.

Häufiger dient ein gebrauchtes Fahrgestell als Untersatz. Den größten Prozentsatz stellen Pritschenfahrzeuge dar. Pritschenwagen sind bei gleicher Laufleistung, gleichem Erhaltungszustand und vergleichbarer Ausstattung bis zur Hälfte billiger als entsprechende Kastenwagen. Dies hängt nur zum Teil damit zusammen, daß bei Kastenwagen mehr Blech, Fenster, Innenausstattung etc. mitgeliefert werden. Ein großer Teil der geringeren Kosten ist marktbedingt: Während Händler sehr wohl wissen, daß viele Wohnmobil-Interessenten zwecks Besichtigung bestimmter Kastenwagentypen auf ihren Hof kommen, werden gebrauchte Pritschenfahrzeuge fast nur gewerblich gehandelt.

Für den Kabinen-Aufbauer ist der Pritschenwagen der einfachste Kandidat: Die Pritsche ist sehr einfach zu entfernen und kann mit ein paar Helfern ohne Kran und Aufwand abgehoben werden. Kann man sie nicht gar gegen Geld verscherbeln (300 bis 500 Mark sind bei guterhaltenen Exemplaren drin, bei Alu-Pritschen wesentlich mehr!), ist die Weiterverarbeitung zu »Kleinholz« unproblematisch.

Jeder andere Aufbau kann aber ebenfalls gewählt werden. Da nahezu alle Aufbauten – auch Wohnmobilaufbauten – mit dem Fahrgestell verschraubt sind, kann auch der Hobbybastler die Verbindungen recht leicht lösen. Große Koffer-, Viehtransporter- oder ähnliche Aufbauten sind aber problematisch beim Abnehmen. Hat man nicht einen festen Abnehmer, der den Koffer abholt und auch noch gutes Geld dafür bezahlt, fangen die Schwierigkeiten beim Platz-

Abheben der Pritsche mit dem Gabelstapler ist nach dem Lösen der Verschraubungen ein Kinderspiel.

bedarf an und hören beim Abtransport auf. Ein Lkw-Koffer kann natürlich als Gartenhaus oder als Geräteschuppen für die Dauer des Wohnmobil-Ausbaus dienen, man muß nur Platz dafür haben. Vorher überlegen!

TIP: Bei älteren Aufbauten sind die Verschraubungen oft nur schwer zu lösen, da Schmutz und Rost die Verbindungen verkrusten. Außer chemischen Lösemitteln auf Graphitbasis, die die Verkrustung unterkriechen können (ein paar Stunden einwirken lassen!) hilft ein Druckluft-betriebener Schlagschrauber. Steht der nicht zur Verfügung, tritt der »Hammermonteur« in Aktion: Mit schwerem Fäustel gezielt ein paar Schläge in Löse-Richtung auf eine Ecke der Mutter (genau treffen, sonst ist die Mutter hin und kein Schlüssel paßt mehr!) wirken Wunder.

Man ist jedoch nicht an Aufbau-Fahrzeuge gebunden. Es besteht bei einigen Fabrikaten sogar die Möglichkeit, einen Kastenwagen oder Bus für den Kabinenaufbau zu benutzen. Aufgrund der oben genannten Preisverhältnisse wird sich dies jedoch nur in Einzelfällen lohnen. Nicht bei allen Kastenfahrzeugen (selbsttragende Karosserien) ist ein derartiges Vorhaben möglich, vor Beginn muß unbedingt eine Unbedenklichkeitsbescheinigung angefordert werden.

Ein klassisches Beispiel dafür ist der VW Typ 2, bekannt als »Bulli«. Die Pritschenversionen bieten sich hier nur für

abnehmbare Wohnaufbauten an, sogenannte Pick-Ups. Denn die Konstruktion erfordert wegen des Heckmotors eine relativ hochliegende, durchgehende Pritsche mit nur kleinen Stauräumen zwischen Fahrerhaus und Motorraum. Wer unbedingt auf diesen Typ eine Kabine aufbauen möchte, ist mit einem Kasten besser bedient. Schneidet man hinter dem Fahrerhaus die Karosserie bis aufs Bodenblech ab, hat man ein perfektes Flachbodenchassis, durchgehend bis zur Motorstufe. Für den Selbstbauer ist dies die geräumigere Alternative, obwohl das nachträgliche Einarbeiten eines Versteifungsrahmens nötig wird, um ein Abknicken des Fahrzeugs hinter dem Fahrerhaus zu verhindern. Sicher ist aber der VW-Bus, so beliebt er als Ausbau-Wohnmobil sein mag, nicht das richtige Aufbau-Fahrzeug. Denn die Gestaltung des Heckbereichs wird immer schwierig sein, da ein Zugang zum Motor nötig ist, der es einem Monteur ohne Akrobatik ermöglicht, Wartung und Reparaturen auszuführen.

Vernünftig kann die Kastenverwendung allerdings auch in anderen Fällen sein. Ein Beispiel: Sie besitzen ein Wohnmobil, einen ausgebauten Kastenwagen der großen Düsseldorfer Baureihe von Mercedes-Benz. Mit der Technik sind Sie noch ganz zufrieden, aber der Rost an Ihrem betagten Stück ärgert Sie – sind Sie hinten mit der Rostbehandlung gerade fertig, entdecken Sie vorn schon wieder ein neues Loch. Außerdem sagt sich gerade Familien-Nachwuchs an und die Einrichtung Ihres Fahrzeugs wird zu klein für mehr Personen. Wenn Sie nun hinter dem Fahrerhaus alles abschneiden, was zur Karosserie gehört, haben Sie fürs Aufsetzen einer Kabine nicht nur ein geeignetes Basisfahrzeug. Sie können auch alle intakten Ausstattungsteile wie Wasserpumpe, Heizung, Tanks etc. wieder verwenden und sparen Geld. In diesem Fall entfällt sogar die Konstruktion eines Hilfsrahmens, wenn Sie die Bodenkonstruktion des Kastenwagens übernehmen.

Bei der Demontage des Kastenaufbaus müssen Sie die Grenzen, die Ihnen der Fahrzeughersteller in der Unbedenklichkeitsbescheinigung aufgibt, strikt einhalten. Soll das Fahrerhaus erhalten bleiben, muß zumindest die B-Säule unversehrt bleiben und als umlaufender Bügel auch im Dachbereich Steifigkeit bieten. Ansonsten ähnelt die Arbeit dem Ausschneiden eines Daches und wird am besten mit dem Trennschleifer erledigt.

TIP: Besonders wichtig ist es, vorher den gesamten auszuschneidenden Bereich auf Kabel- und Leitungsführungen zu überprüfen (beispielsweise Innenleuchten). Rechtzeitiges Abkabeln erspart böse Kurzschlüsse oder Schlimmeres wie Kabelbrand.

Fahrgestell herrichten

Haben Sie Pritsche oder sonstigen Aufbau entfernt, liegt das nackte Fahrgestell vor Ihnen. Eine einmalige Gelegenheit, sämtliche technische Details genau zu überprüfen. So einfach wie jetzt wird der Austausch von Bremsleitungen und -zügen, Kreuzgelenken an der Kardanwelle oder sonstigen Teilen nie wieder. Da es sich um lebenswichtige Teile handelt, sollten die Arbeiten am Bremssystem einem Fachmann überlassen werden.

Wenn Sie eine Radstands- oder Rahmenverlängerung für Ihr Wohnmobil benötigen, ist jetzt der richtige Zeitpunkt. Sie brauchen auch hier die Unbedenklichkeitsbescheinigung sowie die Aufbaurichtlinien des Herstellers und in den meisten Fällen auch einen Fachbetrieb zur Herstellung und Montage des Rahmenteils. Je nach Alter und Vorverwendung des Fahrzeugs wird auch der Rahmen bereits pflegebedürftig sein. Obwohl ein Transporterrahmen und hier namentlich ein Lkw-ähnlich als Leiterrahmen ausgeführtes Chassis eine enorme Lebensdauer hat, gehen die Jahre mit Streusalz, Schmutz und Wasser nicht spurlos an ihm vorüber. Es empfiehlt sich eine Grundkur.

AL-KO-Spezialchassis mit Tiefrahmen und Doppelachse für Fiat Ducato. Der Original-Rahmen wird hinter dem Fahrerhaus abgetrennt.

Die fängt mit dem Sandstrahlen des gesamten Chassis an. Wegen der vielfältigen Winkel, Knicke und Verschraubungen, Befestigungslöcher und Verzweigungen ist dies die einzig zuverlässige Entrostungsmethode. Schleifen und Schmirgeln muß unbefriedigendes Stückwerk bleiben. Sämtliche demontierbaren Teile – angefangen bei den Rückleuchten über die Schmutzfänger bis hin zu Elektro- und Bremsleitungen – müssen vor dem Sandstrahlen abgebaut werden. Sie nehmen sonst Schaden.

TIP: Sandstrahlen muß keine teure Auftragsarbeit in einem Spezialbetrieb sein. In vielen Städten gibt es Auto-Hobby-Mietwerkstätten mit Selbst-Lackiererei, wo auch komplette Sandstrahl-Ausrüstungen inklusive des nötigen Schutzanzugs vermietet werden. Abgerechnet wird nach Tages- oder Stundensatz.

ACHTUNG: Sandstrahlen ist gefährlich, unbedingt komplette Schutzkleidung tragen! Quarzsand darf heute nicht mehr verwendet werden, er zählt zu den silicogenen Stoffen (Gefahr von Staublungenerkrankung). Bitte achten Sie außerdem auf geeignete Schutzmaßnahmen Ihrer Umgebung. Der Sand fliegt weit und schmirgelt auch Nachbars Auto, wenn Sie in Ihrem Vorgarten sandstrahlen wollen! Nutzen Sie eine Halle oder Kabine (wie oben beschrieben), ist außerdem die Rückgewinnung des Schmirgelgutes weitgehend gewährleistet und die abgeschmirgelten Farbpartikel können sachgerecht entsorgt werden. Sie müssen wirklich nicht im Erdreich des Vorgartens landen!

Haben Sie Ihr Fahrgestell blank geschliffen, geht es an die Konservierung. Mit Primer, Zinkstaubfarbe und einer dicken, mehrschichtigen Schutzlackierung rüsten Sie Ihre Wohnmobilbasis für einige Jahre gegen Bewitterung. Da das Fahrgestell niemand mehr zu sehen bekommt, steht nicht die Schönheit, sondern die Schutzwirkung im Vordergrund. Der Schichtauftrag sollte daher ruhig etwas dicker ausfallen. Tränen können in Kauf genommen werden. Damit ist jedoch noch nichts gegen Steinschlag getan. Erst ein weicher, elastischer Unterbodenschutz-Auftrag beugt der mechanischen Beschädigung des Fahrgestells vor.

Besonders qualitätsbewußte Selbstaufbauer entscheiden sich für eine Feuerverzinkung des Fahrzeugrahmens. Die führt allerdings nur ein Fachbetrieb zuverlässig aus. Unter »Verzinkerei« nennt zwar das Branchenfernsprechbuch entsprechende Adressen, jedoch ist nicht jede geübt im Umgang mit Fahrzeugrahmen. Garantiert fachkundige Ansprechpartner lassen sich über ihre Anzeigen in speziellen Zeitschriften für Oldtimer-Restaurierung ausfindig machen. Die Behandlung, am wirkungsvollsten durch Tauchverzinkung, hält ein Fahrgestell mit Sicherheit 20 Jahre frei von Rost. Die Tauchverzinkung findet in einem Zinkbad aus ca. 450 Grad heißem flüssigen Zink statt. Dabei zieht eine einige Bruchteile eines Millimeters dicke Zinkschicht auf die Stahlprofile auf. Der Vorteil ist das Erreichen sämtlicher Hohlräume, Winkel und Ecken. Leider ist das Verfahren aufwendig und teuer.

Um die Zinkschicht zu schonen, empfiehlt sich auch hierbei ein Unterbodenschutz als elastische Prävention gegen Steinschlag.

Hilfsrahmen

Die Rahmenkonstruktion der meisten Transportermodelle, zumal der Pritschenversionen, nennt sich Leiterrahmen. Zwei starke Längsholme liegen in Fahrtrichtung und sind untereinander mit einigen Querverstrebungen verbunden. Außerdem befinden sich die Anbringungspunkte für Achsen, Federböcke und meist auch Kraftstofftank und Reserverad an den Holmen. Dazu kann der Rahmen auch sogenannte »Ausleger« haben.

Herstellerseits sind eine verwirrende Vielzahl von Lö-

Hier soll die Kabine direkt aufs Fahrgestell gebaut werden. Zur Unterstützung wurden spezielle Ausleger (dunkel) am Rahmen befestigt.

Echter Hilfsrahmen aus Stahlprofilen zur Unterstützung des gesamten Aufbaus. Angeschweißte Halterungen erleichtern Tank- und Schürzenmontage.

chern unterschiedlicher Größe in den Rahmen eingearbeitet. Sie sind Befestigungslöcher für alle möglichen Auf- und Anbauten. Keinesfalls dürfen weitere Löcher nach eigenem Plan und Wohlgefallen in den Rahmen gebohrt werden. Damit erlischt die allgemeine Betriebserlaubnis des Fahrzeugs und der Hersteller kann nicht mehr für die Statik garantieren. Wo welche und wieviele Befestigungslaschen für Aufbauten aller Art angebracht werden können, sagen die sogenannten »Aufbaurichtlinien«, die man beim Herstellerwerk des Fahrzeugs kostenlos anfordern kann. Hier steht auch genau verzeichnet, bei welchen Fahrgestell-Ausführungen welche maximalen Abmessungen und Überhänge zugelassen sind.

Nur in den wenigsten Fällen wird es möglich sein, eine Kabine direkt auf das Transporterfahrgestell aufzusetzen. Dafür müßte das Fahrzeug bereits bei der Planung der Kabine vorhanden sein, damit an genau den richtigen Stellen im Kabinenboden, die nachher auf den Längsträgern ruhen und an denen, durch die die Verschraubungen gesetzt werden sollen, entsprechende Verstärkungen eingearbeitet werden können. Aber auch dann geht die Direktverbindung

nur bei Verwendung besten Plattenmaterials großer Stabilität.

Die Bodenplatte trägt ja die gesamte Kabinenkonstruktion. Gleichzeitig ist sie aber besonders stark den Verwindungen des Fahrzeugrahmens ausgesetzt. Je länger der Rahmen, mithin der Aufbau, desto größer die Eigenverwindung. Daher sind die Belastungen, die auf die Bodenplatte einwirken, enorm. Es ist einleuchtend, daß ein Hilfsrahmen als Unterkonstruktion für die Bodenplatte zur Erhöhung von Stabilität und Lebensdauer der Kabine beiträgt. Der Hilfsrahmen unterstützt die Bodenplatte und nimmt das Gewicht des Aufbaus auf, gleichzeitig versteift er die Bodenkonstruktion und mildert die Verwindungen. Ganz nebenbei ist der Hilfsrahmen eine große Arbeitserleichterung, wenn es ans Befestigen von Stauräumen und Tanks unter dem Fahrzeugboden geht.

Wir raten deshalb dazu, unter jedem Kabinenaufbau, und sei er noch so stabil und gut gearbeitet, einen Hilfsrahmen vorzusehen. Ausnahmen sollten nur in Einzelfällen gemacht werden. Ein solcher Fall kann beispielsweise der Erwerb eines Basisfahrzeugs mit Tiefpritsche sein. Hier liegt die Ladefläche bereits direkt auf dem Chassis auf und verfügt über eingearbeitete Radhäuser. Solche Fahrzeuge werden besonders gern von Gartenbaubetrieben gefahren, da sie sich vom Boden aus bequem beladen lassen. Die Kabine kann, wenn die Tiefpritsche nicht breiter ist als die Kabinenkontur und auch hinten nicht wesentlich über das Pritschenende hinausgebaut werden soll, direkt auf die Tiefpritsche gesetzt werden. Die dadurch entstehende zweite Bodenplatte schützt den Kabinenboden und wirkt zusätzlich isolierend. Will man besonders gewichtssparend bauen, kann man die Tiefpritsche auch abnehmen und die Kabine an den Pritschen-Auslegern des Fahrzeugrahmens befestigen.

Wie der Hilfsrahmen auszusehen hat, richtet sich natürlich individuell nach den Gegebenheiten des Basisfahrzeugs und dem gewünschten Aufbau. Definitive Vorschriften, die für alle Hilfsrahmen gelten, gibt es, außer für das verwendete Material, nicht.

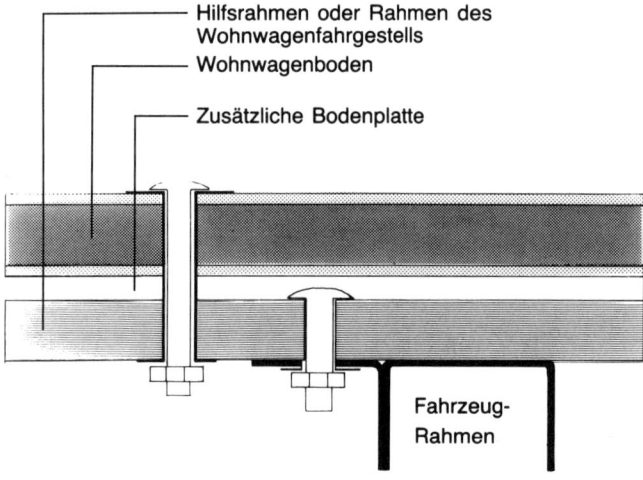

Verbindung Hilfsrahmen – Fahrgestell

Der Hilfsrahmen muß die sichere Verbindung von Aufbau und Fahrgestell gewährleisten, soll steif genug sein, um Verwindungen abzumildern und muß gegebenenfalls den Hecküberhang der Kabine über das Fahrgestellende ausreichend unterstützen. Der Hilfsrahmen kann aus verzinkten Vierkantrohr- oder U-Profilen, am besten in Rasterform, geschweißt werden. Wichtig ist, daß die verwendeten Profile eine Zulassung zur Verwendung im Fahrzeugbau haben. Die Stärke des Materials richtet sich nach Größe und Gewicht der Kabine. Sprechen Sie rechtzeitig mit dem TÜV oder holen Sie sich Rat bei einem Fahrzeugbaubetrieb.

TIP: Wichtig für Alu-Kabinen-Aufbauer. Eigentlich sollte eine Alukabine keine Aluminium-Bodenplatte haben, da die Gefahr der Elektrolyse (Alufraß) bei Kontakt von Eisenmetall und Aluminium besteht. Wollen Sie dennoch auch die Bodenplatte in Aluminium beplanken, müssen Sie den Hilfsrahmen gegen den Aluboden ausreichend isolieren. Dazu eignen sich neben Holzplatten als Zwischenlage auch doppelseitig selbstklebende Dichtbänder aus geschlossenzelligem Schaummaterial, die auf alle Hilfsrahmenprofile an deren Oberseite aufgebracht werden. Von den dünnen Kontaktfolien, die man am Aufbau gegen Alufraß verwenden kann, ist am Fahrgestell abzuraten. Sie sind hier zu dünn und können bei Verwindung durchscheuern. Mehr zum Thema »Alufraß« im Kapitel über Kabinen-Baumaterialien.

Je nach Fahrzeug wird auch die Verbindung des Hilfsrahmens mit dem Fahrgestell unterschiedlich ausfallen. Es gibt Transporter, deren Fahrerhaus fest mit dem Rahmen verbunden ist (beispielsweise Mercedes 207 D, VW LT oder Ford Transit). Bei anderen ruht das Fahrerhaus auf Silentblöcken oder Gummilagern (Hanomag, alte Mercedes-Baureihe 206 D oder große Düsseldorfer von Mercedes-Benz). Steht Ihr Basisfahrzeug vor der Tür, ist das Vorhandensein oder Nichtvorhandensein von elastischen Lagern leicht durch Sichtprüfung festzustellen. Die erstgenannte Konstruktion ist eine Starrverbindung. Hierbei empfiehlt es sich, auch den Aufbau starr mit dem Fahrgestell zu verbinden. Diese Methode ist für den Selbstbauer am einfachsten zu

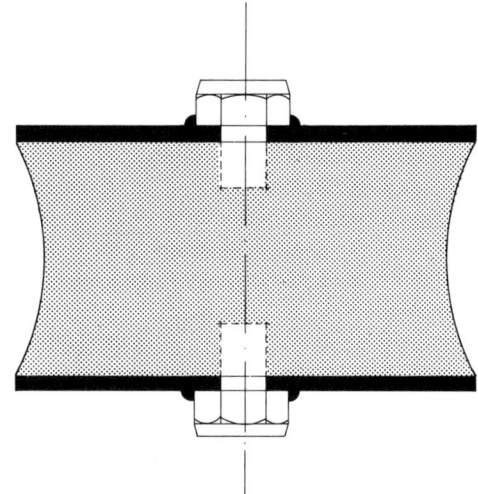

Schnitt durch einen Silentblock (Gummimetall-Element) mit elastischer Mittellage und Verschraubung oben und unten.

realisieren. Gleichzeitig hat sie den Nachteil höheren Verschleißes aufgrund nur wenig gemilderter Schwingungen. Die Lagerung des Fahrerhauses in federnden Aufnahmen erfordert gleiches auch vom Aufbau. Der Vorteil liegt in Geräuschreduzierung, Verwindungsdämpfung und verbessertem Fahrkomfort. Entsprechende Gummi-Metall-Elemente sind im Fahrzeugbau leicht zu bekommen. Die elastischen Elemente sollten an den Original-Befestigungslaschen des Fahrzeugrahmens aufgesetzt werden und an ihrer Oberseite den Hilfsrahmen aufnehmen. Wichtig ist natürlich, für den Aufbau nur Pufferelemente gleicher Stärke zu verwenden. Es ist jedoch nicht erforderlich, daß diese genau den Blöcken unter dem Fahrerhaus entsprechen. Ohnehin wird bei dieser Konstruktion eine flexibel ausgeführte Verbindung von Kabine und Fahrerhaus nötig. Diese kann die unterschiedliche Schwingungsaufnahme der verschiedenen Blöcke absorbieren.

Manch ein Selbstaufbauer will seine Kabine ungelagert aufsetzen und kommt auf die vermeintlich schlaue Idee, kurzerhand die Silentblöcke unter dem Fahrerhaus auszubauen und auch dieses starr aufzusetzen. Davon müssen wir abraten. Wenn der Fahrzeughersteller eine federnde Lagerung des Fahrerhauses vorsieht – was auch für ihn einen höheren konstruktiven Aufwand bedeutet –, dann hat er sich etwas dabei gedacht. Die Herausnahme des Federelements kann zu vorzeitigem Verschleiß, zum Verziehen des Fahrerhauses (Türen klemmen, Fenster werden undicht) und vor allem zu einer verstärkten Rüttelbelastung

führen. Ihre Wirbelsäule wird damit kaum einverstanden sein.

TIP: Bei besonders langen Aufbauten sollte die Kabine auch dann federnd aufgesetzt werden, wenn das Fahrerhaus starr verbunden ist. Die elastische Lagerung baut einen Teil der Verwindungsenergie ab, der sonst an die Kabine weitergegeben würde. Die Kabine bleibt dann sicherer dicht, ein Verziehen der Möbeleinbauten ist unwahrscheinlicher. Zwischen Fahrerhaus und Kabine muß der Durchgang dann unbedingt flexibel gestaltet werden.

Die Verbindung Hilfsrahmen-Kabine wird in allen Fällen als Starrverbindung mit Schloßschrauben M8 oder M10 in Fahrzeugbauqualität (Zulassung!) mit großflächigen Unterlegscheiben im Kabineninneren und Sprengring sowie selbstsichernden (oder notfalls gekonterten) Muttern außen ausgeführt. Besteht der Kabinenboden nicht aus Sperrholz, sondern aus Aluminium, müssen als Korrosionsschutzmaßnahme Edelstahl- oder verzinkte Stahlschrauben verwendet werden. Um den mehrschichtig mit Isolierkern aufgebauten Kabinenboden an den Verschraubungen nicht zu quetschen, ist die Verwendung von Edelstahl- oder Messinghülsen genau in Bodenstärke sinnvoll.

Anbauten unter dem Fahrzeug

Nicht nur aus optischen Gründen wird man dem Fahrzeug in der Regel einen Abschluß in Form einer Seitenschürze geben. Diese wird in den meisten Fällen ab Unterkante Fahrerhaus nach hinten fortgeführt. Es empfiehlt sich, den Bereich der Schürze hinter der Hinterachse leicht ansteigen zu lassen, um einen besseren Böschungswinkel zu erhalten. Läßt man die Schürze weg, sieht das Wohnmobil aus wie ein Lkw.

TIP: Wenn es Ihnen nur um die Schönheit des Fahrzeugs geht, nicht aber um den Raumnutzen, haben Sie Ihr Fahrzeug schnell »beschürzt«, wenn Sie sich bei einem Reisemobilhändler, der ein Fahrzeug mit fast gleichen Maßen wie das Ihre vertreibt, die serienmäßigen Karosserieschürzen zu dessen Modell als Ersatzteil bestellen. Einfach annieten – und das Profi-Finish sitzt.

Neben der reinen Ansichtssache erfüllen Seitenschürzen zwei weitere wichtige Funktionen: Sie dienen der Sicherheit, außerdem kann man den dahinter verborgenen Platz gut für Stauräume nutzen. Besonders die Sicherheit von Fußgängern und Radfahrern wird durch eine glattflächige Schürze verbessert,. Wild zerklüftete Lkw-Unterbauten, wo Tanks, Druckluftbehälter, Werkzeugkästen und offene Flä-

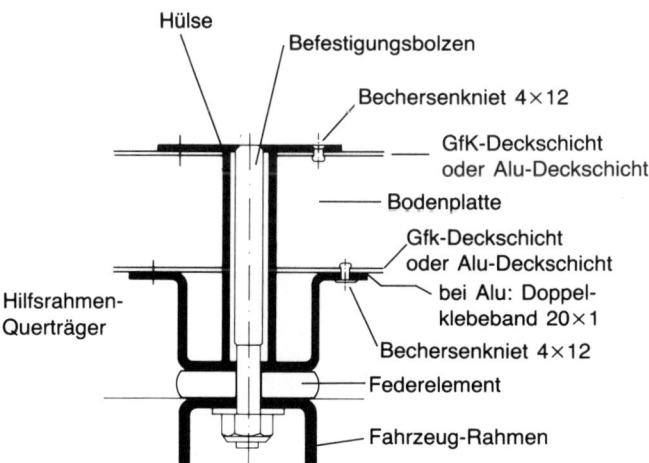

Befestigung der Kabine auf dem Fahrgestell

Einzelne Staukisten ändern noch nichts am LKW-Look.
Durchgehende Seitenschürzen sind eleganter.

chen nur nach technischen Erfordernissen Platz finden,
sind ernste Verletzungsfallen. Daß eine Verkleidung dieser
»Lkw-Keller« zu einer Reduzierung des Luftwiderstands
und damit zur Kraftstoff-Ersparnis beiträgt, ist durch eine
Studie von Daimler-Benz inzwischen eindrucksvoll belegt.

Der Reisemobil-Bauer stellt andere Gesichtspunkte in
den Vordergrund: Für das Fahrverhalten seines Wohnmobils ist ein möglichst niedriger Schwerpunkt wichtig. Noch
dazu spielt es eine wesentliche Rolle, daß der größte Teil
des Aufbaugewichts zwischen den Achsen verteilt wird.

Beide Forderungen werden erfüllt, wenn Stauräume und
Tanks unter dem Kabinenboden angelegt werden und der
dort verfügbare Raum möglichst voll ausgenutzt wird. Es
sollte aber dadurch keine übermäßige Einschränkung der
Bodenfreiheit entstehen. Anhaltspunkte bieten die jeweils
tiefstliegenden Aggregate des Fahrzeugs – etwa Differenti-
algetriebe oder Ölwanne, Kardanwelle oder Auspuffanlage.

Luxus im Keller: Die-
ser Unterflur-Stauraum
ist vollisoliert aus
Sandwichplatten ge-
baut. Seine Klappe
wird elektromagne-
tisch fernentriegelt
und mit gasdruckun-
terstützten Hebern ge-
öffnet.

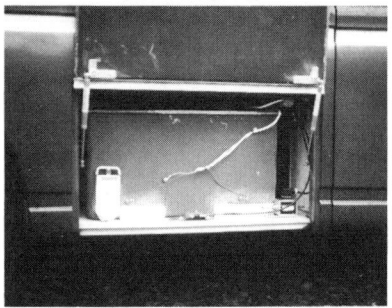

In einem ähnlichem
Stauraum liegt frostge-
schützt der Abwasser-
tank.

Der freien Gestaltung und Aufteilung des zur Verfügung stehenden Raums setzt der Gesetzgeber nur wenig entgegen: Schürzen müssen so ausgeführt sein, daß stabile Befestigung ein Flattern während der Fahrt verhindert. Auch darf der Fahrtwind die Konstruktion nicht aufblähen, so daß sich die Fahrzeugkonturen verändern. Ecken und Kanten müssen so entschärft sein, daß sie keine Gefährdung für andere Verkehrsteilnehmer darstellen. Die Einarbeitung eines Radhauses, wie es meist für die Hinterachse erforderlich wird, ist sinnvoll, wenn man an einen Radwechsel denkt. Vorschrift ist sie nicht, wenn der Aufbau so breit ist (bei den meisten Wohnmobilen der Fall), daß jedes Rad allseits einen Freigang von 40 mm zu benachbarten Blechteilen bei voller Einfederung behält.

Bei der Planung des Hilfsrahmens sollte schon an die Gestaltung der Schürzen gedacht werden. Wenn an die Rohrkonstruktion des Hilfsrahmens bereits die Rohrskelette für einzelne Tankaufhängungen oder Staukästen angeschweißt werden können, ist die spätere Ausführung ein Kinderspiel. Die Skelette müssen einfach nur noch beplankt werden – fertig. Auf diese Weise lassen sich sehr einfach auch vollisolierte Stauräume – aus dem gleichen Plattenmaterial wie die Kabine selbst – herstellen. Denkbar ist es, bei Beheizung des Raums dann darin auch Tanks unterflur, aber frostgeschützt unterzubringen.

Das spart wertvollen Raum im Inneren und bringt Gewicht nach unten, dort, wo der Schwerpunkt hin soll.

Nun ist Schweißen nicht unbedingt das Fachgebiet jeden Selbstbauers. Deshalb ist es ohne weiteres auch möglich, Staukästen und Tanks nachträglich an den Hilfsrahmen anzubringen, ausgeführt als Unterkonstruktion aus Aluminiumprofilen oder Hartholz.

TIP: Um die Staukisten dicht zu bekommen, wird die Beplankung aus Alu- oder Stahlblechen am besten mit haftstarker Dichtmasse auf Polyurethanbasis auf das Trägergerüst geklebt und zur Fixierung mit wasserdichten Poppnieten befestigt. Bei einer Holz-Unterkonstruktion werden statt Nieten natürlich Schrauben verwendet. Damit eventuell doch eintretendes Wasser aber wieder abfließen kann (Schwallwasser, Schwitzwasser), sollte jeder Unterflur-Stauraumboden leicht geneigt und in irgendeiner tiefliegenden Ecke ein kleiner Auslauf eingebaut werden. Um an dieser Öffnung das Eintreten von Spritzwasser zu verhindern, wird der Auslauf mit einem kurzen Schlauchende versehen (etwa 10 cm). Ein kleines Sieb, notfalls ein Stück Damenstrumpf, verhindert den Besuch von Ungeziefer im Staukasten. Im oberen Bereich sollte eine wassergeschützte Öffnung die Durchlüftung verbessern.

Wer es sich einfach machen will, berechnet die Frontbreiten seiner Unterflur-Stauräume nach den im Reisemobil-Zubehörhandel erhältlichen Stauklappen-Maßen. In einigen gängigen Größen kann man hier fertige Klappen komplett montiert mit Rahmen, Scharnieren, Türfüllung aus isolierter Sandwichplatte sowie Schloß bekommen. Für mehrere Klappen sind sogar gleichschließende Schlösser (Ein-Schlüssel-System) erhältlich. Der Fertigkauf spart das mühevolle Anfertigen eigener Klappen, grenzt aber die Gestaltungsmöglichkeiten ein.

Es ist auch Türrahmen-Profil als Meterware lieferbar (Außen- und Innenrahmen, passend zueinander, mit passenden Scharnieren und Dichtung zum Einkleben), aus dem man sich selbst die gewünschten Formate für Klappen und Türen entweder auf Gehrung zuschneiden oder aber am Stück mit einer Biegevorrichtung mit verrundeten Eckradien biegen kann. Vorteil: Nicht handelsübliche Maße sind realisierbar, das ausgeschnitte Stück Blech kann als Türfüllung wieder verwendet werden. Dabei ist allerdings etwas Mehrarbeit nötig. Damit Außen- und Innenrahmen noch Platz haben, muß die Türfüllung deutlich kleiner sein als der Blechausschnitt und entsprechend nachgearbeitet werden.

Sowohl die fertig konfektionierten als auch die selbsthergestellten Türrahmen können verklebt oder vernietet werden. Der Einbau gleicht im Wesentlichen dem von Fenstern.

TIP: Wenn Sie Tanks (Gas-, Frischwasser-, Abwasser- oder Fäkalientanks) unter dem Fahrzeug anbringen wollen, achten Sie auf gute Zugänglichkeit. Der Gastank muß zur Befüllung, zur Druckprüfung und im Reparaturfall erreichbar sein, bei Wassertanks sollte dringend auf Reinigungsmöglichkeiten geachtet werden. Hilfreich im Falle eines Lecks ist es, wenn man die Schlauchanschlüsse ohne Akrobatik überprüfen kann. Achtung: Außenliegende Tanks sind frostgefährdet!

Ein Hinweis am Rande: Viele Transporter haben nur kleine Kraftstofftanks. Für einige Modelle gibt es beim Fahrzeughersteller größere Behälter, für andere auch im Zubehörhandel Austausch- oder Zusatztanks, die die Reichweite bedeutend erhöhen. Planen Sie den Kraftstoff-Verbrauch Ihres Fahrzeugs rechtzeitig mit in die Gestaltung des Unterflur-Bereichs ein. Sonst fehlt Ihnen später der Platz für einen Kraftstofftank, den Sie nach der ersten längeren Reise gern nachrüsten möchten.

Bei allem Bemühen, den Platz unter dem Kabinenboden sinnvoll auszunutzen, dürfen Sie den Einstieg in Ihre mobile Wohnung nicht vergessen. Liegt der höher als 40 cm über dem Erdboden, ist der Anbau einer Einstiegstufe zwingend vorgeschrieben. Diese kann klappbar- oder einschiebbar ausgeführt werden. Sie kann aber auch fest in den Schürzenbereich mit eingearbeitet werden. Eine tief heruntergezogene Einstiegstür mit fester Treppenstufe im Inneren ist besonders elegant, professionell und bequem. Außerdem kann man dabei niemals vergessen, die Trittstufe einzuklappen. Vergessene Klapptritte führen immer wieder zu bösen Unfällen! Sie sollten nur kombiniert mit einer Warnleuchte am Armaturenbrett eingebaut werden, die erst dann erlischt, wenn die Stufe sicher eingefahren und verriegelt(!) ist.

Durchgang zum Fahrerhaus

Das Fahrzeug ist jetzt schon gut vorbereitet: Mit rundum erneuertem Fahrgestell, angepaßtem Hilfsrahmen und bereits vorgefertigter Unterflur-Einheit wartet es eigentlich nur noch auf das Aufsetzen des »Schneckenhauses«. Spätestens jetzt müssen Sie sich darüber Gedanken machen, ob Sie eine Verbindung zwischen Fahrerhaus und Wohnteil wünschen.

Wir meinen, ein Durchgang zwischen beiden macht das Wohnmobil erst zum Wohnmobil. Sonst können Sie eigentlich auch mit einem Caravangespann verreisen. Der Vorteil größerer Mobilität steht und fällt mit dem jederzeitigen Umsteigen vom Fahrer- und Beifahrerplatz zum Bett und umgekehrt. Man braucht gar keine gruseligen Visionen von nächtlichem Überfall auf einsamer Waldlichtung, wo der mutige Sprung im Pyjama hinters Lenkrad Rettung verheißt (das ist eine gern erzählte, aber meist frei erfundene Stammtischgeschichte). Es reicht der Gedanke, daß es draußen in Strömen gießt und man trockenen Fußes an die gedeckte Kaffeetafel gelangen kann. (Diese Variante ist häufig, kommt aber im Stammtisch-Latein der Wohnmobilisten nie vor, denn im Urlaub scheint ja immer die Sonne.)

Streiten kann man darüber, wie groß der Durchbruch sein soll. Ist er klein, kann man besser isolieren, denn die großen Einscheiben-Glasflächen, Türpfosten und Blechflächen des Fahrerhauses stellen eine enorme Temperaturbrücke dar. Man kann an einem kleinen Durchgang eine feste Tür mit einem richtigen Schloß anbringen und damit zusätzliche Sicherheit gegen Einbrecher herstellen. Gleichermaßen behindert ein kleiner Durchbruch auch den Einblick von draußen in die Kabine. Sind spezielle Einsatzzwecke ins Auge gefaßt (Expeditionen) muß der Durchbruch außerdem aus Gründen höherer Stabilität möglichst klein gehalten werden. Damit sind die Vorteile und Indikationen für einen kleinen Durchbruch allerdings erschöpft.

Ein möglichst großer Durchgang bezieht das Fahrerhaus

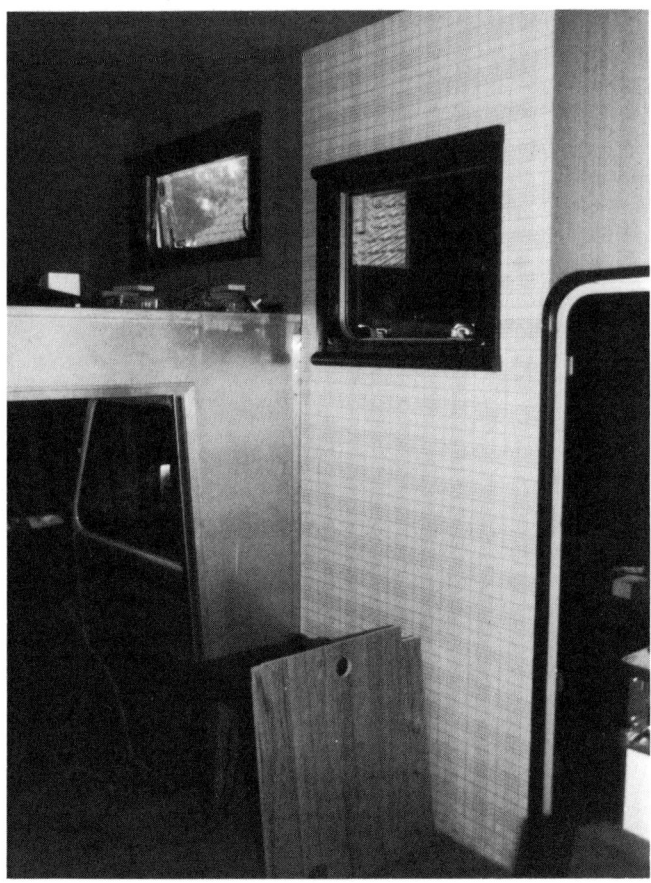

Innenansicht eines größtmöglichen Durchgangs im Rohbau.

in den Wohnraum mit ein. Wird ein Fahrzeug von vornherein für mehr als nur zwei Personen geplant, muß der Durchbruch wenigstens im Bereich der Sitzgruppe für die Mitfahrer vollflächig sein. Sonst ist das Fahren für die »Hinterbänkler« im wahrsten Sinne des Wortes ziemlich aussichtslos. Vernünftiges Reisen setzt gemeinsames Sitzen der Passagiere in Fahrtrichtung voraus. Natürlich sollen auch alle Aussicht in Fahrtrichtung haben.

Wer in seinem Reisemobil keinen Platz zu verschenken hat, möchte überdies gern den Platz vorn auch im Stand mitnutzen, beispielsweise durch drehbare Fahrersitze. Ganz abgesehen davon, daß der große Durchgang nach vorn auch viel Licht mit ins Innere des Fahrzeugs bringt und viel Aussicht auch im Stand. Frühstück mit Blick aufs Meer durch die Panorama-Front . . .

Gründe genug für die größtmögliche Lösung. Bevor Sie zum Trennschleifer greifen, benötigen Sie einmal mehr den Segen des Fahrzeugherstellers in Form der vielzitierten Unbedenklichkeitsbescheinigung. Hier erfahren sie in Millimeter genau und mit Zeichnung veranschaulicht, welchen Bereich der Rückwand Sie herausnehmen dürfen. In den allermeisten Fällen ist das Entfernen der gesamten Fahrerhausrückwand unproblematisch, solange die tragenden Säulen links und rechts sowie das Dach unversehrt bleiben.

Sehr bequem ist es im späteren Gebrauch, wenn zusätzlich das Dach ausgeschnitten wird: Sie erreichen einen großen Durchgang, über dem Sie das Alkovenbett schieb- oder klappbar gestalten können. So haben Sie die Möglichkeit, aufrechten Ganges und ohne Kriechübung an den Fahrerplatz zu gelangen. So viel Komfort setzt das Heraustrennen des hinteren Dachholmes am Fahrerhaus voraus. An welchen Stellen zur Wiederherstellung der Statik Verstärkungen eingeschweißt werden müssen, sagt Ihnen der Fahrzeughersteller.

TIP: Um spätere Probleme bei der Zulassung zu vermeiden, sollten sie entweder nach jedem Arbeitsgang, der die Zustimmung des Fahrzeugsherstellers erfordert, Ihr Fahrzeug dem TÜV vorführen, oder, was billiger ist und weniger Aufwand macht, alle diese Stellen möglichst detailliert fotografieren. Sie können die Fotos dann dem TÜV-Ingenieur gesammelt bei der Schlußabnahme vorlegen. Ob er Ihnen anhand der Fotos glaubt, was er am Fahrzeug aufgrund von Verkleidungen und Anbauteilen nicht mehr sehen kann, liegt in seinem Ermessenspielraum. Juristisch abgesichert ist die Foto-Methode nicht. Im eigenen Interesse sollten Sie deshalb rechtzeitig vor Beginn dieser Arbeiten mit dem zuständigen Prüfungsingenieur sprechen, ob er Fotos akzeptiert!

Das Ausschneiden der Rückwand läßt sich, wie beim Dachausschnitt, am besten mit dem Winkelschleifer erledi-

Rückwand- und Dachausschnitt im Fahrerhaus schaffen den bequemen Durchgang.

gen. Der arbeitet schnell und kraftvoll. Nachteilig wirkt sich hierbei allerdings der starke Funkenflug aus. Deshalb müssen Sie die Glasflächen des Fahrerhauses, Lenkrad und Armaturenbrett von innen vollständig abkleben oder verhängen. Trotz dieser Vorsichtsmaßnahme, die besonders wichtig für die Glasflächen ist, auf denen sich die Funken schnell einbrennen, ist es empfehlenswert, alles Ausbaubare aus dem Fahrerhaus zu entfernen. Sitze, Teppiche, Gummimatten werden durch Brandlöcher schnell unansehnlich. Verzichten sie auf die vielfach empfohlene Praxis, die Fahrerhausrückwand von innen nah an der Schnittstelle mit einem Vorhang zu versehen. Es besteht dabei erhöhte Brandgefahr, außerdem kann sich der Vorhang um die Scheibe wickeln – das Gerät wird aus der Hand geschlagen, gefährliche Arbeitsunfälle drohen!

Überzeugen Sie sich außerdem vor Schnittbeginn, daß im auszuschneidenden Bereich keine Kabel und Leitungen verlegt sind. Kurzschluß- oder Kabelbrandgefahr!

Nach vollendetem Schnitt sind die Kanten gut zu entgraten und mit Rostschutz zu versehen. Der Anschluß an die Kabine wird erst nach deren Aufsetzen hergestellt. Erst dann stehen die wirklichen Maße fest. Abzuraten ist von dem Versuch, nur nach den angefertigten Zeichnungen und den daraus abgenommenen Maßen bereits jetzt den Anschluß vorzubereiten. In der Praxis werden Sie es erleben, daß Ihnen trotz sorgfältiger Planung und Vorbereitung irgendwo 3 Millimeter fehlen – Stückwerk ist aber nicht nur unschön, sondern in diesem sensiblen Bereich vor allem auch eine Quelle möglicher Undichtigkeiten.

Vorbereitung zum Aufbau eines »Integrierten«

»Integrierter« ist ein ebenso häßliches wie unverständliches Kunstwort. Es ist kein Soziologendeutsch, mit dem ein lange in der Bundesrepublik lebender Gastarbeiter gemeint ist, sondern Fachjargon der Reisemobil-Szene, beinahe international. Gemeint ist eine Vollkarosserie, ein Reisemobil in Busform, dessen Aufbau das Führerhaus mit umfaßt, eben integriert. Konstruktiv stellt die Herstellung eines Integrierten die höchsten Anforderungen. Da der Selbstbauer – auch bei Verwendung eines serienmäßigen Chassis – zum Fahrzeughersteller wird, hat er sich bei dieser Wohnmobil-Variante mit den meisten Vorschriften und Richtlinien herumzuschlagen, beispielsweise den dicken »Führerhausrichtlinien«.

Nur wenige Selbstbauer wagen sich an den Aufbau einer

Integriertes Reise-
mobil auf Fiat-Du-
cato mit Spezial-
Chassis

Vollkarosserie. Das hat einmal mit dem großen Aufwand zu tun, zum anderen mit der noch recht geringen Verbreitung dieser Wohnmobilgattung gerade in der Bundesrepublik. Klassische Stammländer der Integrierten sind die USA und Italien. Trotz ihres gefälligeren Äußeren, besserer Windschlüpfigkeit, großzügigerer Innenraumgestaltung, können sie sich nicht gegen die Alkovenmodelle durchsetzen. Alkovenfahrzeuge bieten bei gleicher Aufbaulänge Vorteile: Sie sind besser zu isolieren (durch Abtrennung des Fahrerhauses mit seinen unüberwindlichen Kältebrücken), sie sind leichter zu bauen und auch in Werkstätten lieber gesehen. Meist ist die Wartung bei Verwendung des Originalfahrerhauses einfacher. Schließlich ist auch die Ersatzteilversorgung mit Windschutzscheiben, Seitenfenstern, Blinkergläsern, Stoßstangen usw. einfacher. Bleibt ihr plumpes Aussehen. Gerade dieses reizt versierte Selbstaufbauer zur Realisierung integrierter Wohnmobil-Eigenbauten.

Keinem blutigen Anfänger kann der Selbstbau eines Integrierten nahegelegt werden. Sammeln Sie bitte erst Erfahrungen an einfacherem »Übungsmaterial«. Man muß zwar nicht gelernter Karosseriebauer sein (was vieles vereinfacht), sollte jedoch tiefere Kenntnisse der Metallbearbeitung mitbringen, da im Bereich des Fahrerhauses für einen verantwortungsvoll ausgeführten Integrierten umfangreiche Schweißarbeiten erforderlich werden.

Im Reisemobilbereich unterscheidet man teil- oder halbintegrierte und vollintegrierte Motorcaravans. Teilintegrierte verwenden die Front des Fahrerhauses und schließen daran den Aufbau an, Vollintegrierte leben ganz ohne Ka-

rosserieteile des Fahrzeugherstellers. Der Rahmen mit Motor, Vorderwagen, Lampen und Armaturenbrett wird »Windlauf« genannt. Beim Neukauf ist es das jeweils billigste Angebot in den Preislisten.

Gebraucht sind Windläufe natürlich nicht zu bekommen. Deshalb ist zur Selbstherstellung eines Integrierten ein weiteres Abspecken des Fahrerhauses nötig. Diese Arbeit ist die leichteste beim gesamten Konstruktionsvorhaben. Die Außenkotflügel lassen sich ohne Aufwand entfernen, da sie

Die Gestaltung des Fahrer-Arbeitsplatzes muß den umfangreichen Führerhaus-Richtlinien entsprechen.

bei neueren Transportermodellen lediglich geschraubt sind. Das Fahrerhaus wird einfach ab Unterkante Windschutzscheibe abgetrennt. An der tragenden Unterkonstruktion des Vorderwagens sollte nichts verändert werden. Diese Struktur enthält lebenswichtige Eigenschaften, nämlich die crashgetestete Energieverzehrzone für eventuelle Unfälle.

Die spätere Frontgestaltung spielt schon im Vorbereitungsstadium eine wesentliche Rolle. Am einfachsten ist ein Aufbau als vierkante Kiste mit einer völlig platten Front.

Unter ästhetischen und aerodynamischen Gesichtspunkten ist eine fließende Form vorzuziehen.

TIP: Einige Leerkabinenanbieter haben heute schon integrierte Kabinen im Programm, die über mehr oder weniger gefällige Fronten verfügen. Sagt Ihnen dort nichts zu, bleibt der Gang zum Händler einer Reisemobilmarke, die Ihnen gefällt. Bestellen Sie über ihn die entsprechende Fahrzeugfront als Ersatzteil. Integriertenfronten bestehen heute meist aus glasfaserverstärkten Kunststoffteilen. Lassen Sie

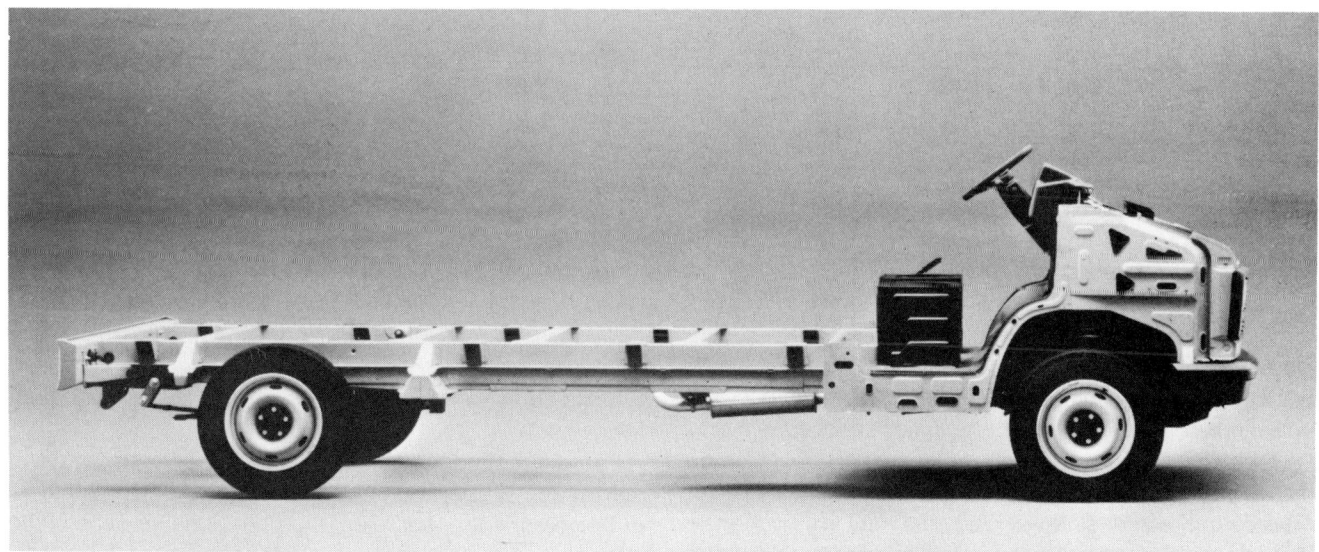

Fiat-Ducato Fahrgestell ohne Fahrerhaus (Windlauf).

sich ein Zertifikat über Splittersicherheit und Brandverhalten geben! Sie brauchen es bei der Zulassung.

Möglicherweise finden Sie auch auf dem Omnibussektor Frontelemente, die Sie verwenden können. Im allgemeinen ist es ratsam, wegen der leichteren und kostengünstigen Ersatzteilbeschaffung wo immer möglich Serienteile zu verwenden, besonders bei der Windschutzscheibe, die ja mal durch Steinschlag zerstört werden kann.

All diese Überlegungen müssen Sie mit in Ihre Fahrzeugvorbereitung einfließen lassen. Am besten, Sie haben die Front bereits da, um beim Abbau der ursprünglichen Fahrzeugteile schon die Erfordernisse der neuen zu berücksichtigen. Eine exaktere Anleitung ist an dieser Stelle nicht möglich – zu verschieden sind die unterschiedlichen Ausführungsmöglichkeiten.

Für den Selbstbau eines Integrierten können wir im Rahmen dieses Buchs ohnehin nur ein paar allgemein gültige Hinweise und Tips liefern. Mehr noch als bei jedem anderen Wohnmobilvorhaben muß der Selbstbauer eines Integrierten von Anfang an den engen Kontakt zu »seinem« TÜV-Prüfer pflegen. Es werden im Lauf des Baus so viele spezielle und individuelle Fragen auftreten, daß es darauf einfach keine allgemeinen Antworten gibt.

Wandherstellung

Die industriell angebotenen Wandsysteme – in der Hauptsache Holzrahmen-Sandwich, Vollsandwich ohne Gerippe und Vollpolyesterkabinen – haben wir eingangs dieses Buchteils beschrieben. Sie bieten dem Kunden einige nicht von der Hand zu weisende Vorteile.

Die Wände werden fertig geliefert. Für Herstellungsmängel haftet der Kabinenproduzent. Ist die Kabine vom Hersteller gar leer aufs Fahrgestell montiert, haftet er auch für die Dichtigkeit. Eine Rechnung eines anerkannten Leerkabinenlieferanten macht die Abnahme beim TÜV, insbesondere Fragen nach Material, Haltbarkeit und Stabilität, oft einfacher. Dennoch ist der Kauf von vorgefertigten Kabinen nicht der einzig mögliche Weg.

Für den passionierten Selbermacher bleibt neben den erwähnten Paneelsystemen zum Selbstaufbau auch noch der vollkommen in Eigenleistung erbrachte Wandbau.

Die komplette Selbstherstellung ist möglich, rechtlich zulässig und gegenüber Fertigkabinen kostensparend. Was man dafür braucht, sind viel Platz und natürlich noch mehr Zeit, als der Wohnmobilausbau ohnehin schon in Anspruch nimmt.

Es ist möglich, bei der Selbstherstellung von Wohnmobilwänden die Konstruktionsverfahren der Kabinenproduzenten nachzuahmen. Die Vorteile sind dabei besonders in der Gewichtsersparnis und optimalen Isolation selbsttragender Sandwichwände zu sehen. Für den Selbermacher entsteht dabei das Platzproblem. Die Wände sollten, aus Gründen der Stabilität, in einem Stück gefertigt werden. Zum Pressen der Platte benötigt man also eine völlig plane Fläche in der Größe einer Seitenwand (mit Alkoven). Um beste Ergebnisse zu erzielen, sollte der Ort überdies witterungsgeschützt sein und von der Temperatur her kontrollierbar: sprich, es muß eine Halle her.

Wenn man sich schon an den kompletten Selbstbau begibt, empfehlen wir, gleich zum Besten zu greifen, was machbar ist. Lassen Sie im eigenen Interesse die Finger von lattenverstärkten Aufbauten, Sie handeln sich mit größerem Arbeitsaufwand (Zuschneiden und Einpassen der Hölzer im Gerippe und vor allem an Tür- und Fensterrahmen) schlechtere Ergebnisse ein. Lebensdauer und Stabilität von gerippefreien Kabinen übertreffen die Fachwerkbauten.

Für ein gerippefreies Sandwich benötigen Sie Außen- und Innenbeplankung, den isolierenden Füllkern und kalthärtenden Kleber. Als Außenbeplankung eignen sich Aluminiumblech oder GfK-Flachbahn. Zu beziehen entweder über einen Karosseriebau-Fachbetrieb oder direkt von den Herstellern.

TIP: In den öffentlichen Bibliotheken finden sich Branchenbücher mit Titeln wie »Wer liefert was«, »Einkaufs 1×1« etc. Dort können Sie Adressen von Herstellern erfahren und dann Angebote einholen. Eventuell erklärt sich auch ein Wohnmobil- oder Caravanproduzent bereit, Ihnen Alublech zur Verfügung zu stellen.

Es ist darüber hinaus natürlich auch möglich, Sperrholz als Außenbeplankung zu wählen. Nach vollständigem Aufbau wird die Außenhaut mit einer Schicht glasfaserverstärktem Kunststoff überzogen und lackiert. Auch das ergibt volle Alltagstauglichkeit.

Als Füllkern eignen sich Hartschäume, die man plattenweise zugeschnitten entweder im Baumarkt oder auch im Isolierfachhandel (Branchenfernsprechbuch) bekommt. Die einzelnen Schäume haben unterschiedliche Eigenschaften. Sie differieren in Preis, Isolationswert und Festigkeit erheblich.

Für die Anforderungen, die eine selbsttragende Wand stellt, kann verständlicherweise nur hochwertiges Material in Frage kommen. Vor allem muß der Schaum Scherkräfte aushalten. Er darf nicht der Länge nach reißen. Hartschäume sind sogenannte Polymere, Kunststoffe, bei de-

nen mehrere gleich große Moleküle durch ein chemisches Verfahren fest miteinander verbunden sind. Je größer die Oberfläche der einzelnen Polymer-Moleküle ist, desto instabiler wird der Hartschaum als Plattenware. Aus eigener Erfahrung wissen Sie, wie leicht sich die einzelnen »Kügelchen« des allseits beliebten Styropors voneinander abfriemeln lassen. Klar also, daß sich dieses preiswerte Material nicht für die gerippefreie Wand eignet. Styropor, das ist auch noch wichtig, ist ein Handelsname, keine Produktbezeichnung. Das Styropor zählt zu den Polystyrol-Hartschäumen, von denen es unterschiedliche Qualitäten gibt.

Einige davon sind für einen Wandaufbau gut geeignet, beispielsweise die meist blau eingefärbten Platten, die es im Baustoffhandel als trittfeste Platten, hauptsächlich für die Dachbodenisolation, gibt (Handelsname »Styrodur« oder »Roofmate«). Wichtig bei dieser Platte ist auch die geschlossenzellige Oberfläche, die eine Wasseraufnahme des Materials verhindert.

Am besten geeignet freilich ist Hartschaumware aus Polyurethan. Dieses Material wird weitgehend von allen Kabinen- oder Lkw-Aufbauherstellern verwendet, die gerippefreie Aufbauten herstellen. Auch bei Polyurethanen gibt es riesige Unterschiede. Wählen Sie einen relativ kleinzelligen Schaum. Dessen Isolationswert ist zwar unbedeutend geringer, die Festigkeit jedoch erheblich höher. Was bei den Hartschäumen isoliert, ist die Luft, die die Moleküle ein-

schließen. Je kleiner die Zellen, desto mehr Stege, die, wenn auch nur minimal, als Temperaturleiter fungieren können. Viel Luft erhöht den Isolierwert, viele Stege geben mehr Kraftschluß. Im Fahrzeugbau sollte dem Kraftschluß Vorrang eingeräumt werden. Es ist besser, statt dessen die Kabinenwand etwas dicker zu machen und dadurch die Isolierung zu verbessern.

Bei der Dimensionierung muß darauf geachtet werden, daß der Taupunkt möglichst weit in der Wand liegt. Liegt er zu nah am Außenblech, schlägt sich dort Schwitzwasser nieder, was auf Dauer zur Schwächung des Kraftschlusses zwischen Kleber und Wandstruktur führen kann.

Zum Verkleben eignen sich unterschiedliche Klebesysteme. Ihr Einsatz hängt ganz wesentlich vom verwendeten Füllmaterial ab. Spezielle Zwei-Komponenten-Karosseriekleber konkurrieren mit Einkomponenten PU-Klebesystemen.

TIP: Es empfiehlt sich, vor Beginn der Arbeiten eine speziell auf das von Ihnen verwendete Material abgestimmte Klebeberatung einzuholen. Im Klebesektor führende Firmen wie Henkel oder Sika beraten eingehend und ausführlich. Wegen der einfacheren Handhabung würden wir dem Selbstausbauer einkomponentige Polyurethankleber empfehlen, die es flüssig oder streichfähig eingestellt in fertigen, auch kleineren Gebinden gibt.

Auflege- und Preßverfahren

Nach soviel Theorie kann's nun endlich losgehen. In der ausreichend großen Halle, in der möglichst konstant eine Temperatur herrschen muß, die der Kleberhersteller für die Verarbeitung seines Produktes angibt (meist zwischen 15 und 25 Grad Celsius), wird zum Wändebau gerüstet. Der Boden muß pieksauber gereinigt werden. Dann muß zunächst eine Art Hilfsform konstruiert werden. Aus langen Kanthölzern wird die obere und untere Begrenzung der Kabinenwand provisorisch ausgelegt. Provisorisch heißt nicht schlampig! Die Kanthölzer sollen verhindern, daß sich die einzelnen Lagen des Sandwichs verschieben können, solange der Kleber noch nicht angezogen hat. Dazu müssen sie entweder ausreichend beschwert oder aber im Boden verdübelt werden.

TIP: Wählen Sie die Hilfsform geringfügig breiter als die tatsächlich benötigte Wandhöhe. Erfahrungsgemäß ist das Klebeergebnis durch Maßtoleranzen in der Plattenlänge und ungleichmäßig am äußersten Rand verteilten Kleber an den Rändern immer etwas schlechter. Besser, Sie schneiden nach dem Aushärten oben und unten fünf Zentimeter weg!

Zuunterst in die Hilfsform wird nun das formgenau zugeschnittene Material für die Außenbeplankung eingelegt. Die spätere Außenseite zeigt dabei zum Boden.

Darauf werden zunächst lose und ohne Kleber die Schaumplatten ausgelegt. Dabei muß man auf Maßtoleranzen in der Plattendicke achtgeben! Bruchteile von Millimetern muß man immer in Kauf nehmen. Manchmal sind es aber schon ein paar Millimeter. Wenn möglich, sollte man die dickeren Platten aussortieren und versuchen, eine möglichst ebene Schaumfläche auszulegen. Der Dickenunterschied führt zu Lufteinschlüssen im Bereich der kleinen Stufe. Hier haftet der Kleber nicht. Die entsprechende Stelle der Wand ist instabil. Außerdem dehnt spätere Sonneneinstrahlung die Luftblase aus, was zu unschöner Blechwölbung führt und im Einzelfall ein Abscheren der Außenhaut vom Isomaterial bewirkt. Dadurch wird die instabile Stelle immer größer.

Hat man alle Schaumplatten zur Zufriedenheit ausgelegt, numeriert man die einzelnen Stücke mit einem dicken Filzschreiber. Je nach verwendetem Material muß jetzt die Oberfläche behandelt werden. Offenporige Schäume sind von Natur aus ziemlich rauh, Schäume mit glatter Oberfläche müssen angerauht werden, damit der Kleber bessere Verbindung hat. Ein simpler Trick reicht: mit einer Igelwalze (Stachelwalze) beide Seiten überrollen. Es entstehen kleine Vertiefungen, in die der Kleber später eindringen kann.

Dann werden die Schaumplatten der Reihe nach griffbereit weggestellt, so, daß die einmal ausgetüftelte Reihenfolge eingehalten bleibt. Diese Arbeitsvorbereitung ist wichtig, denn je nach Kleber hat man nur eine relativ geringe offene Zeit zur Verfügung, um die Platten ins Klebebett einzulegen und exakt auszurichten.

Tragen Sie nun genau nach Herstelleranweisung Ihren Kleber auf die Innenseite der Außenhaut auf, beachten Sie die angegebenen Ablüft-, Topf- und offenen Zeiten und legen Sie unter Wahrung dieser Zeiten zügig eine Platte nach der anderen in das Klebebett ein. Arbeiten Sie sorgfältig: Die Platten müssen exakt Schnittkante an Schnittkante liegen. Selbst kleine unregelmäßige Zwischenräume beeinträchtigen Statik und Haltbarkeit Ihrer Kabine. Wenn es Ihr Kleber zuläßt, streichen Sie auch die Schnittkanten der Platten ein wenig ein, damit sie untereinander zusätzlich Halt bekommen.

Arbeiten Sie jetzt zügig und ohne Unterbrechung weiter: Auf die soeben eingelegten und fixierten Platten tragen Sie das zweite Klebebett auf. Darauf muß innerhalb der Kleberzeiten dann die innere Wandbeplankung aufgelegt werden. Sie kann aus dem gleichen Material wie die Außenwand bestehen, meist wird jedoch Sperrholz gewählt. Es ist sicher nicht nötig, darauf hinzuweisen, daß die Platte(n) in den erforderlichen Maßen vorher zugeschnitten und bereitgestellt worden ist (sind). Sonst ist zügiges Arbeiten natürlich nicht mehr drin.

Die ganze Hetze hat den Sinn, daß möglichst rasch nach Aufbringen des Klebers mit dem Verpressen begonnen werden kann. Dazu wird auf die nun fertige Wandstruktur ein Druckverteiler aufgelegt. Das können zum Beispiel dicke Spanplatten sein. Wichtig ist, daß die Wand beim Pressen nicht punktuell, sondern flächig belastet wird. Das Gewicht soll das Sandwich fest verbacken. Drückt man nur auf einen Punkt, hebt sich ringsum die Deckschicht und die Verbindung wird schlechter.

Die eigentliche Belastung kann dann unterschiedlich erfolgen. Sie können Zementsäcke auf Ihr Sandwich legen, einen neben den anderen. Es dürfen auch Ziegelsteine sein oder alles andere, was Gewicht bringt und sich einigermaßen gleichmäßig verteilen läßt. Sie benötigen mindestens 100 kg/m² in gleichmäßiger Verteilung. Die schlaue Methode, Gewindespanner zwischen Sandwich und Hallendecke anzuordnen, erfordert einen besonders guten Druckverteiler. Bei punktueller Belastung erreicht man nämlich das Gegenteil dessen, was beabsichtigt ist (s. o.).

Wiederum genau nach Verarbeitungshinweis des Kleberherstellers muß nun einfach abgewartet werden, bis das fertige Wandelement belastbar ist. Die gleiche Hilfsform kann nur für die beiden Seitenwände genutzt werden. Sind innere und äußere Deckschicht aus dem gleichen Material, können die Seitenwände in der gleichen Anordnung gefertigt werden. Werden unterschiedliche Beplankungen verwendet, kann die zweite Wand nur spiegelbildlich zur ersten ausgelegt werden. Für Dach, Rückfront und Anschlußteile ans Fahrerhaus muß die Form auf die gewünschten Breiten verändert werden.

Weil das Umsetzen der Hilfsform viel Arbeit macht, weil außerdem jede Schnittkante im Aufbau später zu weniger Stabilität und zu möglicher Undichtigkeit führt, sollte man erwägen, Rückwand, Dach, Alkovenfront und -boden aus einem langen Stück Sandwichplatte herzustellen. Empfehlenswert ist dies jedoch nur bei Verwendung von Alublech als Außenhaut, da nur dieses Material sich entsprechend knicken läßt.

Aluwinkel oder spezielle Aufnahmeprofile werden an den Rändern der Dachinnenseite befestigt und vor dem Einfügen der Seitenwände mit Kleber bestricken.

Leerkabinenmontage

Die Wände sind nun fertig – es folgt das winkelgerechte Zusammenfügen. Davon hängt die spätere Optik des Fahrzeugs ab, aber auch die Möbelpaßform. Am einfachsten ist es, das Dach – mit der Außenhaut nach unten – in der Hilfsform liegenzulassen. Hat man Alublech als Außenbeplankung gewählt und nach oben beschriebenem Muster das gesamte Dach mit Rück- und Frontwand aus einem Stück gefertigt, muß man nun die vorgesehenen Knickstellen V-förmig aussägen. Dabei eignet sich eine Handkreissäge am besten, deren Schnittiefe genau so justiert werden muß, daß das Alublech unversehrt bleibt. Dann wird ein exakter Schnitt mit links gekipptem Blatt und gleich noch einer mit rechts gekipptem Blatt gesetzt.

Da das Dach aus Stabilitätsgründen auf den Seitenwänden aufliegen soll, werden nun stabile Aluwinkel um Wandstärke nach innen versetzt auf der Dachinnenseite befestigt. Die Winkel sollten geklebt und zusätzlich geschraubt (Holzinnenwand) oder genietet (Alu- oder GfK-Innenwand) werden. Verwenden Sie grundsätzlich wasserdichte Alu- oder Kunststoffnieten. Die überkopf gedrehten Seitenwände können nun an diesen Winkeln angeschlagen werden.

Nach dem gleichen Verfahren bringen Sie um Wandstärke nach innen versetzt entsprechende Aluwinkelleisten auch an der Rückwand, dem Alkovenboden und den -fronten an. Achten Sie dabei auf die entsprechend dem Knickwinkel angelegte Gehrung, die in den wandseitigen Schenkel des Aluwinkels eingearbeitet werden muß. Wenn alles vorbereitet ist, streichen Sie die offenen Aluschenkel mit Kleber ein.

Stellen Sie nun die beiden Seitenwände mit ein paar Helfern gleichzeitig links und rechts paßgenau auf das Dach, klappen Sie die Rückwand hoch und die vorderen Teile um die Alkovennase herum. Sie werden sehen, Ihr wackeliges Kartenhaus gewinnt schnell an Stabilität. Mit Helfern oder einer Hilfskonstruktion müssen Sie unter ständigem Prüfen mit der Wasserwaage nun dafür sorgen, daß die Wände bis zum endgültigen Anziehen des Klebers im 90-Grad-Winkel gehalten und notfalls sofort nachjustiert werden. Während Ihre Mithelfer außen dieser Überwachung nachkommen, beginnen Sie von innen, durch die Aluwinkel Schrauben oder Nieten zur Fixierung in die Seitenwände zu setzen.

Ihre Kabine ist jetzt bis auf die Bodenplatte und die Abschlußstücke zum Fahrerhaus im Rohbau fertig. Nach dem endgültigen Aushärten des Klebers können Sie sie mit Ihren Helfern umdrehen und auf Hölzern absetzen, so daß das spätere Wiederanheben leichter wird. Wieviel Leute

Sie zusammentrommeln müssen, hängt von der Größe Ihrer Kabine ab. Bei durchschnittlichen Maßen wird sie jetzt zwischen 300 und 800 Kilogramm wiegen.

Die Bodenplatte, hergestellt im gleichen Verfahren wie Dach und Wände, nur mit einer Ober- und Unterseite aus wasserfest verleimter Siebdruck-Baufurnierplatte (um Alufraß zu vermeiden) kann jetzt bereits auf den Hilfsrahmen des Fahrgestells montiert werden, da die restliche Kabine wieder aus Stabilitätsgründen mit der Schnittkante der Seitenwände auf die Bodenplatte gestellt wird.

Die Bodenplatte kann nun sehr einfach mit dem Hilfsrahmen verschraubt werden. Bei größeren Kabinen kann man schon beim Pressen der Bodenplatte überlegen, ob man ihr zusätzliche Stabilität gibt, indem man Hartholzleisten in Schaumplattenstärke dort mit einlegt, wo die Verankerungspunkte des Hilfsrahmens liegen.

Wie an Dach, Front- und Rückwand werden nun Alu-Winkelleisten um Wandstärke nach innen versetzt auf der Oberseite der Bodenplatte umlaufend verklebt und verschraubt. Im Bereich des Durchgangs zum Fahrerhaus allerdings nur so weit, wie auch feste Wände montiert werden sollen. Meist reicht es, die Frontwand aus drei Stücken zu gestalten: einem links, einem rechts und einem kleinen Anschlußstück über dem »Türsturz«. Dieses kann aber

Die erste Seitenwand wird in das Aufnahmeprofil gestellt. Gut zu erkennen: die V-förmigen Einkerbungen an den vorgesehenen Knickstellen.

Linke und rechte Wand stehen winkelgerecht auf dem Dach. Die Befestigungswinkel für die Bodenplatte sind schon angebracht.

Jetzt werden
Alkovenboden
und Rückwand
um die Seiten-
wände geklappt.

Von innen müs-
sen zur Fixie-
rung ein paar
Nieten gesetzt
werden.

Mit einem star-
ken Zurrgurt
hält die Kabine
die Form, bis
der Kleber end-
gültig ange-
zogen hat.

auch später noch von innen eingepaßt werden. Der linke und der rechte Flügel sollten allerdings jetzt an die Kabine angepaßt werden, da man später nicht mehr gut drankommt. Für den Anschluß reichen meist Reststücke aus.

Aktivieren Sie Ihre Helfer nun wieder und heben Sie das Schneckenhaus auf die Bodenplatte, nachdem Sie die Winkel wie zuvor beschrieben mit Kleber eingestrichen haben. Wenn Sie die Maßtoleranzen klein gehalten haben, sitzt die Kabine nun wie angegossen auf der Bodenplatte. Sie können Richtfest feiern – allerdings erst, nachdem Sie durchs Fahrerhaus in die Kabine geschlüpft sind, um vor dem Aushärten des Klebers die obligatorischen Schrauben oder Nieten durch den Aluwinkel in die Seitenwände einzubringen.

Anschluß ans Fahrerhaus

Die Öffnung der Kabinenfront paßt zum Ausschnitt des Fahrerhauses. Darauf haben Sie natürlich schon bei der Planung geachtet.

Deshalb ist es recht leicht, nun Pappschablonen anzufertigen, die die Kontur und die Breite des Durchgangs 1:1 wiedergeben. Die Kontur wird am Fahrerhaus eine leichte Wölbung, an der Kabine jedoch einen geraden Verlauf zeigen. Der Grad der Wölbung des Fahrerhauses bestimmt im wesentlichen die Tiefe des Durchgangs. Die Pappschablonen übertragen Sie auf Reststücke Ihres Alublechs oder der GfK-Flachbahn. Mit Kleber und Nieten sind die zugeschnittenen Paßbleche dann schnell angebracht, wenn es sich um eine Starrverbindung handeln soll.

Die flexible Verbindung setzt etwas mehr Tüftlerarbeit voraus, vor allem, wenn der Durchgang – was wünschenswert ist – isoliert werden soll. Als Material für die Außenseite des Durchgangs kommen Gummimatten (ab 2 mm Dicke) in Frage oder Lkw-Plane, Zeltboden – auf jeden Fall ein flexibles, unverrottbares Material. Die Befestigung an Kabinenwand und Fahrerhaus kann dabei gleich aussehen: verkleben und mit großen Unterlegscheiben und Nieten, besser noch mit einem Streifen Alublech und Nieten oder Blechtreibschrauben fixieren. Daß nur wasserdichte Nieten in Betracht kommen, versteht sich von selbst. Zusätzlich sollte diese Befestigung aber noch einmal von außen mit haftstarker PU-Dichtmasse abgespritzt werden. Mit Sprühkleber oder mit PU-Kleber im Punktklebverfahren kann nun ein Schaumstoffvlies als Isoliermaterial angebracht werden. Zur inneren Verkleidung kann man Kunstleder, Skai oder

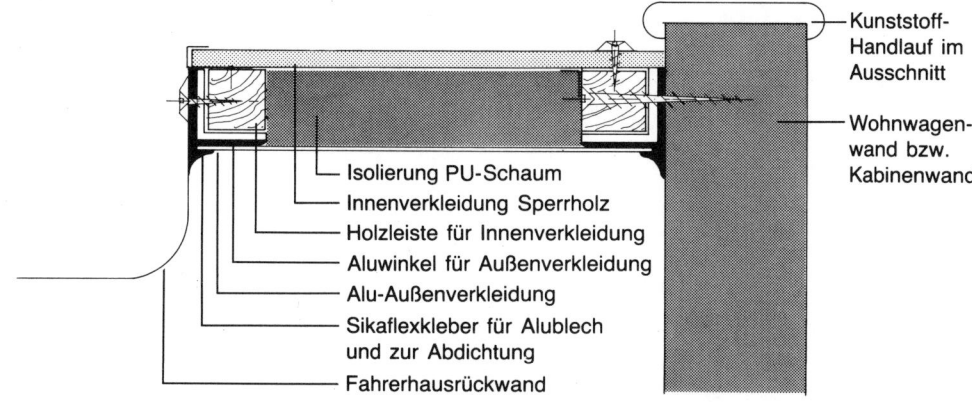

- Kunststoff-Handlauf im Ausschnitt
- Wohnwagenwand bzw. Kabinenwand
- Isolierung PU-Schaum
- Innenverkleidung Sperrholz
- Holzleiste für Innenverkleidung
- Aluwinkel für Außenverkleidung
- Alu-Außenverkleidung
- Sikaflexkleber für Alublech und zur Abdichtung
- Fahrerhausrückwand

Starre Verbindung Kabine – Fahrerhaus

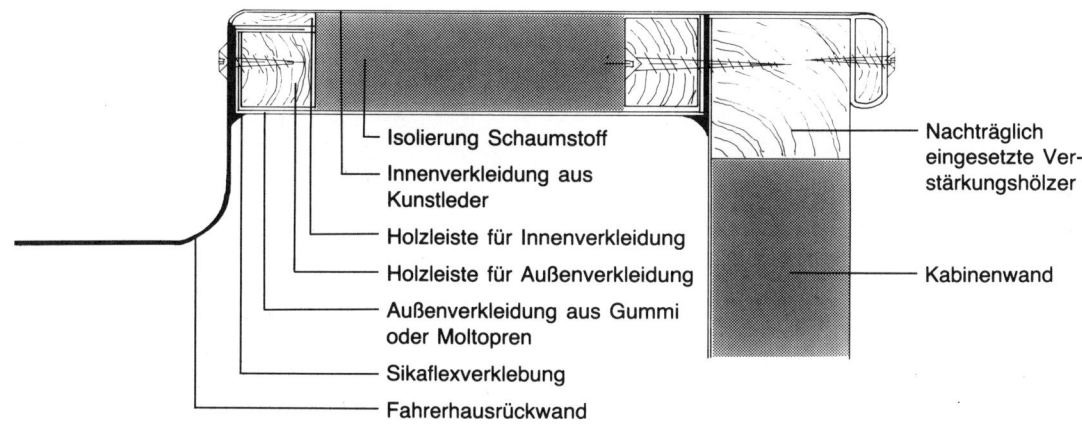

- Isolierung Schaumstoff
- Innenverkleidung aus Kunstleder
- Holzleiste für Innenverkleidung
- Holzleiste für Außenverkleidung
- Außenverkleidung aus Gummi oder Moltopren
- Sikaflexverklebung
- Fahrerhausrückwand
- Nachträglich eingesetzte Verstärkungshölzer
- Kabinenwand

Flexible Verbindung Kabine – Fahrerhaus

eine textile Bespannung wählen, ganz nach Geschmack und wie's gerade am besten zum Fahrerhaus paßt. Gummi- und Planenmaterial am äußeren Rand des Durchgangs sollten grundsätzlich nicht lackiert werden. Durch die Bewegung des Materials platzt der Lack sehr schnell wieder ab, was unschön aussieht. Außerdem greift der Lack das Material an und läßt es verspröden.

Andere Wandkonstruktionen

Wir haben ausführlich stellvertretend eine Kabinenkonstruktion beschrieben, von den einzelnen »Zutaten« bis zum fertigen »Gericht«. Die Materialien sind dabei auch austauschbar: Ein klassisches Holzrahmensandwich entsteht ganz ähnlich, wenn die Holzlatten zuerst auf das Blech gelegt und die Zwischenräume nachher ausgefacht werden. Es gibt auch durchaus Leute, die auf das aufwendige Pressen der Wand ganz verzichten und dem kalthärtenden Kleber vertrauen. Auch das ist sicher möglich. Wir empfehlen es nicht, aus den genannten Gründen Haltbarkeit, Sicherheit und Stabilität. Die Entscheidung liegt bei Ihnen.

Es gibt allerdings noch weitere Möglichkeiten, eine Kabine zu bauen. Für den Selbstausbauer mit nur wenig Platz kann es sinnvoller sein, diese Varianten zu wählen. Es handelt sich dabei um Kabinen mit tragendem Gerippe. Das Gerippe wird am Fahrzeug selbst erstellt und nachträglich beplankt. Nachteilig gegenüber der oben beschriebenen gerippefreien Bauart ist der schlechtere Isolationswert.

Das Geripge kann aus Holz, Stahl- oder Aluminiumprofilen bestehen. Holzgerippe werden verleimt und verschraubt. Sie sind von der Stabilität her gesehen bei vertretbarem Gewicht nicht die beste Wahl und kommen auch nur für kleinere bis mittlere Kabinen in Frage. Holz besitzt durchaus einige wertvolle Eigenschaften wie hohe Elastizität. Dies kann ein fachmännisch verarbeitetes Holzgerippe zwar haltbar machen, die auftretenden Verwindungen stellen jedoch höhere Ansprüche an den Möbelbau. Für verkehrssichere Ausführungen müssen die tragenden Kanthölzer wesentlich größer dimensioniert werden als Metallprofile.

Auf ein Holzgerippe kann man dann nicht verzichten, wenn man ein baubiologisch vollkommen ausgeglichenes Wohnmobil errichten möchte. Die baubiologisch unverzichtbaren Diffusionsfähigkeiten der Wände setzen natürliches Material auch in der tragenden Konstruktion voraus. Inwieweit dies bei einem Wohnmobil günstig ist, das mit Stahlrahmen und Gummibereifung letzten Endes niemals ökologisch vollkommen sein kann, mag dahingestellt bleiben. Es gibt jedenfalls bereits Expeditionsfahrzeuge, die mit 100prozentigem Holzaufbau ein gesundes Wohnklima vermitteln. Daß das Reisen mit dem Wohnmobil trotz Holzaufbau insgesamt natürlich ökologisch bedenklich bleibt, sollte man vor lauter Biodynamik aber nie vergessen. Auch Bio-

Mobile haben eine tropfende Ölwanne und produzieren Abgase.

Jedoch können auch bestimmte handwerkliche Fähigkeiten des Erbauers bei der Wahl eines Holzgerippes im Vordergrund stehen. Nicht jeder kann beispielsweise schweißen. Gegen einen schreinermäßig aufgebauten Holzrahmen kann man nichts einwenden, solange nicht billigste Fichte/Tanne-Dachlatten aus dem Baumarkt herhalten müssen. Hier ist zuviel Verziehen zu erwarten, die Qualität ist sehr unterschiedlich. Gut abgelagerte, harte, gesunde Hölzer müssen es schon sein.

Weit verbreitet ist das Stahlskelett. Dabei wird der Hilfsrahmen als Boden verwendet, von dem aus LängssprIegel nach oben geführt und untereinander rasterförmig verbunden werden. Man kann nach Belieben individuelle Verstärkungen für Fahrrad- oder Motorradträger am Heck anbringen, Dächer für schwere Dachlasten verstärken und anderes mehr. Geeignet sind Vierkantrohrprofile mit rechteckigem Querschnitt (z. B. 40×20 mm). Auf die breiten Seiten können bequem die Bleche aufgenietet werden.

In den seltensten Fällen wird Aluminiumrohr für das Skelett verwendet. Erstens ist das Material teurer und zweitens sind Leute, die Aluminium wirklich perfekt schweißen können, sehr rar. Das Skelett ist allerdings nachher wesentlich leichter als der Stahlrohrrahmen.

Viel zu Nieten gibt's beim Aluminiumskelett mit Alublechbeplankung.

In allen Fällen baut man zunächst das freistehende Skelett winkelgerecht auf. Stahlrohr muß sorgfältig mit Korrosionsschutz behandelt werden. Dann folgt die Verblechung der Außenseite. Sie sollte zum Rahmen hin isoliert sein, um Korrosion zu unterbinden. Dazu eignen sich Kontaktfolien (gibt's im Fahrzeugbau) oder doppelseitig selbstklebende dünne Schaumvliese aus geschlossenzelligem Material. Dieses hat zusätzlich einen Effekt als Antidröhnmaterial. Notfalls kann das Blech auch auf eine dickere Schicht Polyurethankleber aufgelegt werden. Dann kann man es vernieten.

Wählt man den Holzaufbau, sollte auch die Deckschicht mit dem Gerüst wasserfest verleimt werden. Für den Bio-Wohnmobilisten kommt nur Vollholz in Betracht. Er kann abgelagerte Nut- und Federbretter anbringen und sich dann mit dem TÜV um die Zulassung streiten. Sachgerechter ist die Verwendung von wasserfesten Sperrhölzern (Mindestdicke 4 mm), die weitestgehend verzugfrei sind und bei geringem Gewicht große Stabilität besitzen. Nur auf die Kraft des Leims sollte man sich auch dann nicht verlassen, wenn man dessen Anziehen mit Zurrgurten rund um den Aufbau unterstützen kann. Zusätzlich sollte die Außenhaut fest mit dem Gerüst verschraubt werden.

Innen geht es dann mit der Isolierung weiter wie beim Kastenwagenausbau, nur schneller und einfacher, da man gerade Wände und rechte Winkel hat. Zur thermischen Trennung bei Metallgerippen empfiehlt sich das Aufbringen von Holzleisten auf die Innenseiten des Gerüstes. Auf diesen Holzleisten kann die Innenverkleidung befestigt werden. Sie können auch zur Verankerung der Möbel herangezogen werden.

Der Kabine – egal, ob Sandwichbauweise oder Gerippeaufbau – fehlt jetzt nur noch das äußere Kantenfinish. Dieser Detailarbeit muß wieder größte Aufmerksamkeit geschenkt werden, denn die Außenkanten entscheiden über die Dichtigkeit des Aufbaus und damit über seine Lebensdauer.

Die selbstgebaute Sandwichkabine hatte ihre Eigenstabilität ja ausschließlich durch innere Winkelverbindungen erhalten. Das Dach hatten wir auf die Wände aufgelegt, ebenso hatten wir die Kabine auf die Bodenplatte gestellt. Das führt zu offenen Sandwichschnittkanten rund um die Boden- und Dachplatte, ebenfalls rund um Alkoven und Heck. Zunächst wird ein ausreichend großes Winkelprofil ausgewählt. Seine Schenkellänge muß ein wenig mehr als die Schnittkanten überdecken können.

Äußerste Sorgfalt beim Aufkleben und Abdichten der Kantenschutzprofile wird mit Dichtigkeit belohnt.

Solche Profile können in Aluminium, PVC oder GfK im Baumarkt, im Fassadenbaufachhandel oder als Reisemobilzubehör in großer Auswahl bezogen werden. Vom Baumarkt – einer häufig preisgünstigen Alternative zu den üblichen Quellen – raten wir hier ab. Die dort angebotenen Profile haben zumeist nur eine Lauflänge von zwei Metern. Nahtstellen sind aber mindestens im Dachbereich unerwünscht, so daß wenigstens dafür ein Profil passender Umlauflänge gesucht werden sollte. Die Profile werden dann einfach aufgeklebt und hier und da mit ein paar Nieten fixiert. Man sollte allerdings sparsam damit umgehen, denn jedes Nietloch kann auch ein Regenloch werden.

Wer jetzt vor dem ganzen Aufwand zur Selbstherstellung der Kabine zurückschreckt, dem sei ein einfacher Trick verraten: Ein – ausbautechnisch gesehen – Zwitter aus Kastenwagen und Kabine wird auf dem Gebraucht-Lkw-Markt als sogenanntes Kofferfahrzeug angeboten. Das sind Lkws mit Sonderaufbauten, die als Möbelwagen, Brottransporter oder Stückguttransporter eingesetzt wurden. Die Aufbauten bestehen überwiegend aus Leichtmetall. Die Isolierung geht wie beim Stahl- oder Aluminiumgerippeaufbau beschrieben vonstatten, der Durchbruch zwischen Fahrerhaus und Aufbau sollte flexibel gestaltet werden. Der Koffer-Lkw hat eigentlich nur wenig Nachteile: Kleinere Koffer sind schwer zu bekommen und die Konstruktion läßt ohne

aufwendige Verstärkungsarbeiten oft keinen Alkovenanbau zu. Wer damit leben kann, genießt die Raumvorteile einer Kabine und hat eine kürzere Ausbauarbeit als bei einem Kastenwagen.

Eine spezielle Untergruppe unter den Kofferaufbauten stellen Kühltransporter dar. Ihre Aufbauten sind bereits vollisoliert und bestehen meistens aus gerippefreiem Vollsandwich – beste Reisemobilvoraussetzungen. Leider sind sie in kleineren Kofferabmessungen aber häufig nur sehr niedrig (keine Stehhöhe), außerdem rar und noch dazu vergleichsweise teuer. Und manchmal stellen sich Probleme, an die man gar nicht gedacht hat.

Der Autor dieses Kapitels besaß einmal ein vollisoliertes Fahrzeug, das vorher einer Metzgerei gedient hatte. Für das Auto war's nicht tragisch, statt Schweinehälften jetzt Menschen zu befördern. Doch im Innenraum wollte auch nach mehrmaligem Abschrubben mit Reinigunsmitteln kein Kleber so recht haften: zu dick war die Fettschicht. Noch nach Jahr und Tag breitete sich bei langer Sonneneinstrahlung ein leichter Geruch ranzigen Fetts im Wohnmobil aus . . .

Egal welcher Aufbau: Wie wichtig besonders bei Verwendung von Aluminiumblech die penible, akribische Abdichtung der Kantenprofile mit Dichtmasse ist, soll der folgende Exkurs über Aluminiumfraß deutlich machen.

Basis-Schnäppchen: Leichtmetallkofferfahrzeug mit Fahrerhausüberbau. Solche „Alkoven-Modelle" sind extrem rar.

Alufraß an Reisemobilaufbauten

Aluminiumblech ist – bei sachgerechter Verarbeitung – sehr korrosionsbeständig. Manchmal kommt allerdings das dicke Ende. Es heißt Lochfraß.

Nicht nur Eisenmetalle korrodieren. Auch Nichteisen-Metall-Legierungen zeigen gegenüber spezifischen Angriffsmitteln Korrosionsanfälligkeit. Dabei ist zwischen verschiedenen Korrosionsarten zu unterscheiden. Eine Reihe von Aluminiumlegierungen, auch die, die im Fahrzeugbau verwendet werden, sind empfindlich gegen chloridhaltige Lösungen und Meerwasser. Es entsteht eine sogenannte Spannungsrißkorrosion. Bei Aluminiumlegierungen verlaufen die entstehenden Risse interkristallin. Man findet derartige Korrosionserscheinungen bei Wohnmobilen jedoch nur, wenn die Schutzschicht – also die äußere Lackierung – verletzt wurde und das nackte Aluminiumblech längere Zeit direkter Bewitterung mit aggressivem Seeklima ausgesetzt ist. Die Oberfläche wird dann uneben und rauh, feine Risse zeigen sich, gelegentlich verbunden mit einem Überzug, der dem Grünspan ähnelt. Hiervon sind jedoch Wohnmobile weit weniger betroffen als beispielsweise Caravans, die auf einem Dauerstellplatz an der See ein Leben als Ferienwohnung fristen.

Nach DIN 50 900 Teil 1 ist »Lochkorrosion im weitesten Sinne als diejenige Korrosionsform definiert, bei der kraterförmige, die Oberfläche unterhöhlende oder nadelstichartige Vertiefungen auftreten«. Außerhalb der Lochfraßstellen bleibt das Blech intakt. Lochfraß ist also im Gegensatz zur Spannungsrißkorrosion nur punktuell sichtbar, nicht flächig. Im DIN-Deutsch heißt das: »Außerhalb der Lochfraßstellen wird praktisch kein Flächenabtrag beobachtet.« Die Tiefe der Lochfraßstelle ist in der Regel gleich oder größer als ihr Durchmesser.

Auf den ersten Blick paradox klingt es, daß Lochfraß immer dann auftreten kann, wenn die Werkstoffoberfläche mit einer korrosionshemmenden Schutzschicht überzogen ist. Denn die Schutzschicht wird doch gerade aufgetragen, um die Korrosion zu unterbinden. Dazu allerdings müßte die Schutzschicht garantiert dicht sein, sie dürfte keine Poren oder Fehlstellen haben. Fehlstellen in einem Schutzanstrich sind aber schnell da. Mag das Blech auch noch so gut lackiert sein, bei der Produktion platzt hier mal eine Ecke Farbe ab, dort kratzt ein Werkzeug entlang, oder im Fahrbetrieb treten durch Verwindungen Scheuerbewegungen auf, die die Schutzschicht minimieren.

Zur Ausbildung von Lochkorrosion ist neben der Fehlstelle in der Schutzschicht allerdings auch noch eine als Angriffsmittel dienende Elektrolytlösung notwendig.

Dies hat nur sehr wenig mit den modischen Body-Building-Drinks zu tun. Vielmehr handelt es sich um einen physikalisch-chemischen Prozeß, bei dem zwischen der als Kathode wirkenden intakten Schutzschicht und der als Anode wirkenden Fehlstelle in der Schutzschicht ein Strom fließen kann. Damit das ganze funktioniert, muß auch noch Wasser im Spiel sein, die wäßrige Lösung ist in diesem Fall die Elektrolytlösung.

Zur Elektrolyse in Verbindung mit Wasser kommt es auch dann immer sofort, wenn ungeschütztes Aluminiumblech direkt mit Eisenmetallen in Verbindung kommt. Hierbei sind die Reaktionen besonders heftig. Soweit die theoretischen Grundlagen in Kurzform.

Lochkorrosion in Aluminiumblechen findet sich nahezu ausschließlich an Fahrzeugen mit Gerippeaufbaukonstruktionen. Großes Aufatmen also für Wohnmobilbesitzer, die ihr Fahrzeug in gerippefreiem Vollsandwichverbund hergestellt haben. Hier gibt es immer nur dann Probleme, wenn die Verbindung zwischen Chassis (Eisenmetall) und Kabine (Alu) nicht isoliert ist. Deshalb unser Vorschlag, einen Holzboden, Alu- oder Kunststoffnieten, Edelstahlschrauben und Messinghülsen zu verwenden.

Beim klassischen Lattengerüstaufbau in Wohnwagenbauweise, aber auch beim stabileren Gitterrohrrahmenaufbau mit Stahlprofilskelett ist Alufraß leider häufiger als einem lieb sein kann. Beim Gitterrohrrahmen muß durch irgendeine undichte Stelle im Aufbau Wasser in den Innenbereich der Wand geraten. Dies stellt dann die Elektrolytlösung zwischen den verschiedenen Metallen her. Meist sind hierfür undichte Eckprofile verantwortlich. Diese Kantenleisten, die den Übergang zwischen Wand und Dach abdichten sollen, sind natürlicher Alterung (Sprödewerden) durch starke Temperaturausdehnungen innerhalb der einzelnen Jahreszeiten unterworfen. Das zermürbt natürlich die Dichtungen auf Dauer ebenso wie Verwindungen während der Fahrt. Eine sorgfältige, immer wiederkehrende Überprüfung aller Dichtbereiche an Karosserieübergängen sei deshalb jedem ans Herz gelegt.

Problematischer sind Holzlattengerüste. Zum einen werden oft die Holzrahmen vor dem Ausfachen mit Isolationsmaterial mit Nägeln oder Tackerklammern fixiert. Durch Undichtigkeiten im Aufbau kann Wasser eindringen, die Nägel und Klammern aus Eisenmetall, Wasser und Aluminium vertragen sich dann nicht mehr.

Seltsamerweise können aber auch dichte Aufbauten den Besitzer plötzlich mit Alufraß überraschen. Das kann daran liegen, daß die verwendeten Latten nicht trocken genug waren, als sie im Aufbau verschwanden. Immerhin haben Latten ebenso wie Sperrholz ab Sägewerk immer noch eine Restfeuchte von 12 bis 15 %. Auch das reicht aus, um

an gefährdeten Stellen (Tackerklammer mit Blechberührung) die Korrosion zu fördern. Gut für Sie, wenn Sie dann wenigstens ihren Aufbau mit Polyurethanklebern (z. B. Sikaflex) hergestellt haben. Denn dieser Kleber ist feuchtigkeitshärtend. Er entzieht seiner Umgebung also Feuchtigkeit, während er abbindet.

Fast immer finden sich die betroffenen Karosseriepartien im unteren Bereich. Das liegt ganz banal an der Schwerkraft, derzufolge das Wasser sich unten sammelt. Kommen hohe Sommertemperaturen hinzu, bildet sich dann unter dem Blech, im abgeschotteten Treibhaus, ein hochaggressives Klima, was den Lochfraß beschleunigt. Nicht verschwiegen werden darf auch, daß an einmal geschädigten Flächen durch Eindringen von Wasser, im Winter vorzugsweise mit Salz vermischt, der rasanten Verbreitung des Übels Vorschub geleistet wird.

Für Alufraß-geschädigte Flächen gibt es keine preiswerte und keine kleinräumige Reparaturmöglichkeit. Jedes spachtelmäßige Herumdoktern ist von vornherein zum Scheitern verurteilt. Sitzt der Lochfraß in der Wand, darf nicht das Symptom behandelt werden. Es muß in jedem Fall großflächig die Konstruktion geöffnet werden. Oft stellt sich dabei heraus, daß die Latten schon an- oder weggefault, die Klammern und Nägel bis zum puren Nichts weggerostet sind. Dann kann nur ein aufwendiger Neuaufbau der gesamten Wandpartie helfen.

Um dem häßlichen Anknabbern von vornherein vorzubeugen, sollen unbedingt zwischen verschiedene Metalle Isolierschichten eingebracht werden. Der Handel hält dafür spezielle, elektrisch isolierende Klebebänder, sogenannte Kontaktfolien, bereit. Notfalls tut es auch ein streichbarer Primer, besser noch sind doppelseitige Klebebänder aus geschlossenzelligen Schäumen. Die bringen neben elektrischer auch noch thermische und Schallisolation.

Pick-Up-Systeme

Pick-Up-Systeme stammen wie ihr Name aus den Vereinten Staaten von Amerika. Dieses klassische Wohnmobilland hat neben den riesigen Motorhomes auch Wohnkabinen hervorgebracht, die bei Bedarf auf die Pritsche eines Klein-Lkw aufgesetzt werden können. In Nordamerika einschließlich Kanada erfreuen sich Pick-Up-Camper hoher Beliebtheit. In Europa sind sie eher eine Randerscheinung. Dies mag vor allem daran liegen, daß passende Basisfahrzeuge hierzulande eine Ausnahme sind.

Der amerikanische Ausdruck »Pick Up« kann nämlich

zweierlei bedeuten. Einmal meint er natürlich die aufsetzbare Wohnkabine, viel häufiger wird er aber als verkürzte Slangform von »Pickup-truck« gebraucht. Das sind typisch amerikanische Fahrzeuge, vorn Pkw, hinten Pritsche. Sehr häufig sind sie noch dazu von Geländewagen abgeleitet und deshalb für den abenteuerlichen Campingeinsatz besonders gut geeignet.

Tatsächlich haben sie in den USA eine erstaunliche Verbreitung, so daß auch der Markt für Auf- und Absetzkabinen groß ist. Anders in good old Germany, wo neben VW Caddy (abgeleitet vom Golf), Fiat Fiorino, Peugeot 504 und einigen fernöstlichen Pick-Ups wie Nissan King Cab oder Isuzu nur ab und zu Grauimporte gesichtet werden. Die in den klassischen Pick-Up-Heimatländern von dieser Fahrzeuggattung besorgten Transportaufgaben werden hier fast alle von Lieferwagen übernommen.

Wechselkabinen, so der offizielle deutsche Ausdruck, haben nur eine kleine Anhängerschaft. Obwohl sie für Gewerbetreibende interessant sind, die ein Lieferfahrzeug mit Plane und Spriegel voll steuerlich absetzen und bei privatem Bedarf die Pritsche durch den Wohnaufbau ersetzen können. Vielleicht mag einfach der Gemüsehändler, der die ganze Woche seinen Kleinlaster steuert, nicht auch noch am Wochenende an seinem »Arbeitsplatz« sitzen, vielleicht ist dem Maurermeister sein gummistiefelgetretenes Führerhaus zu schmutzig für die Urlaubsbenutzung – Gründe für das Ausbleiben des bundesdeutschen Pick-Up-Booms sind nicht erforscht.

Wenn Sie zu der kleinen Gemeinde der Interessierten gehören sollten, müssen Sie sich zunächst einige Fragen beantworten:

Ein Pick-Up ist für Gewerbetreibende mit Pritschenfahrzeug interessant. Sie brauchen allerdings Platz, um die Kabine abzustellen. Da sie im abgesetzten Zustand kein zugelassenes Fahrzeug ist, sondern Ladung, kann sie nicht auf öffentlichem Verkehrsraum abgestellt werden. Die nicht genutzte Kabine muß auf Privatgrund verschwinden. Vielleicht läßt sie sich als Gartenhaus nutzen?

Haben Sie Lust, auch im Urlaub mit Ihrem alltags hart strapazierten Fahrzeug unterwegs zu sein? Möchten Sie

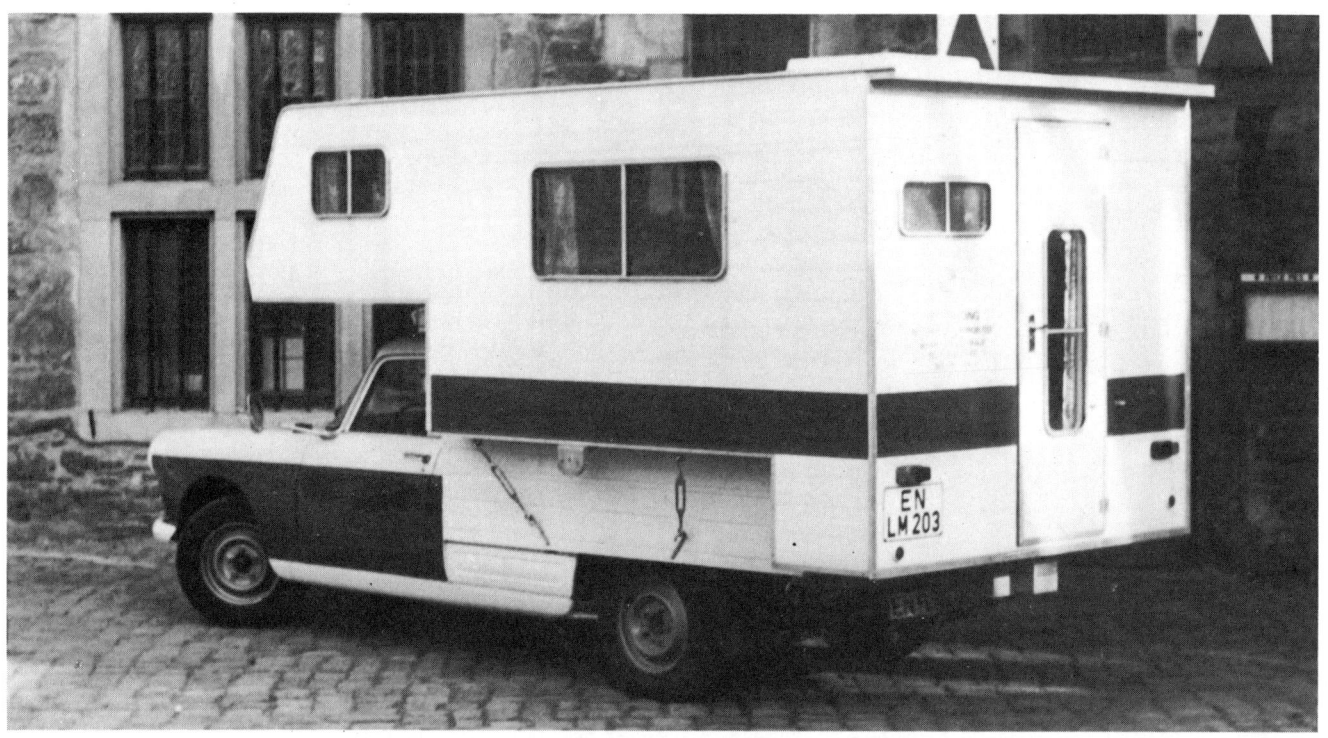

Per Selbstimport aus Frankreich zu beschaffen: Peugeot 404 als Pick-Up.

Polnisches Basisfahrzeug: Polski-Fiat 124p als Pick-Up.

Doppelkabinen-Fahrzeug mit Wohnaufbau.

vor jeder Wochenendtour und hinterher die Rüstzeiten für Auf- und Absetzen, Vor- und Nachbereiten des Fahrzeugs und des Aufbaus in Kauf nehmen?

Meist sind nur kleine Durchgänge zwischen Fahrerhaus und Wohnkabine möglich. Wenn Sie mit Familie verreisen wollen, sollten Sie deshalb beim Basisfahrzeugkauf ein sogenanntes Doppelkabinermodell wählen. Das sind Transporter mit verlängertem Fahrerhaus. Sie bieten hinter den Fahrersitzen noch eine komplette Sitzreihe. Ein Doppelkabiner kann sogar bei abgesetzter Wohnkabine als Pkw-Ersatz benutzt werden, sowohl zu Hause als auch am Urlaubsort.

Kleinere Basisfahrzeuge, die eigentlichen Pick-Ups à la VW Caddy, werden häufig auch von Paaren ohne Kinder gekauft. Sie reichen mit Einschränkungen alltags als Pkw (zum Beispiel haben sie keinen witterungsgeschützten Kofferraum), passen in jede Parklücke, verbrauchen wenig Kraftstoff und erreichen hohe Reisegeschwindigkeiten. Für den Urlaub sind sie schnell mit einer kleinen Kabine bestückt. Für zwei Leute reicht auch deren kleiner Raum aus. Als Wohnmobil haben sie allerdings auch erhebliche Nachteile gegenüber reinen Reisemobilen: In das beengte Fahrerhaus kann man nicht viel mehr als eine Aktentasche mitnehmen, und ein Durchstieg nach hinten, um an den Kühl-

schrank zu kommen, ist meist nicht möglich. Allenfalls gibt es eine kleine Verbindung durch zwei Schiebefenster (in Fahrerhausrück- und Kabinenfrontwand).

Wechselaufbauten stellen also stets einen Kompromiß dar. Ob er für Sie tragbar ist, ist eine sehr persönliche Entscheidung.

Möglichkeiten für den Selbstbauer

Das Prinzip der Wechselkabine ist leicht selbst zu verwirklichen. Es setzt eine klare Planung der Kabine als abgeschlossene Einheit voraus. Alle Versorgungskapazitäten sollten in der Kabine liegen. Es ist zwar möglich, über Kabel- und Schlauch-Steckverbindungen sowohl Energie als auch Wasser und Abwasser extern unterzubringen, jedoch ist dies im Hinblick auf eine separate Nutzung der Kabine nicht ratsam. Wenn schon Pick-Up, dann soll die Einheit auch am Urlaubsort absetzbar und als Versorgungsteil voll funktionsfähig sein. Im übrigen ist das auch ökonomischer, da man dadurch nicht ständig im Alltag unnützen Ballast wie Wasser-, Abwassertanks und zweite Batterie mit dem Basisfahrzeug spazierenfährt.

Für die Kabine können sämtliche beschriebenen Konstruktionsvarianten eingesetzt werden. Noch mehr als für die fest verbundene Kabine gilt allerdings hier die Priorität für eine stabile, belastbare Bauweise. Vollsandwichwände sind das Mittel der Wahl, unter den Gerippekabinen sollte nur zwischen Alurohr- oder Stahlrohrskelett gewählt werden. Holzrahmenaufbauten eignen sich nur für kleine Kabinen.

Neben der Planung der Kabine als autarke Einheit mit samt und sonders innenliegenden Versorgungseinheiten gilt als Besonderheit eigentlich nur noch die Ausführung der Wechseleinrichtung selbst. Dabei lassen sich wieder zwei Grundtypen voneinander unterscheiden: zum einen der Pkw-ähnliche Pick-Up und zum anderen Transporterfahrgestelle mit Wechselaufbauten.

Der Pkw-ähnliche Pick-Up hat eine feste Ladefläche, die seitlichen Bordwände sind starr, der einzige Zugang zur Ladefläche ist eine aushängbare Heckklappe. Bei solchen Fahrzeugen muß die Kabinenform sehr genau der Ladeflächenkontur angepaßt werden. Soweit der Fahrzeughersteller es zuläßt, kann ein Kabinenbereich hinter der Ladefläche als Überhang gebaut werden, der in voller Kabinenbreite nutzbar ist. Meist ist dies der einzige Teil im Wohnaufbau mit Stehhöhe. Küche und Waschgelegenheit kommen daher meist ins Heck, während Sitzbänke und Betten auf der Ladefläche angeordnet werden. Die Sitzbänke bieten dabei nur sehr wenig Stauraum, da sie seitlich über die Ladeflächenbordwände auskragen.

Diese Fahrzeugtypen erfordern keine speziellen Vorrichtungen für den Wechselaufbau. Vier stabile Kurbelstützen an den Aufbauecken bringen die Kabine in Montagehöhe (Bodenplatte knapp höher als Ladefläche Basisfahrzeug). Mit ein bißchen Übung und einem Einweiser wird dann das Auto darunterrangiert, bis es paßt. Die Stützen werden abgesenkt. Mit stabilen, handelsüblichen Gewindespannern, erhältlich im Baumarkt oder Eisenwarenfachgeschäft, wird

Kabinensicherung am Pkw-ähnlichen Pick-Up (hier Nissan KingCab) mit Kette und Gewindespanner.

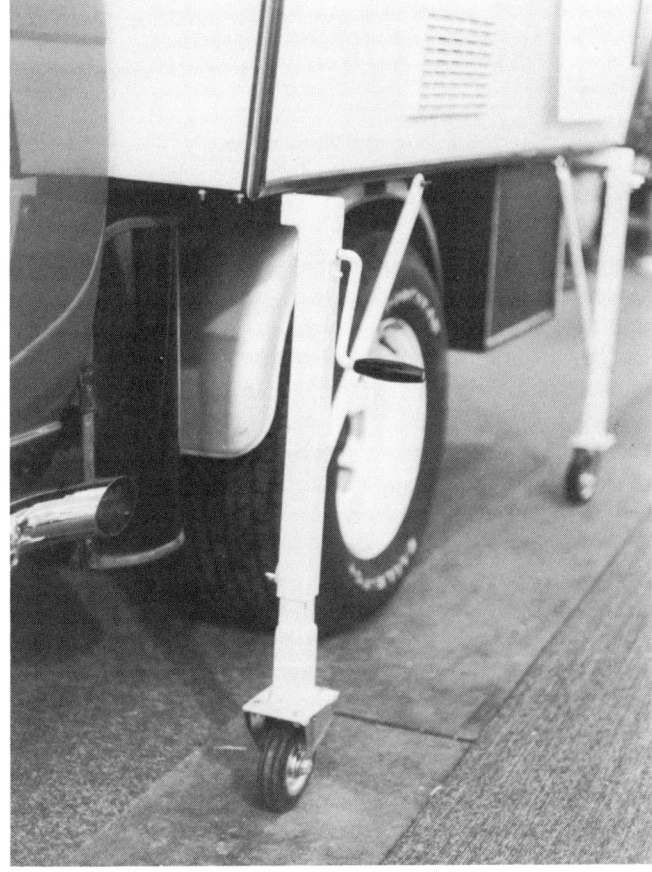

Hier wird die Kabine auf Rollenfüßen über das Fahrgestell geschoben und dann per Kurbel abgesenkt.

Wechselkabine für Lkw-Fahrgestell. Die Kabine steht fest, das Fahrzeug muß paßgenau darunterrangiert werden.

der Aufbau nun an geeigneten Punkten am Fahrzeug verriegelt.

Dabei sollten Auftriebskräfte verhindert werden. Es empfiehlt sich also, den Aufbau hinter dem Fahrerhaus senkrecht nach unten abzuspannen, beispielsweise vom Alkovenboden gegen die Bordwände. Dezenter geht's natürlich »unsichtbar« hinter seitlichen Schürzen der Kabine gegen die Bordwände. Außerdem sollte die Kabine zuverlässig gegen Abrutschen nach hinten gesichert sein. Dazu eignen sich waagerecht gespannte Sicherungen, die den Hecküberhang mit dem Fahrzeugheck verbinden. Die Gewindespanner müssen während der Reise immer wieder kontrolliert und nachgespannt werden. Um Fahrzeug und Kabine zu schonen, empfiehlt sich eine schützende, elastische und rutschhemmende Lage Schaumstoff zwischen Laderaumboden/Seitenwänden und Kabinenunterseite.

Bei Transporterfahrgestellen ist die Kabinenform einfacher. Hier reicht ein ganz glatter, durchgehender Boden. Unter diesem Kabinenboden sowie auf dem Transporter-

fahrgestell muß eine Wechselvorrichtung angebracht werden. Es gibt dafür keine generellen Normen oder Vorschriften, doch haben sich in der Praxis verschiedene Methoden bewährt. Für alle Varianten müssen Sie allerdings eine Unbedenklichkeitsbescheinigung des Fahrgestellherstellers einholen. Die darin angegebenen Befestigungsmöglichkeiten sind maßgeblich. Im Zweifelsfall helfen Fahrzeugbaufirmen bei der Umsetzung Ihrer Ideen. Bei allen Varianten ist zu berücksichtigen, daß die unter dem Kabinenboden angebrachten Wechselvorrichtungen auch unter allen anderen verwendeten Aufbauten, also Leichtmetallkoffer oder Pritsche (für die gewerbliche Alltagsverwendung) eingesetzt werden müssen. Der Kabinenboden muß entsprechend verstärkt sein und die Funktion des Hilfsrahmens mit übernehmen oder zusätzlich mit einem Hilfsrahmen ausgestattet sein.

Besonders komfortabel ist die Anbringung zweier Schienen in Form von U-Profilen auf den Rahmenlängsträgern. Diese müssen so ausgestaltet sein, daß sie vollkommen

Wechselaufbausicherung am Fahrgestell, hier an einer Wechselpritsche. Ein rastbarer Schnäpper sichert den Aufbau, die Kotflügel sind nicht (wie original) am Pritschenboden, sondern am Federbock befestigt, ebenso die Steckdose für die Stromversorgung des Wohnaufbaus.

parallel und waagerecht verlaufen, bis sie unmittelbar vor dem Fahrerhaus abfallen. Unter den Aufbau kommen dann ganz vorn zwei passende Rollen, die beim Einrangieren in die Schienen greifen. An die Rollen anschließend folgen längs des gesamten Bodens zwei Kufen. Diese sind die Garanten für winkelgerechten Sitz der Kabine. Mit einer kleinen, auf dem Fahrzeugrahmen montierten Seilwinde kann nun das Basisfahrzeug Stückchen für Stückchen unter den Aufbau gezogen werden, bis die Rollen vorn herunterfallen und die Kufen in voller Länge in die Schienen einrasten. Mit handelsüblichen Gewindespannern kann dann der Aufbau wie oben beschrieben gegen Verrutschen gesichert werden. Bei ausreichender Dimensionierung von Kufen und U-Profil-Schienen kann auch mit Splinten durch Schiene und Kufe gesichert werden.

Größere Ansprüche an die Rangierkünste als an die handwerklichen Fähigkeiten stellt folgendes System, bei dem am Fahrzeugrahmen nur vier Ausleger angebracht werden, je einer links und rechts hinter dem Fahrerhaus und noch einmal am Ende des Fahrgestells. Die Ausleger haben je ein trichterförmiges Aufnahmeloch. Passend dazu gibt es unter den Aufbauten vier Auslegerarme, die über einen kegelförmigen Zapfen verfügen. Steht das Fahrzeug paßgenau unter dem Aufbau, kann dieser an seinen Kurbelstützen abgesenkt werden. Die trichter- und kegelförmige Ausführung von Zapfen und Führungsloch erlaubt dabei noch minimale Differenzen zwischen Fahrzeug- und Aufbauposition. Beim Absenken justiert sich dieses System selbst. Mit Splinten durch alle vier Zapfen ist der Aufbau ausreichend gesichert.

Durchgang zum Fahrerhaus

Die Gestaltung von Durchgängen ist bei Pick-Up-Aufbauten besonders schwierig. Eine Verbindung zwischen Fahrerhaus und Wohnkabine ist nicht vorgeschrieben, kann also immer dann weggelassen werden, wenn alle Mitreisenden im Fahrerhaus des Basisfahrzeugs unterkommen. Zwingend wird die Verbindung allerdings, wenn Personen im Aufbau befördert werden sollen.

Zum Glück hat der Gesetzgeber nicht allzu hoch gegriffen. Eine Sprechverbindung reicht. Die kann bereits durch einen Gummischlauch zwischen Fahrerhaus und Kabinenfrontwand hergestellt werden, durch den die Insassen »Sofort anhalten« brüllen können. Weitere Merkmale sieht die Vorschrift nicht vor.

Schon wesentlich komfortabler und leicht selbst zu realisieren ist der Einbau eines Schiebefensters in der Fahrerhausrückwand und eines gleichen Fensters im Aufbau. Natürlich müssen beide auf einer Ebene liegen. Werden beide geöffnet, ist neben der Sprechverbindung auch eine notdürftige Sichtverbindung und Durchreiche gegeben. Noch besser ist ein richtiger Durchgang. Der wird meist schmaler ausfallen als bei Festaufbaumobilen. Denn alles, was geöffnet ist, muß ja bei Trennung von Aufbau und Fahrzeug an beiden verschließbar sein. Es ist beispielsweise möglich, an beiden Teilen je einen Rolladen anzubringen. Recht einfach ist es auch, mit festen Blechteilen zu arbeiten, die von den jeweiligen Innenseiten verriegelt werden können. Hier sind dem Einfallsreichtum des Selbstbauers weiter keine Grenzen gesetzt.

Viel schwieriger als der Durchgang und seine Verschlußmöglichkeiten bei einer Trennung ist aber die Abdichtung gegen Nässe und Zugluft bei aufgesetzter Kabine. Eine feste Verankerung an Fahrerhaus und Kabinenwand kommt ja nicht in Frage.

Anleihen bei der deutschen Bundesbahn sind hier angeraten. Werden dort zwei Waggons aneinandergehängt, so treffen sie sich mit je einer mächtigen Dichtung aus Gummihohlprofil, welche sich durch den Druck ziemlich zusammenquetschen. Denkbar ist allerdings auch eine Durchgangskonstruktion, wie wir sie für die flexible Verbindung von Festaufbauten beschrieben haben. Dieser Durchgang wird mit der Kabine fest verbunden. Statt auch am Fahrerhaus angeschraubt oder -genietet zu werden, wird er dort jedoch mit einer engen Reihe von Tenax-Nägeln angeknöpft.

Fenster, Türen, Klappen in Kabinenfahrzeugen

Der Einbau von Fenstern, Türen und Klappen in einen Sonderaufbau geht vom Arbeitsablauf genau so vonstatten, wie wir es bei den Kastenwagen beschrieben haben. Gerade in Wohnkabinen ist allerdings die ausschließliche, spannungsfreie Verklebung das Mittel der Wahl, um neben der Vermeidung von Temperaturbrücken auch die Sicherheit der Abdichtung zu gewährleisten. Nach Möglichkeit sollte auch ausschließlich auf Kunstoffrahmenfenster zurückgegriffen werden. Sie machen in der Kabine die wenigste Einbauarbeit und schaffen die geringsten Temperaturbrücken. Dadurch passen sie gut zu den meist überlegenen Isolierwerten der Wohnkabine.

Für Klappen und Türen kommen die Rahmenvarianten in Frage, die im Kapitel »Anbauten unter dem Fahrzeug« beschrieben sind. Vorkonfektionierte Klappen und unterschiedliche Reisemobiltüren von billig bis teuer, in den unterschiedlichsten Ausstattungsvarianten, gibt es im Zubehörhandel. Leerkabinenhersteller bieten häufig besondere Teile an, etwa thermisch getrennte Türrahmen sowie vorbereitete Türblätter, in deren stabilen Rahmen die ausge-

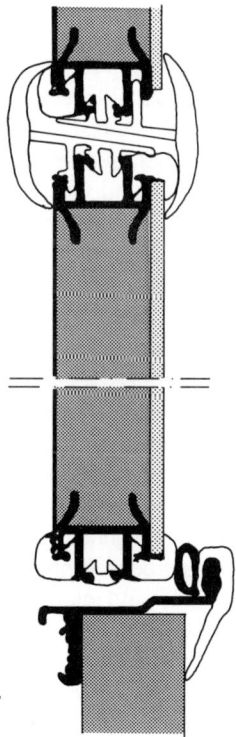

Rahmenschnitt Kabinentür mit »Stalltürbeschlag«.

schnittene Sandwichplatte als Füllung eingesetzt werden kann. Diese Fertigteile sind schnell und problemlos einzubauen. Da sie mit den entsprechenden Beschlägen, Schlössern und vor allem Dichtungen geliefert werden, ist der Erfolg bei sachgerechtem Einbau vorprogrammiert.

Dennoch gibt es immer wieder Gründe, sich mit dem serienmäßig Lieferbaren nicht zufrieden zu geben: Nicht jedermanns Statur entsprechen die oft nur 55 cm, meist 60 cm breiten lichten Durchgänge der herkömmlichen Reisemobiltüren. Abgesehen von korpulenten Campern kann der Einbau einer breiteren Tür auch für Behinderte nötig werden. Komfortabler ist ein größerer Eingang auch für den zügigen Innenausbau. Vormontierte Möbelstücke lassen sich durch solch eine 60 cm schmale Öffnung kaum hineinbringen. Wenn das Mobil fertig ist, werden Sie die große Öffnung spätestens dann schätzen, wenn Sie einmal ein sperriges Möbelstück, einen Kühlschrank oder auch nur einen Kinderwagen im Inneren transportieren wollen. Sie können sonst erleben, daß Sie in Ihr 7-m-Mobil weniger »Sperrgut« verfrachten können als Ihr Nachbar in seinen Fiat Panda . . .

Speziell für die Eingangstür hat es sich deshalb bewährt, eine Doppelflügeltür vorzusehen. Da aus Verkehrssicherheitsgründen der Gehflügel (der Flügel, den man zuerst öffnet bzw. den man ausschließlich öffnet, wenn man nur einsteigen will) in Fahrtrichtung vorn angeschlagen sein muß, hat man im Normalfall eine ganz gewöhnliche Reisemobiltür. Nur bei der Verladung sperriger Güter kann dann der zweite Flügel (»Standflügel«) zusätzlich geöffnet werden.

Die Konstruktion ist zulässig, wenn der Standflügel sicher verriegelt werden kann. Dazu eignet sich am besten ein stabiles Dreh- oder Schubstangenschloß, das an Ober- und Unterkante der Türöffnung greifen kann. Solche Schlösser gibt es im Fahrzeugbau, aber auch in Baumärkten und Eisenwarenhandlungen (für Balkontüren). Die Verriegelung des Standflügels soll von innen erfolgen. Sie muß gegen versehentliches Öffnen gesichert sein, weil der Gehflügel in den meisten Fällen nur im Türblatt des Standflügels verriegelt. Der Schließmechanismus des Gehflügels muß die Anforderungen erfüllen, die an alle Reisemobiltüren gestellt werden: zweifache Rastung wie überall im Automobilbau, Außen- und Innenbedienung. Gegen zusätzliche Schlösser, etwa Sicherheitsschlösser aus dem Haustürbereich, die sich von außen mit Schlüssel, von innen mit Drehriegel verschließen lassen, wird nichts eingewendet. Auch dürfen zusätzliche innere Riegel oder Vorreiber angebracht werden.

Wer alles selbst machen möchte, kann mit herkömmlichen Alu-Z-Profilen aus dem Baumarkt, sauber auf Geh-

Ist das Wohnmobil groß genug, kann neben der Doppelflügeltür auch noch eine Einfachtür eingebaut werden.

rung geschnitten, auch einen Tür- und Klappenrahmen selbst konstruieren. Allerdings wird dies immer eine große Temperaturbrücke ergeben. Kunststoffprofile ausreichender Stabilität sind jedoch schwer aufzutreiben, so daß wir wenigstens bei der Rahmenkonstruktion zum Griff ins Zubehörregal eines Leerkabinenproduzenten raten.

Die verschiedenen Wandsysteme unterscheiden sich in bezug auf die Einbaumöglichkeiten. Jede Gerippekonstruktion – egal ob Holzrahmen, Alu- oder Stahlgitterrohrrahmen – legt bereits in ihrem Skelett die Maße für Türen, Fenster und Klappen fest. Das Gerippe selbst, unter der Wandkaschierung verborgen, stellt dabei den jeweiligen Rahmen dar. Wer also sein Fahrzeug mit Gerippe aufbaut, muß sich bei den Maßen seiner Raster bereits an der Verfügbarkeit entsprechender Einbauteile orientieren.

Der Einbau ist dann später höchst einfach, bei sorgfältig gearbeiteten Rahmen stimmt die Paßgenauigkeit, so daß Fenster sitzen wie angegossen und Türen große Stabilität bekommen.

TIP: Gerade bei Gerippeaufbauten verführt die Paßform zwischen Einbauteil und darunter verborgenem Rahmen dazu, das Teil anzuschrauben oder zu vernieten. Sie wäh-

len jedoch auch in diesem Fall besser die Verklebung. Temperaturschwankungen lassen wegen unterschiedlicher Ausdehnung die mechanischen Verbindungen arbeiten. Erweiterungen der Schraub- oder Nietsitze sind die Folge, Feuchtigkeit tritt ein und fördert Alufraß oder Rostbildung!

Während Sie bei den vorgenannten Aufbauten zwingend an die einmal eingerichteten Maße gebunden sind, haben Sie bei Vollsandwichkabinen die größeren Gestaltungsmöglichkeiten. Da die Wand überall nahezu die gleiche Stabilität hat und völlig selbsttragend ist, sind Einschnitte fast beliebiger Größe nahezu an jeder Stelle möglich. Nahezu deshalb, weil gewisse Mindeststärken der Platte an den Rändern stehen bleiben sollten. Sonst nimmt die Statik doch zu viel Schaden. Wieviel vom Rand stehenbleiben soll, hängt von der Dicke der Wand, der Zahl und dem Querschnitt der Ausschnitte sowie der Größe der Kabine ab. Nur als Faustregel kann gelten: Lassen Sie zu allen Rändern (gemeint sind die Außenkonturen und der »unsichtbare« Rand, wo Seitenwand und Bodenplatte aneinanderstoßen) etwa 10 cm ungeteilte Platte stehen. Im Einzelfall, zum Beispiel bei wenigen nur kleinen Öffnungen, kann dieses Maß unterschritten werden, bei großen Klappen

132

Nach innen versetzt eingebautes Fenster. Die tiefe Einbaulage schützt die kratzempfindliche Fensteroberfläche.

(Garagenöffnungen für Kleinwagen oder Motorroller) sollte rundherum etwas mehr »Fleisch« stehen bleiben. Ist das konstruktiv nicht möglich, kann der entsprechende Bereich auch von innen mit einem Stahl- oder Alurohrrahmen armiert werden.

Ängstliche Naturen und Extremreisende werden an der Vollsandwichkabine die Möglichkeit schätzen, die Fenster nicht wie üblich auf der Außenwand einzupassen, sondern den äußeren Schnitt so groß zu wählen, daß das Fenster auf der Außenseite der Innenwand verklebt werden kann. Es ist dann erstens möglich, die vorgewölbten Scheiben des kratzempfindlichen Acrylglases versenkt zur Außenwand anzubringen. Zweitens kann bei genügend dicker Wandstärke (anhand der Fenster ausrechnen) bündig mit der Außenhaut ein Rolladen montiert werden. Das schafft einerseits Sicherheit und optimiert andererseits die Isolation. Man kann beispielsweise die der Sonne zugewandte Seite geschlossen halten. Geht es nur um die Sicherheit, kann statt der Rolladen auch ein Gitter eingepaßt werden.

Ähnlich lassen sich Fenster auch bei Vollpolyesterkabinen einbauen. Allerdings ist dies nicht in Bausatz- oder Leerkabinen vorgesehen, die fertig auf dem Markt angeboten werden. Dort sind meist an den vorgesehenen Einbauplätzen Holzleisten zur Verstärkung einlaminiert. Diese geben – vergleichbar den Rahmenaufbauten – die maximal realisierbaren Querschnitte vor.

Versenkte Fenster und ähnliche Außendesignspielereien lassen sich mit dem beliebig formbaren Kunststoffmaterial perfekt verwirklichen. Eine korrekte Anleitung zum Selbstlaminieren einer GfK-Kabine würden den Rahmen dieses Buches entschieden sprengen.

TIP: Interessenten müssen sich die Mühe machen, Informationen von den großen Harz- und Glasfaserlieferanten einzuholen. Besonders die Voss-Chemie hat sich mit einer

Phantasie ohne Grenzen: Verspielt geformte Gfk-Kabine mit innenliegenden Fenstern und Rolläden.

ganzen Reihe von reich illustrierten Büchern zum Thema »Selbstbau mit GfK« Verdienste erworben. Leider geht es dort meist um den Bootsbau, die Tips und Verarbeitungshinweise lassen sich jedoch ganz gut auf andere Werkstücke übertragen.

Installation

Kabinenfahrzeuge stellen auch an den Innenausbau einige besondere Ansprüche. Wir weichen nicht von unserer grundsätzlichen Empfehlung ab, Gas-, Wasser- und Elektroinstallation durch Kabelkanäle abgedeckt, aber mindestens an sensiblen Stellen jederzeit zugänglich zu verlegen. Auch unterscheiden sich die einschlägigen Vorschriften in nichts voneinander. Jedoch macht der Kabinenaufbau beispielsweise ein Verlegen elektrischer Leitungen mit »Minus an Masse« unmöglich. Die Kabine stellt ja ein abgeschlossenes System dar. Wir haben uns viel Mühe gegeben, zu beschreiben, wie wichtig es ist, Kabine und Fahrgestell durch Gummilager zu trennen. Wegen der Gefahr von Alufraß trifft dies in besonderem Maße auf Alukabinen zu, deren Aufbau ja im Prinzip aus elektrisch leitfähigem Metall besteht.

Es wird also nötig, für jeden elektrischen Verbraucher neben der Plusleitung eine gleichgroß dimensionierte Minusleitung zu verlegen. Mit einem Masseband oder einem mindestens 6 qmm messenden Zentralkabel kann dann der Masseschluß an einem zentralen Punkt an Restkarosserie (Fahrerhaus) oder Fahrgestell angelegt werden. Wie in Kastenwagen sind Kabeldurchführungen in Tüllen zu verlegen, die Scheuermöglichkeiten ausschließen.

Für die Wasserinstallation bietet sich die Konstruktion eines doppelten Bodens aus Kabinenmaterial an. Dieser »Keller« kann mit einfachen Mitteln und vergleichsweise wenig Energieaufwand beheizt werden. Er nimmt gewichtsgünstig Frisch- und Abwassertanks auf, es können auch Gastank, Heizungsanlage (bei Luftheizungen) und weitere Bordtechnik (Akkus, Ladegeräte, Boiler...) dort untergebracht werden. Voraussetzung ist allerdings eine gute Erreichbarkeit des Kellers. Am einfachsten zu bewerkstelligen, wenn bei der Installation alle sensiblen Punkte wie Anschlüsse, Pumpen, Elektroniken, Reinigungsöffnungen unter dem späteren freien Bewegungsraum im Wohnmobil liegen. Dann kann man mit herausnehmbaren Bodenbrettern jederzeit bequemen Zugriff gewährleisten. Was Sie dort nicht erreichbar unterbringen können, muß durch seitliche Stauklappen von außen zugänglich sein. Nichts ist ärgerlicher, als unterwegs einen harmlosen Fehler nicht beseitigen zu können, nur weil man dafür die halbe Einrichtung ausbauen müßte!

134

V. Einbaugeräte

Heizungsanlage

Niemand sollte von vornherein sagen, er brauche keine Heizung, weil er nicht zum Wintercamping fährt. Auch an kühlen Herbstabenden ist es angenehm, wenn man das Fahrzeug wärmen kann. Außerdem wird sicher irgendwann der Wunsch wach, einmal mit Freunden Silvester im Schnee zu verbringen.

Bei den Zusatzheizungen hat man die Wahl zwischen kraftstoff- und gasbetriebenen Luft- und Wasserheizungen. Eine Randgruppe sind Ölheizungen. Jedes System hat Vor- und Nachteile.

Kraftstoffheizungen

Benzin- oder dieselbetriebene Zusatzheizungen versorgen sich aus dem Kraftstofftank des Fahrzeugs. Es muß deshalb kein zusätzlicher Energieträger transportiert werden. Dafür muß darauf geachtet werden, daß nach einer Heizperiode im Stand noch genügend Kraftstoff für die Fahrt zur nächsten Tankstelle vorhanden ist.

Kraftstoffheizungen sind meist kleine Geräte, die unter dem Fahrzeug oder im Motorraum installiert werden. Sie sind als Luft- und als Wasserheizung im Handel. Im Reisemobil verbreitet ist die Luftheizung. Im Heizgerät erwärmte Außen- oder Umluft wird über Rohrleitungen mit Gebläseunterstützung im Fahrzeug verteilt. Ein Raumthermostat überwacht die Temperatur und schaltet das Heizgerät ein oder aus.

Mit Schwerpunkt auf dem Fahrbetrieb arbeiten die kraftstoffbetriebenen Wasserheizungen. Sie wirken auf den Kühlwasserkreislauf des Basisfahrzeugs. Vorteil hierbei ist die Vorheizung des Motors. Kaltstarts und ihre Nebenwirkungen gehören damit der Vergangenheit an. Nachteil ist, daß der Wohnraum nur dann warm wird, wenn die Fahr-

zeugheizung so ausgelegt ist, daß hier zusätzliche Heizgeräte installiert sind. Bei manchen Kastenwagen sind diese als Sonderwunsch erhältlich. Wird viel im Winter gefahren, sind diese Heizungen eine überlegenswerte Alternative. Gesteuert wird mit Raumthermostat, Zeitschaltuhr oder mit Funkfernbedienung. Damit kann das Fahrzeug von der Loipe aus bis zu zwei Kilometer in unbebautem Gelände so vorgeheizt werden, daß es nach dem Langlauf kuschelig warm ist. Zur Luftverteilung im Fahrzeug wird das Gebläse der Fahrzeugheizung durch das Zusatzheizgerät gesteuert. Die Verteilung des Luftstroms, also Defroster oder Raumheizung, muß vorgewählt werden.

Gas-Warmluftheizungen

Die verbreitetste Heizungsart im Reisemobil ist die gasbetriebene Luftheizung. Sie ist zugleich die billigste und ein-

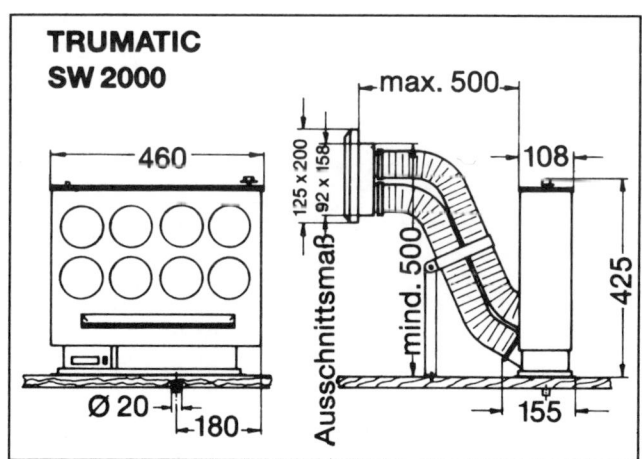

Einbaumaße der kleinen Trumatic-Heizung 2000 mit Seitenwandkamin, ausreichend bis ca. 350 cm Innenlänge.

zige, die notfalls ohne Strom auskommt. Aber auch hoch-komfortable Warmwasser-Zentralheizungen mit Konvektoren oder Fußbodenheizung sind im Reisemobil zu verwirklichen.

Bei den Warmluftheizungen gibt es in Deutschland nur einen Hersteller, die Firma Truma mit den verschiedenen trumatic-Geräten. Mit Heizleistungen zwischen 2000 und 5800 Watt können alle Aufbaulängen versorgt werden. Da sie durchweg geschlossene Verbrennungssysteme mit Verbrennungsluft- und Abgasführung von außen haben, können sie ohne Probleme im Innenraum installiert werden. Je nach Größe und Einbaumöglichkeit stehen Seitenwand- oder Dachkamin zur Wahl.

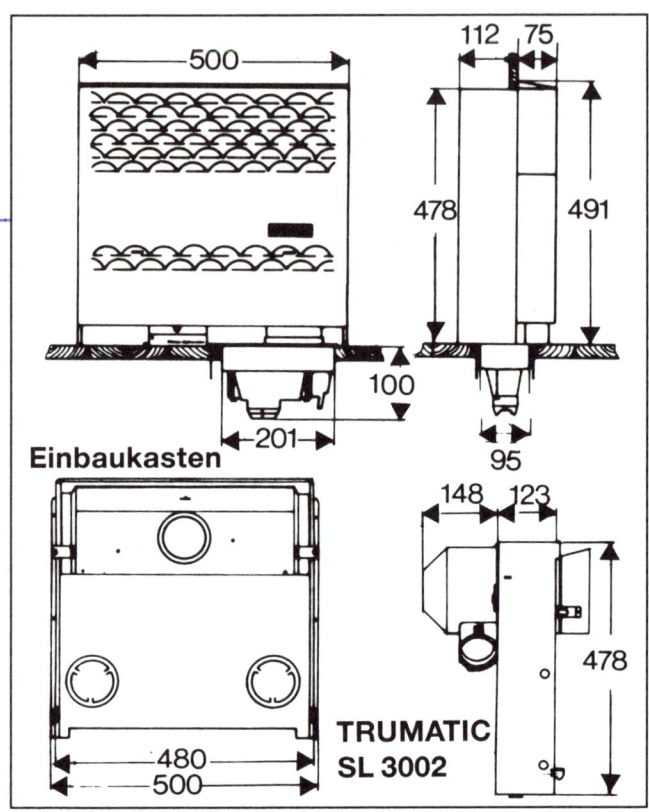

Einbaumaße der mittleren Trumatic-Heizung 3002 mit Dachkamin und Ansaugstutzen durch den Fußboden.

Die Heizung läßt sich platzsparend im Unterteil des Kleiderschranks einbauen. Eine Revisionsklappe im Boden ermöglicht den Zugang zum dahinterliegenden Warmluftgebläse.

Für kleine Fahrzeuge bis ca. 300 cm Aufbaulänge reicht die trumatic-sw mit 2000 Watt Heizleistung. Sie ist durch den Seitenwandkamin besonders leicht einzubauen. Da sie keinen Fußbodendurchbruch für die Frischluftzuführung benötigt, kann sie auch dann eingebaut werden, wenn der Gasflaschenkasten mit einer Bodenlüftung versehen ist. Bei den anderen Typen muß er zur Seite entlüftet werden. Die Rohre für Abgas- und Verbrennungsluftführung sind fertig konfektioniert und dürfen nicht verlängert werden. Das Gerät kann dadurch max. 50 cm von der Außenwand eingebaut werden. Zur Montage reicht ein einziger Ausschnitt von 92×158 mm aus. Zum Einbau in einen Schrank gibt es als Zubehör einen Einbaukasten, für freistehende Montage eine Rückwand. Am Einbaukasten kann zur gleichmäßigen Warmluftverteilung ein trumavent-Gebläse angeschlossen werden. Damit ist es möglich, über ein Rohrsystem die Wärme im Fahrzeug gezielt dahin zu leiten, wo sie benötigt wird. Die Warmluftauslässe sind einzeln absperr- und regelbar. Konvektoren ermöglichen den Bau von Winterrückenlehnen. Mehr darüber im Kapitel

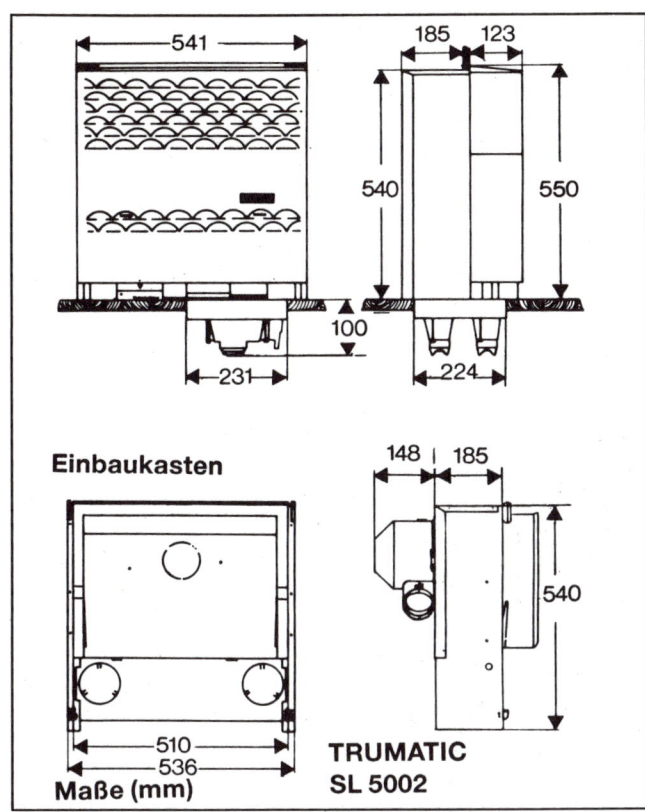

Einbaukasten

148 | 185

540

510
536

Maße (mm)

TRUMATIC SL 5002

Einbaumaße der großen Trumatic-Heizung 5002 für große und größte Reisemobile ab ca. 600 cm Innenlänge.

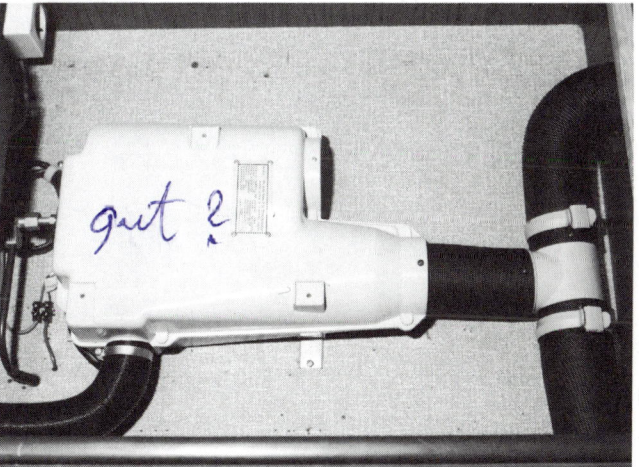

TRUMATIC-E 1800

254 — 380 — 120

TRUMATIC-E 2800/4000

230

Innenausführung
525
Außenausführung
585

300
162

Maße (mm)

Einbaumaße der Elektronikheizungen 1800 und 2800/4000 für innen und außen.

Wintermaßnahmen. Mit dem Gebläse wird die Heizung stromabhängig. Sie kann aber auch ohne dieses betrieben werden. Lediglich zur Zündung werden zwei Trockenbatterien benötigt.

Die stärkeren Heizungen mit 3500 und 5800 Watt Leistung arbeiten mit Dachkamin und Verbrennungsluftführung durch den Fußboden. Sie können dadurch weiter von der Außenwand entfernt aufgestellt werden. Eine trumavent-Anlage sollte hier auf jeden Fall eingeplant werden, die große Heizleistung ist sonst nicht mehr sinnvoll zu verteilen.

Auf jeden Fall stromabhängig, dafür aber ohne Platzbedarf im Bewegungsraum des Fahrzeugs, arbeitet die trumatic-e. Sie ist in einem Kunststoffgehäuse wärmegedämmt untergebracht und kann unter dem Fahrzeugboden, aber auch versteckt in einem Stauraum installiert werden. Da sie vollautomatisch und elektronisch überwacht arbeitet, muß sie nur für eine evtl. Reparatur zugänglich sein. Ein eingebautes Gebläse bringt die Warmluft in das Fahrzeug. Dort wird sie mit den Trumaventrohren verteilt. Durch die

Platzsparend im Stauraum kann die Elektronikheizung Trumatic-E installiert werden. Das eingebaute Gebläse schafft die Warmluft durch Rohre dorthin, wo sie benötigt wird.

Elektronik kann sie auch über eine Schaltuhr gezündet werden. Je nach Gerät ist eine Wärmeleistung von 1800 bis 3700 Watt möglich.

Gas-Warmwasserheizungen

Aus dem Land der Kälte, Schweden, kommen die beiden Gas-Warmwasser-Zentralheizungen Alde und Primus. Wer die Anlagekosten verkraftet, dem bietet sich der Komfort einer Zentralheizung wie zu Hause. Obwohl vom Prinzip her beide Systeme gleich sind, unterscheiden sie sich im Aufbau wesentlich voneinander. Die Primus-Heizung muß außerhalb des Wohnraums in einem zum Innenraum dichten Kasten installiert werden. Hierfür gibt es einen speziellen Geräteeinbaukasten mit einer Schiebetür, der bündig in die

Im Rohbau verlegte Fußboden- und Wandheizplatten einer primus-Warmwasserheizung.

Außenwand eingebaut wird. Geheizt wird entweder mit Aluminiumkonvektoren oder, eine Spezialität dieses Systems, mit Heizelementen für Wand und Fußboden. Damit wird sie zur Strahlungsheizung mit niedrigen Temperaturen und wenig Staubumwälzung. Mit warmen Füßen und kühlem Kopf fühlt sich der Mensch bei wesentlich geringeren Raumtemperaturen behaglich. Der dreistufig bis zu 6300 Watt leistende Heizkessel wird elektronisch überwacht und mit Glühkerzen gezündet. Dadurch ist Vorheizen über Zeitschaltuhr möglich. Ein in den Heizkreis integrierter Warmwasserboiler mit zehn Litern Inhalt heizt das Brauchwasser bis 70° auf. Er ist auch mit abgeschaltetem Heizkreis im Sommer betriebsbereit. Wärmetauscher mit 7 und 9 kW Leistung versorgen den Heizkreis bei laufendem Motor mit Wärme aus dem Kühlwasserkreislauf. Umgekehrt wird der stehende Motor bei laufender Heizung warmgehalten. Eine Besonderheit der Primus-Heizung ist ihr Gasbetriebsdruck von 500 mbar. Da der Betriebsdruck der Gasanlage normalerweise 50 mbar beträgt, muß ein zweiter Regelkreis für die Heizung vorgeschaltet werden. Man benötigt also zwei hintereinandergeschaltete Regler.

Mit dem normalen Regler und Gasverteiler kommt die Alde-Heizung aus. Sie darf deshalb auch im Innenraum installiert werden. In einem »Heizraum« mit der Grundfläche 132×215 mm und 1710 mm Höhe ist die gesamte Anlage einschließlich Kessel, Regelung, Brenner, Ausgleichsgefäß und Umwälzpumpe eingebaut. Daran befestigt ist der Warmwasserbereiter, der hier als Durchlauferhitzer arbeitet, also ständig Warmwasser liefert. Die Heizung wird an geeigneter Stelle im Fahrzeug senkrecht montiert. Eine Bohrung im Fußboden mit 58 mm ⌀ für die Zuluft und ein Dachdurchbruch mit 125 mm ⌀ für den Schornstein können mit einem Kreisschneider hergestellt werden. Die Heizung wird fest mit dem Fußboden und einer Seitenwand verschraubt. Je nach Gegebenheit links oder rechts neben der Heizung wird ein weiterer Fußbodenausschnitt von 120×80 mm hergestellt. Durch diesen holt sich die Heizung Frischluft zur Wärmerückgewinnung. Diese Frischluft strömt am Heizkessel und Brenner entlang und wird erwärmt im oberen Teil der Heizung durch Kiemen dem Innenraum zugeführt. Geheizt wird mit Konvektoren, die möglichst umlaufend im Fahrzeug angeordnet werden. Die genaue Einbauanleitung gibt wertvolle Tips über die Anordnung. Auch hier ist ein Wärmetauscher für den Kühlwasserkreislauf vorgesehen. Eine zusätzliche Umwälzpumpe in diesem Kreislauf wärmt den Motor und hält, je nach Einstellung der Heizungsverteilung des Fahrzeugs, die Fahrerhausscheiben beschlagfrei oder das Fahrerhaus warm. Hierzu muß das Gebläse so umgeklemmt werden, daß es

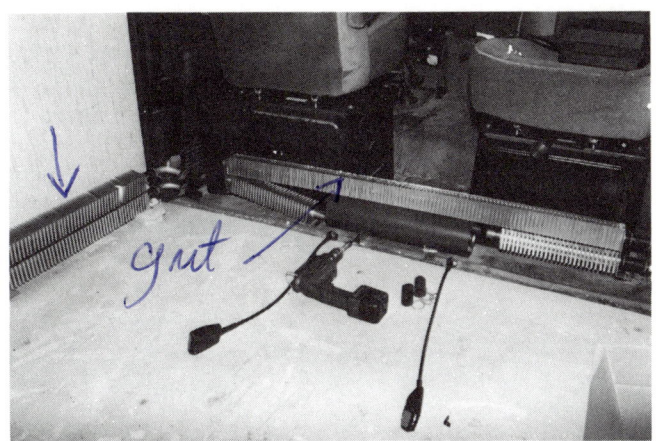

In den Warmwasserkreislauf der Konvektoren einer Alde-Heizung kann der Wärmetauscher für den Kühlwasserkreislauf eingebaut werden.

auch bei ausgeschalteter Zündung betriebsbereit ist, am besten über den Bordnetzakku.

Gefüllt werden beide Heizungen wie der Kühler mit einer Mischung aus Wasser und Glyzerin.

Nachteil der Warmwasserheizungen gegenüber Warmluftheizungen ist die wesentlich längere Aufheizzeit. Durch Kühlwasser-Wärmetauscher wird diese während der Fahrt zwar verkürzt, aber schnell mal im Stand durchheizen geht nicht.

Ölheizungen

Eine Statistenrolle im Reisemobil spielen Ölheizungen. Sie werden vereinzelt in Caravans eingebaut, meist im Standbetrieb. Preislich und maßlich gleichen sie den Warmluft-Gasheizungen. Dafür muß entweder ein zusätzlicher Tank für Heizöl eingebaut oder teurer Dieselkraftstoff verheizt werden. Da Gas sowieso im Fahrzeug ist und Kraftstoffheizungen effektiver arbeiten, sind keine Vorteile darin zu sehen.

Kochen, grillen, backen

Eigener Herd ist Goldes wert ... Nicht nur, daß der TÜV zur Anerkennung als »SOKFZ Wohnmobil« eine Kochgelegenheit verlangt, auch wenn man im Urlaub nicht unbedingt immer kochen will, ist eine eingebaute Küche ohne Herd nur eine halbe Sache. Wie oft findet man kein geeignetes Restaurant, hat keine Lust zum Ausgehen, will sich auch nur mal schnell einen Kaffee kochen oder der besseren

Hälfte das Frühstück im Bett servieren. Es soll Leute geben, denen es gerade im Urlaub, wenn sie genügend Zeit und Muße haben, Spaß macht, ein ausgefallenes Menü zu zaubern. In England gehört dazu ein Gasgrill zur selbstverständlichen Ausstattung, in Amerika muß es ein integrierter Mikrowellenherd sein. Backöfen sind genauso im Zubehörprogramm wie seit neuestem aus Japan ein reisemobilgeeigneter Brotbackautomat. Auf der anderen Seite der Komfortskala stehen Trockenspiritus- und Petroleumkocher. Was darf's denn sein?

Als Hilfestellung zur Wahl der richtigen Kochgelegenheit ein paar Grundsatzüberlegungen aus der Praxis:

Für kleine Freizeitfahrzeuge ohne Gasverbraucher eignet sich ein ein- bis zweiflammiger, herausnehmbarer Spirituskocher. Man erspart sich damit eine Gasanlage mit all ihren Nachteilen und kann trotzdem kleinere Gerichte kochen.

Wird für Heizung und Kühlschrank sowieso Gas benötigt, ist auch in kleinen Fahrzeugen eine Herd-Spüle-Kombination mit zwei Flammen angebracht. Eine Kochstelle allein reicht gerade für Kaffeewasser. Zur Zubereitung von Mahlzeiten sollten mindestens zwei, besser drei Flammen zur Verfügung stehen. Mangels Warmhaltemöglichkeit im Reisemobil müssen die einzelnen Gerichte parallel gekocht werden können. Bei größeren Küchen und höheren Ansprüchen sollte eine Trennung von Herd und Spüle mit dazwischenliegender Arbeitsfläche angestrebt werden. Abstellflächen können am Herd nie genug eingeplant werden. Nur so macht das Kochen Spaß. Deshalb hat sich auch eine in der Mitte geteilte Herdabdeckung bewährt, die aufgestellt eine zusätzliche Abstellfläche für Zutaten und Gewürze bietet.

Nicht nur mit Spiritus oder Benzin, auch mit Gaskartuschen können Kleinstherde gespeist werden. Sie sind transportabel und überall einsatzbereit.

Ein Backofen im Reisemobil ist kein übertriebener Luxus.

Obwohl vielfach mit Kopfschütteln quittiert, ist ein Backofen in einem größeren Reisemobil eine überlegenswerte Einrichtung. Landläufig stellt man sich unter einem Backofen ein Gerät zum Backen von Kuchen vor. Aber wie steht es mit dem Backen tiefgefrorener Pizzen, belegter Baguettes oder eines saftigen Bratens »aus dem Rohr«? Solche arbeitssparenden Gerichte sind doch gerade im Urlaub sehr willkommen. Einbaubacköfen gibt es als getrennte

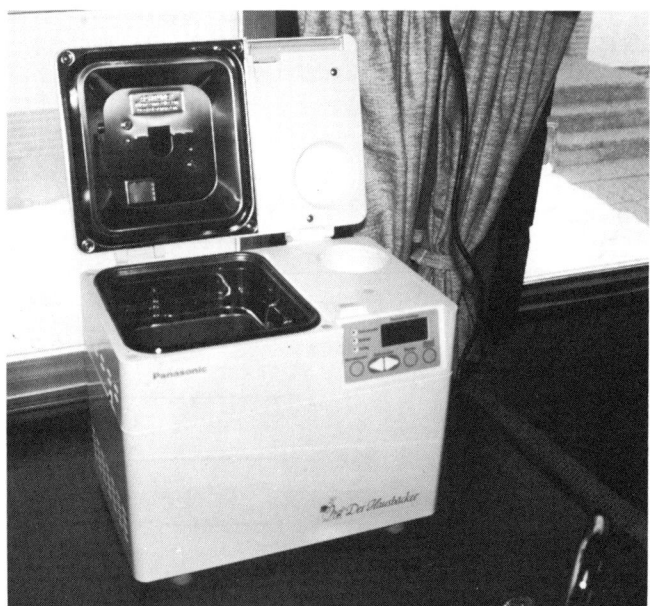

Für Reisen in Ländern ohne gesicherte Versorgung mit bekömmlichem Brot nach unserem Geschmack kann ein Brotbackautomat gute Dienste leisten.

Teuer, aber mit unbestreitbaren Vorteilen: Ein Gas-Cerankochfeld mit dazu passender Spüle.

Geräte oder in Kombination mit Herden wie zu Hause. Aber Vorsicht: Im Handel sind Kombinationsgeräte oft in Yachtausführung ohne Backofenabluft nach außen. Diese Geräte sind im Reisemobil nicht zugelassen! Die Abgase müssen über einen Außenkamin abgeführt werden.

Unnötig für europäische Eßgewohnheiten sind die in US-Reisemobilen weitverbreiteten Mikrowellenherde. Nicht nur der fehlende Generator zur Versorgung der hohen Leistungsaufnahme dieser Netzstromgeräte, auch die fehlende Tiefkühltruhe und der geringe Appetit auf Fast-Food-Gerichte lassen diese Geräte bei uns eine Außenseiterrolle spielen.

Mehr Zukunftsaussichten geben wir dem neuesten Produkt der im Aufspüren und Schaffen von Marktlücken so begabten Japaner, einem Brotbackautomaten für Netzstrom. Die Leistungsaufnahme von ca. 400 W erlaubt den Betrieb gerade noch an den Stromversorgungen der Campingplätze. Bei genügend großer Bordstromversorgung kann diese Leistung aber auch über einen Wandler dem Bordakku entnommen werden. Die Bedienung ist verblüffend einfach: In einen Behälter werden Mehl, Wasser, Joghurt und Gewürze nach Rezept eingefüllt und der Deckel geschlossen. In ein gesondertes Fach im Deckel kommt Trockenhefe. Vier Stunden nach dem Einschalten oder nach einer vorprogrammierbaren Zeit piepst der Apparat. Nach Öffnen des Deckels kann das herrlich duftende Weiß- oder Graubrot entnommen werden. Selbst Vollkornbrot ist möglich. Damit können auch wieder die Länder in den Reiseplan aufgenommen werden, in denen es nur fades Weißbrot zu kaufen gibt.

Eine weitere Neuentwicklung auf dem Zubehörmarkt ist ein Gas-Ceran-Kochfeld. Seine ebene Oberfläche ist leicht zu reinigen und erspart die Herdabdeckung. Es ist mit zwei

Brennstellen und zwei »Fortkochzonen« ausgestattet, die die heiße Abwärme nutzen, bevor sie durch den Außenkamin entweicht. Ein Wermutstropfen ist der hohe Preis von über 1300 Mark, der schwerlich über die angegebene Energieeinsparung wieder reinkommt.

Einbau und Installation

Bei Herden unterscheidet man Ausführungen mit Bedienung in der Frontblende und solche, bei denen die Bedienungsknöpfe oben in die Herdplatte integriert sind. Beide haben Vor- und Nachteile. Bedienung von oben ist auf jeden fall kindersicherer, da nicht so leicht an den Knöpfen gespielt werden kann. Außerdem ist der Einbau leichter. Dafür ist die Reinigung von Übergekochtem schwieriger und bei größeren Töpfen die Bedienung während des Kochens. Bei Bedienung von vorn sollten die Knöpfe vertieft in der Frontplatte angeordnet werden. So ist die Gefahr, daß man versehentlich die Einstellung verändert, nicht so groß. Herd-Spüle-Kombinationen haben die Bedienung immer von vorn. Bei größeren Küchen ist eine Trennung von Herd und Spüle sinnvoll, dazwischen Abstell- und Arbeits-

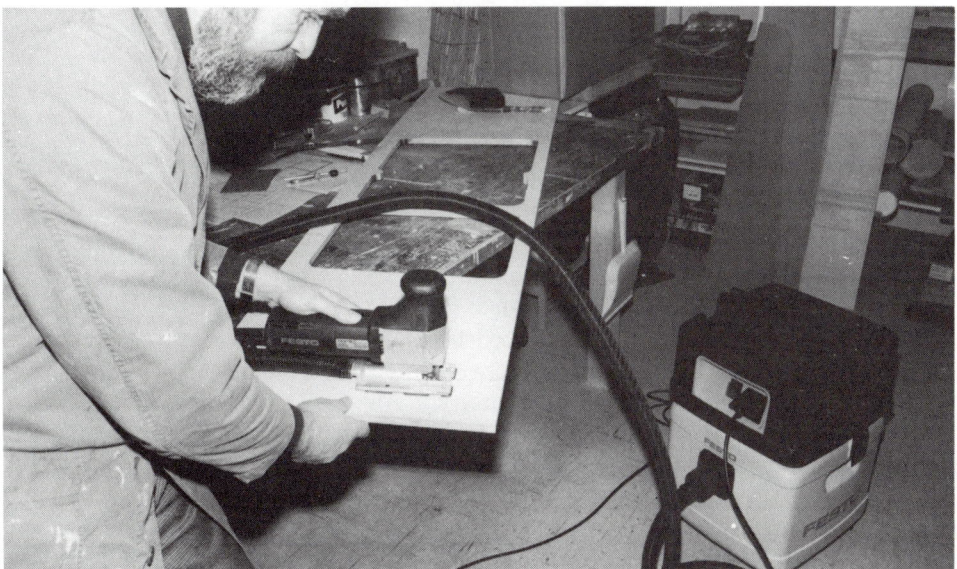

Nach der Einbauzeichnung wird der Ausschnitt für die Herdmulde aus der Arbeitsplatte ausgesägt. Eine Stichsäge mit Spanabsaugung erleichtert die Arbeit.

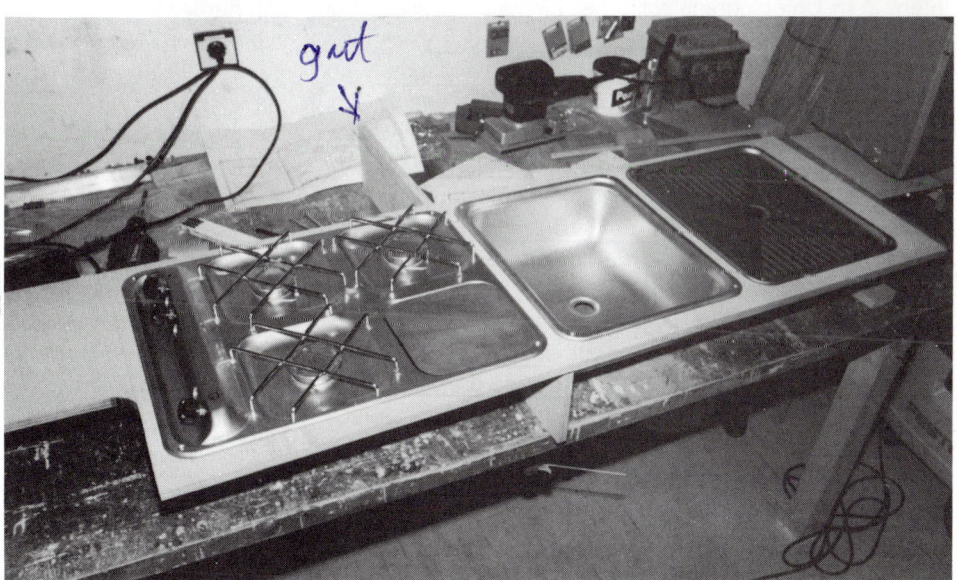

Herdmulde, Spüle und Abtropffläche einer großzügigen Küche. Abdeckbretter auf Spüle und Abtropfblech schaffen Abstellfläche.

141

An den Herd angrenzende Bauteile werden mit einem Flamm- und Spritzschutz aus Alu geschützt. Die abknickbare Herdabdeckung schafft zusätzliche Abstellfläche.

fläche. In diesem Fall wird nach der dem Herd beiliegenden Einbauzeichnung der Ausschnitt in der Arbeitsplatte mit der Stichsäge ausgeschnitten. Die Schnittflächen sollten mit Lack versiegelt werden, damit sie nicht so leicht Wasser ziehen können und aufquellen. Mit einem speziellen Herddichtband, das um die Grundplatte gelegt wird, ist gewährleistet, daß die Fuge zwischen Arbeitsplatte und Herd dicht ist. Die Befestigung erfolgt je nach Herdtyp entweder mit sichtbaren Schrauben von oben oder mit Klammern von unten. Zum Unterschrank sollte der Einbauort sowieso frei sein, denn der Gasanschluß muß jederzeit zugänglich bleiben. Er wird mit einer 8-mm-Schneidringverschraubung starr ausgeführt. Schlauchanschluß ist nur erlaubt bei schwenk- und ausziehbaren Kochern und nur bis max. 40 cm Länge der DVGW-zugelassenen Schläuche.

Herd-Spüle-Kombinationen bedecken meist die ganze Fläche des Küchenschranks. Bei ihnen benötigt man keine zusätzliche Arbeitsplatte. Sie werden von unten mit Klammern am Korpus verschraubt.

Rund um den Herd müssen alle brennbaren Bauteile vor der Hitze geschützt werden. Hierzu gibt es in den Serienreisemobilen viele unpraktische und wenige praktikable Lösungen. Ein wirkungsvoller Flammschutz sollte so einfach wie möglich zu handhaben sein und keinesfalls aus losen Blechen, die irgendwo verstaut werden müssen, bestehen. Nach kurzer Zeit wird einem das Herauskramen leid und man kocht riskant ohne Flammschutz. Zweite Forderung ist die Klapperfreiheit. Nichts kann so nerven wie ein ständiges Geklapper aus dem Küchenblock. Dies kann man leicht durch entsprechende Klammern unterbinden, die in eingeklapptem Zustand den Flammschutz festhalten.

Backöfen und Einbaugrillgeräte werden meist in einen Schrank integriert. Da die Seiten sich stark erwärmen, ist eine Wärmedämmung unumgänglich. Früher wurden dazu Asbestplatten zwischen Backofen und Möbelwände gestellt. Da dieses Material inzwischen wegen ernster Gesundheitsgefährdung verboten ist, müssen Ersatzmaterialien herhalten. Asbestfreie Wärmeschutzplatten sind in verschiedenen Materialien auf dem Markt. Den gleichen Zweck erfüllen auch 12 mm dicke Gipskarton-Feuerschutzplatten, die besonders preisgünstig sind. Es müssen lediglich die Schnittkanten überklebt werden, damit die Gipszwischenlage nicht ausmehlt.

Die Abgasführung zur Außenwand oder über Dach wird aus zugelassenen Abgasrohren mit Mantelrohr und Außenwand- bzw. Dachkamin ausgeführt. Hierzu werden die gleichen Bauteile wie für die Heizung verwendet. Der Gasanschluß wird sinngemäß wie beim Herd ausgeführt.

Für Herde und Backöfen sind jeweils Zuluftöffnungen mit 150 qcm vorzusehen. Sie können verschließbar sein, es reichen also öffenbare Fenster oder Dachhauben. Bei verschließbaren Öffnungen muß in Sichtweite des Geräts ein Warnschild angebracht werden, das an das Öffnen der Zuluftklappe erinnert. Diese Aufkleber gibt es fertig im Zubehörhandel.

142

Reisemobil-Kühlschränke und -boxen

Der Kühlschrank in der Küche zu Hause arbeitet mit einem Kompressor. Kältemittel wird von ihm verdichtet und dadurch vom gasförmigen in den flüssigen Zustand gebracht, durchläuft ein Leitungssystem und entspannt sich im sogenannten Verdampfer wieder zu Gas. Dabei wird Wärme aus der Umgebung absorbiert: Die Verdampferaußenfläche kühlt sich ab. Das Kältemittel strömt wieder in den Kompressor, und so weiter und so weiter. Ein Thermostat regelt ihn so, daß er nicht ständig in Betrieb ist und die Temperatur konstant hält.

Die wenigsten Reisemobile werden mit einem solchen Kühlsystem ausgestattet. Kompressorkühlschränke und -boxen gelten, da teuer, als nicht unbedingt notwendiger Luxus und sind zumeist Expeditionsmobilen vorbehalten. Kompressorkühlaggregate bieten sicherlich die bestmögliche Kühlung unter allen Umgebungstemperaturen, sie arbeiten zuverlässig und können auch bei Schräglagen von bis zu 60 Grad noch unbeirrt kühlen. Aber die Preise beginnen erst bei etwa 1000 Mark. Da holt sich manche Selbstausbauer-Brieftasche schnell eine Unterkühlung. Außerdem sind sie allesamt von der Energieart Strom abhängig: Sie arbeiten mit 12, 24 oder 220 Volt.

Der Stromverbrauch ist relativ gering – moderne Schwingkompressoren benötigen etwa 1,8 A pro Stunde Laufzeit. Durch thermostatische Regelung und neuerdings auch mit zusätzlich eingebauten Kältespeicherplatten (eutektische Platten) lassen sich die Laufzyklen eines Kompressoraggregats auf einen Bruchteil des Tages reduzieren. Dennoch ist ein Betrieb auch mit großdimensioniertem Bordakku ohne Nachlademöglichkeit über Netz, Generator oder Solarpaneel für eine längere Standdauer nicht ratsam. Im Zusammenhang mit einem Solarpaneel zeigt der Kompressor freilich, was er kann – nur ist die Kombination halt ziemlich teuer.

Kompressoraggregate unterscheiden sich in ihrer Bauart voneinander. Gerade im Wohnmobil, wo man neben dem Kühlschrank schläft, ist die Geräuschreduzierung des Kompressors besonders wichtig. Deshalb verwendet die Firma Waeco für die von ihr vertriebenen Engel-Geräte (die trotz des himmlisch-deutschen Namens in Japan hergestellt werden) geräusch- und reibungsarme Schwingkompressoren. Danfoss setzt auf einen hermetisch abgeschlossenen Kreiselkompressor, der noch ruhiger läuft. Besonders im Yachtbereich bekannt sind die Aggregate der Firma Kissmann mit italienischen Indel-Kompressoren. Letztere laufen allerdings recht laut. Auch Electrolux bietet Kompressoraggregate an.

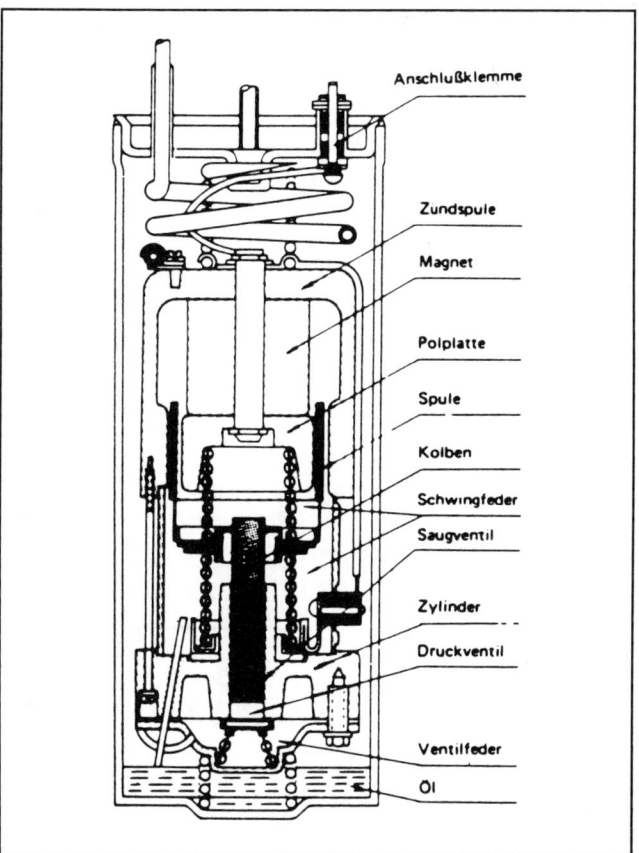

Schnitt durch einen Schwingkompressor.

Anschlußklemme
Zündspule
Magnet
Polplatte
Spule
Kolben
Schwingfeder
Saugventil
Zylinder
Druckventil
Ventilfeder
Öl

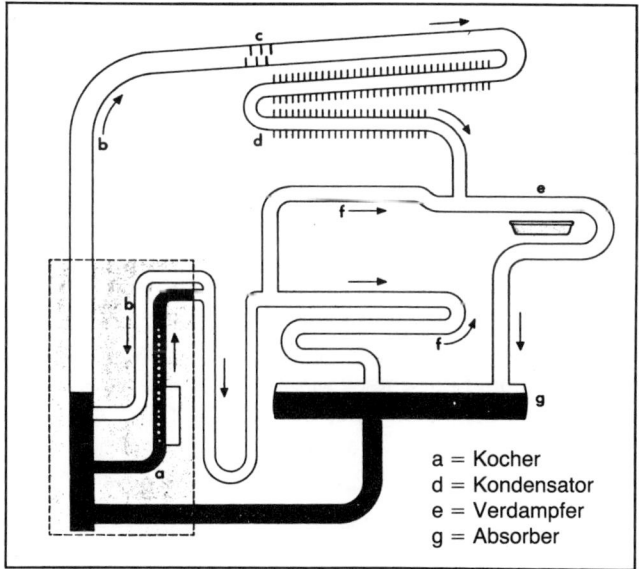

a = Kocher
d = Kondensator
e = Verdampfer
g = Absorber

Prinzip eines Absorberkühlschranks

Die weiteste Verbreitung im Campingbereich haben Absorber-Kühlaggregate. Diese Aggregate sind zwar im Grunde reine Energieverschwender, bieten aber dem Reisemobilisten zwei nicht von der Hand zu weisende Vorteile: Sie sind, neben Elektrobetrieb, auch mit der Energieart Gas zu betreiben und sie arbeiten absolut geräuschlos. Diese Vorteile sichern dem Absorberkühlschrank seine unumstrittene Spitzenstellung. Das Arbeitsprinzip mutet auf den ersten Blick seltsam an: Kälte entsteht durch Kochen. Im Kocher des Absorbers wird Salmiak zu Wasserdampf und Ammoniak verdampft und in einem Kondensator getrennt verflüssigt. Das Ammoniak strömt in den Verdampfer, wo es sich – vereinfacht gesagt – wieder entspannt. Dabei wird, genau wie im Verdampfer eines Kompressorkühlschranks, der Umgebung Wärme entzogen, auf der Verdampferplatte entsteht eine kalte Fläche.

Der Absorberkühlschrank kann mittels Heizpatrone ebenfalls mit Bordstrom oder 220-Volt-Wechselstrom »bekocht« werden. Allerdings geht er, bei diesem Prinzip verständlich, relativ unwirtschaftlich mit dem Strom um (8 bis 10 A Stromaufnahme bei 12-V-Betrieb). Bei Gasverbräuchen von nur 10 bis 15 Gramm pro Betriebsstunde bietet sich diese Befeuerungsart förmlich an. 12-V-Betrieb eignet sich hier nur während der Fahrt.

Absorberkühlaggregate sind allerdings empfindlicher als Kompressoren. Sie nehmen aufgrund ihres Arbeitsprinzips Schräglagen sehr übel. Obwohl es inzwischen immer mehr Reisemobilkühlschränke gibt, die als »Schräglage-unabhängig« bezeichnet werden, stimmt dies nur zum Teil. Nach wie vor haben auch die Detailverbesserungen an den Aggregaten nichts daran ändern können, daß ein Absorber, soll er einwandfrei arbeiten, gerade stehen muß. Die genannten neueren Modelle verkraften auch nicht mehr als 8 Grad seitliche Schräglage und 20 Grad nach vorn und hinten!

Naturgemäß entwickelt jedes Kühlaggregat Abwärme. Beim Absorber ist sie aufgrund des Kochers jedoch besonders groß. Würde ein Absorber so eingebaut, daß ein Luftaustausch nur mit dem Innenraum des Wohnmobils stattfinden kann, wäre er ab 40 Grad C Umgebungstemperatur nicht mehr in der Lage, zu kühlen. Statt dessen heizt er dann. Aus dem Kühlschrank wird ein Brutschrank, was Butter und Bier sehr übel nehmen. Noch wichtiger als beim Kompressorschrank sind also beim Absorber großdimensionierte Lüfteröffnungen, die eine Luftzirkulation hinter dem Aggregat zulassen: Unten, im Bodenbereich des Aggregats, sollten 250 qcm freier Querschnitt vorhanden sein. Oben, oberhalb der Abschlußkante des Geräts, muß eine gleichgroße Öffnung für den Austritt der heißen Luft sorgen.

Ein kleiner Kühlschrankventilator erleichtert dem Absorber seine Arbeit. Absorberkühlschränke sind schon ab 450 Mark im Handel zu bekommen und kosten damit etwa halb so viel wie die Kollegen Kompressoren. Den Markt dominiert Electrolux mit einer breiten Palette von Absorberschränken und -boxen, gefolgt von Camping Gaz International. Bei den Boxen findet man gelegentlich auch weitere Anbieter, vornehmlich aus Italien.

Ein Wort vielleicht noch zur Bedienung der Geräte: Während Kompressoraggregate ausschließlich thermostatgesteuert sind, muß sich der Absorberbesitzer mit einer Vielzahl verschiedener Bedienungsinstrumente abfinden, ohne dadurch jedoch auch eine Vielzahl von Regulierungsmöglichkeiten zu haben. Mit einem Thermostaten kann hier nur der 220-V-Betrieb geregelt werden, beim Gas kann man

Zwei Lüftungsbleche von je 250 qcm freiem Querschnitt beatmen den Kühlschrank.

nur zwischen großer und kleiner Flamme wählen, und für den Bordnetzanschluß steht lediglich ein Ein-/Ausschalter zur Verfügung. Vielfach unbekannt ist, daß Absorberkühlschränke niemals mit mehreren Betriebsarten gleichzeitig betrieben werden dürfen. Das Gerät kann dann Schaden nehmen. Doch auch bei sachgemäßer Behandlung muten manche Modelle dem Besitzer allerhand zu. So gibt es immer noch Geräte, die den Gasbetrieb nicht per Fernanzeige in der Frontblende anzeigen, sondern den Kniefall verlangen: Tür aufmachen, Butter ausräumen, Fahrzeug abdunkeln und blinzeln, ob im Schauglas die Flamme sichtbar ist. Als empfehlenswertes Zubehör hat sich da die ABU (automatische Betriebsart-Umschaltung) erwiesen (Lieferantennachweis im Anhang). Die ABU macht alles von allein, jede Betriebsart wird ein für allemal nur noch am Thermostaten geregelt. Leuchtdioden zeigen den jeweiligen Betrieb an. Ein Absorberkühlschrank kommt zusammen mit der ABU zwar an den Preis eines billigen Kompressorgerätes nahe heran, bietet ihm gegenüber aber die Vorteile Gasbetrieb und Geräuschlosigkeit.

Viel zu diskutieren gibt es darüber, ob man einen Kühlschrank oder eine Kühlbox wählen sollte. Wer Tiefkühlkost transportieren möchte, sollte sich tunlichst eine Kompressorbox zulegen. Die schafft bis zu minus 18 Grad in der gesamten Box. Beim Öffnen eines Schranks »fällt« die Kälte heraus, es ist ein vergleichsweise höherer Energieaufwand nötig, um die Ausgangstemperatur wieder zu erreichen. Öffnet man eine Box, bleibt die Kälte »darin liegen«. Die Entscheidung wird im wesentlichen vom Platzangebot im Fahrzeug abhängen. Einen Schrank kann man bequem unterbauen, die Oberseite nutzen – eine Kühlbox muß frei bleiben, damit man den Deckel aufschwenken kann. Außerdem läßt sich ein Schrank natürlich übersichtlicher füllen, bietet dafür aber auch mehr Möglichkeiten, bei Kurvenfahrt alles durcheinanderzuwürfeln.

Eine Kompressorbox ist mobil und kann auch im Haushalt als Kühltruhe eingesetzt werden. Dadurch lassen sich die hohen Anschaffungskosten ein wenig breiter verteilen.

Auf dem Markt werden auch verschiedene separate Kompressoraggregate angeboten, Kältemaschinen ohne Schrank. Sie sind etwas für Selbstbauer, die einen paßgenauen Kühlschrank mit handelsunüblichen Maßen realisieren wollen, eine Sitztruhe als Kühlbox ausbauen wollen oder für Besitzer von Absorberaggregaten, die damit nicht zufrieden sind. Die Verdampferplatte wird dann zusätzlich in den Kühlschrank eingebaut, das Aggregat irgendwo in der Nähe untergebracht. Das hat Vorteile bei Fahrten in extrem temperierte Länder, wo der Absorber leistungsmäßig nicht mehr mitkommt. Genausogut eignet es sich für Leute, die häufig Kurzreisen unternehmen, jedoch nicht die Möglichkeit haben, ihren Absorberkühlschrank vor Antritt der Fahrt über Netz vorzukühlen. Dann braucht der Absorber unter sommerlichen Temperaturverhältnissen bei 12-V-Fahrbetrieb und Gas bis zu 15 Stunden, um den Innenraum auf +5 Grad herunterzukühlen. Ein Kompressor schafft das in 20 Minuten. Allerdings kostet das zusätzliche Aggregat auch schon knappe 800 Mark. Der vorgesehene Absorberschrank darf nicht zu klein sein, denn der zusätzliche Verdampfer nimmt einiges an Innenvolumen weg. Es bleiben nach dem Einbau nur noch etwa zwei Drittel nutzbarer Kühlraum übrig. Der Verdampfer sollte nicht vollkommen zugepackt werden.

Von 1785 bis 1845 lebte ein französischer Uhrmacher namens Peltier, dem heutige Campinggenerationen die dritte Art des mobilen Kühlens verdanken. Peltier entdeckte einen Temperatureffekt an der Lötstelle eines Thermoelementes. Je nachdem, in welche Richtung der Strom floß, kühlte sich die Lötstelle merklich ab oder erhitzte sich. Nach diesem Uhrmacher sind die heute verwendeten Peltierelemente benannt, in deren Werbung gern von »moderner Raumfahrt-Technologie« gesprochen wird. Peltierelemente mit Schenkeln aus Halbleitern (z. B. Wismut-Tellurid) können in Reihe geschaltet werden und geben auf der einen Seite Kälte, auf der anderen Hitze ab. Wegen des Energieaufwands und der Kosten werden Peltierelemente bislang nur für kleine Campingboxen eingesetzt. Sie können durch einfache Umpolung entweder thermostatisch geregelte +4 Grad oder +70 Grad erreichen. Der Reisemobilist wird sie sicherlich zum Kühlen einsetzen wollen. Er muß also mit einer starken Abwärme rechnen, die ein unter der Box montierter Ventilator ins Wageninnere transportiert. Ein Versenken der Box in einen nach außen entlüfteten Schrank ist deshalb auch bei diesem System sinnvoll. Peltierelemente eignen sich vorzüglich nur für ausgesprochene Vielfahrer, die die Bordakkus ständig nachladen. Lange Standzeiten sind nur mit Netz-, Solar- oder Generatorversorgung möglich. Peltierboxen gibt es zwischen 12 und 30 Liter Inhalt, sie kosten ab 350 Mark. Wegen geringen Platzbedarfs, Federgewichts und völliger Anspruchslosigkeit an Schräglagen und Einbauplatz sind sie ideal für Freizeitfahrzeuge mit Multinutzung. Sie eignen sich für Wochenendsurfer und Expeditionsreisende, kaum aber für ein »normales« Wohnmobil.

✗ Wasseranlagen

Tankbaumaterialien

Die meisten Vorratsbehälter für Trinkwasser in Wohnmobilen bestehen aus Kunststoffmaterialien. Der größte Teil der im Handel erhältlichen Tanks ist lebensmittelecht und damit für die Verwendung unbedenklich.

Sie sollten jedoch unbedingt danach fragen, ob der Tankbaukunststoff auf Lebensmittelechtheit überprüft wurde. Nach heutigem Kenntnisstand sind PE (Niederdruck-Polyethylen) und ABS (Acryl-Nitril-Butadien-Styrol) ungefährlich. Bei ABS sollte allerdings darauf geachtet werden, daß nur hochwertige Qualitäten (z. B. »Luran«) eingebaut werden, da billige Materialien dieses Kunststofftyps eine hohe Wasseraufnahme haben und frostempfindlich sind (sie platzen leicht, wichtig, wenn der Tank unter dem Wohnmobil angebracht werden soll).

PE ist nach derzeitigem Kenntnisstand der Werkstoff der Wahl, denn es wird ohne Zusatz von Weichmachern hergestellt. Somit besteht keine Gefahr, daß die relativ leicht auswaschbaren Weichmacher im Kaffee landen und, statt den Kunststofftank vor Altern und Sprödewerden zu schützen, unbekannte Wirkungen im Organismus entfalten.

Völlig ungeeignet sind PVC-(Poly-Vinyl-Chlorid)-Materialien. Herstellung, Gebrauch und Entsorgung dieses Kunststoffs sind mit erheblichen Umwelt- und Gesundheitsrisiken verbunden, Schwermetalle als Stabilisatoren und Farbstoffe machen diesen Kunststoff ungeeignet zum Lagern von Trinkwasser. Dies gilt auch für ein im Zubehörhandel vertriebenes Tankselbstbausystem aus grauem, bleistabilisiertem »Trovidur«-PVC. Dieses kann nur für Brauch- (= Wasch)- und Abwasser eingebaut werden, sollte aber aus den genannten Gründen möglichst überhaupt vermieden werden.

TIP: Wer auf das allgegenwärtige, preiswerte PVC nicht verzichten mag, kommt billig zu einem Abwassertank unter dem Fahrzeug. Im Baumarkt eine gewünschte Länge Regenrinnenabfallrohr im größtmöglichen Durchmesser kaufen, zwei Endstopfen (gibt es passend) darauf verschweißen und Ablaßhahn, Zulauf und Entlüftung einsetzen. Leicht zum Auslaufhahn geneigt unter dem Fahrzeug montieren – fertig. Wenn die Kapazität nicht reicht, kann man mehrere dieser Rohre parallel verlegen.

Zum Kaltverschweißen verschiedener Kunststoffe hält die chemische Industrie Spezialklebmittel (z. B. »Tangit«) bereit, die eine wirklich dichte Verschweißung garantieren. Man kann damit komplette Tanks aus Platten- bzw. Rohrware selbst herstellen oder auch in vorhandene Tanks Ein-

füller, Auslaufhähne und Reinigungsdeckel einbauen.

ACHTUNG: Diese Chemikalien sind hochgiftig, dürfen nicht ins Erdreich, Ab- oder Grundwasser gelangen! Bis zum vollständigen Ablüften der Lösemittel darf kein Trinkwasser in den geschweißten Behältern gelagert werden! Hinweise auf dem Beipackzettel genau beachten!

Wer auf Nummer sicher gehen will, baut sich – oder läßt sich bauen – Trinkwassertanks aus Edelstahl. Geeignete Tankbauqualität hat Edelstahl der Güte V4A. Dieses hochwertige Material ist allerdings teuer. Außerdem gibt es Probleme mit den herkömmlichen, im Zubehörhandel angebotenen Wasserstandsanzeigesensoren, die auf einen elektrisch nicht leitenden Tankkörper angewiesen sind. Darüber hinaus versagen Wasserentkeimungsmittel auf Silberionenbasis (z. B. »Micropur«) ihren Dienst, da die Ionen statt mit dem Wasser lieber mit dem Stahl reagieren.

Aus der Mode gekommen ist eine uralte Frischhaltemöglichkeit für Trinkwasser: die Lagerung in gummierten Leinensäcken. Abgeguckt ist diese Bevorratung von den Ziegenhautschläuchen, deren Verwendung schon im Altertum nachgewiesen ist. Heutzutage trifft man diese Lagermöglichkeit nur noch auf Booten an. Durch die nicht 100% diffusionsdichte Oberfläche verdunstet stets ein Minimum an Wasservorrat. Dies hält den Inhalt kühl und frisch. An einem gut durchlüfteten, wasserdicht ausgelegten Einbauplatz kann ein solcher Sack durchaus auch im Wohnmobil Verwendung finden. Er läßt sich mit herkömmlichen Pumpensystemen verbinden.

Trennt man konsequent das nur zum Waschen und Spülen benötigte *Brauch-* vom reinen *Trink*wasser (zum Kochen), kommt man auch mit einem nur kleinen Vorratsbehälter für das wertvolle Naß aus. In einem dunkel eingefärbten Glasgefäß (zum Beispiel bauchige Chiantiflasche) ist Trinkwasser hygienisch völlig neutral aufgehoben.

Toiletten im Wohnmobil ✗✗

Kein Geringerer als Bundeskanzler Dr. Helmut Kohl gab den Anstoß zu diesem Kapitel. Vor ein paar Jahren prägte er nämlich den Begriff des Kloakenjournalismus, und seither haben wir nachgedacht, wie wir uns auf konstruktive Weise an dieser neuen Richtung der Berichterstattung beteiligen könnten.

Es ist noch gar nicht lange her, da hielt man allgemein die eigene Toilette an Bord für unnötig, und wer sie hatte, wurde oft belächelt. Er galt als der Verklemmte, der sich nicht traut, sich hinter einen Busch zu hocken. Es ist etwa

25 Jahre her, da nannte sich die Wiese eines österreichischen Bauern offiziell »Campingplatz«, und ebenso offiziell war das angrenzende Maisfeld den Campern zur Benutzung als Toilette freigegeben. Eigentlich gut, daß das heute nicht mehr so ist.

Denn was damals wenige Zelter und die frühen Caravaner hinterließen, ließ sich gut als Dünger verwerten und stellte kein Ökosystem auf den Kopf. Heute hingegen rechnet man bereits mit allein 500 000 Wohnmobilen in der Bundesrepublik – soviel Maisfelder gibt es gar nicht!

Die Campingtoilette hat sich etablieren können, sie macht unabhängiger, ermöglicht Städtetourismus und ist ideal für die »Heute-hier-morgen-da-Mentalität« der Reisemobilisten. Wer mit Kindern reist, die zu den unberechenbarsten Zeiten »mal müssen«, schätzt die bordeigene Toilette inzwischen mitten im dicksten Autobahnstau ebenso wie jener Reisende, der Mitteleuropa verläßt und der Hygiene öffentlicher Toiletten in fernen Ländern mißtraut. Letztendlich hat auch das gestiegene Umweltbewußtsein dazu beigetragen, nicht mehr wahllos in der Landschaft rumzuferkeln, sondern nach Möglichkeit alles dorthin zu bringen, wo es hingehört: Müll in die Mülltonne, Fäkalien in die Kanalisation. Aus der Entsorgungskette ist die Campingtoilette im Reisemobil nicht mehr wegzudenken.

Es gibt drei Sparten von Toiletten für Camper. Die einfachsten sind die »Eimer-Toiletten«. Dazu ist nicht viel zu sagen, es handelt sich um die Urahnen der Campingtoiletten. Insgesamt rückläufig, sind sie in Reisemobilen nur als Ausnahme zu finden.

Es handelt sich um schlichte Plumpsklos, die einem ganz normalen Eimer eigentlich nur die Form, nämlich eine bequeme Sitzhöhe und eine Brille, voraus haben. Der dichtschließende Deckel ermöglicht für die Dauer der Nichtbenutzung Freiheit von Geruchsbelästigung. Durch das Hinzufügen von speziellen chemischen Mitteln wird Portion für Portion desinfiziert und geruchsneutral gehalten. Umweltbewußte Eimernutzer verwenden schlicht eine Schicht Torfmull, der die Feuchtigkeit bindet, die Gasbildung aufnimmt und den Geruch, eine geschlossene Schicht vorausgesetzt, eindämmt. Desinfektion freilich findet dadurch nicht statt. Dafür wird aber die Entsorgung guten Gewissens einfacher, denn jede Haustoilette, notfalls auch ausnahmsweise einmal der Waldrand, können mit dem Gemisch aus Torf und Fäkalien fertig werden.

Den größten Marktanteil an tragbaren Toiletten halten die sogenannten »Frischwasser-Spültoiletten«. Sie finden sich auch in den meisten Wohnmobilen. Diese transportablen Apparaturen bestehen aus zwei Hälften. In einem Oberteil sind ein Frischwassertank, der Spülmechanismus mit Handpumpe, eine Toilettenschüssel und eine Klobrille untergebracht, bei manchen Modellen zusätzlich noch Desinfektionsmittel und Papier. Ein Schieber stellt die Verbindung zum Unterteil her. Das Unterteil ist nichts anderes als ein Kanister, der als Auffangtank dient. Je nach Modell verfügt er über trickreiche Entleerungshilfen.

Die Bedienung ist einfach: In das Oberteil wird Wasser eingefüllt, soviel die Bedienungsanleitung verlangt, oder, besser gesagt, soviel hineinpaßt, denn die Werte stimmen nicht immer exakt. In den unteren Tank wird etwas Sanitärflüssigkeit gegeben, diese bitte *genau* nach Anleitung laut Flaschenaufschrift! Nun kann man sich seiner drückenden Lasten entledigen; durch den geöffneten Schieber verschwindet mit dem Betätigen der Spülung die ganze Portion im Untertank. Die Reinigung der Toiletten erfolgt nach Sicht, die glatten Kunststoffschüsseln lassen sich zumeist leicht reinigen. Kritische Punkte sind die Schieberdichtungen. Man vereinfacht sich die Reinigung und spart auch Spülwasser, wenn man den Schieber bereits vor Erledigung des Geschäfts öffnet. Bei einer Erstbenutzung kein Problem, bei vollem Pott eine Frage der Geruchsnerven. Spätestens nach drei Tagen sollte man eine Chemietoilette leeren, egal, ob der Tank voll, halbvoll oder gar nur ein bißchen voll ist, denn die Gasbildung setzt den gesamten Topf unter Druck. Dazu trennt man das Unter- vom Oberteil (zumeist genügt es, zwei Schnellverschlüsse zu lösen), trägt das Unterteil am eingebauten Griff wie einen normalen Kanister zur Entsorgungsstelle und kippt den Inhalt weg. Dann erfolgt der Zusammenbau sinngemäß umgekehrt und es kann erneut losgehen.

Unterschiede liegen nicht nur in der Konstruktion, sondern auch in der Größe. Diese allein ist letztendlich für den Komfort einer Toilette verantwortlich. Wer ohnehin auf Reisen mit Verstopfung oder Durchfall zu kämpfen hat, für den ist eine entspannte Sitzhaltung unumgänglich. Toiletten von der Größe einer 235er Porta Potti, die eher so etwas wie ein Nachttopf auf Rädern ist, kommen daher nur dann in Frage, wenn der vorhandene Stauraum nichts Größeres zuläßt. Sitzen Sie auf jeden Fall beim Händler Probe, wenn der Toilettenkauf ansteht!

Sowohl Eimertoiletten als auch Frischwasser-Spültoiletten der oben beschriebenen Art benötigen laut Hersteller und Verkäufer Toilettenchemikalien. Warum eigentlich? Schließlich kippt man weder zu Hause ständig scharfe Sachen hinter jedem erledigten Geschäft her, noch käme man auf die Idee, nach beendeter Hockstellung hinter einem Baum Essenzen darauf zu träufeln.

Bei den Fäkalien handelt es sich um Abbauprodukte des Körpers. In erster Linie sind es Ballaststoffe, also Rückstände aus der Nahrung, die der Körper nicht weiter verdauen kann. Außerdem abgestorbene Zellen der Darmwand sowie Farbstoffe aus Abbauprodukten der Gallensäuren.

Des weiteren lebt im Darm ein Milliardenheer von Bakterien, von denen bei jeder Sitzung einige in den Außendienst versetzt werden. Diese Bakterien leben weiter, wodurch unter anderem eine erhebliche Menge an sogenannten Faulgasen freigesetzt wird. Gleichzeitig sind die Bakterien, allen voran die Sorte Escherichia coli, wohl im Darm nützlich, aber überaus schädlich, wenn sie am falschen Ende der Nahrungskette auftauchen. Colibakterien in Essen und Trinkwasser sind ausgesprochen gefährlich. Zusätzlich gibt es darunter auch Keime, die Krankheiten verursachen können, wie z. B. Salmonellen, auch wenn derjenige, der diese Keime in den Fäkaltank gebracht hat, sich nicht unbedingt krank fühlen muß.

Toilettenchemikalien haben die Hauptaufgabe zu desinfizieren. Das bedeutet, alle Keime werden zuverlässig abgetötet. Außerdem unterbinden die Chemikalien den Gasungsprozeß. Einerseits wird dadurch die unangenehme Geruchsbildung aufgehoben, andererseits kann man nur so größere Mengen Sch... über einen längeren Zeitraum in einem geschlossenen Behälter aufbewahren, ohne – das ist keine Übertreibung – eine Explosion zu riskieren. Je nach Umgebungstemperatur kann sich ein Toilettentank ganz gewaltig aufblähen, und wer an einem solchen Tank den Schieber öffnet, riskiert Urlaubsbräune ganz eigener Art.

Also Chemie rein, alles paletti? Leider hat das Ganze einen Haken: Für den Camper ist die chemische Keule zwar von Vorteil, der natürliche Zerfallprozeß ist jedoch jäh unterbrochen. Das hat Folgen.

Der biologische Umwandlungsprozeß wird gestreckt, es wird eine viel längere Zeit beziehungsweise eine vergleichsweise viel größere Verdünnung mit Wasser erforderlich, um die Chemiekloake biologisch abbaubar zu machen. Eine Untersuchung eines neutralen Prüfinstituts hat ergeben, daß ein weiterverbreitetes Toilettenchemikalienkonzentrat in einer Verdünnung von 1:1000 (ein Liter Klochemie auf tausend Liter Wasser!!!) noch absolut toxisch, das heißt giftig, ist. Bei 1:1500 konnte immer noch eine Giftwirkung nachgewiesen werden und erst bei einer Verdünnung von sage und schreibe 1:5000 war der Beginn des biologischen Abbaus nachweisbar. Die Anwenderverdünnung des Produkts, also die vorschriftsmäßig in die Toilette einzufüllende Menge, liegt bei 1:200 und ergibt also eine hochgiftige Mischung. Das Institut kommt zu dem Schluß, »daß in Anwenderkonzentration das vorliegende Produkt 25 mal

verdünnt werden muß, damit keine Störungen im biologischen Abbau auftreten«. Ein Test, bei dem die Anwenderverdünnung auf einem Komposthaufen ausgebracht wurde, verlief eindrucksvoll: Die Biologie des Komposthaufens starb ganz einfach innerhalb kürzester Zeit ab. Dadurch dürfte klar sein, was passiert, wenn man eine Chemikaltoilette in der freien Natur auskippt. Aber auch kleinere Kläranlagen, z. B. auf Campingplätzen, können nicht immer soviel geballte Chemie verkraften. Das Prüfinstitut warnt in seinem Gutachten vor dem »Umkippen« solcher kleinerer Kläranlagen. Nur beim Kanalisationsnetz einer Großstadt ist stets eine ausreichende Menge anderer Abwässer gegeben. Hier sind keine Probleme zu erwarten. Doch hält sich ja gerade der Reisemobilist wohl die wenigste Zeit in der Großstadt auf. Die Probleme drängen erst recht, wenn man den Einzugsbereich ordentlicher Kläranlagen verläßt und sich in südliche Länder begibt. Hier wird die Kanalisation häufig genug direkt in Flüsse, Seen oder das Meer eingeleitet – das Ausleeren einer Campingtoilette in eine Haustoilette kommt dem direkten Einleiten der Mischung in die Gewässer gleich!

Das beschriebene Mittel basiert wie viele Mitbewerber auf der inzwischen ohnehin verschrieenen Chemikalie Formaldehyd. Der Hersteller hat mittlerweile, wie viele andere Anbieter auch, formaldehydfreie Chemikalien auf den Markt gebracht. Um jedoch wirkungsvoll desinfizieren zu können, muß auch hier ein chemischer Muskelprotz her: Glutaraldehyd. Ein Test der biologischen Abbaubarkeit nach dem Waschmittelgesetz ergab für dieses als Bioprodukt verkaufte Mittel nahezu den gleichen Wert wie für den Formaldehyd-Konkurrenten. Die Crux an der Sache: Umweltfreundliche, besonders zahme Toilettenadditive wirken kaum in die gewünschte Richtung. Meist ist die Desinfektionswirkung gut abbaubarer Alternativchemikalien sehr gering.

Was kann der umweltbewußte Camper tun? Am einfachsten ist es sicher, die Toilette ganz ohne Chemikalien zu benutzen. Das geht, erfordert aber ein rigoroses Umdenken. Das Klo muß stets nach wenigen Benutzungen, möglichst jeden Tag, in heißen Gebieten eventuell zweimal täglich, je nach Inhalt (Urin kann ruhig länger aufgehoben werden), entleert werden. Eine entsprechende Geruchsbelästigung muß dabei in Kauf genommen werden. Sie wird um so intensiver und stechender, je älter der Tankinhalt ist. Der Fäkaltank sollte so oft wie möglich gründlich mit klarem, möglichst heißem Wasser gespült werden. Dann geht auch das. Da der Inhalt guten Gewissens in jedes Haus-WC eingegossen werden kann, macht die Entsorgung wenig Probleme. Ein Klo findet sich an jeder Tankstelle, jedem Rasthaus, jedem Campingplatz. Generell sollte man bei Benutzung eines Chemiklos Toilettenpapier nicht in die Toilette werfen, sondern in einer separaten Abfalltüte sammeln. Auch wenn der Zubehörhandel gern für teures Geld besonders auflösefreundliches Spezialpapier verkauft, ist die Neigung zur Kloverstopfung groß. Sie wird größer, wenn man auf die zersetzungsfördernden Chemie-Additive verzichtet.

Empfehlenswert ist der absolute Chemieverzicht aber nur dann, wenn das Auto über eine eigene, abgeschlossene Naßzelle verfügt, wo ein Dachlüfter oder ein Fenster schnell für frische Luft sorgen können. In einem kleinen Campingbus mag man doch zur Chemie greifen. Doch dann, bitteschön, exakt dosieren. Die Meinung »Doppelt gemoppelt hält besser« hat nämlich hierbei fatale Folgen.

Gut zu bewähren scheinen sich Toilettenchemikalien auf Enzymbasis, die in den USA schon länger in Gebrauch sind und nur zögernd den Weg nach Europa finden (z. B. »Portatrine« oder »RV-trine«). Leider gibt es diese Mittel, die eine befriedigende Wirkung bei kalkulierbarer Umweltbelastung zeigen, nicht überall zu kaufen.

Da liegt es nahe, über die dritte Sparte der Reisemobiltoiletten nachzudenken. Hier geht es um die festinstallierten WCs, die alle ohne Chemie arbeiten können, auch wenn Ihnen mancher Hersteller etwas anderes erzählen will. Nur, damit der Inhalt beim Ausleeren gut riecht, sollte man sich nicht auf Kosten der Umwelt verwöhnen! Voraussetzung ist ein nach außen, am besten über das Fahrzeugdach, entlüfteter Fäkaltank. Da die Entleerung eines solchen nicht wie in den USA an jeder Tankstelle problemlos über genormte Anschlüsse möglich ist, gibt es inzwischen auch hierfür »europagerechtes« Zubehör. Toilettenlungen und transportable Tanks, Kombinationen aus Tank und Kanister – alles gut bedienbare Gerätschaften, die eine bequeme Entsorgung gewährleisten. Man kann so etwas durchaus auch selbst bauen, hier liegt kein Grund, auf eine umweltfreundliche Toilette zu verzichten. Die meisten Toiletten arbeiten ähnlich wie zu Hause, optimierte Technik läßt manche Modelle allerdings erheblich sparsamer mit dem kostbaren Gut »Wasser« umgehen. Um auch dicke Klicker ohne Verstopfung beseitigen zu können, haben einige der Kandidaten ein Zerhackerwerk, das Fäkalien und Papier zu leichtfließendem Brei verarbeitet. Eine eingebaute oder angeflanschte Pumpe ist dann in der Lage, auch einen weit entfernt liegenden Tank damit zu befüllen. Direktspülende Toiletten können nicht an jedem Platz eingebaut werden, weil der Tank direkt unter dem Schieberventil liegen muß. Manchmal verhindert ein Rahmenteil im Fahrzeug dann den Einbau. Wer Strom sparen will, ist mit der witzigen Bootstoilette mit Handpumpe gut bedient, die

es neuerdings auch automatisiert und mit Zerhackerpumpe gibt. Wer's vornehm möchte, kann sich auch edles Porzellangestühl in die Naßzelle einbauen. Bei Clara, einem französischen Gerät, kann man unter zahlreichen ungewöhnlichen Sanitärfarben wählen.

Die Electra Magic ist eine Rezirkulationstoilette. Das System kommt ohne einen Anschluß an die Wasserversorgung aus und muß nicht unbedingt an einen externen Fäkaltank angeschlossen werden, was jedoch zur Erhöhung der Kapazität sinnvoll erscheint. Wie die Funktionsbezeichnung verrät, beruht die Spülung der Electra Magic auf einem Umwälzsystem, das den zugeführten Fäkalien die Flüssigkeit entzieht und diese in gefilterter Form wiederum zum Spülen verwendet.

Eine Zwitterstellung zwischen Chemieklo und festinstalliertem WC nimmt das relativ junge Produkt »Cassette Porta Potti« ein. Hierbei wird im Innern der Naßzelle eine Toilettenanlage mit Schüssel und elektrischer Spülung fest installiert. Der Abfalltank – direkt unter der Toilette im Wageninneren liegend – läßt sich bequem durch eine Außenstauklappe erreichen, dort herausziehen und der Entleerung zuführen.

Vorgesehen ist das System natürlich zum Betrieb mit Chemikalien. Empfehlenswert ist der weitgehende Verzicht oder Ersatz durch Enzymmittel auch bei dem Cassetten-WC.

Doch die umweltbewußte Zukunft hat gerade erst begonnen. Völlig anders als alle anderen arbeitet nur die schwedische Kompostierungstoilette, die auf den schlichten Namen »Locus« hört. Leider ist ihr Platzbedarf recht groß, so daß sie nur in größeren Sonderaufbauwohnmobilen eingesetzt werden kann. Zudem ist das System energieaufwendig. Es erfordert Hitze, die im Standardmodell über 220-V-Wechselstrom erzeugt wird. Seit kurzem ist eine 12-V-Version lieferbar.

Locus zersetzt ohne Kläranlage, Wasser oder Chemikalien alle Toilettenabfälle und verwandelt sie auf natürliche Art in Humus. Locus arbeitet völlig geruchsfrei, vorausgesetzt, sie wird über Dach entlüftet. Ein Rührwerk, das auch von Hand betrieben werden kann, mischt nach jeder Benutzung die Fäkalien mit der Humuserde, die sich als Basis in der Toilette befindet. Der Kompost wird auf etwa 35 Grad Celsius erwärmt, so daß die Flüssigkeit verdunstet. Dadurch wird eine Volumenreduktion auf nur 10% der eingefüllten Menge erreicht. Deshalb muß die Humusschublade auch nur etwa alle vier Wochen entleert werden. Bei nur gelegentlicher Benutzung hat es sich gezeigt, daß sogar eine einmalige Entleerung pro Jahr ausreicht. Das gewonnene Substrat ist ein wertvoller, nährstoffreicher Humusboden, der sich beliebig in Garten, Wald oder Blumentöpfen verwenden läßt. Durch die Temperierung des Toilettentanks wird lediglich ein Prozeß beschleunigt, wie er sonst in der freien Natur in einem längeren Zeitraum stattfindet.

Elektrik/Alarm, Klima, Radio

Alarmanlagen für Reisemobile

Unter den etwa 80 000 Autos, die Jahr für Jahr in der Bundesrepublik entwendet werden, stellen Wohnmobile keinen beängstigenden Prozentsatz. Besonders Selbstaus- und Aufbauten sind für Diebe selten von Interesse. Das liegt nicht an der mangelnden Qualität der Fahrzeuge, sondern an ihrer Individualität. Zu rasch sind sie für den Besitzer und die alarmierte Polizei wieder zu identifizieren. Oft hat der Dieb es jedoch gar nicht auf das gesamte Auto abgesehen. Inzwischen werden pro Jahr allein in Deutschland Autoeinbrüche fast in Millionenhöhe registriert. Campingfahrzeuge zählen zu den überdurchschnittlich »beliebten« Zielen. Fast immer gibt's lohnendes Interieur, denn ein Wohnmobil ist in der Regel mit mehr als nur einem Autoradio ausgestattet. Alarm- und Diebstahlschutzanlagen sind daher besonders für Reisemobile sinnvoll.

Der Bundesverkehrsminister hat 1979 durch Veröffentlichung im Verkehrsblatt (Seite 776) akustische Alarmanlagen als Diebstahlsicherung für Wohnmobile gestattet. Optische Alarmanlagen sind dagegen für Reisemobile verboten. Zulässig ist ein Intervallalarm von 30 Sekunden Dauer, also eine halbe Minute an- und abschwellender Signalton. Darauf haben sich die EG-Partner in einer ECE-Richtlinie geeinigt. Andere Länder haben andere Sitten. Schweizer dürfen ihre Umwelt auch per Dauerton alarmieren.

Viel ist das freilich immer noch nicht. Wer in Risikoländer reisen möchte, sollte sich raffinierter und effektiver schützen. Fast alle Alarmanlagen lassen sich jedoch – innerhalb der Bundesrepublik ausdrücklich verboten! – so umstricken, daß neben akustischem Signal auch Scheinwerfer und Heckleuchten blinken und außerdem die Alarmdauer verlängert werden kann. Globetrotterbücher geben zudem Auskunft über Sicherungen und Tricks, Schutz- und Trutzeinrichtungen, die besser auf das kriminelle Verhalten außerhalb Mitteleuropas zugeschnitten sind als eine für eine halbe Minute einsam in der Wüste quäkende Hupe.

Drei Sicherungssysteme gibt es derzeit. Das erste und älteste funktioniert wie das Licht im Kühlschrank zu Hause: Über Türkontaktschalter wird nach dem Scharfstellen der Anlage jedes unbefugte Öffnen von Stauraumklappen, Dachhauben, Türen und Ausstellfenstern mit Alarm quittiert.

Moderner ist die Innenraumüberwachung per Ultraschall. Sensoren senden die Ultraschallwellen unablässig durch den Wohnraum und die Fahrerkabine. Nach dem Orientierungsprinzip der Fledermaus registriert der Ultraschallsensor die Reflektion der in alle Richtungen abgestrahlten Wellen. Bei den normalen Raumverhältnissen, die für die Sensoren als Sollzustand vorgegeben werden, bleibt die Anlage stumm. Bewegt sich jedoch plötzlich jemand oder etwas im Schallfeld, wird sofort Alarm ausgelöst. Diese Methode eignet sich vorzüglich für Reisemobile, die einen von vielen Seiten her zugänglichen Innenraum haben: Ultraschallsensoren reagieren auch auf das Einschlagen von Scheiben.

Ganz neu und ein Verdienst der Mikroelektronik sind Sicherungseinrichtungen mit »Gedächtnis«. Speziell als Abschlepp- oder Radschutz (Schutz vor Reifen- und Felgenklau) entwickelt, speichert hierbei ein kleiner Rechner die aktuelle Position des abgestellten Fahrzeugs. Parkt man z. B. auf einer abschüssigen Straße, wird die Neigung automatisch memoriert. Wird nun das Fahrzeug in eine andere Position gebracht, durch Aufbocken, Abschleppen oder Wegfahren, geht unverzüglich die Sirene los.

Für ein Wohnmobil sollten Sie sich keine allzu komplizierte Anlage einreden lassen. Tatsächlich steigt die Häufigkeit von Fehlauslösungen mit zunehmender Komplexität der Anlage an. Ganz bewußt sollten Sie Komponenten auswählen, die Sie selbst montieren und im Ernstfall auch reparieren können. Das Wohnmobil bietet ausreichend versteckten Raum, um auch herkömmliche, fast schon unmoderne Schlüsselschalter zum Scharfstellen so unterzubringen, daß der ungebetene Besuch sie nicht als erstes findet. Infrarotschalter, codierte Magnetkarten und Zahlenschlösser mit Folientastatur machen zwar viel Eindruck und können das Gewissen vielleicht stärker beruhigen als eine schlüsselgeschaltete kontaktgesteuerte Alarmanlage – sie setzen aber auch die Nähe zum Servicebetrieb voraus, der im Falle von Störungen rasch hilft.

Folgende Einrichtungen sollten Sie bei der Sicherung Ihres Wohnmobils vorsehen:
- Türkontaktschalter für alle außen zugänglichen Klappen.
- Ultraschallüberwachung des Innenraums.
- Kontaktschleifen für Dachgepäck, Heckgepäck (Motorrad) und eventuell Anhänger.
- Abstellbares Ultraschallfeld: Man kann im Mobil übernachten, die Türkontakte bleiben aber aktiv und wecken einen, bevor's zu spät ist.

– Die gesamte Alarmanlage über die Zweitbatterie speisen, wenn sich diese nicht im Motorraum befindet. Der Dieb kappt »irrtümlich« nur die sichtbaren Kabel der Starterbatterie, die Anlage bleibt dennoch scharf.

– Bei Fahrzeugen ohne verdeckt eingebaute Bordbatterie entweder eine notstromversorgte Sirene oder eine selbstsichernde Anlage wählen, die Alarm auslöst, sobald an ihren eigenen Kabeln manipuliert wird.

Wenn es darauf ankommt, nicht den Einbruch zu erschweren, sondern den Diebstahl des gesamten Fahrzeugs zu verhindern, sollten Sie den Einbau von anderen Sicherungsanlagen erwägen: Es gibt Geräte, die nicht den Einbruch melden (wie die beschriebenen Alarmanlagen), sondern ausschließlich dafür sorgen, daß das Fahrzeug bleibt, wo es ist.

Man kann beispielsweise das gesamte hydraulische System blockieren. Auch diese Dinge kosten reichlich Geld. Praktikabel scheinen jedoch nicht nur die teuren, sondern auch preiswerte Lösungen zu sein, die in ihrer Sichtbarkeit bereits deutlich abschreckende Wirkung auf den Dieb haben können. So gibt es abschließbare Handbremsgriffe, bei denen der angezogene Handbremshebel nur nach Öffnen des Zahlenschlosses gelöst werden kann, oder verschließbare Stahlbügel, die das Kupplungs- oder Bremspedal arretieren. Erfahrungsreiche Globetrotter wissen auch allerhand Selbstgebasteltes zu empfehlen, dessen Reiz durch Veröffentlichung im Buch natürlich stark verliert. Besuchen Sie Clubabende und Reisemobiltreffen, da erfahren Sie vom größten Unsinn bis zur zündenden Idee alles, was es rund um die Sicherheit des Wohnmobils an Skurillitäten und Erfindungen gibt.

Klimaanlagen für Reisemobile

Eine Klimaanlage, neudeutsch auch Air-Conditioning genannt, zählt in den USA zu den Selbstverständlichkeiten jeden besseren Reisemobils, ja fast schon jeden Pkws. Hierzulande betrachtet man sie immer noch eher skeptisch, als extravagantes Zubehör für snobistische Wohnmobileigner »mit zuviel Geld«.

Während sich Standklimaanlagen, also Geräte, die beim Wohnbetrieb des Reisemobils arbeiten, schon seit längerem bewähren, treten nun immer mehr auch Fahrtklimaanlagen auf den Markt. Die verstärkte Nachfrage läßt sich einfach erklären: Während zur Aufnahme der regelmäßigen Verkehrsstaus die Autobahnen immer breiter werden, fehlt es dort inzwischen auf Hunderte von Kilometern an jeglichem Schatten. Gleichzeitig vergrößern die Automobildesigner im Dienste gesteigerter Sicherheit von Modell zu

Modell die Fensterflächen unserer Autos. Um bessere Windschlüpfigkeit zu erreichen, werden die großen Frontscheiben zudem immer flacher, immer geneigter. Die Sonne kann unbarmherzig hineinbrennen. Gerade auch Wohnmobile verfügen, besonders bei integrierten Modellen, über eine unverhältnismäßig großzügige Fahrerhausverglasung, die auf die Insassen wie eine Brennlupe wirkt.

Doch nicht nur Luxusmobile sind angesprochen, moderne Fahrzeuge aller Klassen, vom Toyota LiteAce bis zum Ford Transit, haben heute mehr und flachere Verglasung. In dem Maß, in dem der Spritverbrauch sinkt, steigt im Sommer die Schweißproduktion an.

Klimaanlagen schützen jedoch nicht nur die Kleidung vor Schwitzflecken, sondern auch den Fahrer vor Unfällen. Denn übermäßige Hitze läßt die Fahrkondition rapide absinken, Unkonzentriertheit, Aggressivität und Fehlverhalten sind die Folge. Mit Air-Condition also zu besserer Fahrkondition. Außerdem reinigen Klimaanlagen die ins Fahrzeuginnere transportierte Luft von Staub, Pollen und Schwebeteilchen. Heuschnupfen- und Stauballergiker wissen das zu schätzen. Und wer im Stau steht, möchte sicher nicht durch Herunterkurbeln der Fenster noch mehr Abgase einatmen. Eine Klimaanlage mit Innenraumumwälzung hat da, im übertragenen Sinne, »die Nase vorn«.

Für das Wohnmobil stehen grundsätzlich zwei Varianten der Klimatisierung zur Wahl: Eine preisgünstige und nur eingeschränkt verwendbare sowie eine mehr oder weniger teure, dafür aber sinnreiche und wunschgemäß wirksame.

Die preisgünstigen Vertreter sind sogenannte Verdunster-Klimageräte. Bei ihnen entsteht kühle Luft durch die Verdunstung von Wasser. Aus einem Kanister oder dem Wassertank des Wohnmobils (die meisten Verdunsteranlagen lassen sich an eine Druckwasserversorgung anschließen) wird Wasser auf eine rotierende Scheibe im Gerät gefördert. Die Scheibe dreht sich mit hoher Geschwindigkeit und zerstäubt das eintretende Wasser zu einem Sprühnebel. Ein Schaumstofffilter unterhalb der Scheibe nimmt den feuchten Nebel auf. Der Ventilator der Anlage saugt nun heiße Außenluft durch diesen Filter an. Der Luftstrom kühlt sich durch Wasseraufnahme ab. Die durch Verdunstungskälte gekühlte Luft wird dann durch Luftverteilerklappen an der Wagendecke zielgerichtet ins Wohnrauminnere geblasen.

Die größten Vorteile der Verdunsterklimageräte liegen im vergleichsweise günstigen Anschaffungspreis und dem bordgerechten Energiehaushalt. Verdunstergeräte können allesamt mit 12-Volt-Bordstrom betrieben werden. Die Stromaufnahme von 3 bis 5 A je nach Lüftergeschwindigkeit verkraftet eine ausreichend dimensionierte Zweitbatterie für mehrere Stunden. Über Solarpaneel unabhängig, kann man die Verdunsteranlage auch den ganzen Tag laufen lassen. Eher ist dann der Wassertank leer: Bis zu maximal 5, 7 Liter pro Stunde verbraucht so ein Naßmacher. Als Option kann man die Wasserzufuhr ausschalten und den Ventilator durch Umschalten auch zum Absaugen unangenehmer Gerüche verwenden. Ein weiterer Vorteil der Verdunsteranlage liegt in ihrem geringen Gewicht. Da das Gerät auf dem Fahrzeugdach (anstelle einer Dachhaube) installiert wird, brauchen bei einem Gewicht von sieben Kilogramm nur selten Verstärkungen ins Dach eingebaut zu werden.

Verdunsteranlagen haben jedoch einen ganz fatalen Haken: Mit dem Verdunster kommt man nur gegen trockene Hitze an. Sie sind nur dort empfehlenswert, wo kontinentales Klima herrscht. Sobald die Luftfeuchtigkeit steigt, geht die Kühlleistung stark zurück. Wenn man die Kühlung am dringensten nötig hat, vor einem Gewitter mit schwülheißer, stehender Luft, kühlt die Verdunsteranlage nicht mehr. Die Luft ist dann so gesättigt mit Feuchtigkeit, daß sie weiteres Wasser gar nicht aufnehmen kann.

Richtige Klimaanlagen arbeiten anders. Sie können bei jeder Umgebungstemperatur bedeutende Kühlleistungen erbringen, die Luft entfeuchten – also aus schwüler Luft trockene machen! – und teilweise haben sie sogar für die Übergangszeit Heizbänder, um die Luft wahlweise auch erwärmen zu können.

Leider ist jedoch eine derartige Klimaanlage sehr energieaufwendig und durch das Bauprinzip teuer. Der hohe Energieaufwand kommt vom Arbeitsprinzip: Wie beim Kühlschrank zu Hause wird eine kalte Fläche erzeugt, an der sich die vorbeiströmende Luft abkühlen kann. Dabei ist logisch, daß die Klimaanlage viel Energie braucht. Denn beim Kühlschrank ist die Tür die meiste Zeit geschlossen, die Kälte wird gehalten. Die Klimaanlage arbeitet jedoch wie ein Kühlschrank ohne Tür: Ständig wird heiße Außenluft angesaugt, die heruntergekühlt werden muß.

Ein Kompressor verdichtet gasförmiges Sicherheitskältemittel (Frigen 12) und pumpt es in einen Kondensator. Von dort gelangt das flüssige Frigen über eine Hochdruckleitung in den Verdampfer. Hier entspannt es sich wieder zu Gas und absorbiert bei diesem Vorgang Wärme. Im Verdampfer entsteht dadurch Kälte, die durch ein Gebläse ins Fahrzeuginnere transportiert wird. Unterdessen fließt das Kältemittel in den Kompressor zurück, der Kreislauf kann erneut beginnen. Mehrere Baumuster und Betriebsarten werden angeboten.

Unter den Standklimaanlagen, die während der Fahrt nicht betrieben werden können, dominieren die sogenann-

ten Kompaktklimaanlagen mit 220-Volt-Betrieb. Kompaktanlage heißen sie deshalb, weil alle Komponenten in einem Gehäuse gemeinsam untergebracht sind, welches auf dem Fahrzeugdach angebracht wird.

Der Benutzer muß entweder an eine – nicht zu niedrig abgesicherte – Steckdose, oder er schleppt stets einen Stauraum voll Generator mit sich herum. Der darf dann nicht zu klein dimensioniert sein. Er sollte so um die 1,8 KVA leisten.

Die Kompaktanlage ist nicht unproblematisch. Geräuschbelästigung bei laufender Anlage ist dabei eher Gewöhnungssache als ein echtes Problem. Bei Hochdachfahrzeugen oder Gerippe-Sandwichaufbauten wird meist eine Dachverstärkung nötig, um die – je nach Anlage – 35 bis 50 kg auf dem Dach zu unterstützen. Der Schwerpunkt des Fahrzeugs erhöht sich, außerdem natürlich die Fahrzeughöhe. Das Gehäuse einer Coleman Mach 3 ist immerhin schon 32 cm hoch. Gelegentlich versperrt die Klimaanlage auf dem Dach auch den Platz für Surfbretter oder sonstiges langes Dachgepäck. Dafür sind Kompaktanlagen auch vom Selbstbauer vergleichsweise einfach zu montieren. Die Anlagen werden komplett mit Einbauanleitung und allem Zubehör, einschließlich Innenabdeckrahmen geliefert und sind im Reisemobilzubehörhandel in sortierter Auswahl erhältlich. Ihr Einbau setzt allerdings eine 220-V-Netzverlegung bis zum Dach voraus. Dies ist unter Sicherheitsaspekten nicht das Wünschenswerteste. Das Wechselstromnetz muß daher auf jeden Fall über einen Fehlerstromschutzschalter abgesichert werden, der schon bei möglichst niedrigem Fehlerstrom auslöst.

Vor allem fürs Reisemobil sinnvoll ist die Fahrtklimaanlage. Sie allein schafft die eingangs genannten Sicherheits- und Konditionszuwächse. Am Zielort angekommen, ist es noch am ehesten möglich, den Wagen in den Schatten zu stellen. Deshalb bieten die bei weitem zahlreichsten Anbieter Klimaanlage an, die arbeiten, wenn der Fahrzeugmotor läuft. Das Arbeitsprinzip gleicht dem der Standklimaanlage vollkommen. Lediglich der Kompressor wird nicht über einen Elektromotor, sondern über eine Riemenscheibe angetrieben. Manche Anbieter sprechen irreführenderweise von einer 12-V-Klimaanlage und meinen damit eine motorgetriebene. Der Kunde, der vermutet, er könne die Anlage auch im Stand über das Bordnetz betreiben, irrt. Die Spannungsangabe bezieht sich lediglich auf die Ansteuerung eines Magnetventils. Die muß natürlich dem Bordnetz des Fahrzeugs entsprechend ausgelegt sein.

Die Luftverteilung findet dann natürlich zunächst im Fahrerhaus statt. Es wird dort gekühlt, wo momentan der größte Kältebedarf herrscht. Auch Fahrtklimaanlagen werden als selbstbauerfreundliche Kompaktanlage angeboten. Als Einbauplatz ist dann das Fahrerhausdach vorgesehen. Problematisch bei Alkovenfahrzeugen und Integrierten mit Hubbett in der Front.

Bei sogenannten Splitklimaanlagen werden die einzelnen Komponenten nicht gemeinsam in einem Gehäuse auf das Fahrzeugdach montiert, sondern im Fahrzeuginnern, meist im Motorraum, hinter dem Armaturenbrett etc. Die Luftausströmer werden entweder in einem separaten Einbaukasten unter das Armaturenbrett montiert (sie heißen im Fachjargon »Kniekühler«) oder vollkommen ins Armaturenbrett integriert. Der Selbsteinbau ist hier aber nur noch für versierte Fachleute möglich. Außerdem existiert kein freier Markt für Splitklimaanlagen. Sämtliche Anbieter vertreiben die Anlagen nur über Einbaufachbetriebe. Dadurch wird es auch für den, der selbst einbauen möchte, schon schwierig, überhaupt an die notwendigen Komponenten zu kommen.

Unterhaltungselektronik im Reisemobil

Ein eigenes Kapitel in der Elektroinstallation im Reisemobil nehmen die Geräte ein, die das Leben unterwegs angenehmer machen: Radio, Cassettenspieler, CD-Player, Fernseher und schließlich auch CB-Funk. Dabei wollen wir allgemein zugängliche Informationen hier nicht erneut aufzählen. Da die Ausstattung mit Unterhaltungselektronik je nach Besitzerwunsch auch vollkommen unterschiedlich ist und die Diskussion um die richtige Wattzahl eines Autoradios in Ideologie ausarten kann, werden wir uns auf die reisemobiltypischen Besonderheiten und Möglichkeiten beschränken.

In die Armaturbretter der meisten Wohnmobilbasisfahrzeuge sind sogenannte Normschächte eingearbeitet. Nach Abclipsen einer Blende hat man ein Aufnahmefach zur Verfügung, in das man alle gängigen Autoradios und Radiocassettenspieler einschieben kann. Sehr einfach bei Neufahrzeugen, dort kann man fast immer einen kompletten Radioeinbausatz mitbestellen. An der bezeichneten Stelle im Armaturenbrett gucken dann schon die anschlußfertigen Kabel heraus. Fast alle japanischen Fahrzeuge bringen übrigens den Radioeinbausatz inklusive bereits montierter Antenne ohne Aufpreis schon mit.

Nun ist das Radio im Fahrerhaus in Reichweite des Fahrers zwar richtig plaziert, wenn gefahren wird. Wird im Wohnmobil jedoch gewohnt, liegt dieser Platz oft weit weg. Schlimm in Fahrzeugen ohne Durchgang nach vorn, in Pick-Ups oder beim Wintercamping, wo man das eisige Fahrerhaus mit allerlei Isoliermaterial gegen den Wohnbereich abzuschotten versucht. Außerdem gilt der erste Griff

des Einbrechers zumeist einem guten Autoradio.

Deshalb bieten sich für Wohnmobile besonders sogenannte Einschubgeräte an. Bei ihnen wird eine spezielle Halterung fest in den Einbauschacht eingebaut und verkabelt. Das eigentliche Radio wird hineingeschoben und dabei automatisch über Steckkontakte mit der Verkabelung gekoppelt. Verläßt man den Wagen, kann man das Radio mitnehmen. Sehr praktisch ist da eine zweite Einschubhalterung, die im Wohnbereich in ein Möbelstück eingebaut wird und dort fest verkabelt ist. Man kann das gleiche Gerät dann vorn und im Wohnraum betreiben. Zusatznutzen: Der Kriminelle wirft nur einen enttäuschten Blick ins Fahrerhaus: Schade, kein Radio drin . . .

Für festeingebaute Geräte, gar noch teure Komponenten wie Verstärker, Equalizer und CD-Spieler, sollten ohnehin verdeckte Einbauplätze bevorzugt werden. Bei Hochdach- und Alkovenfahrzeugen ist zu überlegen, ob man eine Einbaublende unter der Fahrerhausdecke einarbeitet, in die die Geräte mitsamt Cassettenfach nebeneinander eingebaut werden können. Nur im Stand betriebene Apparate sollten konsequent an nicht einsehbarer Stelle (etwa hinter einer Schrankklappe) im Wohnraum eingebaut werden. Wer längeren Aufenthalt in der Einsamkeit liebt, sollte überdies von allzu wattstarken Boostern Abstand nehmen. Sie haben eine recht hohe Stromaufnahme und können selbst mittelgroße Akkus binnen zweier Tage »Musikfestival« vollständig leeren.

Wird ein Radio nur im Fahrerhaus eingebaut, sollten jedoch unbedingt auch Lautsprecher in Fahrerhaus und Innenraum installiert werden. Ein Überblendregler dient zur Klangverteilung zwischen vorn und hinten. So kann man stufenlos gleichen Hörgenuß für Front- und Heckpassagiere einstellen, ebenso wie eine ausschließliche Wiedergabe in Fahrerhaus oder Wohnteil – ganz wie's gewünscht wird.

Statt der Lautsprecher im hinteren Bereich – oder auch zusätzlich zu ihnen – lassen sich Verkabelungen für Kopfhöreranschlüsse mit DIN-Klinkenstecker verlegen. So können Ihre Kinder während der Fahrt begeistert die 983. Folge von Benjamin Blümchens Abenteuern von der Cassette hören, während Sie sich im Fahrerhaus entspannt unterhalten.

TIP: Lautsprecherkabel immer getrennt von elektrischen Leitungen verlegen. (Vorschrift!) Verwenden Sie deshalb Kabelkanäle mit Trennstegen oder völlig getrennte Leitungsführungen. Auch Lautsprecherkabel sind empfindlich. Sie sollten bei Durchführungen keine Scheuermöglichkeit haben und niemals lose in Staukästen verlegt werden, Abtrenngefahr!

Wer auf Reisen nicht genug in die Ferne zu sehen meint, möchte vielleicht auch einen Fernseher mitnehmen. Portable Geräte mit 12- oder 24-V-Anschluß sind inzwischen in reicher Auswahl zu haben. Beachten Sie jedoch, daß der farbige TV-Genuß das Reisemobil vor Energieprobleme stellt. Die Stromaufnahme ist um ein Vielfaches höher als bei Schwarzweißapparaten. Wer beabsichtigt, ohne Netzanschluß fernzusehen, muß daher auf die altmodische Weise in die Röhre gucken. Muß es unbedingt ein Color-TV sein, dann wählen Sie am besten ein Gerät aus, dessen Empfangsteil sich von PAL auf SECAM umschalten läßt. Nur wenn beide Farbempfänger eingebaut sind, bekommen Sie auch international bunte Bilder! Fernsehgeräte sollten schwingungsgedämpft transportiert werden (Schaumstoffunterlage oder Styroporverpackung). Ein Einbau hinter einer Klappe oder auf einem Vollauszug macht

sie für Langfinger unsichtbar. Da sie im Betrieb jedoch Abwärme entwickeln, muß der Einbauplatz über eine Luftzirkulation verfügen.

Spezielle Reisemobilantennen ermöglichen den Empfang der Programme. Dabei haben sich fest auf dem Dach montierte Antennen als einfachste Lösung erwiesen. Besseren Empfang bieten Antennen auf ausschiebbaren Masten. Diese können beispielsweise im Kleiderschrank montiert werden und haben einen Durchbruch am Dach. Von innen kann man sie bequem aufschieben. Wer weder den Durchbruch am Dach (Dichtigkeitsproblem, Isolationsverlust und Temperaturbrücke über den Metallmast ins Innere!) noch die festmontierte Antenne auf dem Wagen (nach dem ersten Ast möglicherweise hinüber!) haben möchte, kann sich auch für anclipsbare Fernsehantennen entscheiden. Sie werden nur bei Bedarf außen am Fahr-

Außen anklemmbarer Antennenmast. Links während der Fahrt, rechts „auf Empfang".

zeug angeklammert und können jederzeit wieder abgenommen werden. All das gibt's im Reisemobilzubehörhandel. Für die absoluten Fernsehfreaks läßt sich auch schon eine Parabolantenne zum Satellitenempfang montieren, mit der man an den – zur Zeit nur ausländischen – SAT-Programmen teilhat. Nur auf den Kabelanschluß wird das Wohnmobil wohl verzichten müssen . . .

CB-Funk kann gerade für Mobilfahrer reizvoll sein. Fährt man mit mehreren Fahrzeugen gemeinsam aus, ist Abstimmung über Rast- und Nachtplätze möglich. Fährt man allein, läßt sich möglicherweise Hilfe herbeiholen. Allerdings ist die CB-Euphorie etwas abgeklungen, und außer den Lkw-Fahrern, die sich den Kanal 9 reserviert haben, nutzt kein Verkehrsteilnehmer den Privatfunk professionell. Einen für Reisemobilfahrer reservierten Kanal gibt's bislang nicht, obwohl immer wieder Versuche einzelner funkbegeisterter Wohnmobilisten gestartet werden.

In der Bundesrepublik gibt es für den Privatfunk seit April 1983 40 Kanäle im 11-Meter-Band. Eine Funklizenz braucht man für CB-Funk (amerikanisch: »C«itizen »B«and, Bürgerfunk) nicht. Man kann unter AM-Geräten mit 1 Watt Sendeleistung und FM-Geräten mit 4 Watt Sendeleistung wählen. AM (Amplitudenmodulation) wird nur noch bis 1991 zugelassen, danach werden ausschließlich FM (frequenzmodulierte) Geräte in Betrieb gehen. Da die Reichweite eines FM-Gerätes um etwa 40% höher ist als bei AM, sollte man sich schon heute bei einem Neukauf für den neuen Standard entscheiden. Zugelassene CB-Funkgeräte haben eine amtliche Prüfnummer. Zusatzeinrichtungen wie »Nachbrenner« – so nennen die Funker reichweitensteigernde Verstärker – sind verboten.

Der Einbau ist unkompliziert. Er ähnelt dem eines Autoradios. Neben dem Gerät benötigen Sie eine spezielle Funkantenne. Sie ist ziemlich lang und ihr Anbau macht gerade an Reisemobilen Schwierigkeiten. Für einwandfreien Betrieb muß ein effektiver Masseschluß gewährleistet sein. Bei Kunststoffhochdächern oder Sonderaufbauten hat man jedoch keinen Leitungsschluß zur Fahrzeugmasse am Anbringungspunkt. Deshalb sollte der Antennenfuß nur mit einer großen Blechplatte als Unterlage auf ein Kunststoffdach gesetzt werden. Der Blechfuß muß mit einem Kabel oder Masseband mit dem Fahrzeugblech verbunden werden. Möglich ist auch die Montage am Außenspiegelausleger. Auch hier wird jedoch eine zusätzliche Masseverbindung notwendig. Sonst bringt das Funkgerät nur unbefriedigende Leistungen.

CB-Funk ist nicht überall zulässig. Bei Auslandsreisen drohen teilweise erhebliche Strafen. Man sollte das Gerät generell nicht mit in Ostblockländer nehmen, dort kann die Konfiskation (Einbehaltung) des teuren Funkgerätes drohen. Auch vermeintlich liberale Ostblockstaaten wie Jugoslawien zieren sich Funkern gegenüber. Und bei der Einreise in die Türkei droht einem sogar der Knast! Rechtzeitig vor Reiseantritt deshalb im Automobilclub oder den Fremdenverkehrsämtern nachfragen.

VI. Möbelbau

Baumaterialien

Je nach Anforderung, Geschmack, persönlicher Einstellung zu natürlichen Baumaterialien und der gewählten Bauweise wird sich jeder für die seinen Vorstellungen nahekommenden Materialien entscheiden. Als Entscheidungshilfe sollen in diesem Kapitel die Vor- und Nachteile der verschiedenen Materialien gegenübergestellt werden.

Spanplatten
Melaminharzbeschichtete oder echtholzfurnierte Spanplatten sind das preisgünstigste Material. Trotzdem scheiden sie für das Reisemobil aus verschiedenen Gründen aus.

Sie sind entschieden zu schwer; Verbindungen, auch solche mit speziellen Spanplattenschrauben, halten den Belastungen im Fahrzeug nicht stand; unbeschichtete Schnittkanten quellen bei Feuchtigkeitseinwirkung leicht auf; trotz (hoffentlich überall) überstandener Formaldehydbeimengung ist die gesundheitliche Auswirkung auf so engem Raum nach wie vor fraglich.

Deshalb ist von der Verwendung dringend abzuraten, so verlockend die Auswahl der zur Verfügung stehenden Oberflächen auch sein mag.

Wer sie trotzdem verwenden will, sollte unbedingt auf Markenplatten der Emissionsklasse E 1 achten. Sie sind nahezu formaldehydfrei.

Hartfaserplatten
Bei den verschiedenen Leichtbauweisen können zur Verkleidung notfalls Hartfaserplatten mit Beschichtung zur Schonung des Budgets verwendet werden. Da sie hierbei keine tragende Funktion übernehmen, ist die verhältnismäßig geringe Stabilität von untergeordneter Bedeutung. Die Oberflächen reichen von Farbbeschichtung über Rupfendekor bis zu Holznachbildungen und Lochplatten.

Die Verarbeitung ist nicht ganz problemlos; Verbindungen mit Holzleisten müssen geleimt werden; Schrauben arbeiten sich langsam aber sicher durch das pappeähnliche Material durch. Im großen und ganzen kein ideales, aber ein preisgünstiges Material.

Sperrholz
Viel besser eignet sich für Leichtbauweisen Sperrholz, fachlich richtig Furnierplatte, in Dicken von 4–6 mm. Die Platten bestehen aus einer ungeraden Zahl aufeinandergeleimter Furnierschichten. Der Faserverlauf ist jeweils um 90° gedreht, so daß ein Verziehen so gut wie ausgeschlossen ist.

Normales Sperrholz ist in Limba, Gabun, Kiefer und Buche im Handel. Buche eignet sich wegen seiner harten und leicht zu beizenden Oberfläche besonders gut. In 10 mm Dicke kann man damit bereits selbsttragende Möbel fertigen. Wen die eingefrästen Nuten auf der Oberfläche nicht stören, der kann auch die in vielfältiger Oberfläche im Handel erhältlichen Wandpaneele verwenden. Sie sind fertig oberflächenbehandelt und in fast allen Edelhölzern erhältlich. Allerdings ist die Oberfläche billigstes Blindfurnier, teilweise auch Papier und deshalb nicht für sichtbare Teile einsetzbar.

Für extremen Leichtbau eignet sich das teure, aber äußerst stabile Fliegersperrholz. Es besteht aus drei gleich dicken Lagen Birke- oder Buchefurnier mit einer Gesamtdicke von 1,5 bis 2 mm.

Speziell für den Reisemobilausbau gibt es im Campingzubehör Sperrholz aus Pappel mit beschichteter Oberfläche. Es ist leicht und widerstandsfähig, aber ebenfalls nicht billig.

Tischlerplatten

Das gebräuchlichste Material für den Selbstausbau sind stäbchenverleimte Tischlerplatten in einer Dicke von 16 mm. Sie sind fest genug für Massivbauweise, leicht zu verarbeiten und lassen sich gut beizen, lasieren oder wachsen. Da sie normalerweise furniert werden, ist die Standardoberfläche aus Limba oder Gabun nicht besonders attraktiv im Furnierbild. Wen das nicht stört, der erhält mit wenig Aufwand preisgünstige Möbel.

Multiplexplatten

Furnierplatten ab 9 mm Dicke und mit mindestens fünf Schichten tragen die Handelsbezeichnung Multiplexplatten, teilweise auch Baufurnierplatten. Für den Möbelbau sind sie mit Birkedeckfurnier im Handel und für extrem beanspruchte Einrichtungen das Nonplusultra. Da ein Verziehen nicht vorkommt, eignen sie sich besonders für Türen, Klappen und Tischplatten.

Sandwichplatten

Für Trennwände im Reisemobil, z. B. für Naßzellen, sind Sandwichplatten mit Kunststoff- oder Aluminiumoberfläche gut geeignet. Die für den Kabinen- und Caravanbau verwendeten Platten sind leicht, selbsttragend und widerstandsfähig. Hersteller von Kabinen verkaufen sie teilweise aus Abfallbeständen einzeln. Aber auch Selbstbau ist möglich.

Dazu wird eine Rahmenkonstruktion aus Leisten mit Hartschaumplatten in der gleichen Dicke, ca. 15–20 mm, ausgefüllt. Beidseitig werden Sperrholz-, Melaminharz- oder Hartfaserplatten vollflächig mit der Zwischenlage verleimt. Hierzu ist es von Vorteil, wenn man Beziehungen zu einem Schreiner und dessen Furnierpresse hat.

Diese Selbstbauplatten stehen den gekauften in nichts nach und haben den Vorteil, daß man sie ganz nach eigenem Geschmack gestalten kann.

Eine Variante dieser Wände für Schiebetüren oder Raumtrennungen ist besonders bei lauten Basisfahrzeugen zu empfehlen: Anstelle der Hartschaumfüllung werden die Rahmen mit Glasfaserplatten, die mit Akustikvlies kaschiert sind, ausgefüllt. Ein- oder beidseitige Verkleidung mit Hartfaserlochplatten ergibt hervorragende Schallschluckelemente. Zur optischen Aufwertung können sie zusätzlich mit Stoff bespannt werden.

Sonstige Baumaterialien

Es muß nicht immer Holz sein. Selbstausbauer mit Ambitionen für Blechverarbeitung können ihre Möbel in Leichtbauweise mit Alublechverkleidung oder in Edelstahl herstellen.

Im Prinzip gelten die gleichen Grundsätze und Arbeitsgänge, wenn man die Eigenschaften von Blech berücksichtigt.

Wer den Umgang mit glasfaserverstärktem Kunststoff beherrscht, für den erschließen sich im Möbelbau Welten, von denen der holzverarbeitende Selbstausbauer nur träumen kann. Stabilität und Leichtbau ergeben sich von selbst. Designeinschränkungen, die sich bei Holzbau konstruktiv ergeben, sind bei GfK plötzlich kein Thema mehr. Auch die gewagteste Form kann realisiert werden.

Mit Möbeln aus GFK lassen sich problemlos alle Formen verwirklichen, wenn man die Laminiertechnik beherrscht.

Möbelbauweisen

Selbsttragende Möbel

Die im häuslichen Möbelbau gebräuchlichste Bauweise ist die gedübelte Eckverbindung. Sie stellt gewisse handwerkliche Anforderungen an den Selbstausbauer, da die Dübel paßgenau angerissen und gebohrt werden müssen und zum Zusammenbau lange Schraubzwingen oder Spanngurte benötigt werden.

Diese Nachteile können durch geschraubte Ecken umgangen werden. Allerdings erhalten dann die Möbel einen »Selbstbaulook«, der nicht jedermanns Sache ist. Die sichtbaren Kanten werden mit Furnierstreifen in gleicher Holzart oder besser mit Hohlkammerumleimern aus Weichplastik belegt. Ganz Versierte können eine Eckverbindung auf Gehrung mit eingefräster Feder in Betracht ziehen, wenn der entsprechende Maschinenpark zur Verfügung steht.

Diese Eckverbindungen berücksichtigen nicht oder nur sehr wenig den Sicherheitsaspekt im Reisemobil.

Reisemobiltaugliche Möbel mit entschärften, abgerundeten Kanten sind mit handelsüblichen PVC-Profilen oder auf verschiedene Art mit Stahl- oder Aluwinkeln zu erreichen. Die Arbeitszeit wird bei diesen Bauweisen wesentlich verkürzt, Sicherheit und Stabilität werden erhöht, Ansprüche an das handwerkliche Können der Ausbauer verringert.

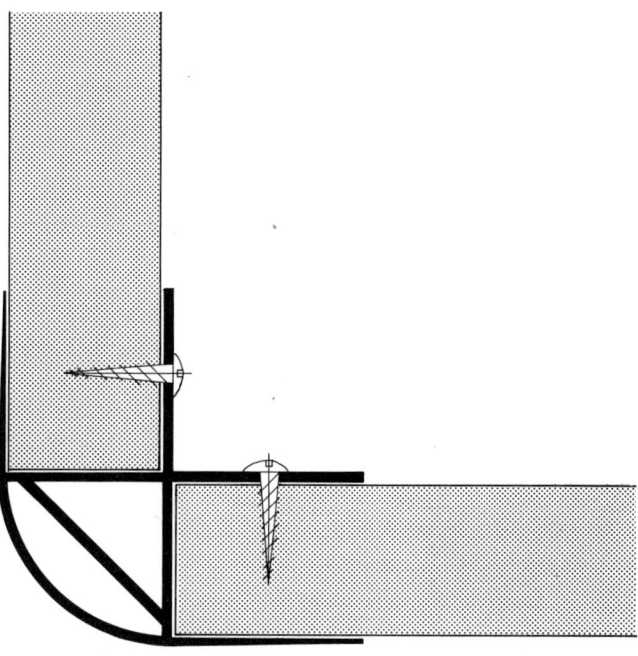

PVC-Eckprofil mit Luftpolster.

Die handelsüblichen PVC-Eckprofile mit oder ohne Luftpolster sind zur Verwendung mit 16-mm-Platten gefertigt. Man erhält sie im »Campingbraun« ähnlich RAL 8014 und

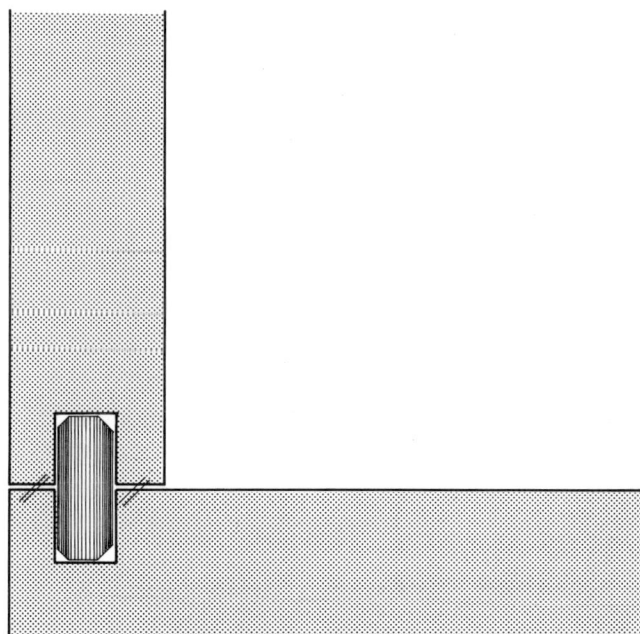

Gedübelte Eckverbindung.

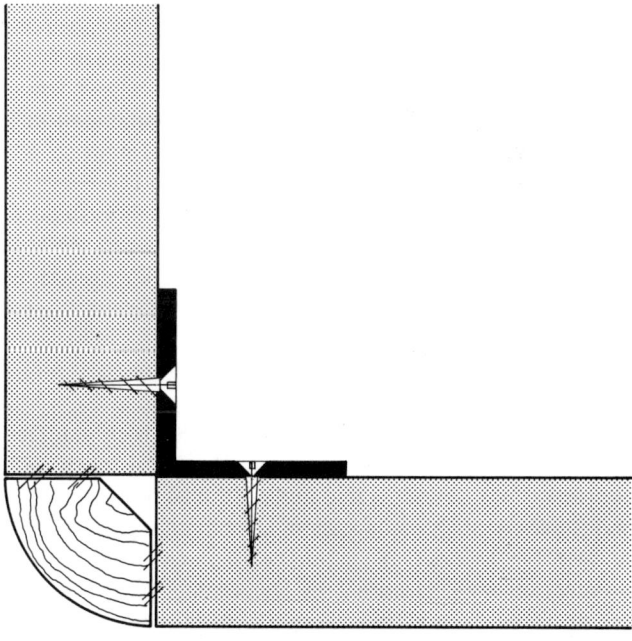

Eckverbindung mit Metallwinkel und eingeleimtem Viertelstab.

159

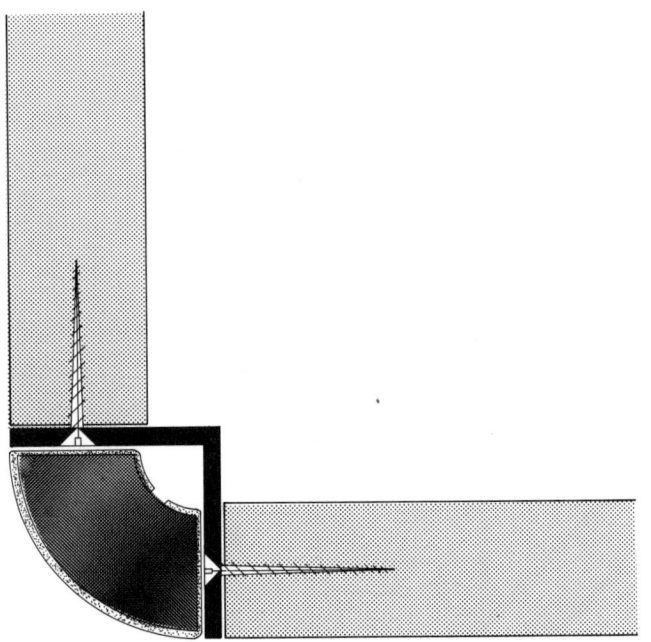

Gepolsterte Ecke mit Metallwinkel und bezogenem Viertel einer Schaumstoff-Rohrisolierung.

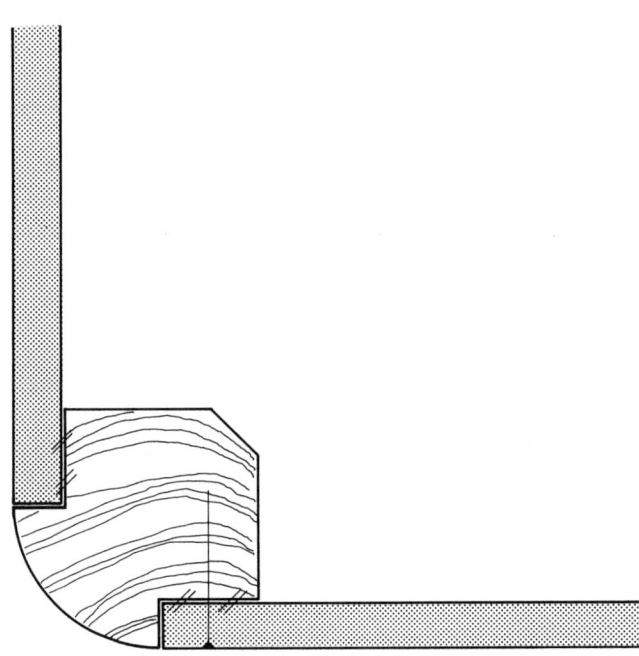

Leichtbau mit gefrästem Eckstab als tragendes Element.

in den Modefarben Rot und Grau. Zu diesen Farben sind passende Beschläge, Umleimer, und, zu rot, Herde und Spülen im Handel. Auf einfachste Weise kann man also ein Reisemobil im Klassiklook mit teakfarben beschichteten Möbeln, braunen Kanten und Beschlägen, Edelstahlspüle und -herd oder eine jugendlich frische Einrichtung in Weiß mit Rot auf die Räder stellen. Die paßgenau zugeschnittenen Möbelwände werden mit den Profilen verbunden und von innen geschraubt. Neben Stabilität erhält man so unsichtbare Befestigungen im Schnellbau.

Aufwendiger, aber mit mehr Möglichkeit zum individuellen Entwurf sind handgestrickte Eckverbindungen mit Metallwinkeln. Je nach Querschnitt des Winkels können damit betonte Rundungen mit minimalem Aufwand gebaut werden.

Leichtbau

Leichtbau bringt im Reisemobil viele Vorteile. Nicht nur Gewichtseinsparung und dadurch mehr Zuladung, auch Verbesserung der Straßenlage durch Leichtbau im oberen Teil und Senkung der Materialkosten. Leichtbau ist jedoch nicht sinnvoll bei Möbeln, die stark beansprucht werden. Küchenblocks mit schweren Einbaugeräten oder Kleiderschränke mit darin eingebautem Klapp-WC sind z. B. nicht dafür geeignet.

Verdübelung oder Verschraubung sowie PVC-Eckprofile sind bei Leichtbauweise nicht möglich. Die Materialstärken der verwendeten Sperrhölzer oder Hartfaserplatten erfordern an den Ecken Verstärkungsleisten zur Befestigung.

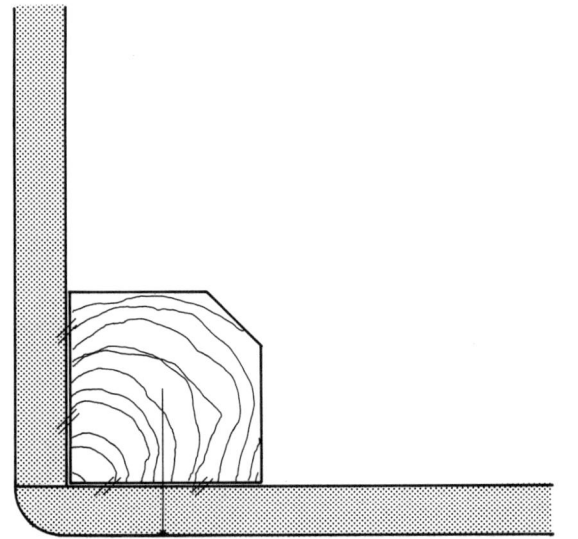

Leichtbau mit eingeleimtem Eckpfosten zur Verstärkung.

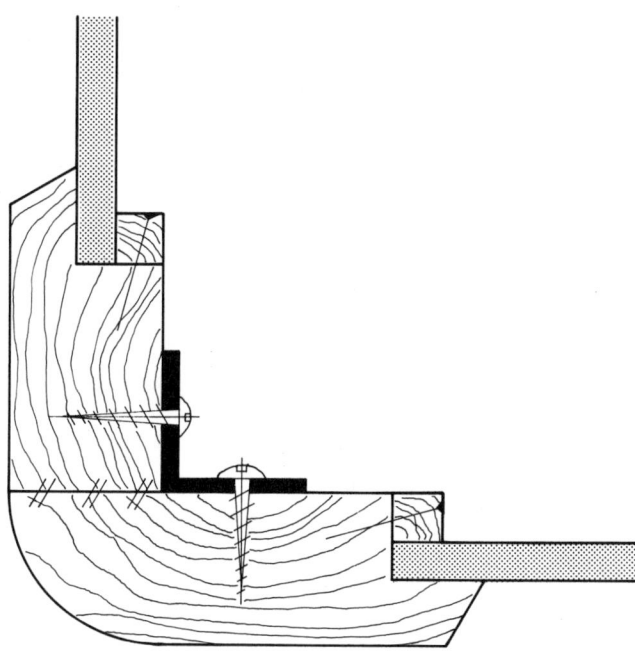

Rahmenbauweise mit Massivholzrahmen und Sperrholzfüllung.

Sie können entweder unsichtbar innen oder als sichtbare Eckpfosten mit gefräster Rundung angeordnet werden.

Für Fahrzeuge mit Naturholzeinrichtung im Landhausstil eignet sich die Rahmenbauweise mit Massivholzrahmen und furnierten Füllungen. Selbstausbauer ohne entsprechende Kenntnisse in Holzverarbeitung oder ohne entsprechende Fräseinrichtung können hier bei entsprechender

Die Rahmenbauweise mit Sperrholzfüllungen spart Gewicht und sieht gut aus.

Planung Halbfabrikate einsetzen. In Bau- und Möbelmitnahmemärkten gibt es solche Rahmen mit Füllung als Türen für Selbstbaumöbel. Werden die Abmessungen der Einrichtung bereits bei der Planung auf die erhältlichen Türgrößen abgestimmt, können ganze Möbel damit gebaut werden. Mit entsprechenden Verstärkungsleisten können auch die Metallwinkelbauweisen in Leichtbau ausgeführt werden. Die Stabilität dieser Winkel steift die Möbel zusätzlich aus und gibt ihnen den nötigen Halt.

Sowohl in Massiv- als auch in Leichtbauweise mit Metallwinkeln können mittragende Möbel gebaut werden. Bei dieser im Caravan- und Billigkabinenbau teilweise üblichen Bauweise tragen die Möbel das Kabinendach und dienen der Aussteifung des Aufbaus. Diese Bauweise kann auch bei ausgebauten Kastenwagen von Vorteil sein. Werden die Winkel aus Stahl kraftschlüssig mit den Aufbauholmen verbunden, wird der ganze Aufbau zusätzlich ausgesteift. Dazu muß allerdings schutzgasgeschweißt werden, eine Schweißart, die die wenigsten Selbstausbauer beherrschen.

Mit umgekehrten Vorzeichen ist konsequenter Leichtbau bei stabilem Aufbau möglich. Dabei werden die Eckprofile oder Winkel so am Aufbau befestigt, daß die Verkleidungsplatten nur noch füllende Funktion haben. An den Karosseriewänden werden dünne Leisten als Paß- und Befestigungsleisten angebracht, die vorderen Winkel mit dem Aufbau kraftschlüssig verbunden. Nachteil dieser Bauweise ist, daß man dabei die Möbel im Fahrzeug bauen muß, eine Vorfertigung in der Werkstatt ist nur noch teilweise möglich. Dafür spart man aber Gewicht und Material wie bei keiner anderen.

Türen und Klappen

Türen und Klappen in Schränken lassen sich auf vielfältige Art bauen. Nicht in Frage kommen die bei häuslichen Möbeln so beliebten, eingepaßten Türen zwischen den Seitenteilen. Durch die Verwindungen im Fahrzeug sind solche Türen ein ständiges Ärgernis durch Klemmen oder Aufspringen. Besser geeignet sind aufliegende Türen und Klappen. Sie haben mehr Spielraum, Verwindungen auszugleichen. Aber auch sie können der »U-Boot-Bauweise« nicht das Wasser reichen. Hier werden die Türen aus der durchgehenden Frontplatte ausgeschnitten und mit entsprechenden Anschlagprofilen aus Weich-PVC wieder eingesetzt. Die Türen klappern und klemmen nicht, sind ringsum abgedichtet und durch die Eckradien auch dann

Türen und Klappen können bei der „U-Boot-Bauweise" mit einer tauchfähigen Stichsäge ausgeschnitten werden.

Mit einem Nutfräservorsatz an der Bohrmaschine wird die Nut für die Anschlagprofile gefräst und diese eingeleimt.

schließbar, wenn das Fahrzeug schiefsteht. Ihre Herstellung erfordert einiges Geschick, dafür sieht das Möbel anschließend professionell aus.

Die Ausschnitte werden mit der Oberfräse oder notfalls mit der Stichsäge hergestellt. Der Ausschnitt muß auf Anhieb sitzen, da bei Nacharbeiten Material auf der Gegenseite fehlt. Als Anlage für die Oberfräse wird aus einer 6−8 mm dicken Spanplatte eine Schablone gefertigt, die um die Stärke der Anlaufbuchse des Kopierflansches größer ausgeschnitten wird als die spätere Öffnung. Diese Schablone wird auf der Frontplatte genau eingemessen und sicher befestigt.

Die mit einem 4-mm-Nutfräser bestückte Oberfräse wird nun mit dem Kopierflansch bzw. der Anlaufbuchse exakt an der Schablone entlanggeführt. Ist dies ohne Ausrutscher gelungen, liegt das um 4 mm kleinere Türblatt zur weiteren

Bearbeitung bereit.

Soll der Ausschnitt mit der Stichsäge vorgenommen werden, wird ohne Schablone direkt auf dem Werkstück die äußere Kontur einschließlich der Eckradien angerissen. Die Stichsäge muß tauchschnittfähig ausgerüstet sein. Dabei wird der Sägetisch in hinterster Stellung arretiert, bei geregelten Maschinen die höchste Hubzahl und der größte Pendelhub eingestellt und die Maschine so auf dem Werkstück angelegt, daß das Sägeblatt innerhalb der Rißlinie liegt. Mit laufender Maschine wird nun unter leichtem Druck das Sägeblatt eingetaucht. Dabei ist besonders auf das Austauchen des Sägeblatts auf der Rückseite zu achten. Bei zuviel Druck kann das Holz hier ausreißen. Ist diese Hürde überwunden, kann normal gesägt werden.

Da bei Stichsägen der Sägeschnitt im Durchschnitt nicht breiter als 1 mm ist, für die Profile aber 4−5 mm Luft benötigt werden, ist jetzt entlang der Schnittkante ein zweiter Sägeschnitt im Abstand von 3–4 mm notwendig.

Zur Aufnahme der T-Umleimer werden die Kanten der Tür und des Ausschnitts umlaufend mittig mit einer 5 mm tiefen und 1,5 mm breiten Nut versehen. Dies kann sowohl mit der Oberfräse und einem Schlitzfräser als auch mit einem preisgünstigen Fräsvorsatz zur Bohrmaschine erfolgen.

Nach sorgfältigem Schleifen der Kanten sowie nach erfolgter Oberflächenbehandlung bei unbeschichtetem Material werden jetzt mit einem Beilageklotz die PVC-Umleimer in die Nut eingeschlagen. Dabei kommt das T-Profil in den Ausschnitt, das Anschlagprofil um das Türblatt. Vor dem Einschlagen wird in die Nut ein Spezialkleber für PVC-Holzverbindungen gegeben. Die Umleimer werden durch Vorwärmen auf max. 50 °C gefügig gemacht und der Steg an den Radien mehrfach V-förmig eingeschnitten.

Mit Spezialscharnieren, die zu den Umleimern passen, können die Türen nun angeschlagen werden.

Beschläge

Neben den erwähnten Spezialbändern für »U-Boot-Bauweise« mit Umleimern gibt es eine große Auswahl mehr oder weniger gut geeigneter Scharniere und Bänder im Baumarkt. Auch wenn es etwas teurer sein kann, sollte hier auf den Reisemobilausstatter zurückgegriffen werden. Die dort angebotenen Beschläge sind im Serienbau der einzelnen Hersteller erprobt und halten meist den Beanspruchungen im Reisemobil besser stand als irgendwelche Möbel-

Aus dem Yachtbau: Ein Hakenschnäpper aus Messing mit Rosette aus Massiv-Teak.

beschläge. Dies gilt besonders für die Schlösser. Nicht nur, daß sie den entsprechenden Vorschriften zur inneren Sicherheit entsprechen müssen, sie sollten auch auf Rüttelstrecken die Türen sicher verschlossen halten können.

Wertvolle Anregungen erhalten Individualisten im Bootszubehör. Der Bootsbau wurde schon zu Zeiten, als noch kein Mensch an Reisemobile dachte, mit den gleichen Problemen konfrontiert. Daraus haben sich Verschlüsse entwickelt, die auch im Reisemobil hervorragend geeignet sind. Zudem ist Kunststoff im Bootsbau noch nie ein Thema gewesen. Wer also ein geeignetes Schloß sucht und nichts von Kunststoff wissen will, dem bleibt nur der Gang zum Bootsausrüster. Und dieser Gang lohnt sich. Als kleines Beispiel zitieren wir hier einen Hakenschnäpper aus

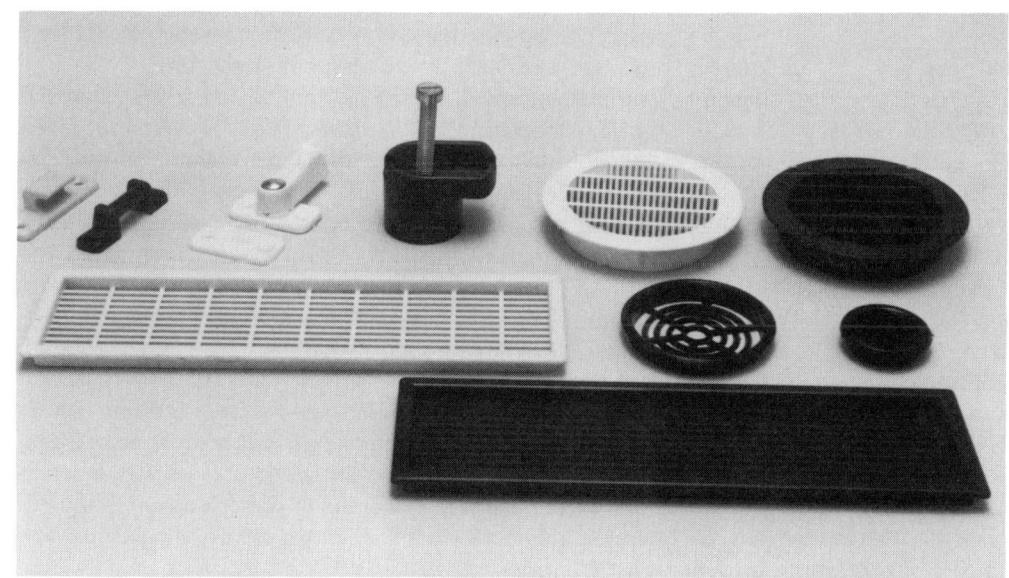

Möbelbeschläge und Lüftungsgitter sind in vielen Formen und Farben im Handel.

Messing. Er hat inzwischen auch den Weg zum Reisemobilausstatter gefunden. Seine simple Konstruktion und sichere Handhabung beweisen die Erfahrung und Vielseitigkeit des Bootsbaus. Ein Kreisausschnitt in der Tür gibt dem Zeigefinger den Weg frei zu dem innenliegenden Riegel, mit dem die Tür geöffnet wird. Gleichzeitig dient der Ausschnitt als Möbellüfter. Ein gedrechselter Ring aus Teakholz liegt dem Verschluß bei und kann als Rosette in den Ausschnitt geleimt werden.

Schon beim Entwurf der Möbel kann dem ungewollten Öffnen der Türen und Klappen vorgebeugt werden. Türen sollten, wann immer es geht, hinten angeschlagen werden. Öffnet sich trotz aller Vorkehr ein Verschluß, ist so die Chance größer, daß er sich bei der nächsten Verzögerung des Fahrzeugs wieder schließt. Eine vorn angeschlagene Tür wird sich immer ganz öffnen. Klappen an Dachstaukästen sollten mit Federbändern angeschlagen werden. Bei »U-Boot-Bauweise« ist es ratsam, die Bänder unten anzuschlagen. So erspart man sich zusätzliche Klappenaufsteller und kommt besser an den Inhalt, wenn die Klappe ganz nach unten geöffnet werden kann.

Lange Türen von Kleiderschränken und Naßzellen benötigen oben und unten einen Verschluß, damit sie sich nicht verziehen. Handlicher ist ein Stangenverschluß (Basquilschloß), der mit nur einem Verschluß in der Mitte über Stangen oben und unten verriegelt. In Naßzellen ist eine Öffnungsmöglichkeit von innen selbstverständlich.

Rolladen

Die Nachteile von Türen und Klappen wie z. B. Stoßgefahr in Kopfhöhe, Aufklappen während der Fahrt, Öffnungsbegrenzung usw. können durch Rolladen ausgeglichen werden. Rolladen verschwinden in geöffnetem Zustand »im Nichts«, geben die gesamte Öffnung des Schrankes frei und sind in der Stabilität nicht schlechter als Türen und Klappen.

Grundsätzlich unterscheidet man zwei verschiedene Systeme: Im Möbelbau üblich sind Rolladen aus Leisten, die auf Leinwand aufgezogen werden. Sie werden in einer Nut in den Seitenwänden geführt und verschwinden in geöffnetem Zustand hinter der Rückwand des Möbels. Voraussetzung hierfür ist eine entsprechende Tiefe im Verhältnis zur Höhe, um den Rolladen außerhalb der Öffnung unterbringen zu können. Hier gibt es im Reisemobil Schwierigkeiten, da die Möbel selten die entsprechende Tiefe haben, um zusätzlich zum Stauraum noch eine Zwischenwand für den

geparkten Rolladen aufzunehmen. Außerdem müßte bei Störungen das gesamte Möbel ausgebaut werden. Den Schrank »von der Wand rutschen« ist ja nicht drin.

Die bessere Wahl sind Rolladen aus dem Hausbau, die den Ballen aufrollen. Das Paket kann im Oberteil der Schränke noch relativ gut untergebracht werden. Die seitliche Führung übernehmen aufgeschraubte U-Profile mit Gummilippen gegen Klappern.

Die Materialpalette reicht vom billigen Kunststoffprofil über Hohl- und ausgeschäumte Aluprofile in unterschiedlichen Deckbreiten mit und ohne Lüftungsschlitzen, Panzerrolladen aus Stahl bis zu Massivholzrolladen.

Für Reisemobile eignen sich am besten ausgeschäumte, polyamidbeschichtete Alu-Miniprofile mit 25 mm breiten Stäben ohne Lüftungsschlitze. Diese Profile sind trotz geringen Gewichts stabil genug und wickeln sich in engem Radius auf. Inklusive Welle von ca. 40 mm ergibt ein Rolladen mit einer Länge von einem Meter einen Ballen von ca. 12 cm Durchmesser. Gurt- oder Kurbelbedienung kommt nicht in Frage. Elektrische Betätigung wegen fehlender 220-V-Versorgung meist auch nicht. So bleibt zum Aufrollen die Federwelle, die dafür ideal ist. Sie wird so weit vorgespannt, daß sie den Rolladen in jeder Stellung hält. Er läßt sich dadurch leicht bedienen und braucht nicht jedesmal ganz geöffnet zu werden, wenn unten etwas entnommen wird. Federwellen werden in verschiedenen Standardlängen angeboten. Sie können bis auf ein Minimalmaß von ca. 30 cm gekürzt werden.

Rolladen können in jeder beliebigen Länge und Breite bei einem Rolladenbauer bestellt werden. Selbstzuschnitt von Stangenware lohnt bei den geringen Mengen nicht. Neben dem Verschnitt zählt noch der Zeitaufwand für das Ablängen, Montieren der Laufschuhe an den Stabenden und das Zusammenfügen der Stäbe. Als Bestellmaß wird die lichte Breite und Länge der Öffnung angegeben. Die entsprechende Luft und Dicke der Laufschienen berücksichtigen der Hersteller bzw. der bestellende Händler.

Nach Lieferung des »Bausatzes« wird die Federwelle auf das Lichtmaß der Öffnung abzüglich der beiden Lagerböcke gekürzt. Auf das offene Ende des Alurohrs wird ein Deckel mit Lagerzapfen mittels Popnieten oder kurzen Blechschrauben mit Senkkopf befestigt. Auf der Federwelle ist die Wickelrichtung durch einen Pfeil gekennzeichnet, kann aber auch leicht selbst festgestellt werden. Dazu wird die Welle am Vierkantstift des Wickellagers festgehalten und das Rohr gedreht. Wird dabei die Feder gespannt, dreht sich die Welle nach dem Loslassen in entgegengesetzter Richtung Entgegen der Wickelrichtung wird als nächstes der Rolladen auf der Federwelle festgenietet oder mit ganz kurzen Blechschrauben befestigt. Die Schrauben sollten nur gerade eben durch das Blech reichen. Sind sie länger, wird die Feder blockiert oder behindert.

Die seitlichen Laufschienen werden auf das Maß der Länge plus ca. 3 cm Zugabe für den Einlauf abgelängt. Am oberen Ende wird das U-Profil am inneren Schenkel ca. 3 cm eingeschnitten und leicht bogenförmig aufgeweitet. Mit restlos versenkten Schrauben werden die Laufschienen an den Schrankseiten befestigt. Die Federwellenzapfen erhalten Kugellager, die in die Lagerschalen eingelegt werden. Diese werden so an den Schrankseiten befestigt, daß der Rolladen einwandfrei in die Schienen einlaufen kann. Vor dem endgültigen Einfädeln wird die Federwelle gespannt. Dazu wird der aufgewickelte Rolladen gegen die Wickelrichtung, also in Laufrichtung »abwärts«, ca. 8- bis 15mal gedreht, festgehalten und in die Laufschienen eingeführt. Die Vorspannung wird in mehreren Versuchen ermittelt werden müssen. Der Rolladen soll weder nach unten fallen noch nach oben donnern.

Als Verschluß scheiden die im Möbelbau üblichen Rolladenschlösser aus. Schlüssel im Reisemobil sind nicht der Weisheit letzter Schluß. Sie sind ein Unfallrisiko, brechen ab oder gehen verloren. Besser sind Einlaßtreibriegel, die unten in die Seitenwände greifen. Richtig gespannte Rolladen können auch mit starken Magnetschnäppern gehalten werden. Dann wird unten am Abschlußstab ein Griff zur Bedienung angeschraubt. Hierzu eignen sich gut abgerundete Holzbügelgriffe.

Schubkasten

Schubkasten im Selbstbau ist ein Thema, vor dem viele Selbstausbauer zurückschrecken. Sorgfältige Ausführung vorausgesetzt, ist es gar nicht so schwierig. Mit handelsüblichen Führungen wird es noch leichter.

Grundvoraussetzung für einen leicht laufenden Schubkasten ist das Breiten-Tiefenverhältnis. Die Tiefe sollte immer größer als die Breite sein, so werden Verkantungen schon bei der Planung ausgeschlossen. Werden Vorder- und Seitenstücke maßlich genau geschnitten und der aussteifende Boden absolut rechtwinklig, kann nichts mehr passieren.

Die einfachste Methode sind PVC-Fertigprofile als Hohlprofil mit ausgearbeiteten Nuten zur Aufnahme des Bodens und seitlichen Führungsnuten für Laufleisten aus dem gleichen Material oder für rollengelagerte Einfachauszüge. Sie brauchen nur noch auf Länge geschnitten und mit den passend dazu erhältlichen Eckverbindern verklebt zu werden.

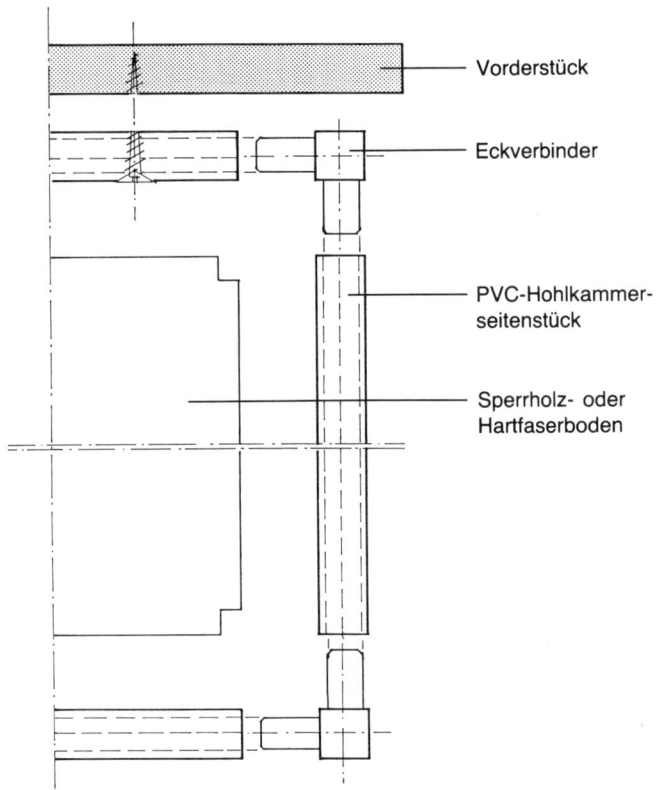

Vorderstück

Eckverbinder

PVC-Hohlkammer-
seitenstück

Sperrholz- oder
Hartfaserboden

Schubkasten als Bausatz aus Kunststoffprofilen mit unsichtbar geschraubtem Vorderstück aus dem Holz der Einrichtung.

Für Anhänger natürlicher Materialien eignen sich Hartholzbretter mit ca. 13 mm Dicke aus gedämpfter Buche oder Ramin. Sie werden genutet und an den Ecken verdübelt. Dabei sollte das Vorderstück durchgehen, damit man nachher die Nut für den Boden und die Laufleiste nicht sieht. Man erspart sich dadurch ein zusätzliches Vorderstück, falls man nicht das mit Radien aus der Möbelfront ausgeschnittene Teil aufdoppeln will, um ein einheitliches Gesamtbild zu erhalten.

Führungen

Die im Möbelbau teilweise üblichen Laufleisten unter den Schubkastenseiten eignen sich für unseren Zweck nicht. Wir benötigen eine sichere Führung in einer Nut oder mit konfektionierten Auszügen.

Laufleisten aus Hartholz, an den Seitenwänden angeschraubt und in einer passenden Nut in den Schubkastenseiten laufend, haben den Vorteil, daß sie billig und leicht

herzustellen sind und die zur Verfügung stehende Breite des Möbels optimal ausgenutzt wird.

Handelsübliche Schubkastenauszüge mit Rollenlagerung gibt es als Einfach- und als Vollauszug. Einfachauszüge unterscheiden sich im Prinzip nicht von normalen Laufleisten, außer daß sie ausgesprochen leicht laufen, leicht zu montieren sind und teilweise, je nach Beschlag, in ausgezogener Endstellung arretiert sind. Vollauszüge sind teuer, dafür haben sie den manchmal großen Vorteil, daß der Schubkasten ganz aus dem Möbel gezogen werden kann, sein Inhalt also voll zugänglich ist.

Vereinzelt sind Einfachauszüge auf dem Markt, die in einer Nut befestigt werden; man gewinnt hierbei gegenüber aufgesetzter Montage mindestens 30 mm Nutzbreite.

Wenn Schubkästen aus konstruktiven Gegebenheiten

Schubkasten mit seitlichen Laufleisten sind sicher geführt und einfach zu bauen.

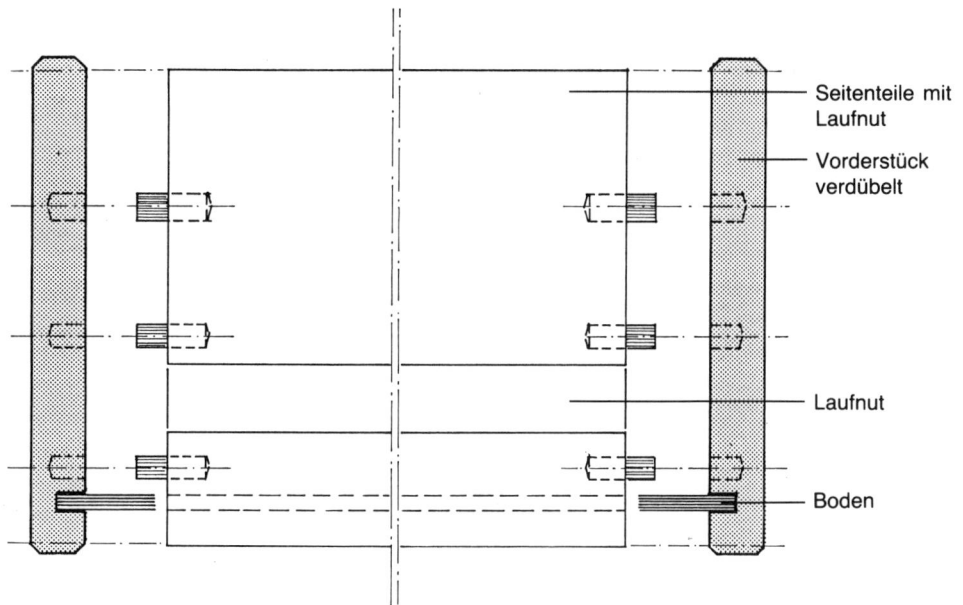

Schubkasten aus Massivholz

Seitenteile mit Laufnut

Vorderstück verdübelt

Laufnut

Boden

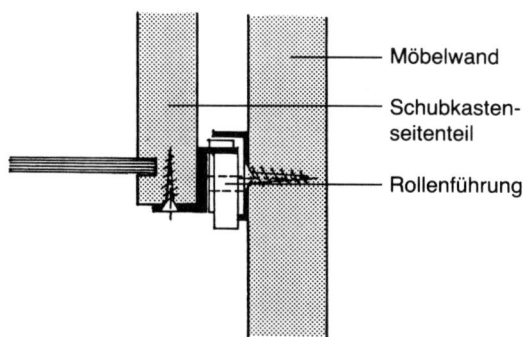

Schubkastenführung mit einfachem Rollenauszug

Möbelwand

Schubkastenseitenteil

Rollenführung

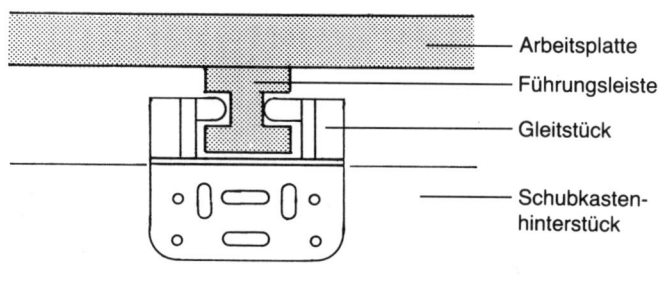

Schubkasten mit Mittelführung

Arbeitsplatte

Führungsleiste

Gleitstück

Schubkastenhinterstück

nicht seitlich geführt werden können, empfiehlt sich eine Mittelführung. Am Hinterstück wird ein Gleitstück aus Nylon befestigt, das in entsprechende Nuten einer über dem Schubkasten montierten Führungsleiste greift. Diese Führung kann bei übereinander angeordneten Schubkästen mittig angebracht werden, am oberen wird dann das Gleitstück unten, am unteren oben angebracht. Vorn geben verstellbare Gleitwinkel die notwendige Seitenführung, Langlöcher ermöglichen genaues Einstellen.

Oberflächenbehandlung

Selbstausbauern, die ihre Einrichtung in Naturholz anstelle von kunststoffbeschichteten Platten ausführen wollen, bietet sich für die Oberflächenbehandlung eine breite Palette von Möglichkeiten, von der natürlichen Behandlung mit Bienenwachs bis zur giftigen Holzschutzlasur.

Allgemeiner Überblick

Das traditionsreichste Verfahren ist das Einlassen mit Bienenwachs. Die so behandelten Holzteile haben einen natürlichen, seidenmatten Glanz. Sie lassen sich feucht abwischen, die mechanische Beanspruchung wird gegenüber dem Rohzustand jedoch nicht erhöht. Im Handel ist Bienenwachs als Flüssigwachs und als Wachspaste, in natur sowie als Antikwachspaste, die dem Holz einen »alten« Charakter gibt.

Wer es sich leisten kann, sein Reisemobil nach der Oberflächenbehandlung längere Zeit auslüften zu lassen, für den eignet sich als weitere natürliche Methode das Halböl, eine Mischung aus 50% Leinölfirnis und 50% Terpentin. Der anfängliche Geruch dieses Halböls ist jedoch nicht nach jedermanns Geschmack. Die Oberfläche wird sehr widerstandsfähig, bei Massivholz sogar wetterfest.

Zwar keine rein natürliche Methode, aber frei von schädlichen Lösungsmitteln und ungiftig, sind Lasuren auf Alcydbasis. Sie lassen sich sehr leicht verarbeiten, Pinsel oder Rolle nach Gebrauch mit Wasser auswaschen.

Ähnliche Eigenschaften haben die Acryl- und Dispersionslacke. Sie sind deckend eingestellt, zeigen also die Holzmaserung nicht mehr. Gegenüber Lacken auf Kunstharzbasis oder Ölfarben haben sie den Vorteil, sehr schnell zu trocknen; bei guter Durchlüftung ist es ohne weiteres möglich, an einem Tag zwei Anstriche aufzubringen.

Die wohl immer noch gebräuchlichste Methode ist das Beizen und anschließende Lackieren.

Ähnliche Wirkung, wenn auch nicht so perfekt, erzielt man mit dem breiten Spektrum der nichtdeckenden Holzlasuren. Hier ist jedoch darauf zu achten, daß man nur Produkte für Innenanwendung benutzt. Es gibt auch Lasuren mit antiziden Eigenschaften aus dem Hochbau, die giftig sind. Einen wirksamen Schutz gegen mechanische Beanspruchung erzielt man mit Dickschichtlasuren.

Vorbehandlung

Egal, welche Oberflächenbehandlung gewählt wird, als oberster Grundsatz gilt immer: »Die fertige Oberfläche kann nur so gut sein wie der Untergrund vorbehandelt wurde.«

Je nach verwendetem Baumaterial wird mit abgestufter Körnung des Schleifpapiers (100/150/180) zwei- bis dreimal geschliffen. Da hierbei die feinen Holzfasern umgelegt werden, wird die fertige Oberfläche zuletzt gewässert und nach guter Durchtrocknung mit 220er Schleifpapier nachgeschliffen. Das Schleifpapier dabei oft wechseln, damit die Fasern auch wirklich abgetrennt werden.

Zum Wässern von Massivhölzern nimmt man heißes, bei furnierten Platten warmes Wasser. Es reicht völlig aus, wenn die Oberfläche dabei gleichmäßig angefeuchtet wird.

Lasieren

Im Gegensatz zu gebeizten Flächen, die anschließend lackiert werden müssen, werden beim Lasieren der gewünschte Farbton und der Oberflächenschutz zusammen erreicht. Die Verarbeitung geht wesentlich leichter, es wird jedoch nur annähernd die Wirkung gebeizter Flächen erreicht.

Ein ökologisch bewußter Motorcaravaner sollte nur Lasuren auf Alcydemulsionsbasis, also lösungsmittelfreie, wasserverdünnbare, verwenden.

Die vorbehandelten Flächen werden je nach gewünschtem Oberflächeneffekt und Deckkraft der Lasur ein- bis zweimal gestrichen. Ersten Anstrich möglichst dünn auftragen. Mit weichem Flächenstreicher (bei Alcydlasuren Pinsel mit Kunststoffborsten verwenden) quer zum Faserverlauf gut verteilen und in Faserrichtung egalisieren.

Nach Durchtrocknung des ersten Anstrichs mit 220er Schleifpapier in Faserrichtung leicht anschleifen, Schleifstaub entfernen und den zweiten Anstrich in gleicher Art aufbringen.

Renovierungsanstriche werden wie der zweite Anstrich behandelt, es sollte dabei beachtet werden, daß der Farbton mit jedem Anstrich dunkler wird.

Beizen

Beizen gibt es in allen Holz- und in vielen Bunttönen gebrauchsfertig im Handel.

Hauptvorteil der Beizen ist ihr tiefes Eindringen in das Holz und die Betonung der Holzmaserung. Allerdings ist die Technik des Beizens nicht ganz problemlos und sollte vorher an Reststücken geübt werden. Wichtig ist, daß keine Kratzer oder Kittstellen die Oberfläche zieren, sie erscheinen nach dem Beizen dunkler. Manche Beizen reagieren auf Metalle mit Oxidflecken, deshalb dürfen keine Metallgefäße oder Pinsel mit Metallzwinge verwendet werden.

Die nach dem Wässern nachgeschliffenen Flächen werden kräftig gebürstet, damit die Poren frei von Schleifstaub sind. Gebrauchsfertige Beize mit Pinsel oder Schwamm in Maserrichtung gleichmäßig satt auftragen. Die Oberfläche soll gut naß sein, jedoch nicht schwimmen. Wenn nach kurzer Zeit das Holz die Beize aufgenommen hat, wird der Überschuß mit dem trockenen Beizpinsel abgenommen; er kann weiterverwendet werden. Mit einem möglichst breiten Flächenstreicher wird die noch feuchte Beize zuerst quer, dann längs zur Faserrichtung vertrieben. Die fertigen Stücke werden zur vollständigen Trocknung beiseitegelegt. Dabei ist langsame Trocknung der Schlüssel zum Erfolg.

Vor dem Lackieren muß der letzte Rest Feuchtigkeit aus dem Holz sein, sonst wird der Lack von innen heraus zerstört. Eine glatte und gleichmäßig matt schimmernde Oberfläche als idealen Untergrund zum Lackieren erhält man durch kräftiges Abreiben der trockenen Beize mit einem Lederrest oder einer Lederbürste.

Da auch die Haut beizfähig ist, sollten zum Beizen unbedingt dichte Gummihandschuhe angezogen werden.

Lackieren

Gebeizte oder Naturflächen, die lackiert werden sollen, müssen trocken, staubfrei und gut geschliffen sein. Die Lackierung wird in einem gut durchlüfteten, staub- und insektenfreien Raum durchgeführt.

Zum Schließen der Poren wird als erster Arbeitsgang ein Grundlack aufgetragen, der in seiner Beschaffenheit dem Endlack entsprechen muß. Nach Durchtrocknung wird mit 180er bis 220er Schleifpapier zwischengeschliffen. Hierbei wird ohne Schleifklotz aus der Hand gearbeitet, damit der Lack nicht durchgeschliffen wird. Mit einem breiten Pinsel oder besser mit einem Ballen aus Baumwollelappen, umwickelt mit einem Leinenlappen, wird der Endlack gleichmäßig aufgebracht. Bei mehreren Schichten erfolgt jeweils ein Zwischenschliff mit 400er Schleifpapier oder Stahlwolle 000. Wird eine matte Oberfläche gewünscht, reiben wir den durchgehärteten Decklack mit Polierstahlwolle matt.

Renovierungslackierung kann nach Schleifen mit 400er Schleifpapier wie die Schlußlackierung ausgeführt werden. Auch hier muß auf Verträglichkeit der Lacke geachtet werden.

Fliesen

In manchen Fällen kann es durchaus sinnvoll sein, im Reisemobil Fliesen zu verlegen. Hierzu bieten sich z. B. die Arbeitsplatten von Küchen an. Zur Gewichtseinsparung und wegen der leichten Verlegeart eignen sich hierzu vorzüglich dünne Mosaikfliesen im Format 5×5 cm. Diese nur ca. 5 mm dicken Fliesen sind im richtigen Fugenabstand auf ein Netz aufgezogen und brauchen nur noch aufgeklebt zu werden. Durch das Kleinformat erübrigt sich in den meisten Fällen das Schneiden der Fliesen an den Rändern. Zum Verkleben verwendet man keinen herkömmlichen Zementkleber, sondern Zweikomponentenkleber, wie er für die Verlegung auf Spanplattenböden im Handel ist. Dieser Kleber ist besonders schubfest und von großer Haftfähigkeit. Er hält die Verwindungen im Fahrbetrieb sicher aus. Verfugung erfolgt mit dem gleichen Material, keinesfalls mit

Fugenzement. Dieser würde nach kurzer Zeit abbröckeln. Verklebung und Verfugung kann auch mit dauerelastischem Polyurethankleber erfolgen, nur ist diese Methode um ein Vielfaches teurer und komplizierter.

Einbau und Verankerung

Sind die außerhalb des Fahrzeugs gebauten Möbel fertiggestellt und der Innenraum vorbereitet, geht es an den vorschriftsmäßigen Einbau.

Einfach wäre es, wenn man hierzu nur die Vorschrift aufschlagen müßte und daraus die zu wählende Befestigung entnehmen könnte. Aber so einfach macht es uns der Gesetzgeber nicht. Er schreibt lediglich vor, die Einbauten so zu verankern, daß bei Notbremsungen oder Unfallstößen die Insassen nicht durch herumfliegende Teile verletzt werden können. Damit ist der Schwarze Peter immer beim Ausbauer.

Sichere Verankerung bedeutet in jedem Fall, daß die Möbel nicht nur auf dem Fußboden, sondern auch im oberen Drittel fest mit dem Fahrzeug verbunden werden. Hierzu haben wir vor Anbringung der Innenverkleidung die Spanten und Verstärkungen genau aufgemessen und vermerkt. Fest eingebaute Einrichtungen können so mit kräftigen Winkeln an der Tragkonstruktion des Fahrzeugs verschraubt werden. Die Befestigung an der Bodenplatte erfolgt ebenfalls mit Winkeln oder kräftigen Leisten, die zusätzlich geleimt werden. Als Befestigungswinkel eignen sich Abschnitte eines Alu-Winkelprofils der Dimension 30×30×4 mm. Die sogenannten Stuhlwinkel sind für diesen Zweck zu schwach. Holzschrauben für die Verschraubung in der Bodenplatte sollten wenigstens 6 mm dick sein, besser sind 8- bis 10-mm-Schrauben mit Sechskantkopf. Diese können mit einem Schraubenschlüssel bombenfest angezogen werden. Schwieriger wird die Befestigung an den Holmen der Seitenwand. Blechschrauben sind den Rüttelbewegungen des Fahrzeugs nicht lange gewachsen. Nach kurzer Zeit sind sie wieder locker, mehrmaliges Nachziehen führt dazu, daß das Blech sich verzieht und die Schraube nicht mehr hält. Hier helfen nur Holzleisten, die vor Montage der Innenverkleidung hinter die entsprechenden Holme verschraubt wurden, oder aber Metallhohlraumdübel. Diese Dübel können nachträglich mit der dazugehörenden Schraube von außen eingesteckt werden. Durch das Anziehen der Schraube spreizen sie sich von hinten gegen das Blech und geben so den notwendigen Halt.

In selbsttragenden Vollsandwichkabinen können die gleichen Aluwinkelprofile verwendet werden. Sie werden mit doppelseitigem Klebeband oder Sikaflex mit der Kabine verklebt und mit Popnieten befestigt. Bei Kabinen mit Holzlattengerüst muß man sich die Latten einmessen und die Winkel mit Holzschrauben befestigen. Dabei muß vorgebohrt werden, damit die kräftigen Schrauben die Latten nicht sprengen.

Viele Selbstausbauer wollen ihr Fahrzeug nicht nur zum Wohnen benutzen. Wenn schon ein »Lieferwagen« im Haus ist, möchte man zum Transport der neuen Couch nicht extra einen teuren Leihwagen nehmen. Vielleicht soll das Fahrzeug auch das Jahr über als Kundendienstwagen im gewerblichen Bereich mit der Möglichkeit der steuerlichen Abschreibung benutzt werden. Hier bietet sich eine Wechseleinrichtung an. Allerdings muß diese Möglichkeit bereits bei der Einrichtungsplanung berücksichtigt werden. Es hat keinen Zweck, wenn man zur Demontage der Einrichtung die ganze Installation trennen muß und dann bei der Wiedermontage eine neue Gasprüfung notwendig wird. Auch die Demontage einer kompletten Naßzelle ist nicht sinnvoll. Meist wird man sich darauf beschränken, die Sitzgruppe, den Kleiderschrank und eventuell Etagenbetten demontierbar auszuführen. Bei den in den meisten Fällen in der Sitzgruppe installierten Wassertanks ist eine Steckverbindung der Befüll- und Entnahmeleitungen gerade noch sinnvoll. Zum privaten Gebrauch reicht der dadurch gewonnene Platz völlig aus. Beim gewerblichen Einsatz, z. B. als Kundendienstwagen, kann es durchaus sinnvoll sein, wenn der Küchenblock und die Naßzelle im Fahrzeug bleiben und anstelle der ausgebauten Sitzgruppe Regale für Ersatzteile installiert werden. Welcher Kundendienstmonteur freut sich nicht, wenn er sich zum Frühstück einen Kaffee kochen und sich nach Dienstschluß duschen kann. Der werktägliche Transport von Zementsäcken und Malerkübeln in einem Fahrzeug, in dem man übers Wochenende mit der Familie ins Grüne fahren will, ist aus Gründen der Verschmutzung sowieso nicht der Weisheit letzter Schluß. Hier sollte zu einem Fahrgestell mit Wechselaufbau (»Pick-Up«) gegriffen werden.

Wechseleinrichtungen können ebenfalls mit Stahlwinkeln befestigt werden, wenn die Lage der Winkel so gewählt wird, daß sie beiden Einsatzzwecken gerecht werden. Soll durch die Demontage nur Freiraum geschaffen werden, sind sie allerdings störend. Hier sind Einschlagmuttern in der Bodenplatte und an den Seiten besser. In sie werden Gewindeschrauben eingedreht, die Winkel bleiben in diesem Fall am Möbel befestigt. Für variable Befestigung verschiedener Einrichtungen sind sogenannte Halfenschienen in der Bodenplatte zu empfehlen. Diese in verschiedenen

Dimensionen erhältlichen Profilschienen dienen normalerweise dazu, bei gewerblichen Bauvorhaben Kanäle und Installationen an der Decke zu befestigen. Sie können für unsere Zwecke gut verwendet werden. Mit Spezialschrauben können so an beliebiger Stelle die Einrichtungen wahlweise verschraubt werden.

Abschließend noch ein Wort zur Zulassung von Wechseleinrichtungen. Ein Reisemobil wird als solches nur zugelassen, wenn die Einrichtung »fest verankert« ist. Eine Befestigung mit Schnellverschlüssen zählt nicht als feste Verankerung. Die Befestigung muß so beschaffen sein, daß zum Lösen »übliches Bordwerkzeug« notwendig ist. Wird dies nicht beachtet, besteht die Gefahr, daß die Umschreibung verweigert wird.

Das ökologisch ausgeglichene Reisemobil

Ökologie, die Wissenschaft von den Beziehungen der Lebewesen zu ihrer Umwelt, ist auf dem Reisemobilsektor ein Thema, das viel zu wenig beachtet wird. Dabei ist ein Umfeld, das ökologisch so weit wie möglich in Ordnung ist, gerade hier von größter Bedeutung, dient uns doch das Reisemobil in den für unsere Gesundheit wichtigsten Wochen des Jahres, dem Urlaub von Streß und teilweise ökologisch unmöglichen Arbeitsbedingungen, der Erholung von diesen negativen Einflüssen.

»Urlaub auf dem Bauernhof« ist deshalb so erholsam, weil hier die ökologischen Bedingungen in den meisten Fällen stimmen. Keine Betonkästen, Klimaanlagen, kein Discosound und Verkehrsstreß mit entsprechender Luft, dafür Häuser mit viel Holz, lehmausgefachtem Fachwerk mit Kalkputz und Kalkfarbanstrich, Verbindung zur Umwelt und faßbare Dimensionen sind Grundvoraussetzungen für eine wirkungsvolle Erholung.

Der naturverbundene Reisemobilurlauber erfüllt schon durch seine Lebenseinstellung viele dieser Voraussetzungen. Wenn dann noch das »Kleinklima«, sein Schneckenhaus, ökologisch weitestgehend in Ordnung ist, ist der Erholungseffekt eigentlich schon vorprogrammiert.

Was kann man tun?

Ein Reisemobil vollwertig nach baubiologischen Grundsätzen zu bauen ist nicht möglich. Hier spielen zu viele Faktoren mit, die nicht zu ändern sind.

Funktionsgemäß nicht möglich ist eine Lösung für das Hauptanliegen der Baubiologen, die Erhaltung des natürlichen Erdmagnetfelds und des elektrischen Strahlenfelds im Wohn- und Schlafraum. Zumindest das Fahrgestell, auf dem wir wohnen, ist aus Metall, dazuhin noch gitterförmig verstärkt. Kastenwagen und Sonderaufbauten aus Metall bilden einen Faradayschen Käfig, der im Gewitter durchaus nützlich sein kann, aber durch diese Schutzwirkung naturgemäß die elektromagnetischen Felder von den Bewohnern abschirmt. Ganz ohne Abschirmung sind die Kunststoffaufbauten aus GfK. Hier fehlt dann jedoch die Faradaysche Schutzwirkung bei Gewitter, für viele ein Grund, sie aus Angst vor Blitzschlägen abzulehnen.

Ebenfalls praktisch nicht möglich ist es, einen Aufbau dampfdiffusionsfähig, also atmungsaktiv, zu konstruieren. Dieses Manko muß durch konstruktive Ersatzmaßnahmen so gut wie möglich ausgeglichen werden.

Wenn schon solche gravierenden Hindernisse auf dem Weg zum ökologisch ausgeglichenen Reisemobil liegen, sollten wir bestrebt sein, die noch verbleibenden Möglichkeiten voll auszuschöpfen. Gesundes Wohnen in dem Blechkäfig eines Reisemobils ist nur dann möglich, wenn

das Klima stimmt. Die thermische Behaglichkeit des Menschen, die bestimmt wird durch Raumtemperatur, Luftfeuchte, Oberflächentemperatur der Umschließungsflächen und das ausgeglichene Zusammenspiel dieser Faktoren untereinander muß in den Grenzen gehalten werden, zwischen denen er sich wohlfühlt.

Warme Luft ist imstande, wesentlich mehr Feuchtigkeit aufzunehmen als kalte. Auf diese physikalische Grundlage ist der menschliche Körper von jeher eingestellt, er fühlt sich nur wohl, wenn die Luft warm und feucht oder kalt und trocken ist. Diese stark vereinfachte Darstellung des menschlichen Wärmehaushalts mit umgekehrten Vorzeichen betrachtet, fordert im Reisemobil konstruktive Maßnahmen. Das heißt, es muß dafür gesorgt werden, daß bei abkühlender Luft die dadurch freiwerdende Feuchtigkeit gespeichert und bei sich erwärmender Luft wieder an diese abgegeben werden kann. Wird dies versäumt, können also die Umgebungsflächen die Feuchtigkeit nicht speichern, läuft bei Abkühlung das Wasser von den Flächen ab, führt zu Schäden und fehlt der Luft bei deren Erwärmung. Folge: Der auf der Hautoberfläche austretende Schweiß verdunstet stärker, der Körper empfindet die Temperatur als zu kalt.

Ökologisch ausgeglichene Möbelbaumaterialien

Trotz des hohen Stands der Kunststofftechnik sind Beschichtungen mit diesen Materialien auch heute noch nicht in der Lage, feuchtigkeitsausgleichend zu wirken. Dazu kommt noch ein bis jetzt außer acht gelassener Aspekt des »sich behaglich Fühlens«, der der griffsympathischen Oberfläche, eine nicht genau wissenschaftlich zu definierende Eigenart des Tastsinns. Allzu glatte, kühle und auch teilweise synthetische Oberflächen werden als unangenehm und dadurch unbehaglich empfunden. Für viele fallen Kunststoffoberflächen bewußt oder unbewußt unter diese Kategorie. Man tut gut daran, die Beziehungen der Umwelt zum darin lebenden Menschen eher über- als unterzubewerten.

Genauso wichtig wie die Forderung nach möglichst großer Feuchtigkeitsspeicherung ist der Schutz vor Gefahren für die Gesundheit, die von Baumaterialien des Innenausbaus ausgehen. In jüngster Zeit durch verschiedene, bedenkliche Erkrankungen in breiter Öffentlichkeit bekannt geworden ist hier vor allem der Formaldehyd in Spanplatten. Dieses vorwiegend in Leimen verwendete Kunstharz dünstet aus und ist dann in erheblichem Umfang gesundheitsgefährdend. Es löst Unwohlsein und Kopfschmerzen aus, reizt Augen und Schleimhäute und kann Dauerschädigung der Nieren und der Leber nach sich ziehen. Es wurde in die Klasse der sicher krebserregenden Stoffe eingestuft. Leider gibt es für die im Reisemobil meist verwendeten Sperrhölzer keine Richtlinien wie bei den Spanplatten. Hier wird die Formaldehydabgabe nach Klassen eingeteilt und eine Kennzeichnung verlangt. Bei Sperrholz ist jedoch der Leimanteil nicht so hoch und die Abgabe deshalb meist nicht so intensiv.

Trotzdem bestehen hinsichtlich der Formaldehydabgabe Unterschiede. Ein direkter Vergleich mit den Werten von Spanplatten der gleichen Holzwerkstoffklasse ist dadurch möglich, daß in den einzelnen Klassen gleiche Leime verwendet werden. Nach den »Richtlinien über die Klassifizierung von Spanplatten hinsichtlich ihrer Formaldehydemission« dürfen Sperrholz- und Spanplatten, die nicht der Klasse E 1 angehören, also mit einer Formaldehydabgabe von mehr als 0,1 ppm, seit 1. 7. 85 nicht mehr hergestellt und seit 1. 7. 87 nicht mehr verkauft werden.

Der Formaldehydanteil richtet sich nach den bei der Herstellung verwendeten Leimen, diese wiederum richten sich nach den Anforderungen der Holzwerkstoffklasse. Die Holzwerkstoffklasse ist Bestandteil der Plattenbezeichnung, wie z. B. SP 20 für Sperrholz, BTI 20 für Tischlerplatte und BFU 20 für Furnierplatten der Holzwerkstoffklasse 20. Dabei bedeutet:

– Klasse 20: Nicht feuchtraumbeständig. Verleimung überwiegend mit Aminoplasten wie Harnstoff-Formaldehydharz oder Melamin-Formaldehydharz. Diese Leime haben eine besonders hohe Formaldehydabgabe.
– Klasse 100: Wetterbeständig. Verleimung mit Phenoplasten wie Phenol-Formaldehydharz oder Resorcin-Formaldehydharz. Bei diesen Leimen ist der Formaldehydanteil wesentlich geringer und die Abgabe dadurch in vertretbarem Rahmen.
– Klasse 100 G: Wetterbeständig. Verleimung wie Klasse 100, jedoch zusätzlich mit Fungiziden gegen Pilzbefall behandelt, die ihrerseits ein gesundheitliches Risiko darstellen. Teilweise, dies wird gesondert hervorgehoben, wird die Pilzbeständigkeit ohne Fungizide durch spezielle Holzarten für die Mittellage erreicht. Trifft dies zu, sind die Platten besonders für Naßräume zu empfehlen.

Bei beschichteten oder furnierten Platten tritt Formaldehyd zum größten Teil an den Kanten aus. Dies kann durch Furnieren oder Lackieren weitestgehend unterdrückt werden.

Welches Möbelmaterial kann man nun bedenkenlos verwenden? Der bestmöglichste Kompromiß heißt Sperrholz, Tischler- oder Furnierplatte der Holzwerkstoffklasse 100 mit furnierten Kanten und einer Oberflächenbehandlung.

Oberflächenbehandlung

Entscheiden wir uns für Holz als Möbelbaumaterial, ist eine nachträgliche Oberflächenbehandlung notwendig, da Holz als Naturprodukt den Beanspruchungen im Reisemobilalltag nicht gewachsen ist und unter den verschiedenen Klimabedingungen unterschiedlich arbeitet. Geeignete Oberflächen sind:

Lasuren

Um die natürliche Atmungsfähigkeit des Holzes zu erhalten und gleichzeitig die Oberfläche zu schützen und nach Wunsch auch noch einzufärben, ist die Lasur ein geeignetes Mittel.

Lasuren dringen in das Holz ein, ohne die Poren zu schließen. Sie erhalten die natürliche Holzmaserung und das Porenbild. Durch den offenporigen Aufbau bleibt die Atmungsfähigkeit des Untergrunds zum größten Teil erhalten. Allerdings auch der damit verbundene Nachteil, daß das Holz nicht wasserfest, sondern nur feuchtigkeitsresistent wird.

Lasuren sind für die einzelnen Anwendungsgebiete in unzähligen Varianten auf dem Markt. Von vornherein nicht in Betracht kommen die unter dem Begriff Lasur laufenden Holzschutzmittel aus dem Hochbau für Außenanwendung. Diese Mittel sind zum überwiegenden Teil giftig bei Berührung und in ihrer Emission. Für ökologisch ausgeglichene Einrichtungen kommen eigentlich nur lösungsmittelfreie, wasserlösliche Produkte mit Alkydharzen und natürlich die biologischen Produkte mit vegetabilen Harzen und Ölen als Bindemittel, Erdpigmenten und ebenfalls natürlichen Lösungsmitteln wie Orangen- oder Zitrusschalen-Destillaten und natürlichen Terpentinölen in Frage. Diese Mittel sind zwar teurer und in ihrer Farbpalette lange nicht so umfangreich wie chemische Produkte, dafür aber unschädlich.

Öle, Wachse

Weitere biologische Oberflächenbehandlungsmittel sind Holzöle auf der Basis pflanzlicher Öle und Naturharze, gelöst in Zitrusterpenen. Dieses Holzöl dringt tief in das Holz ein, trocknet allerdings langsam, gibt aber einen natürlichen, seidigen Glanz. Es ist lebensmittelecht und mit Erdpigmenten abtönbar.

Holzwachs ist eine Mischung verschiedener Naturwachse wie Bienenwachs, Carnauba-Hartwachs und Schellackwachs, gelöst in Zitrusterpenen und Balsam-Terpentinölen, dadurch streichfähig und leicht aufzutragen.

Seine typische, griffsympathische Oberfläche und die Widerstandsfähigkeit gegen Abnutzung gleichen den Mehraufwand bei der Verarbeitung bald wieder aus.

Lacke

Das vielfältige Angebot von Lacken schrumpft sehr schnell auf eine kleine Auswahl zusammen. Deckende Lacke auf Kunstharzbasis mit Lösungsmitteln interessieren hier aus den bekannten Gründen, die gegen lösungsmittelhaltige Produkte im Wohnbereich sprechen, und aus der Tatsache, daß keine geschlossenporige Oberfläche gewünscht wird, nicht. Übrig bleiben die Acryllacke in wäßriger Lösung und eine kleine Palette biologischer Lacke.

Naturharzlacke und Öllacke lassen sich schwerer verarbeiten und trocknen wesentlich langsamer als Kunstharzlacke, da die chemischen Zusätze wie Härtungsbeschleuniger, Trockenstoffe, Hautverhinderungsmittel und schnellverdunstende Lösungsmittel zugunsten biologischer Eigenschaften entfallen. Ihre Widerstandsfähigkeit gegenüber Abnützung und Reinigungsmitteln wird ebenfalls reduziert, aber diese Nachteile werden zugunsten der Gesundheit in Kauf genommen.

Teppichbelag

Sowohl von der Widerstandsfähigkeit als auch vom Klimaausgleich her gesehen wäre ein Belag aus Naturteppich oder Sisal ideal, ist aber von der praktischen Seite her für Möbel nicht überall geeignet. Im Reisemobil finden sich Flächen, die sich für diese Beläge geradezu anbieten. Prädestiniert sind hier die Stauräume unter den Sitzbänken, die von den Schuhen laufend strapaziert werden. Weiter die Außenwände der Naßzelle, eventuell auch noch denkbar die Korpusse der Hängeschränke, hier unter dem Aspekt der Verletzungsgefahr gesehen. Nicht geeignet sind der Küchenblock und andere Schränke.

Beflocken

Eine nicht alltägliche Oberflächenbehandlung ist das elektrostatische Beflocken mit kurzen Textilfasern aus Kunststoff. Hierzu werden die zu behandelnden Flächen mit einem Einkomponentenkleber, der leitfähig ausgerüstet ist, eingestrichen und ca. 2 mm lange Textilfasern aus einem Handgerät mit Hochspannungsgenerator mittels eletrostatischer Aufladung aufgebracht.

Die Fasern richten sich durch diese Aufladung nach dem Auftreffen auf den Kleber auf und bilden einen homogenen Veloursbelag, der verhältnismäßig widerstandsfähig, leicht zu reinigen und zu pflegen ist, aber eben aus Kunststoff und lösungsmittelhaltigem Kleber besteht und zudem die Holzoberfläche dicht abschließt. Vorteil ist, daß sämtliche Grundmaterialien damit beflockt werden können. Da jede ökologische Maßnahme ihre Grenzen hat, diese aber so weit wie möglich gesteckt werden, sollten nur kleinere Flä-

Sisal-Bodenbelag an den Sitzkästen schützt dauerhaft vor Beschädigungen.

173

chen damit belegt werden, wie zum Beispiel Kantenpolsterungen, eventuell das Innere von Waschräumen und ähnliche Bereiche, die nicht unmittelbar mit dem Wohnbereich in Zusammenhang stehen.

Textilien

Den letzten Schliff erhält das Reisemobil durch die Bodenbeläge, Polsterbezüge und Vorhänge. Durch diese Materialien kann aber auch das Wohlbefinden an Bord den letzten, hier negativen, Schliff bekommen, wenn nur auf schicke Dessins und günstigen Preis geachtet wird.

Bodenbeläge

Der am weitesten verbreitete Bodenbelag im Reisemobil ist der PVC-Belag. Er ist billig, pflegeleicht und in unübersehbarer Auswahl im Handel. PVC ist das Polymer des Vinylchlorids, eines leicht entzündlichen, giftigen Gases, das zu den eindeutig krebserregenden Stoffen gehört. Bei Beschäftigten in der PVC-Produktion ist schon seit den sechziger Jahren die Vinylchlorid-Krankheit, ein selten sonst vorkommender Leberkrebs, bekannt. Wird das Fertigprodukt PVC verbrannt, entsteht unter anderem das in letzter Zeit so bekannt gewordene Dioxin.

Von der PVC-Welle überrollt und zeitweise scheinbar dem Untergang geweiht, aber in letzter Zeit durch angepaßtes Käuferbewußtsein wieder sehr beliebt geworden ist Linoleum. Es ist bis auf eine geringere Druckfestigkeit nicht schlechter als PVC, dafür aber aus den Naturprodukten Kork- und Holzmehl, oxidiertem Leinöl und Naturharzen, die fein gemahlen auf ein Jute-Trägergewebe aufgebracht werden. Echtes Linoleum ist zwar teurer und schwieriger zu verlegen als PVC, bei den geringen Mengen im Reisemobil sollte dies aber nicht ausschlaggebend sein.

Die Verklebung von Linoleum erfolgt mit Dispersionskleber auf Naturharzbasis. Da es in der Länge schrumpft und in der Breite zunimmt, muß es vor der Verlegung erst einige Tage ausgerollt der Verlegetemperatur angepaßt werden. Es muß gut durchgewärmt sein, da es sonst brüchig wird. Zur Versiegelung kann das Linoleum nach der Verlegung mit Naturwachs eingelassen werden, es läßt sich dann leichter pflegen.

Zur Reinigung eignet sich braune Schmierseife, die dem Boden das notwendige Fett zuführt, damit dieser nicht spröde wird.

Ein weiterer biologischer Bodenbelag mit gleich guten Eigenschaften wie Linoleum ist gepreßter Kork. Er wird wie dieses verarbeitet und gepflegt. Seine Vorteile sind ein höherer Wärmedämmwert und bessere Druckfestigkeit.

Teppichbeläge

Obwohl man sich im Urlaub damit nur Zusatzarbeit erkauft, gilt für die meisten Menschen ein Wagen ohne Teppich als Primitivausführung. Nach der ersten Reise wird klar, daß man den Platz für den benötigten Staubsauger besser hätte nutzen können und die Flecken ein Reisemobilleben lang an den verschütteten Kakao von Klein-Erna erinnern werden.

Teppichböden werden sowohl aus Natur- als auch aus Kunstfasern in verschiedenen Verarbeitungsmethoden gefertigt. Dazu kommen noch Ausrüstungen, die den Belag fleckunempfindlich oder mottensicher machen sollen. Leider geht dies nur mit Giften verschiedenster Art. Aber auch Teppiche aus Naturfasern können ökologisch bedenklich sein, dann nämlich, wenn die Rückenbeschichtung zur Erzielung eines günstigen Preises aus PVC oder ähnlichen Kunststoffen besteht.

Grundsätzlich unterscheidet man drei verschiedene Arten von Teppichböden:

Webware
Die älteste Art der Teppichherstellung und gleichzeitig die einzige, die ganz ohne Rückenbeschichtung auskommt, also bei Verwendung von Naturfasern bedenkenlos verwendet werden kann. Allerdings durch aufwendige Herstellung auch die teuerste.

Getuftete Ware
Beim Tuftingverfahren werden die Fäden des Flors, also der Nutzschicht, auf Spezialmaschinen mit tausenden feiner Nadeln mit dem Trägergewebe vernadelt. Nach einem Voranstrich auf der Rückseite wird diese mit einer Rückenbeschichtung aus Thermoplasten oder Schaumkunststoffen, im Idealfall aus Jutegewebe versehen. Die gesundheitlichen Gefahren gehen dabei wieder von den bekannten Kunststoffen sowohl im Flor als auch bei den Trägergeweben und der Rückenbeschichtung aus. Wenn getuftete Ware, dann Flor aus Naturfaser, also z. B. Schurwolle, Baumwolle, Sisal oder Kokos, Voranstrich aus Naturlatex, Rückenbeschichtung aus Jutegewebe.

Nadelfilz
Nadelfilzbeläge sind sehr hoch beanspruchbar. Zu ihrer Herstellung werden mehrere Lagen Vlies mit einem Trägergewebe vernadelt und dann mit Acrylharzen imprägniert.

Im überwiegenden Fall bestehen sie aus synthetischen Materialien, es sind jedoch auch Nadelfilze aus Naturprodukten, meist Tierhaar mit Juteträger, im Handel.

Polster und Polsterstoffe

Bei Polstermaterialien muß man sich notgedrungen den Errungenschaften der modernen Chemie unterwerfen. Polster aus natürlichen Materialien in Verbindung mit Federkern sind kaum in den benötigten Abmessungen erhältlich. Für feste Betten kann eventuell auf Standardmaße häuslicher Betten zurückgegriffen werden. Schaumpolster aus Naturlatex sind zwar maßlich leicht anzupassen, in den meisten Fällen werden sie jedoch durch ihr hohes Gewicht der Abspeckung zum Opfer fallen.

Im Gegensatz zu den Polstermaterialien kann bei den Bezügen und Gardinen viel im Sinne der Ökologie getan werden.

Stoffe aus Kunstfasern sind in den allerseltensten Fällen direkt gesundheitsschädlich, aber genauso selten ökologisch ausgeglichen. Das beginnt bei der mangelnden Fähigkeit, Feuchtigkeit speichern zu können und geht über elektrostatische Aufladung bis zu Allergien wegen mangelnder Hautverträglichkeit. Ganz zu schweigen von mangelnder Hygiene durch starke Staubbindung.

Gegen natürliche Polsterstoffe spricht die erhöhte Schmutzempfindlichkeit. Werden die Bezüge abnehmbar gemacht, kann dieser Mangel leicht in Kauf genommen werden; auch synthetische Bezüge bleiben nicht ewig sauber.

Eine klappbare Beifah-
rer-Rückenlehne er-
möglicht auch in klei-
nen Fahrzeugen mit
Quersitzbank vier Sitz-
plätze am Tisch.

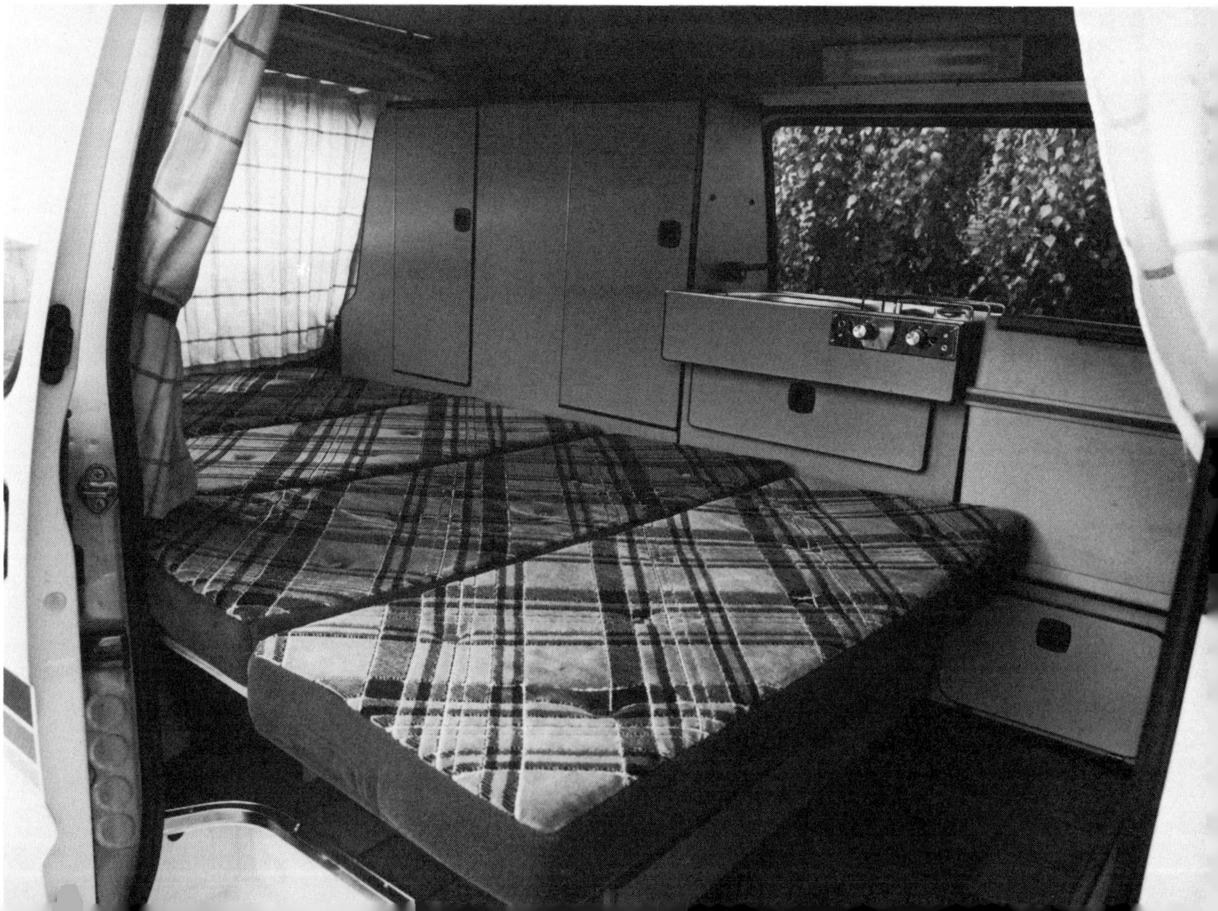

Nachts wird die Liege-
fläche nach vorne ge-
zogen und ergibt zu-
sammen mit der dop-
pelten Rückenlehne
und der Kofferraumab-
deckung bzw. beim
VW mit dem Motor-
raumpolster eine
ebene Liegefläche.

176

VII. Ausstattung

Polster

Für eine Polsterauflage ist der Alltag im Wohnmobil ganz schön anstrengend. Sie ist nicht, wie ihre Kollegen im Hausgebrauch, nur für einen bestimmten Bereich zuständig. Sie ist Belag für Wohnzimmersessel, Eßzimmerstuhl, Autositz und Bett zugleich. Sie soll bei extrem hoher Luftfeuchte gleichen Komfort bieten wie bei großer Trockenheit, muß im Sommerurlaub hohe Hitzegrade überstehen und wird im Winterlager manchmal »tiefgefroren«.

Damit nicht genug, die Wohnmobilbesatzung verlangt auch noch, daß die Polsterauflage beim Fahren auf holperigen Straßen sanft die Stöße absorbiert, beim gemütlichen Lümmeln angenehm weich und zum Schlafen lieber etwas härter ist.

Ohne die Hilfe der modernen Schaumstoffchemie wäre es nie und nimmer möglich, diese verschiedenen Anforderungen auch nur annähernd unter einen Hut zu bekommen. Heutzutage ist der Weichschaumstoffbereich eine Domäne der Polyurethanchemie. Für Polsterqualitäten kommt unter den Polyurethanen meist die Gruppe der Polyätherschäume zur Anwendung. Deswegen heißen die im Wohnmobilbereich gebräuchlichsten Polsterschäume auch der Einfachheit halber Polyäther-Matratzen. Aus ärztlicher Sicht sind Polyätherschaumprodukte in der Anwendung physiologisch unbedenklich. Zusammen mit Bezügen aus Naturfaser kann dieses Kunststoffprodukt sogar im bedingt ökologisch ausgeglichenen Reisemobil empfohlen werden.

Manche TÜVs verlangen bei der Zulassung den Nachweis, daß der verwendete Polsterschaum einen Brandtestnachweis nach MVSS 302 bestanden hat (bestimmte Flammenausbreitungsgeschwindigkeit). Werden dem Polyätherschaum bei der Produktion bestimmte flammhemmende Ausrüstungen beigegeben, kann sogar die Brandklasse B1 nach DIN 4102 erreicht werden. Deren Forderungskatalog übersteigt MVSS 302 noch. Entsprechende Zertifikate sollte der Verkäufer Ihnen vorweisen können. Am besten lassen Sie sich die Brandklasse auf der Rechnung bestätigen.

Polyätherschaum besteht aus unzähligen winzigen Zellen, die lückenlos miteinander verbunden sind. Die Zellstruktur ermöglicht eine kontinuierliche Luftzirkulation. Diese Atmungsaktivität ist schon beim Sitzen angenehm – besonders in heißen Gegenden – erst recht aber beim Schlafen. Jeder Mensch schwitzt schließlich im Schlaf, unter südlicher Sonne kann das zum Problem werden. Polyätherschaum ist jedoch in der Lage, Feuchtigkeit durch die Matratze hindurch abzutransportieren. Hier ist eine Polsterunterlüftung besonders wichtig. Andernfalls sammelt sich die Feuchtigkeit unter dem Polster und führt dort zu Schimmel, muffigem Geruch und Bakterienwachstum. Der Nässestau sorgt überdies für eine unangenehme Störung des Schlafklimas.

Kalt hergestellter Blockschaum ist eine besonders polstergeeignete Polyurethanqualität. Als hochelastischer Werkstoff geht er nach Entlastung rasch wieder in seine ursprüngliche Form zurück und behält auch nach Dauerbeanspruchung noch seine Elastizität.

Das bedeutendste Qualitätsmerkmal für einen Polsterschaum ist das Raumgewicht. Es wird in Kilogramm pro Kubikmeter angegeben. Gebräuchliche Raumgewichte für Polstermaterial bewegen sich von 25 bis 60 kg/m³. Es befinden sich jedoch schon Qualitäten ab etwa 18 kg im Handel, ohne daß auf ihre geringe Eignung hingewiesen wird. Als Faustregel gilt: je höher das Raumgewicht, desto besser die Qualität.

Die Weichheit oder Härte von Polsterschäumen ist eine wichtige Eigenschaft. Sie können sofort spüren, ob ein Polster weicher oder härter ist. Oft wird jedoch fälschlicherweise der Begriff »Härte« mit Qualität gleichgesetzt. Tatsächlich muß die Härte keinerlei Zusammenhang mit der Qualität, auch nicht mit dem Raumgewicht des Polsters haben. Für die Härte ist allein die chemische Rezeptur verantwortlich: Es gibt Schaumstoffe gleichen Raumgewichts unterschiedlicher Härte. Unter standardisierten Laborbedingungen läßt sich die Kraft exakt ermitteln, die notwendig ist, um einen Schaumstoffkörper um ein bestimmtes Maß zusammenzudrücken. Diese Eigenschaft wird in der Schaumtechnik mit »Stauchhärte« bezeichnet.

Soviel Theorie als Einleitung ins Polsterkapitel ist notwendig, um Ihnen schlechte Erfahrungen zu ersparen. Preiswerte Polsterschaum-Sonderangebote bluffen Unkundige nämlich häufig mit zunächst beeindruckender »Härte« und »Dicke« des Schaumstoffs. Statt Härte handelt es sich dabei jedoch um eine künstlich erzeugte Steifigkeit: Der Schaum ist durch höheres Dosieren des Härteranteils fester geworden. Das geht aber auf Kosten der Elastizität. Im Dauergebrauch brechen die Zellen, dadurch ermüdet das Ein- und Ausfederungsvermögen. Mit der Zeit sitzen Sie solche Polster buchstäblich platt.

TIP: Wenn Sie beim Polsterkauf sichergehen wollen, können Sie sich an einem Qualitätssiegel orientieren, das der Europur-Verband bei Erfüllung bestimmter Mindestanforderungen für Polyurethanmatratzen vergibt. Sämtliche namhaften europäischen »Schaumschläger« sind in diesem Verband vertreten. Mit dem Siegel: »Europur – Polster für mehr Lebensqualität« werden nur Produkte bezeichnet, die in Labortests erwiesen haben: Mindestraumgewicht von 38 kg/m^3, 80 000 Ein- und Ausfederwege mit 80-kg-Gewicht ohne bleibenden Elastizitätsverlust, statische, klimatische Dauerermüdungsprüfungen.

Für das Wohnmobil, in dem es immer auf einen ausgewogenen Kompromiß zwischen höchstem Komfort und Gewichtseinsparung ankommt, sollte ein Polsterraumgewicht von 35 bis 40 kg gewählt werden. Beispielsweise hat eine Matratze von 200×100 cm und einer Dicke von 10 cm bei Raumgewicht 40 kg ein Eigengewicht von 8 kg. Dies belastet das Fahrzeug nur wenig, außerdem kann das Polster beim abendlichen Bettenbau leicht von einer Person umgesetzt werden.

Im Bereich von Alkoven- und Dachbetten möchte man häufig möglichst viel lichte Raumhöhe gewinnen und setzt deshalb nur dünne Polster ein. Bei entsprechend höherem Raumgewicht ist auch eine Polsterauflage von nur 4 cm noch in der Lage, für guten Liegekomfort zu sorgen. Niedrigere Raumgewichte kommen nicht in Frage: Schultern und Beckenknochen liegen dann leicht durch. Soll noch mehr mit der Polsterstärke gegeizt werden, kann notfalls auch auf geschlossenzelligen Polyethylen- oder Polypropylen-

schaum zurückgegriffen werden. Derartige Materialien finden sich als 2-cm-Schlafunterlage fertig zugeschnitten in Trekking-Shops oder als Meterware im Isolierfachhandel (siehe auch Kapitel »Isolation«). Dieses Material kann, da geschlossenzellig, jedoch kein Wasser transportieren. Es atmet auch nicht. Der Schlafkomfort ist eingeschränkt (sehr hart), Schwitzwasserlachen zwischen Schläfer und Matte müssen in Kauf genommen und morgens abgelüftet werden.

Alternativen zum vielseitigen Schaumstoff stehen nur in begrenztem Umfang zur Verfügung. Wenige Firmen haben sich darauf spezialisiert, Federkernmatratzen für Reisemobile und Caravans anzubieten. Viele miteinander verbundene Zylinderfedern bilden den Kern. Anzahl der Federn und die Drahtstärke entscheiden über den Komfort und die Haltbarkeit. Die beste Lösung bietet der sogenannte Taschenfederkern, bei dem die einzelnen Federn jeweils in Baumwolltaschen eingenäht sind. Reisemobil-Federkernpolster werden nach Maßangaben in der gewünschten Form gefertigt. Die Federkernmatratze bringt gegenüber einem hochwertigen Vollschaum geringe Vorteile, vor allem in der Liegequalität und der Lebensdauer. Beim Sitzen bringen sie keine nennenswerten Vorteile. Da Federkernmatratzen relativ dick auftragen (ab 15 cm) und gegenüber Vollschaumpolstern bedeutend mehr Gewicht haben, kommen sie im allgemeinen nur für fest eingebaute Betten in Frage. Ökologisch/physiologisch bieten sie nur selten Vorteile, weil zur Kaschierung des Federkerns von den meisten Herstellern heute Polyurethan-Weichschaumstoff-Vliese verwendet werden. Der Bioschläfer sollte einen Lieferanten suchen, der mit Roßhaar auf dem Federkern arbeitet.

Latex-Schaummatratzen (echtes Schaumgummi) sollte im Wohnmobil besser nicht verwendet werden. Das Naturprodukt aus Kautschukmilch ist sehr licht- und hitzeempfindlich und wird unter deren Einwirkung bröselig.

Für baubiologisch orientierte Wohnmobilkonstrukteure bleibt die Möglichkeit, bei Herstellern von Seegras- oder Roßhaarmatratzen wegen Zuschnitts von Sonderformen anzufragen. Für den oft nur schmalen Alkoven- oder Dachbettbereich, wo man sich eine dicke Polsterauflage aus Federkern oder Seegras aufgrund Höhenmangels nicht leisten kann, kann auf alte Nomadentradition zurückgegriffen werden: Matratzen, die mit Schafwollflocken fest gestopft sind, tragen nicht stark auf, lassen sich tagsüber leicht zusammenrollen und bieten harten, aber gesunden und klimatisch ausgeglichenen Schlafkomfort.

Polsterschnittformen, Verwendung

Der Mehrzweckverwendung von Polsterstücken im Reisemobil ist am ehesten der synthetische Schaumstoff gewachsen. Zwar lassen sich auch mit den anderen Materialien Sitzbänke polstern, doch kann man nur mit dem Schaum alle Bereiche fast gleich gut ausrüsten. Schon um ein Bett ohne allzu große Höhen und Tiefen, ohne »Besucherritzen« und spürbare Kanten zu bauen, braucht man Polsterteile, die an den Rändern die gleiche Stärke und Elastizität haben wie in der Mitte. Erst recht wird man die Vorteile des Polyäthers anerkennen, wenn's um das Gestalten von Sitzplätzen geht, auf denen man nicht nur notdürftig eine Mahlzeit einnehmen, sondern auch lange Fahrtkilometer ermüdungsfrei »absitzen« kann. Dazu ist eine wenigstens annähernd ergonomische Aufpolsterung notwendig.

Welche Formen und Abmessungen ein Sitz haben soll, ist im Kapitel »Möbelbau« beschrieben, hier geht es um die Bequemlichkeit. Als Mindestanforderung gehört dazu, die Rückenlehne gegen die Sitzfläche ein wenig geneigt anzuordnen. Mit Schaummaterial ist aber mit einfachen Klebetechniken auch der Aufbau einer »Schaumarchitektur« möglich. So kann man dem Sitzpolster durch Aufarbeiten eines kleinen Wulstes an der Vorderkante zusätzliche Oberschenkelunterstützung verleihen. In Bettstellung muß natürlich gewährleistet sein, daß sich der oder die Wülste an den Bettenden befinden. Es besteht sogar die Möglichkeit, Sitzpolster doppelseitig auszuführen. Dabei wird auf der einen Seite ein völlig planer Schaumblock verwendet. Getrennt durch eine schmale Holzplatte (5-mm-Sperrholz) wird auf der anderen Seite ein Mehrzonenaufbau vorgenommen. Weichere Sitzpolster werden von härteren Rand-

blöcken (für Seitenhalt in Kurven) und einem ebenfalls härteren Vorderblock (Oberschenkelunterstützung) umgeben. Wenn man möchte, kann man die Sitzfläche sogar noch muldenförmig ausfräsen. Das gesamte Polster wird nun in einen Bezug gesteckt. Für die Fahrt sitzt man auf anatomisch geformten »Autositzen«, im Stand auf der glatten Polsterseite, die auch für den Bettenbau genutzt wird. Sinngemäß lassen sich auch Rückenpolster in der gleichen Schichtbauweise zusammenstellen. Empfehlenswert ist dieser Aufwand allerdings nur bei Sitzen, die in oder gegen die Fahrtrichtung zeigen. Auf Längsbänken wird der Passagier lieber eine schräge Sitzhaltung einnehmen, um besser heraussehen zu können. Hier ist ein vorgeformter Sitz hinderlich und unbequem.

Bezüge

Polsterbezüge im Wohnmobil sollten strapazierfähig, klimatisch ausgleichend und waschbar sein. Während über Farbe und Dessin hauptsächlich der Geschmack entscheidet, sollte man sich bei der Ausführung von praktischen Erwägungen leiten lassen. Die häufig in Fertigmobilen anzutreffenden Wohnzimmerpolster mit Steppnähten, Zierknöpfen und Tröddelchen strahlen zwar bisweilen Biedermeiergemütlichkeit aus, sind jedoch, da in Sofamanier festgepolstert, wenig zweckmäßig. Spätestens nach dem ersten Rotweinfleck ist die Gemütlichkeit dahin. Besonders wer mit Kindern reist, sollte auf Flecken gefaßt sein. Ein Polsterstück gehört in einen Bezug, der mit einem Reißverschluß um den Polsterkern schließt. Als Stoff kommen Naturfasern oder Baumwollmischgewebe in Frage. Synthetische Fasern sind zwar oft leichter sauberzuhalten, beeinträchtigen jedoch das Schlafklima negativ. Atmungsaktivität ist mindestens dann unumgänglich, wenn auf Polstern nicht nur gegessen, sondern auch geschlafen werden soll.

Echte Polsterstoffe sind schwer und dick. Auf gewöhnlichen Haushaltsnähmaschinen kann man sie nur mühsam verarbeiten. Polsterstoffe sind allerdings heute meist schmutzresistent ausgerüstet. Dafür lassen sich viele nur chemisch reinigen. Als Alternative bieten sich gute Dekostoffe an. Sie lassen sich in den meisten Fällen gut mit einfachen Nähmaschinen bewältigen. Auch unter ihnen gibt es Sauberfaserstoffe. Bessere Qualitäten sind im allgemeinen so ausgerüstet, daß sie beim Waschen nicht einlaufen.

Soll auf gewöhnliche Stoffe zurückgegriffen werden, ist es besser, sie vor dem Zuschnitt zu waschen. Sonst kann man unliebsame Überraschungen mit der Paßform erleben. Gleiches gilt, wenn unbehandelte Naturfaserstoffe für die Bio-Polsterung verwendet werden sollen.

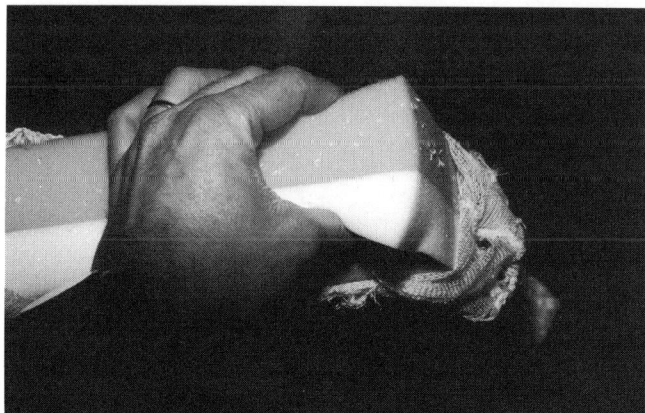

Zweizonen-Schaumpolster mit einer weichen (unten) und einer harten Seite (oben).

TIP: Bezüge lassen sich leichter von den Schaumstoffblöcken abziehen, wenn diese in billiges Matratzendrell oder einfaches Baumwollgewebe eingenäht sind.

Werden fest bezogene Polster geschmacklich bevorzugt oder fertig gekaufte Polster verwendet (aus ausgeschlachtetem Caravan), kann man sich behelfen, indem man nach dem Schnitt von Spannbettlaken Schonbezüge näht, die unter dem Polsterteil durch Gummizug halten. Eine einfache, leicht zu realisierende und preiswerte Alternative.

Sitzmöbel

Bereits im Kapitel Grundriß wurden die vielfältigen Möglichkeiten einer Sitzgruppe im Reisemobil behandelt. Damit ist es aber allein nicht getan. Die Sitze müssen bei aller Variabilität in jedem Zustand bequem und sicher sein.

Fertige Sitzgruppen gibt es in allen nur denkbaren Varianten im Zubehörhandel und als Einzelteile bekannter Ausbaufirmen. Aber der echte Selbstausbauer hat es sich zum Ziel gesetzt, möglichst viel nach seinen individuellen Bedürfnissen und Vorstellungen selbst zu bauen; warum also vor der Sitzgruppe kapitulieren? Die speziellen Beschläge für Sonderkonstruktionen gibt es im Handel, Selbstanfertigung ist hier unzweckmäßig, das restliche Möbel ist leicht zu bauen.

Sitzbänke müssen in zwei Richtungen belastbar sein: Die statische Kraft durch Sitzen und Schlafen bedingt stabile Deckel der Truhe und Stützen, die dynamische Kraft durch Verzögerung des Fahrzeugs Verstärkungen in Fahrzeuglängsrichtung. Das bedeutet, daß Sitztruhendeckel, Füße und Rückenlehnen in Längsrichtung stabil, der Rest ohne weiteres in Leichtbauweise gebaut werden können. Selbstverständlich müssen die Beschläge des Verstellmechanismus in beiden Richtungen den auf sie wirkenden Kräften standhalten können. Die Handelsware erfüllt diese Forderung.

Für Sitzgruppen quer zur Fahrtrichtung werden Variobeschläge dem Wunsch nach Variabilität am meisten gerecht. Mit ihnen können die Sitze so gestellt werden, daß im Stand am Tisch gegenüber gesessen wird, in Fahrt aber alle Mitreisenden in Fahrtrichtung sitzen. In Liegestellung wird bei diesen Beschlägen der Tisch nicht zum Bau der Liegefläche mitverwendet, die Größe spielt also eine untergeordnete Rolle und der Unterbau muß nicht abklappbar sein. Der Mehrpreis dieser Beschläge gegenüber normalen Sitzbeschlägen kann beim Tischgestell wieder eingespart werden. Werden Sitzfläche und Rückenlehne der Bänke mittig geteilt und pro Bank zwei Variobeschläge eingebaut, sind alle nur denkbaren Sitzstellungen möglich.

Werden Variobeschläge eingebaut, müssen Sitzpolster und Rückenlehne von gleicher Qualität sein, da sie wechselweise zum Sitzen dienen, außerdem sollten sie fest ge-

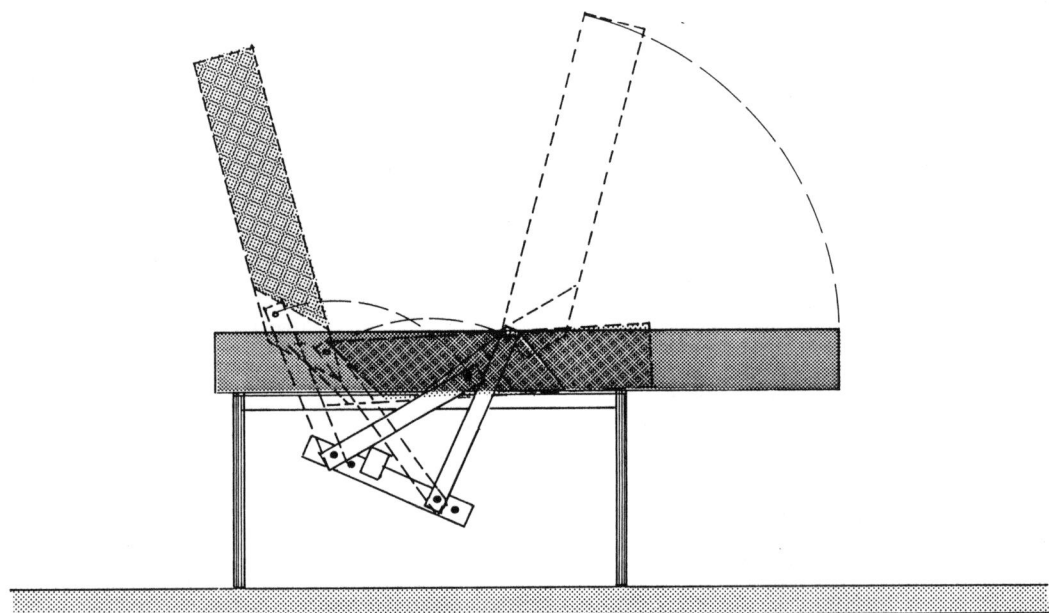

Variobeschläge ermöglichen bei Quersitzen, daß alle Mitfahrer in Fahrtrichtung sitzen.

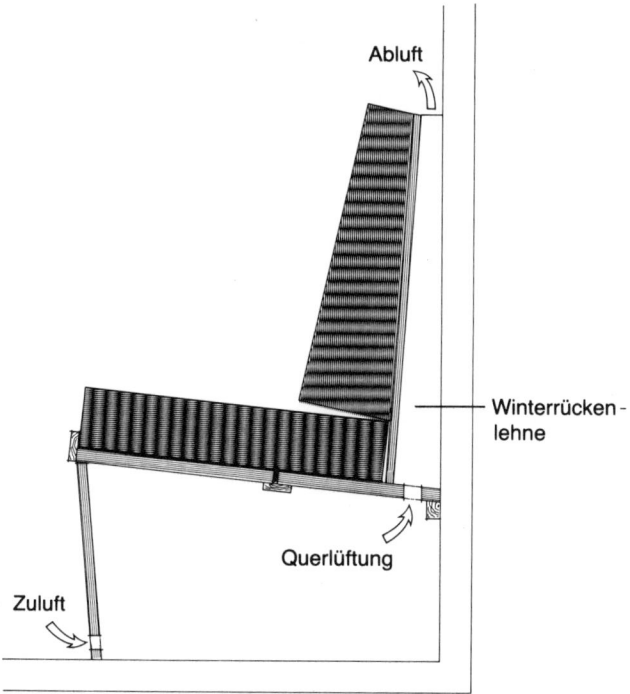

Abluft

Winterrücken-
lehne

Querlüftung

Zuluft

Ergonomisch richtige Sitzbank mit nach hinten fallender Sitzfläche. Zum Schlafen wird das keilförmige Rückenkissen mit der Rückseite nach oben auf die Bank, das Sitzkissen auf den abgesenkten Tisch gelegt.

Rohrauszüge an den Sitzkästen ermöglichen die Verbreiterung der Liegefläche einer Dinette. Festgepolsterte Zusatzpolster werden ausgelegt und durch die seitlichen Blenden gehalten.

polstert sein; lose Kissen müssen an Sitz und Rückenlehne durch kräftige Leisten gesichert sein.

Bei Längsbänken benötigt man keine weiteren Beschläge für die Rückenlehnen. Variable Sitzanordnung kommt hier nicht in Betracht und die Rückenpolster können an der Außenwand oder Winterrückenlehne befestigt werden. In Liegestellung wird der Zwischenraum zwischen den Sitzen durch den abgesenkten Tisch geschlossen, die daraufgelegten Rückenpolster ergänzen die Liegefläche. Mittig geteilte Sitzpolster und Stauraumklappen sind aber hierbei genauso angenehm, wenn man etwas aus dem Sitzkasten holen muß. Wird die Stauraumklappe so angeschlagen, daß dahinter ein fester Teil in doppelter Polsterstärke bleibt, erhält die Bank zusätzliche Stabilität, und man erspart sich das lästige Wegräumen der Polster bei jedem Hochklappen. Man kann dann den Bankdeckel mitsamt Polster hochklappen.

Beschläge für Bänke nach »VW-Standardgrundriß« quer zur Fahrtrichtung gibt es in zwei Ausführungen im Handel. Die für den Bulli bis Baujahr 79 berücksichtigt den Höhenunterschied zwischen Sitzhöhe und dem höheren Motorraum. In Liegestellung wird das Sitzpolster um ca. 13 cm angehoben und bildet mit dem Motorraumpolster eine ebene Liegefläche. Bei Fahrzeugen ab Baujahr 80 ist der Motorraum in einer Ebene mit dem Sitzpolster, ein Anheben erübrigt sich. Es gibt auch hierfür die entsprechenden Beschläge, wir empfehlen aber trotzdem die alte Ausführung. Durch das Anheben ist es bei diesem Typ möglich, auf dem Motorraum einen 13 cm hohen, durchgehenden Stauraum für Campingmöbel und sonstigen Kram unterzubringen. Das Motorraumpolster ruht dann auf dem Deckel dieses Stauraums. Weitere Vorteile der angehobenen Liegefläche sind die gute Durchlüftung des Stauraums während der Nacht und die Möglichkeit, eine seitliche Sitzbank oder ein niedriges Schränkchen bis unmittelbar an die Sitzbank zu bauen, über die das Bett dann nachts drübergeht. Diese Sitzbankanordnung kann natürlich auch für alle anderen kleinen Kastenwagen gewählt werden. Anstelle des Motorraums ergibt sich dann ein geräumiger Kofferraum im Heck. Für freistehende Quersitzbänke kann ein simpler Lehnen-Liegebeschlag von metallerfahrenen Ausbauern auch selbst gebaut werden. Dazu wird ein festes Lehnenbrett mit zwei kräftigen Metallprofilen im unteren Teil des Sitzkastens drehbar gelagert. In Sitzstellung verriegelt sich die Rückenlehne mit einem Treibriegel, der seitlich in die Möbel greift. Zum Schlafen nimmt man die Polster ab, legt die Lehne um und die Polster wieder auf. Ein kurzer Stützfuß unterstützt die abgeklappte Lehne. Lager und Treibriegel müssen so kräftig ausgelegt sein, daß sie in der Lage

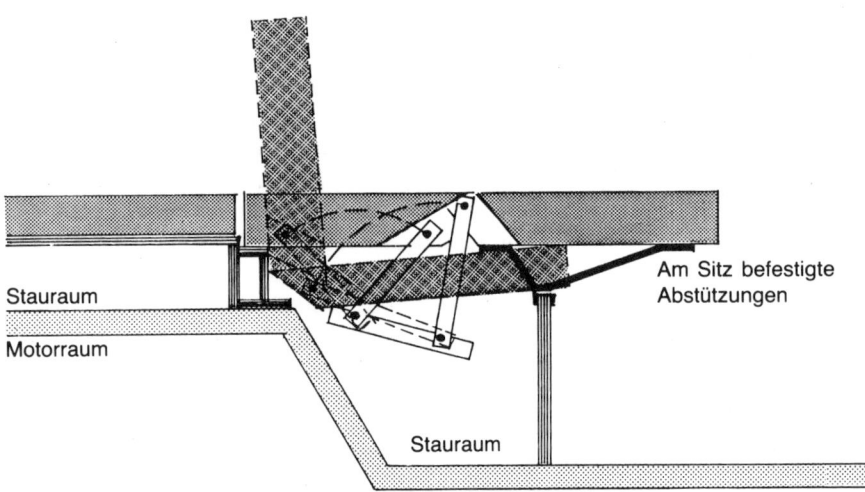

Wird im VW-Bus ab Baujahr 1980 der Liegebeschlag der alten Ausführung eingebaut, ergibt sich unter dem Motorraumpolster ein geräumiger Stauraum.

Stauraum

Motorraum

Stauraum

Am Sitz befestigte Abstützungen

sind, die Lehne im Fahrbetrieb sicher zu halten.

Die konstruktiven Anforderungen an Durchlüftung und Winterrückenlehnen behandeln wir im Kapitel Wintereignung.

Die großen Stauräume, besonders die der Längssitzbänke, schaffen die Möglichkeit, eine Fülle sperriger Gegenstände unterzubringen. Es bieten sich hier der Frischwassertank und der Warmwasserboiler an. Aber auch

In die Sitzbänke lassen sich alle sperrigen Einbauten wie Wassertank und Boiler unterbringen.

die Elektroversorgung mit Ladegerät und Zweitakku (mit Lüftung nach außen), bei kleineren Fahrzeugen ohne Naßzelle die Toilette auf einem Vollauszug und eventuell auch der Abwassertank bei wintergeeigneten Mobilen sind im Sitzkasten platzsparend und frostsicher aufgehoben.

Wenn sich irgendwie die Möglichkeit bietet, sollte eine Außenklappe den Zugang zu mindestens einem Stauraum von außen ermöglichen. Man hat dann ungehinderten Zugang, ohne jedesmal die Sitzpolster entfernen und durch den Innenraum gehen zu müssen. Dies ist besonders dann wichtig, wenn man Sportgeräte wie Schlauchboot oder gar Skier darin unterbringen will.

Eine zusätzliche Möglichkeit, im Sitzgruppenbereich Stauraum zu schaffen, wird viel zu selten ausgenutzt: Da man an der Sitzgruppe nicht unbedingt volle Stehhöhe benötigt, kann diese ohne weiteres auf ein bis zu 15 cm hohes Podest gesetzt werden. Man erhält dadurch einen Bodenstauraum zwischen den Sitzen mit beachtlichen Ausmaßen (bei vollformatigen Längssitzbänken immerhin ca. 190×70×15 cm) und relativ guter Zugänglichkeit über eine Klappe unter dem Tisch oder eine Außenklappe. Außerdem werden die Sitzkästen um 15 cm tiefer, man kann dann sogar den Gaskasten für 5-kg-Flaschen darin integrieren.

Sicherheitsbestimmungen

Da die StVZO keine Reisemobile kennt und sie deshalb als »sonstiges Kfz« einstuft, gibt es auch zu den Sitzen im Wohnteil keine allgemein gültigen Vorschriften. Bei der Zulassung bzw. Abnahme ist man dem jeweiligen Prüfer und dessen Ermessensspielraum in weiten Bereichen ausgeliefert, weshalb es immer wieder zu Unstimmigkeiten kommt.

Aber die geltenden Vorschriften anderer Fahrzeuggattungen lassen manche Querverbindungen zu, die wir hier, ohne Anspruch auf Vollständigkeit, zitieren wollen.

Keine Zweifel gibt es zu den Sitzen im Führerhaus. Sie sind in den *Führerhausrichtlinien* und in *§ 35 a StVZO* klar definiert. Sie müssen sicheren Halt bieten und allen im Betrieb auftretenden Beanspruchungen genügen. Werden Sicherheitsgurte eingebaut, müssen diese den Bauartbestimmungen entsprechen und so angebracht sein, daß ein sicheres Führen des Kfz auch mit angelegtem Gurt möglich ist. Bei Austausch der Sitze erlischt die Betriebserlaubnis nicht, wenn die neuen Sitze ebenfalls den Richtlinien entsprechen. Es ist also ohne weiteres möglich, Pkw-Sitze vom Schrottplatz einzubauen, wenn ihre Befestigung den Anforderungen entspricht und die Sicht nicht beeinträchtigt wird sowie sicheres Führen des Fahrzeugs noch möglich ist. Auch beim Einbau von Drehbeschlägen gelten diese Bestimmungen. Außerdem muß der Drehbeschlag so eingebaut werden, daß er in Fahrtstellung sicher und selbständig einrastet. Während der Fahrt müssen alle Drehsitze in Fahrtrichtung gedreht werden.

Ganz nach freiem Gusto kann man Sitze im Wohnraum natürlich auch nicht ausführen. Die allgemeingültigen Vorschriften über Insassenunfallschutz gelten auch hierfür. Auch § 35 a StVZO kann bei entsprechend großzügiger Auslegung herangezogen werden. Im eigenen Interesse sollte jeder, unabhängig von bestehenden Vorschriften, auf größtmögliche Sicherheit seiner Lieben im Wohnraum achten. Wie gesagt, Sicherheitsgurte sind nicht vorgeschrieben, wohl aber Haltevorrichtungen. Dies können stabile Armlehnen in Griffnähe, Haltegriffe oder Haltestangen oder andere Einrichtungen sein, die es dem Fahrgast ermöglichen, sich bei Verzögerung festzuhalten. Trotzdem empfehlen wir bei Sitzen in Fahrtrichtung die Installation von Sicherheitsgurten, wenn geeignete Befestigungspunkte hierfür erreichbar sind. Wenn nicht, kann mit handelsüblichen Einbausätzen, die mit DIN-Schrauben und entsprechenden Gegenscheiben von mindestens 10×10 cm unter dem Fahrzeugboden verschraubt werden, Ersatz geschaffen werden.

Bei Längssitzbänken sind in Fahrtrichtung Kopfpolster vorgeschrieben, wenn ein möglicher Aufprall auf feste Einrichtungsgegenstände nicht auszuschließen ist.

Vorgeschrieben ist auch, daß die Polster fest mit dem Sitz verbunden sind. Hierfür reichen umlaufende Leisten, Klettverschlüsse oder Druckknöpfe, die Polster dürfen eben nicht lose im Fahrzeug herumfliegen können.

Bezüglich Sitzabmessungen kann man eine entsprechende Vorschrift für Omnibusse heranziehen. Dort sind als Mindestabmessung 45 cm Sitzbreite, 38 cm Tiefe und 60 cm Rückenlehnenhöhe gefordert. Da diese Maße die untere Grenze bequemen Sitzens darstellen, werden sie wohl in den meisten Fällen ohnehin eingehalten.

Rutschsichere Polsterbefestigung

Festeingebaute Sitze im Wohnbereich, die als Sitzplatz in die Fahrzeugpapiere eingetragen werden sollen, müssen nach den Bestimmungen der StVZO, § 35 a II, sicheren Halt bieten und allen im Betrieb auftretenden Belastungen standhalten. Daß diese Forderung von losen Sitzpolstern auf glattem Sperrholz und von unbefestigten Rückenlehnen nicht erfüllt werden kann, ist klar. Wenn die Fahrgäste an der Sitzgruppe bereits nach der ersten Kurve unter dem Tisch liegen, ist an der Polsterbefestigung etwas zu verbessern.

Die sicherste Methode wäre eine Festpolsterung von Sitz und Rückenlehne. Festgepolsterte, zur Liegefläche umzubauende Sitzgruppen lassen sich im Selbstbau schwer verwirklichen. Außerdem ist die nach längerem Aufenthalt dringend notwendige Reinigung lange nicht mehr so leicht durchzuführen wie mit losen Polstern.

Die wohl nach wie vor verbreitetste Sitzpolsterfixierung

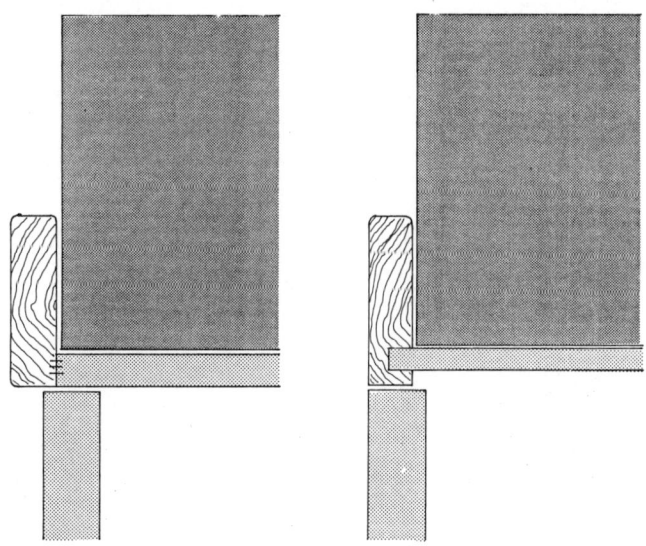

Sichere Polsterfixierung durch „Schlingerleisten" an den freien Seiten der Sitzmöbel.

sind die aus dem Schiffsbau übernommenen »Schlingerleisten«, hochkant am Deckel der Sitztruhe befestigte Leisten. Solange der Leistenüberstand groß genug ist, das Polster zu fassen, ist gegen diese Methode nichts einzuwenden. Nachteile sind die etwas schwierige Befestigung an dünnen Deckeln ohne Stabilitätsverlust und, besonders bei weichen Polstern, die Gefahr, daß man auf der Leiste schläft.

Diese Nachteile kann man umgehen, wenn man die Polster mit Klettverschlüssen befestigt. Diese praktischen Verschlüsse gibt es in verschiedenen Befestigungskombinationen. Für unsere Zwecke eignet sich am besten ein Basisband (»Grip«) zum Festtackern auf dem Holzdeckel und ein Verschlußband (»Flausch«) zum Annähen am Polsterstoff. Für ein 100 cm breites Polster reichen drei Streifen

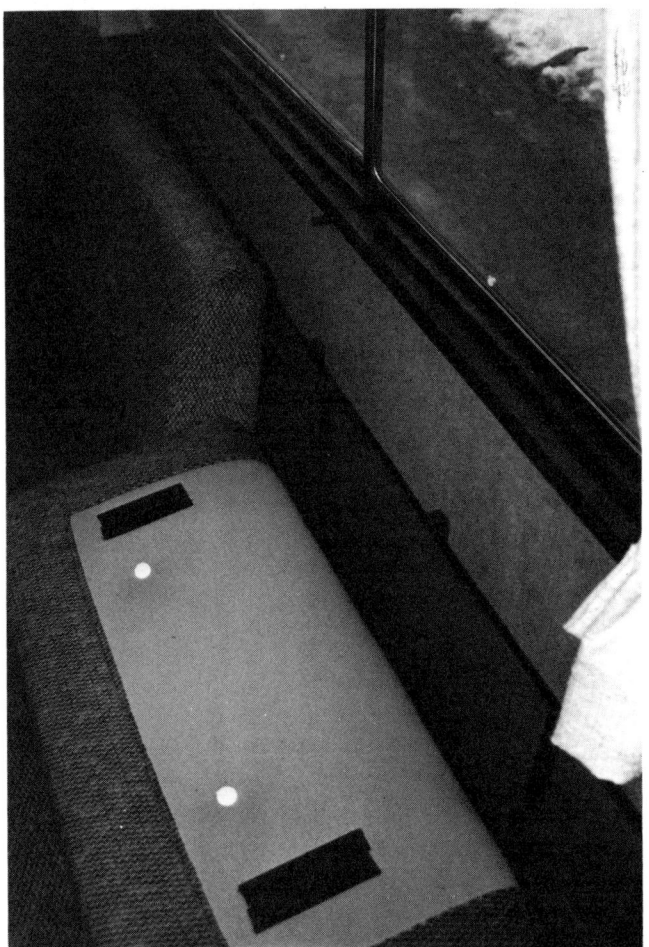

Rückenpolster werden mit Klettverschlüssen sicher gehalten und sind leicht abnehmbar.

über die Polstertiefe oder sechs kurze Streifen an den Ecken und in der Mitte.

Eine weitere Befestigungsart sind Tenaxnägel. Hier handelt es sich um Druckknöpfe, deren Unterteil festgeschraubt werden kann. Das an einer Lasche im Stoff zu befestigende Oberteil verriegelt sich mit dem Unterteil und kann mit einem federnd gelagerten Knopf wieder abgezogen werden. Die Laschen werden hinten am Polster befestigt und wirken auf Zug.

Neben den Sitzpolstern sind auch die Rückenlehnen sicher zu befestigen. Werden Winterrückenlehnen hinter dem Polster eingebaut, kann Klettband verwendet werden. Bei direktem Kontakt mit der Außenwand eignen sich Tenaxnägel oder Kordelschlaufen, die in Haken eingehängt werden. Hierbei ist Wert auf innere Sicherheit zu legen, die Haken dürfen nicht Ursache von Verletzungen werden.

Schon manche TÜV-Abnahme ist an nicht befestigten Polstern gescheitert, deshalb sollte dieses Thema nicht vernachlässigt werden, auch wenn unverständlicherweise nicht wenige Serienfahrzeuge mit losen Kissen auf dem Markt sind.

Rollos, Gardinen

Fenster im Reisemobil sind recht und schön zum Genießen der Aussicht und zur Belichtung des Innenraums. Aber wo Licht ist, ist bekanntlich auch Schatten. Im Reisemobil bedeutet dies, daß man zu bestimmten Zeiten am liebsten keine Fenster hätte. Dann nämlich, wenn es draußen dunkel ist und man drinnen unbeobachtet im Licht sitzen möchte. Dann, wenn man zwar Luft, aber keine Schnaken im Fahrzeug möchte. Auch dann, wenn man die brennende Nachmittagssonne mit ihrer Wärmestrahlung vom sonst gut isolierten Fahrzeug fernhalten möchte. In diesen Fällen wünscht man sich, man hätte den Kastenwagen ohne Fenster gebaut. Aber es gibt dafür auch elegantere Lösungen. Zu Hause läßt man in solchen Fällen die Rolladen runter oder zieht die Gardinen zu. Warum nicht auch im Reisemobil?

Vor ungebetenen Zuschauern kann man sich am ehesten noch mit dichten Vorhängen schützen. Diese nützen aber wenig, wenn man abends bei Licht und offenen Fenstern im Fahrzeug sitzt, das idyllisch an einem See parkt. Auch die unzähligen Plagegeister an solchen Gewässern lieben das Licht. Folge ist, daß man bald nur noch um sich schlägt und an Nachtruhe nicht mehr zu denken wagt. Hier gehört ein Mückenschutz an die Fenster.

Komfortabelste Lösung dieser Probleme sind Reisemobilfenster, in deren Rahmen bereits jeweils ein Verdunkelungs- und Mückenschutzrolo integriert ist. Bei Bedarf braucht es nur hochgeschoben und gekoppelt werden. Dann kann wahlweise oder kombiniert zwischen Verdunkelung und Mückenschutz gewählt werden. Die Rollos laufen in einem durch Bürsten abgedichteten Rahmen. Dadurch gibt es auch für begabte Plagegeister keine Schleichwege, um an unser begehrtes Blut zu kommen.

Kombirollos in gleicher Ausstattung gibt es auch zum nachträglichen Anbau. Diese werden auf die Innenverkleidung geschraubt, haben oben und unten je einen Rollokasten und dazwischen die Laufschienen. Im überwiegenden Fall erfüllen sie ihren Zweck genauso, wenn sie auch nicht so elegant aussehen. Schwierig wird es, wenn das Fenster in einer Rundung der Karosserie eingebaut ist. Das U-Profil der Rolloführung läßt sich nicht biegen, es muß also in diesem Fall durch passende Ausgleichsleisten unterfüttert werden.

Wie bereits im Kapitel Fenster angesprochen, muß darauf geachtet werden, daß der Zwischenraum zwischen Fenster und Verdunkelungsrollo eine gute Be- und Entlüftung durch Schlitze in den Rollokästen besitzt. Nur so kann die durch Sonneneinstrahlung entstehende Hitze in diesem Bereich keine Schäden an den Acrylglasfenstern anrichten. Die mit Aluminium bedampften Verdunkelungsrollos erfüllen ihre Pflicht, das Sonnenlicht abzustrahlen und dadurch vom Innenraum fernzuhalten, meist so gewissenhaft, daß bei ungenügender Lüftung die Acrylglasscheiben über die zulässige Grenze hinaus erhitzt und dadurch blind oder verzogen werden können.

Ohne diese Probleme, aber mit anderen Nachteilen behaftet sind die einfachen Springrollos, die oben am Fenster befestigt werden. Es gibt sie als Verdunkelungs- und als Mückenschutzrollo. Sie sind wesentlich preisgünstiger, erfüllen aber ihre Aufgabe durch fehlende seitliche Abdichtung auch lange nicht so gut. Wer sie lediglich als Sicht- oder Sonnenschutz einsetzen und bei der Ausstattung sparen will, ist mit ihnen trotzdem gut bedient. Findige Ausbauer können aus handelsüblichen PVC-U-Profilen auch selbst eine Seitenführung konstruieren, sollten dann aber besonders auf Lüftung achten.

Im Gegensatz zu den Fenstern im Wohnteil gibt es für die Fenster im Fahrerhaus keine nachrüstbaren Rollos von der Stange. Bei den Seitenfenstern der Türen ist manchmal die Möglichkeit gegeben, am Fensterrahmen Kombirollos so anzubringen, daß man sie im Stand bedienen kann und sie im Fahrbetrieb nicht stören. Dies ist aber die Ausnahme. Meist, und bei Windschutzscheiben immer, bleibt

hier nur, Sicht- und Wärmeschutz durch innen angeordnete Gardinen oder durch Isoliermatten, die aufgeknöpft werden, zu erreichen. Die Isoliermatten haben wir im Kapitel Wintereignung bereits behandelt. Werden sie mit umgekehrten Vorzeichen gesehen, eignen sie sich auch als Wärmeschutz. Empfehlenswert ist hierbei, die Abstrahlschicht aus Alu außen statt innen anzuordnen. Man kann ja die Druckknöpfe beidseitig anbringen und hat dadurch die Möglichkeit, im Winter die Wärme drinnen zu behalten, indem man sie innen anbringt, und im Sommer die Hitze draußenzulassen durch Anbringung außen.

Gardinen im Fahrerhaus bringen zwar einen guten Sichtschutz, ihr Wärmeschutz ist aber nicht besonders gut, im Gegenteil kann durch Stauwärme zwischen Scheibe und Gardine die Mittagshitze noch lange in den Abend hinein gespeichert werden.

Gardinen im Wohnraum sind reine Geschmacksache. Wenn man glaubt, ohne sie nicht auszukommen, sollten sie so ausgewählt und angebracht werden, daß sie während der Fahrt den freien Durchblick nicht behindern. Sie sollten in aufgezogenem Zustand arretiert werden können. Dies kann durch Halteschlaufen oder spezielle Gardinenraffer erreicht werden.

Zur Führung und Aufhängung von Gardinen bietet der Markt verschiedene Systeme an. Sie sind durchweg auf die relativ leichten, weil kleinen Gardinen abgestimmt und deshalb besser geeignet als Gardinenschienen aus dem Haushalt. Für welches System man sich letztendlich entscheidet, ist Geschmacksache. Funktionell sind sowohl Schienen als auch Klett- oder Spannband.

Zwei-Wege-Cassettenrollos

Doppelfenster isolieren. Das ist eine Binsenweisheit. Ebenso klar ist jedoch, daß bei starker Sonneneinstrahlung auch das beste Isolierglasfenster einen heftigen Gewächshauseffekt hervorruft.

Deshalb haben findige Zubehörlieferanten das Cassettenrollo erfunden. Es bietet in Form eines Zwei-Wege-Rollos einerseits die Möglichkeit, bei geöffnetem Fenster Insekten draußen zu halten, andererseits hat es in Form des Verdunkelungsrollos einen dichtschließenden Lichtschutz. Damit wird's dunkel im Wageninnern, gleichzeitig bleibt (tagsüber eingesetzt) ein gehöriger Teil der Hitze draußen. Auf einer Federwelle ist dabei eine Moskitogaze aufgewickelt, auf einer anderen das Verdunkelungsrollo. Seitliche Führungsrahmen schließen zum Fenster dicht ab, meist liegen die Rollo-Federwalzen verdeckt oben und unten. Weil Rollowellen und Führungsschienen eine gemeinsame Einheit bilden, wird alles zusammen Cassettenrollo genannt.

Am besten wirkt der Anti-Aufheiz-Effekt bei Verwendung alubeschichteter Rollos. Denn die silbrige Oberfläche des Alurollos reflektiert einen großen Teil der Sonnenstrahlen. Beim Einbau müssen dabei besondere Vorkehrungen getroffen werden, denn es gibt leider einige wenige Bastler, die beim Öffnen ihres hermetisch abschottenden Alurollos eine vor Hitze erblindete Scheibe im Doppelfenster vorfinden. Die Reflexion war hier so stark gewesen, daß sich der schmale Luftraum zwischen Rollo und Innenscheibe zu Temperaturen aufheizen konnte, die den Scheibenkunststoff bereits thermisch beeinträchtigen.

Wenn es durch nachträglichen, unsachgemäßen Einbau zu einem hermetisch abgeriegelten Brutkasten zwischen Scheibe und Rollo kommt, kann sich die Temperatur bis zu kritischen Werten erhöhen. Diese liegen oberhalb 75 Grad Celsius.

Dies ist nicht nur wegen der Gefahr für das Fenster zu vermeiden. Auch der erwünschte Effekt bleibt aus. Denn der zwischen Rollo und Fenster stattfindende Treibhauseffekt heizt zwangsläufig auch den Wohnraum stark auf. Bei Aufstellfenstern mit Zweifachrastung genügt bereits die mit »Nachtentlüftung« bezeichnete, fest verriegelte Schlitzöffnung, um eine ausreichende Luftzirkulation zu gewährleisten. Nur wenn die heiße Luft auch abgeführt werden kann, wirkt das Alurollo effektiv.

Vor starren Fenstern, die ja keinen Insektenschutz benötigen, sollten keine Cassettenrollos angebracht werden. Frei hängende Rollos haben an den Seiten genügend Raum für die Zirkulation. An Dachhauben besteht keine Gefahr, da eine geringe Lüftungswirkung stets gegeben ist.

Bei modernen Cassettenrollos – gleich welchen Herstellers – besteht auch bei vollkommen geschlossenen Fenstern kein Grund zur Beunruhigung. In die Cassetten sind vorausberechnete Lüftungen eingebaut, deren Querschnitte für ausreichende Umwälzung sorgen.

TIP: Nur Cassettenrollos mit Entlüftungsschlitzen kaufen! Beim Einbau auf Zirkulationsmöglichkeiten achten: Obere Cassette nicht zu dicht unter Hängeschränke montieren, untere Cassette nicht bündig mit Rückenpolsteroberkante! Sonst werden die Lüftungen zugedeckt.

Bei Rollocassetten, in denen sowohl Moskitonetz als auch Verdunkelung in einer oberen Cassette liegen, dennoch auf untere Luftzufuhr achten (Polster, siehe oben).

Wenn all dies beachtet wird, kann eigentlich nichts mehr schiefgehen.

Motorcaravan winterfest

Je frühzeitiger man sich entscheidet, ob das zu bauende Reisemobil wintergeeignet sein soll, desto leichter ist dies zu realisieren. Stimmt man bereits die erste Planung auf die Besonderheiten des Wintercampings ab, kommt oft ein ganz anderer Grundriß zur Ausführung als in einem reinen Sommerfahrzeug. Auch eine Heizung, die von vornherein mit Umluftanlage eingeplant wird, arbeitet sicher effektiver und kann besser integriert werden als eine nachträglich eingebaute oder umgerüstete. Noch mehr trifft dies naturgemäß für die Wahl des Isoliermaterials und dessen Dicke zu. Wir werden die verschiedenen Baugruppen und die dabei möglichen Maßnahmen einzeln behandeln.

Isolierung

Bei einem Sommerfahrzeug verhilft eine gute Isolierung zu einer erträglichen Innentemperatur, Wärmebrücken wirken sich hierbei nicht oder nur gering negativ aus. Anders bei einem wintergeeigneten. Hier konzentriert sich die ins Innere gelangende Kälte auf Schwachpunkte in der Isolierung, den sogenannten Wärmebrücken. Dort kondensiert die Luftfeuchtigkeit zu Wasser, das sich niederschlägt und zu erheblichen Schäden führen kann, wenn diese Stellen nicht belüftet sind. Da besonders bei ausgebauten Kastenwagen solche Wärmebrücken nie ganz zu vermeiden sind, müssen sie zumindest so gering wie möglich gehalten werden. Das bedeutet, daß alle die Isolierung unterbrechenden Spanten, Verstrebungen und Doppelbleche zumindest eine dünne Isolierauflage bekommen müssen und nicht direkt mit dem Innenraum in Verbindung stehen dürfen. Selbst eine Auflage aus 5 mm Styropor ist besser als gar nichts, auch aufgeklebte Holzleisten haben sich bewährt. Zusätzlich kann an ihnen die Innenwandverkleidung befestigt werden. Über die gesamte Isolierung wird eine Dampfsperre aus Alufolie oder eine dünne, aber haltbare Kunststoffolie angeordnet, die ein Eindringen von Wasserdampf und damit eine Durchfeuchtung der Isolierung verhindert. Die Auswirkung unvermeidbarer Wärmebrücken muß durch geeignete Hinterlüftung ausgeglichen werden. So erreicht man wenigstens eine Trocknung des kondensierten Wassers, bevor es Schaden anrichten kann oder Schimmelpilze unangenehme Gerüche entfalten.

Hinterlüftung

Nasse Wäsche wird zum Trocknen an die Luft gehängt; weht ein Lüftchen, trocknet sie doppelt so schnell. Diese

Nur gut hinterlüftete Möbel verhindern Kondenswasserschäden. Die Zuluftöffnungen können gut unterhalb der Warmluftschläuche angebracht werden.

Winterrückenlehnen, hier ein Kunststoff-Fertigteil, sorgen für Hinterlüftung der Rückenpolster.

altbekannte Tatsache machen wir uns zunutze. Überall, wo Bauteile an Außenwände stoßen, ist auf gute Zu- und Abluft zu achten. Schränke und Sitztruhen erhalten im Sockel

Ein Luftkanal unter der Rückenlehne wird durch ein zentrales Zuluftrohr versorgt. Dadurch funktioniert die Winterrückenlehne auch bei vollbeladenem Sitzstaukasten.

Bildbeschriftung: Abluft, Winterrückenlehne, Luftkanal, Zuluft, Querlüftung, Zentrales Zuluftrohr

Aussparungen oder Möbellüfter als Zuluft und möglichst weit oben die gleichen Maßnahmen als Abluft. Natürlich brauchen alle abschottenden Zwischenböden Öffnungen im gleichen Querschnitt, damit der durch Kaminwirkung entstehende Luftzug nicht unterbrochen wird. Beim Beladen sollte darauf geachtet werden, daß das Ladegut diesen Luftstrom ebenfalls nicht unterbricht. Am besten werden die Böden hinten mit Aufkantungen versehen.

Schwieriger wird es bei den Sitztruhen. Zum einen soll die Truhe selbst durchlüftet werden, zum andern brauchen wir wirkungsvolle Zuluft für die darüber angeordneten Winterrückenlehnen. Erschwerend kommt hinzu, daß nur geringe Kaminwirkung durch die niedrige Höhe gegeben ist und die horizontale Luftführung im Verhältnis zur Höhe durch große Tiefe sehr lang ist. Dazu ist die Truhe meist vollgepackt. Besser ist eine mechanische Unterstützung durch Gebläse. Mehr darüber im Kapitel Heizung.

Anfälligstes Einrichtungsteil für Kondenswasserschäden sind naturgemäß die Rückenlehnen von Längssitzbänken. Sie bedecken eine große Fläche der Außenwand nahtlos, sind durch ihre eigene Dämmwirkung wärmer als die Außenwand und liegen an dieser dicht an. Dies führt sehr schnell zu Schimmelbildung und muffeligem Geruch. Dabei kann gerade hier mit relativ geringem Aufwand Abhilfe geschaffen werden. Die sogenannten Winterrückenlehnen stellen nichts anderes dar als Abstandshalter in irgend einer geeigneten Form zwischen Polster und Wand. Sie werden von unten durch die Sitztruhe belüftet und sind leicht selbst zu bauen, aber auch als Fertigteil aus Kunststoff im Campinghandel.

Beim Ausbau von Fertigkabinen mit Alkoven zum winter-

geeigneten Reisemobil sind Maßnahmen an den Alkoven-
betten, und hier besonders am Boden, zu treffen. Ein Alkoven, in dem die Matratze auf dem Kabinenboden aufliegt,
ist niemals wintertauglich. Hier helfen nur ein Lattenrost
und gute Durchlüftung. Besser noch ist eine Beheizung des
Zwischenraums zwischen Lattenrost und Matratze durch
Einblasen von Warmluft aus der Umluftheizung.

Heizung, Lüftung

Ohne eine wirkungsvolle Heizung ist Wintercamping undenkbar. Am gebräuchlichsten ist die einfach und schnell
zu montierende Gas-Warmluftheizung mit Seitenwand-
oder Dachkamin. Da sie, besonders in Verbindung mit einem Warmluftgebläse, den Innenraum schnell aufheizt,
braucht sie erst unmittelbar vor Fahrtantritt in Betrieb genommen zu werden. Benutzt man das Reisemobil für die
tägliche Fahrt zur Arbeitsstelle, hat man den Vorteil, nach
dem Frühstück in ein warmes Fahrzeug zu steigen, wenn
vorher geheizt wurde. Verwendet man die für den Einbau

Warmluftschläuche in verschiedenen Dimensionen. Für Leitungen unter dem Fahrzeug gibt es isolierte Schläuche.

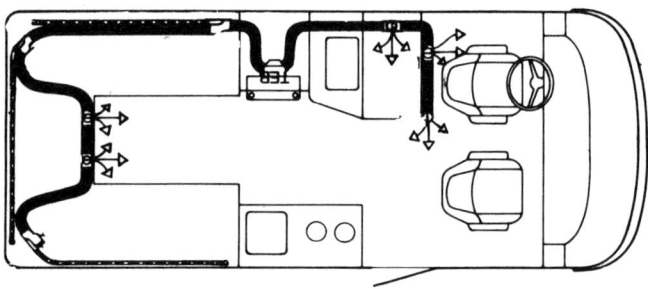

Strangschema einer Warmluftanlage im Reisemobil.

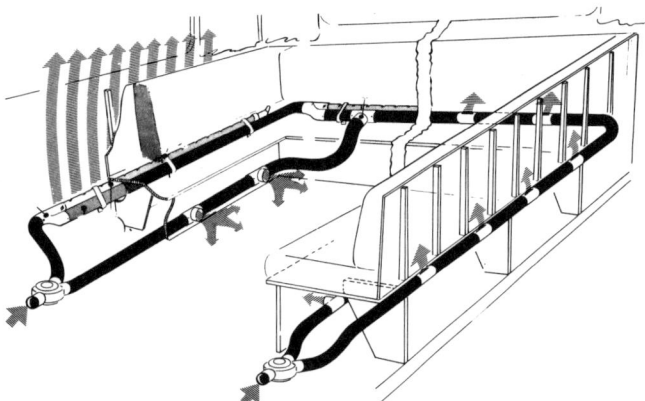

Warmluftverteilung in einer Rundsitzgruppe mit Winterrük-
kenlehnen und Strangsperren.

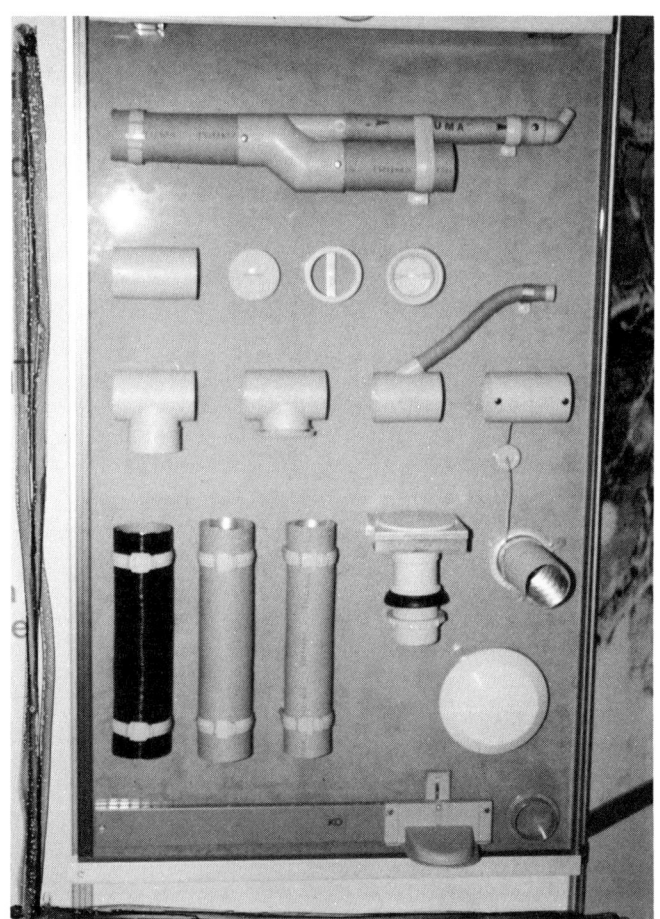

Das umfangreiche Sortiment an Warmluftzubehör ermöglicht
den Bau aller Anlagen.

188

auf engstem Raum konzipierte vollautomatische Flüssiggasheizung des Marktführers Truma, kann man den Einschaltzeitpunkt auch über eine Zeitschaltuhr vorprogrammieren. Allerdings kostet dieser Typ ungefähr gleichviel wie eine Kraftstoffheizung und ist wie diese stromabhängig. Bleibt sie bei stehendem Fahrzeug längere Zeit in Betrieb, ist der Bordakku bald leergesaugt. Diesen Nachteil haben die für den Inneneinbau vorgesehenen Warmluftheizungen nicht. Geht die für das Gebläse notwendige Spannung des Akkus zurück, kann man es abschalten und hat nach wie vor die volle Heizleistung zur Verfügung, wenn auch nicht so komfortabel und drehzahlgeregelt bis in der hintersten Ecke. Außerdem ist dieser Heizungstyp die preisgünstigste Möglichkeit, ein Reisemobil warm zu bekommen. Das lieferbare Zubehör zur Warmluftverteilung ist so umfangreich, daß praktisch keine Wünsche nach speziellen Bauteilen offenbleiben.

Ein Muß ist immer der zum Einbausatz gehörende Einbaukasten. Aus ihm wird durch die Rückwand die Warmluft in das Rohrnetz geführt, an ihm wird auch das thermostatisch geregelte Gebläse angeschraubt, das den Luftstrom beschleunigt. Von den beiden Abgängen des Gebläses werden flexible Rohre zu all den Stellen geführt, die beheizt werden sollen. Dabei ist eine sinnvoll ausgeklügelte Rohrführung Garant für gute Wirkung. Einerseits sollen die Rohre so kurz wie möglich sein, andererseits sollen alle Punkte erreicht werden, an denen ein Luftausströmer montiert wird. Auch unterwegs kann die Abwärme der Rohre noch genutzt werden. So ist es sinnvoll, die Rohrleitung im

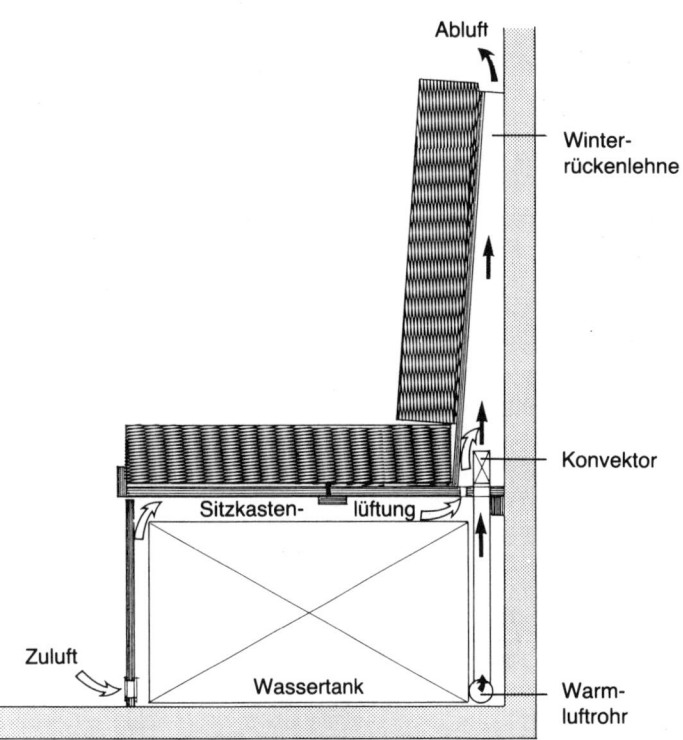

Wird das Warmluftrohr zwischen Wassertank und Außenwand geführt, verringert sich die Frostgefahr. Ein Abzweig führt zu einem Konvektor hinter der Winterrückenlehne. Es verhindert Kondenswasser und erwärmt die Außenwände.

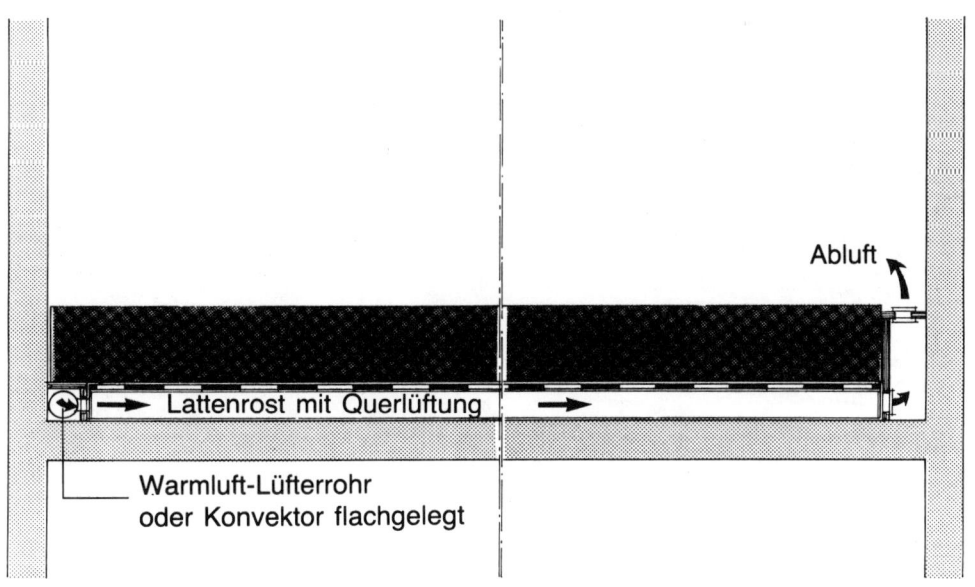

Schnitt durch einen Alkoven mit Hinterlüftung unter der Matratze. Wärmebrücken des Alkovens führen so nicht zu Kondenswasserbildung.

Sitzkasten zwischen Wassertank und Außenwand zu führen und dadurch einen Frostschutz zu erreichen. Als Sonderzubehör gibt es zu verschiedenen Wassertanks auch einschweißbare Rohrdurchführungen zur Warmluftführung durch den Tank. Dies kann z. B. für Außentanks durchaus sinnvoll sein. Überall wo im Fahrzeug Warmluft gewünscht wird, wird ein Luftausströmer in das Rohr montiert. Diese Ausströmer sind mit einer verschließ- und verstellbaren Klappe versehen und ermöglichen so eine individuelle Anpassung der Wärme an den momentanen Bedarf. Ein Abzweig in der Sitzkastenleitung führt zu einem Konvektor unterhalb der Winterrückenlehne, für Rundsitzgruppen gibt es spezielle Eckbelüfter. Ganz Schlaue montieren sich in der Naßzelle in Kopfhöhe einen Ausströmer und Strangsperren in die restlichen Rohre. So kann die auf voller Drehzahl laufende Heizung als Haarfön zweckentfremdet werden.

Im Kapitel Hinterlüftung wurde von den Problemen im Alkoven gesprochen. Zuverlässig hilft hier ein Konvektor, der Warmluft in den Zwischenraum zwischen Lattenrost und Matratze bläst. Ist kein Platz für einen Lattenrost vorhanden, sollte zumindest an der Längsseite zwischen Matratze und Außenwand ein Konvektor montiert werden.

Ein weiterer Vorteil der Umluftanlage ist die Verwendung im Sommer zur Luftumwälzung ohne Heizung. Wird zwischen Heizung und Gebläse noch ein Mischer eingebaut, kann stufenlos zwischen Umluft und Frischluft gewählt werden, was auch im Winter von Vorteil ist. Wird bei Planung der Rohrführung bereits ein Abzweigrohr mit Strangsperre hinter den Kühlschrank geführt, hat man im Sommer einen gut funktionierenden Kühlschranklüfter, der bei Winterbetrieb abgesperrt werden kann.

Wer mehr Geld in die Heizung investieren will, kann sich den Komfort einer Heißwasserheizung, sogar mit Fußboden- und Wandheizung, in sein Reisemobil installieren. Diese aus Schweden kommenden Heizungssysteme sind narrensicher, leicht zu verlegen und spenden angenehme Wärme ohne trockene Luft. Allerdings kosten sie ein Vielfaches einer Warmluftheizung und sind stromabhängig. Außerdem benötigen sie lange Vorlaufzeiten zum Aufheizen, sind also wenig geeignet für rasches Aufwärmen an einem kühlen Herbstabend.

Weitere Maßnahmen

Zu einem wintergeeigneten Reisemobil gehört unbedingt eine Möglichkeit, nasse Klamotten und Schuhe zu trocknen und aufzubewahren, ohne daß der ohnehin im Winter viel mehr benutzte Wohnraum eingeengt und ungemütlich wird und ohne eine zusätzliche Belastung des Wagens durch Feuchtigkeit. Ist Platz dafür vorhanden, sollte ein gesonderter Naßkleiderschrank eingeplant werden. Dieser Schrank erhält eine stärkere Durchlüftung, einen Heizungsausströmer und eine wasserfeste Bodenwanne mit Ablauf. Auf diese Wanne kommt ein Lattenrost für die Schuhe, die dort ungestört abtauen und trocknen können. Eine weitere Möglichkeit ist eine Kleiderstange in der Naßzelle. Dies hat aber den Nachteil, daß man zusätzlichen Platz für die Kleider braucht, wenn man die Zelle benutzen will.

Über die Unterbringung von Wintersportgerät ist schon viel geschrieben worden. Es gibt ein vielfältiges Angebot an Skiträgern, Dachkoffern und ähnlichen Zusatzausstattungen. Am besten ist natürlich ein großzügig bemessener

Ein Lattenrost unter der Matratze im Alkoven verhindert, daß sich darunter Kondenswasser sammelt und anfriert.

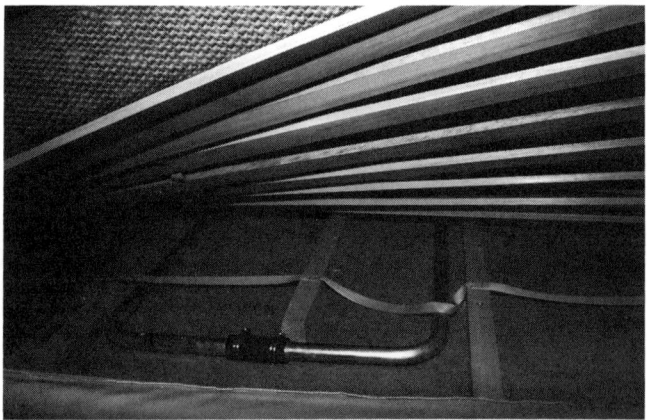

Ist eine Heißwasserheizung eingebaut, kann unter dem Lattenrost eine Rohrschlange verlegt werden.

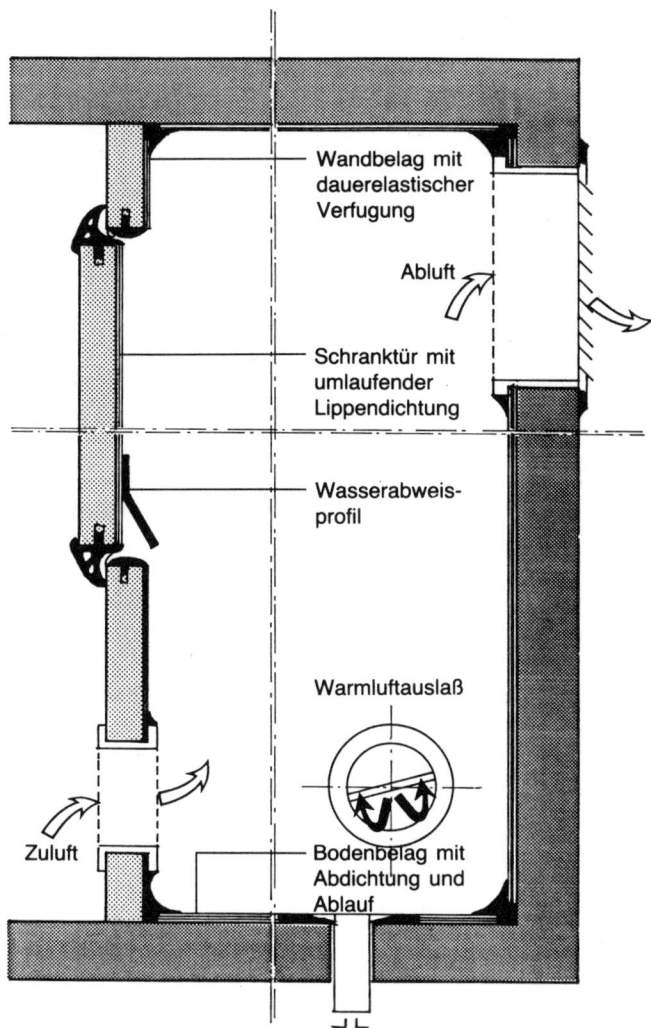

Wandbelag mit dauerelastischer Verfugung

Abluft

Schranktür mit umlaufender Lippendichtung

Wasserabweis-profil

Warmluftauslaß

Zuluft

Bodenbelag mit Abdichtung und Ablauf

Systemschnitt durch einen Naßkleiderschrank. Sein Aufbau entspricht dem einer Naßzelle. So können selbst patschnasse Surfanzüge transportiert werden, ohne Schaden anzurichten.

Stauraum, der von außen zugänglich ist. Solch ein Stauraum kann bei vielen Reisemobilen mit Aufsetzkabine hinter den Schürzen unter dem Wagenboden untergebracht werden. Hier wird viel zu oft toter Raum spazierengefahren.

Fitting up: Nützliches Zubehör

Wir wollen weder die dicken Kataloge der Reisemobilzubehörlieferanten abschreiben, noch Ihnen und Ihrem Geschmack Entscheidungen aufzwingen. Sie selbst wissen am besten, was Ihrem Fahrzeug noch fehlt.

TIP: Ganz verständlich ist der Wunsch vieler Selbstbauer, ihr Fahrzeug bereits vor der Jungfernfahrt in allen Bereichen komplett auszustatten. Viel sinnvoller ist es jedoch, die endgültige Anordnung und Ausrüstung erst nach einem improvisierten Probewochenende vorzunehmen. Erst in der Praxis wird sich nämlich zeigen, wo genau Sie noch eine Schrankunterteilung brauchen, wieviel Platz für das Geschirr sein muß, und ob Sie wirklich die innenbeleuchtete Bar mit Glastüren haben müssen, die Sie so gern einbauen wollten. Manches nur aus der Theorie plazierte Detail erweist sich im Gebrauch als unzweckmäßig.

An dieser Stelle werden nur ein paar typische Zusatzausstattungsbereiche erfaßt. Was die Wohnlichkeit betrifft, werden Sie nach Geschmack entscheiden. Generell kann aber davon ausgegangen werden, daß man niemals genug Ablageflächen für Kleinzeug haben kann. Sicher, während der Fahrt sollte alles rüttelfest verstaut sein – aber in einem Reisemobil wird eben auch gewohnt. Erfahrungsgemäß müssen dafür in Griffnähe Ablagen für Streichhölzer, Gewürze, Taschenlampe, Brillen, Taschentücher, Bettlektüre, Musikcassetten und vieles mehr vorhanden sein. Besonders in Küche, Naßzelle und Schlafbereich sind Ablagen stets gefragt. Neben kleinen Borden, die man vor Antritt einer jeden Fahrt immer wieder leerräumen muß, haben sich besonders Hängetaschen bewährt. Man kann sie fertig in

Hängetaschen aus Leder im Alkovenbereich.

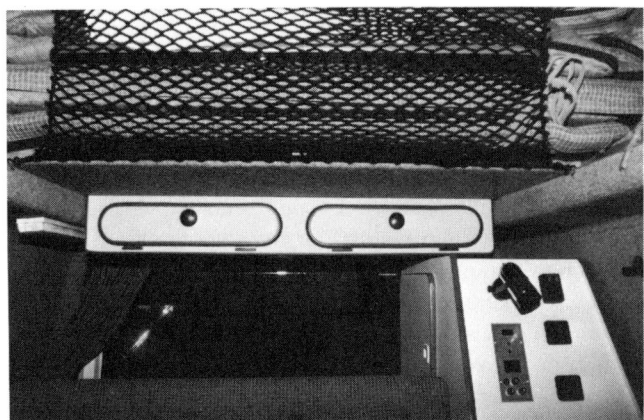

Gepäcknetz als Bettzeug-Sicherung tagsüber.

den unterschiedlichsten Größen und Materialien kaufen. So gibt es kräftige Jutetaschen, die auch schwerere Gegenstände halten, ebenso welche aus PVC-Folie, die man im Naßbereich gut einsetzen kann. Noch reizvoller ist es aber vielleicht, solche Taschen selbst herzustellen. Man kann sie dann perfekt auf den Innenraum abstimmen, indem man den Polster- oder Gardinenstoffrest dafür verbraucht.

Hängetaschen lassen sich an vielen freien Flächen nicht nur praktisch, sondern auch dekorativ unterbringen: An den Seitenflanken von Sitzbänken, an Hecktüren, an Schrankwänden oder der Innenseite von Naßzellen- oder Kleiderschranktür. Auch im Alkoven- oder Hochdachbereich bewähren sie sich.

Sie können fest verschraubt, mit Tenaxnägeln abnehmbar oder an Gardinenspannband (»Spannfix«) mit einem Hohlsaum aufgehängt werden.

Weiterhin sehr praktisch fürs sichere Verstauen sind Gepäcknetze. Diese eignen sich besonders für kleinere Campingbusse ohne Hochdach. Hier stellt sich regelmäßig die Frage: Wohin mit dem voluminösen Bettzeug? Ein im hinteren Bereich an der Wagendecke befestigtes Gepäcknetz kann tagsüber die Bettwäsche gut durchlüftet aufnehmen und schränkt die Kopffreiheit nicht zu sehr ein.

Es eignen sich dazu vorgefertigte Netze als Einbauteil aus dem Kraftfahrzeugzubehörhandel, auf dem Schrottplatz aus Reisebussen ausgebaute Gepäckablagen oder einfach eine handelsübliche Hängematte, die entsprechend befestigt wird.

TIP: Im Bootszubehörhandel gibt es Netzwerk vorgeflochten in verschiedenen Breiten als Meterware (es wird dort als Reelingbespannung verwendet). Man kann die gewünschte Länge erwerben und muß nur noch durch die beiden Endseiten eine Kordel ziehen, besser noch ein Gummispannband. Dieses hält das Netz unabhängig von der Füllung straff.

Solche Netze eignen sich auch gut als Herausfallsicherung an Kinderbetten. Unverantwortlich ist das Übernachten von Kindern in oberen Etagen-, Dach- oder Alkovenbet-

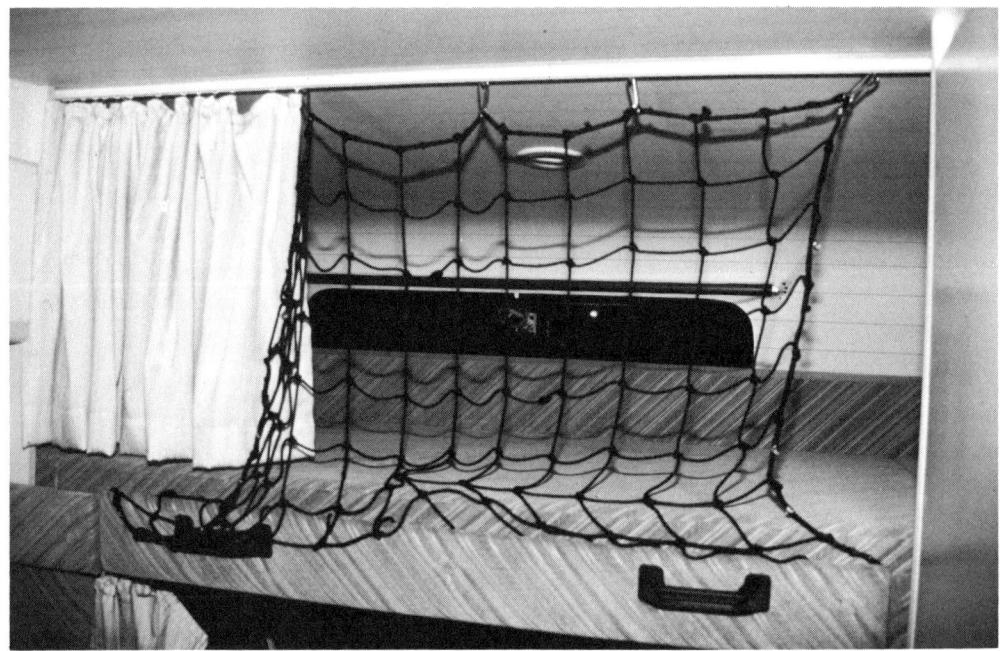

Netz gegen nächtliches Herausfallen aus dem Alkoven-Bett.

ten, wenn keine Sicherung gegen Herunterfallen angebracht ist! Das Netz sollte dabei an der Unterkante fest verankert werden. Nach dem Zubettbringen der Kinder kann man es oben mit Karabinerhaken in Ösen einhängen. Achten Sie dabei auf die Vermeidung scharfer Kanten an den Beschlägen.

Fahrerhaus

Die meisten Reisemobile werden auf Basisfahrzeugen aufgebaut, die zu einem gänzlich anderen Zweck konzipiert sind. Es sind Transportfahrzeuge, die möglichst wirtschaftlich Ladung befördern sollen. Der Fahrerplatz ist ein Arbeitsplatz – nicht erholsamer Anfang des Urlaubs. Der oder die Beifahrersitze werden in vielen Fällen nie, in manchen gelegentlich und nur als Ausnahme häufig benutzt. Folglich weisen die meisten Beifahrersitze im Gegensatz zu den Fahrersitzen keine oder nur geringe Verstellmöglichkeiten auf.

Aber auch der Arbeitsplatz des Fahrers macht nicht immer Freude: Abwaschbares Kunstleder mag sich ja gut von Verschmutzungen des Arbeitsalltags befreien lassen. Dem mobilen Touristen unter südlicher Sonne verschafft es aber nur nasse Hosenböden. Da hat man allen Grund, sich nach komfortablerem Gestühl umzusehen.

Neben der reinen Bequemlichkeit, die ein Sitz für lange Strecken bieten sollte, muß aber vorrangig die Ergonomie beachtet werden. Nur so können auch längere Distanzen vergleichsweise ermüdungsfrei zurückgelegt werden.

Eine einfache und meist billige Lösung ist es, aus Pkw-Modellen mit Komfortbestuhlung die Fahrersitze samt Gleitschienen auszubauen und diese auf dem Sitzkasten des Wohnmobils anzubringen. Doch Vorsicht! Auch die schönsten Ledersitze aus dem Unfallsportwagen müssen TÜV-gerecht befestigt werden (Schutzgasschweißarbeit beim Befestigen der neuen Sitzschienen). Außerdem kann die Sitzgeometrie verfehlt werden. Denn Pkw-Sitze sind von Hause aus für eine flachere Sitzposition entworfen als Transportersitze. Da kann es vorkommen, daß man zwar schönere, aber nicht bequemere Sitze bekommt.

Verschiedene Zubehörfirmen bieten an, die Originalfahrerhaussitze mancher Fahrzeugmarken (VW, Fiat, Peugeot und Citroën) mit Polsterstoff zu beziehen und/oder klappbare Armlehnen anzubringen. Dadurch wird aus dem Magerstühlchen schon ein ansehnlicher Luxussessel.

Geht es ums Verbessern von Nutzfahrzeug-Sitzkomfort, fällt rasch das Wort »Schwebesitz«. Ein Schwebe- oder Schwingsitz nimmt die Vibrationen, die trotz Fahrzeugfederung und -dämpfung durchschlagen, auf und absorbiert sie. Damit wird die Wirbelsäule des Fahrers erheblich entlastet. Bandscheibenproblemen wird vorgebeugt. Es gibt inzwischen auch Schwebesitze mit variabler, pneumatischer Lendenwirbelunterstützung. Wohnmobilfahrern mit Bandscheibenleiden kann so etwas nur empfohlen werden.

Ein speziell auf Reisemobile abgestimmtes Sitzprogramm, Drehsockel für fast alle angebotenen Basisfahrzeuge und allerhand Sitzzubehör werden in fast jedem Reisemobilladen vertrieben. Mit ölgedämpfter Lehnenverstellung und straffem Vollschauminnenleben bietet der dort am weitesten verbreitete »Idealsitz« bei vertretbarem Einstandspreis (ab 600 Mark) viel Komfort. Leider hört man, trotz TÜV-Prüfung dieses Sitzes, gelegentlich von nach unten wegsackenden Armlehnen. Weitere straff gepolsterte Sitze

Fahrerhaus-Luxus mit drehbaren Ideal-Sitzen.

stehen dem »Ideal« zur Seite und komplettieren die »europäische« Sitzpalette. Andere Produkte stellen die »amerikanische«. Deren Sitze sind ausgesprochen komfortabel, weich und plüschig. Für amerikanisches Highway-Dahingleiten sind sie gerade recht. Europäischen Straßenverhältnissen und Verkehrsgewohnheiten setzen sie aber zu wenig Seitenhalt entgegen. Sie sind mehr Wohnzimmer-Pfühl als Fahrer-Arbeitsplatz.

Europäischen Raumnutzungskonzeptionen kommen am ehesten italienische Hersteller entgegen. Wer viele Kinder mit auf die Reise nehmen möchte, kommt um viele Sitzplätze nicht herum. Folglich haben die Italiener die bislang perfektesten Sitzmöbel entwickelt, die Fahrerhaus und Wohnraum miteinander verbinden. Darauf wird nicht nur gefahren, sondern auch geschlafen. Dazu werden stets

zwei Einzelsitze hintereinander angeordnet, die flachgelegt zum Einzelbett taugen.

Der Weisheit letzter Schluß ist dies allerdings auch noch nicht. Denn entweder sind Sitze gut zum Sitzen, dann haben sie ausgeprägte Formpolster für Seitenhalt und Rückenunterstützung, oder ein Bett ist gut zum Liegen, dann ist es möglichst plan und eben. Folglich müssen die Italo-Sessel immer einen Kompromiß darstellen. Sie bieten ein bißchen zu wenig Fahrkomfort und ein bißchen zu wenig Liegekomfort. Ganz abzuraten ist von derartigen Konstruktionen, wenn sie ein Doppelbett ergeben sollen. Denn dann stören die angedeuteten Seitenhaltformpolster in der Mitte. Da gibt's keine Besucherritze, sondern einen »Anti-Besucher-Wall«! Diese Produkte werden nur von wenigen deutschen Zubehörhändlern vertrieben. Intensives Katalog-

Gute Nacht im Fahrerhaus mit italienischen Multifunktions-Sitzen. Zum Fahren und Liegen gleichermaßen unbequem.

Wohnliches Fahrerhaus durch Tür- und Sitzbezug im gleichen Stoff.

und Messestudium ist nötig, um den richtigen Anbieter zu finden.

Für viele verschiedene Basisfahrzeuge hält die Zubehörindustrie spezielle Armaturenbrettablagen bereit, in die Getränkehalter, Cassettenablagen und allerlei Schalen eingebaut sind. Manchmal ist auch noch ein praktischer ausklappbarer Kartenlesetisch für den Copiloten dabei. Ähnliche Ablagen gibt es für die Motordeckel verschiedener Fahrzeuge (Mercedes, VW LT). Niemand hindert Sie daran, solche Gerätschaften selbst herzustellen. Bei den Motordeckelablagen kann man eine Schalldämmung gleich mit einarbeiten. Sie sollten allerdings darauf achten, daß sich die Motorabdeckung leicht entfernen läßt, um den Zugang zum Aggregat weiterhin zu gewährleisten.

Einen wohnlichen Eindruck macht ein Fahrerhaus, dessen Türinnenverkleidungen mit Stoff bespannt sind. Wenn Sie den Polsterstoff Ihrer Sitzgruppe verwenden, haben Sie den perfekten optischen Anschluß. Die Verkleidungen sind aus Hartfaserplatten. Nach Abbau von Fensterkurbeln, Armlehnen und dem Ausclipsen der Innenschale des Entriegelungsgriffs können Sie die Innenverkleidung einfach abheben. Sie ist rundum in der Tür mit Kunststoff-Spreizklammern befestigt. Da diese, besonders bei älteren Fahrzeugen, beim Abhebeln schnell kaputtgehen, können Sie die Verkleidung nachher auch mit Blechtreibschrauben wieder befestigen. Nehmen Sie dann jedoch kurze Schrauben, sonst blockieren Sie vielleicht die Fensterhebemechanik!

TIP: Die Stoffbespannung sollte aus einer feuchtigkeitsunempfindlichen Faser sein. Das Fahrerhaus als größte nicht isolierbare Temperaturbrücke hat besonders beim Wintercamping immer mit verhältnismäßig viel Schwitzwasser zu kämpfen. Eine Stoffbespannung kann hier dienlich sein, indem sie die Feuchtigkeit bindet und später wieder an die Raumluft abgibt. Vorsicht jedoch mit Schimmel und Stockflecken! Als Alternative zur Bespannung empfiehlt sich daher eventuell die elektrostatische Beflockung mit unverrottbarem Nylonflock.

Um den enormen Temperaturverlust durch die große Einscheibenverglasung des Fahrerhauses zu mildern, kann man sich aus Luftpolsterfolie passende Matten zurechtschneiden. Am wirkungsvollsten sind alubeschichtete Matten. Im Winter sollte die Alu-Seite nach innen zeigen. Sie strahlt dann die Wärme der Bordheizung zurück. Im Sommer weist die Aluseite besser nach außen, um die Sonnenstrahlen zu reflektieren. Zur Anbringung eignen sich spezielle Druckknöpfe, deren Unterteile man auf die Fahrzeugholme oberhalb und unterhalb der Fenster schrauben kann. Die Oberteile werden mit einem in der Druckknopfpackung

enthaltenen Nietwerkzeug in den Stoff oder die Folie eingeschlagen. Statt dieser Knöpfe kann man auch Tenaxnägel nehmen. Klettband eignet sich ebenfalls. Die Gripseite wird dann in Streifen aufs Autoblech geklebt, die Flauschseite an die Folie genäht.

Rund ums Wohnmobil

Der Sommerurlaub, lang erwartet, bringt neben Erholung und Bräune immer wieder auch Sonnenbrand und unerträgliche Hitze. Gut gerüstet ist man mit einer textilen Erweiterung der Wohnraumfläche. Während Sonnensegel und Markisen der mobilen, flexiblen Grundidee des Wohnmobils – heute hier, morgen da – treu bleiben, macht ein Vorzelt viel Arbeit beim Auf- und Abbau. Es eignet sich nur zum Standurlaub, der für längere Zeit an einen festen Ort führt. Spezielle Reisemobilvorzelte ermöglichen dabei allerdings Ausflüge mit dem Fahrzeug: Sie stehen frei und sind mit dem Wohnmobil nur durch einen Stofftunnel verbunden. Manche haben verschließbare Rückseiten und können daher als eigenständige Einheit auf dem Campingplatz stehen bleiben, wenn das Fahrzeug wegfährt. Praktischer sind jedoch am Fahrzeug angebrachte Markisen.

Die Urform der Campingmarkise ist das Sonnenvordach. Ein einfaches Zelttuch, am Fahrzeug befestigt und zur offenen Seite mit Aufstellstangen und Leinen abgespannt, bringt Schatten und wirkt Wunder.

Solche Sonnensegel sind nicht besonders teuer, bereits ab etwa 150 Mark bekommt man sie im Handel. Oft werden komplette Sets angeboten, die neben dem Segeltuch (gängiges Maß 2×3 Meter) bereits zwei oder drei Stangen, Spannleinen und Häringe umfassen.

Freilich kann man hier eine Menge Geld sparen, indem man sich das Sonnensegel selber baut. Markisenstoff ist im Ausverkauf günstig als Meterware zu bekommen, drei Aufstellstangen preiswert zu besorgen, dürfte kein Problem sein. Schwieriger ist die professionelle Befestigung am Fahrzeug. Hier kann man sich bei den Komplettangeboten etwas abgucken. Die werden nämlich meist mit einem Spezialprofil in die Regenrinne eingehängt. Sofern man einen Campingbus ausstattet, ist die Abhilfe für den heimwerkenden Markisenschneider schnell gefunden: Im Reisemobilzubehörhandel findet sich Kederband zum Annähen an das Segeltuch. Passend dazu ist der Regenrinnenklemmkeder als Alu-Meterware lieferbar. In dieses C-förmige Profil, das auf die Regenrinne aufgesteckt wird, kann das Kederband eingezogen werden.

Soll jedoch ein Aufbauwohnmobil – ohne Regenrinne – beschattet werden, gibt's das entsprechende Aluprofil als Caravanzubehör auch zum Schrauben oder Nieten. Es wird dann in passender Höhe einfach auf die Außenwand geschraubt. Achtung! Dichtigkeit überprüfen, nur wasserdichte Nieten verwenden, Köpfe versiegeln und oberhalb des Keders Dichtmasse aus der Kartusche aufbringen.

TIP: Die Aufstellstangen sollten höhenverstellbar sein. So kann man die Neigung des Sonnensegels besser dem Sonnenstand anpassen.

Falls Sie zu den Selbstbauern gehören, die einen ausgedienten Caravan auf ein Transporterfahrgestell gesetzt haben, werden Sie vermutlich an der Caravanwand mit Einstiegstür eine Vorzeltkederschiene umlaufend vorfinden. Im Caravanzubehörhandel gibt es speziell angefertigte Caravansonnensegel (z. B. vom dänischen Hersteller Isabella oder von Herzog), die passend zur gerundeten Form des Caravankeders angefertigt sind. Das sieht optimal aus.

Freilich, das Sonnensegel erfüllt seinen Zweck, doch müssen jedesmal das Tuch in die Kederschiene eingezogen, die Stangen aufgestellt, die Leinen gespannt und Häringe eingeschlagen werden. Gerade letzteres ist gar nicht immer möglich. Steiniger, fester Untergrund setzt dem Sonnensegelvergnügen rasch ein Ende.

Deshalb sind findige Ausstatter auf die Idee gekommen, bei häuslichen Terrassen und Balkons Anleihen zu machen. Dabei gibt es ganz verschiedene Bedienungssysteme, Ausstattungsmerkmale und Preisrelationen. Einfache Markisen bieten ein auf einer Welle aufgewickeltes Tuch, das mittels einer Kurbel ausgerollt wird. Dabei fällt das Markisentuch zunächst senkrecht nach unten. Ist es auf die gewünschte Länge ausgefahren, muß man es, ähnlich wie ein Sonnensegel, mit Aufstellstangen in die Waagerechte bringen. Nur geht das natürlich einfacher: Alle Stangen, auch die Spannarme und die Stützfüße, sind im Trägerprofil vorhanden und müssen nur ausgeklappt, teleskopiert und justiert werden. Solche Markisen werden in Kassetten geliefert, die außen am Fahrzeug (je nach Typ unterschiedliche Adapter) angebracht werden. Vorteilhaft ist die Möglichkeit, die Stützfüße sowohl auf dem Boden abstellen als auch in spezielle Aufnahmelager gegen die Fahrzeugwand abstützen zu können. Bei Bodenabstützung empfiehlt es sich, zur Fixierung einen Erdnagel einzuschlagen. Die Füße haben dafür Löcher.

Sie sind in den letzten Jahren aber immer mehr von einem neueren Markisentyp verdrängt worden: der Gelenkarmmarkise. Zweifellos ist es sehr komfortabel, wenn beim Auskurbeln der Markise gleich die richtige Höhe gehalten wird und ein nur leicht abwärts geneigter Ausfall erfolgt.

Möglich machen das stabile Gelenkarme, die statt der bei einfacheren Markisen verwendeten Spannarme eingesetzt werden. Die Spannarme mußten nach dem Auskurbeln gegen ein Durchhängen des Tuchs eingesetzt werden, die Gelenkarme laufen automatisch mit.

Um wind- und wettersicher zu sein, müssen aber Gelenkarmmarkisen auch mit Stützbeinen an der Fahrzeugwand oder auf dem Boden entlastet werden. Außerdem gehen die Gelenkarme auf das Gewicht. Gelenkarmmarkisen sollten daher eigentlich nur an stabilen Fahrzeugen verwendet werden. Sie einfach auf gut Glück in einen unverstärkten Holzlattenaufbau oder an ein Hochdach zu schrauben, ist leichtsinnig. Auf den ersten Blick erscheinen zwar die etwa 20 kg Eigengewicht nicht so viel, jedoch muß man die enorme Belastung durch die Hebelwirkung bedenken, die auf die Befestigungspunkte während des nicht abgestützten Ein- und Auskurbelns und bei Wind zukommt.

Gelenkarmmarkisen gibt es seit neuestem auch elektromotorisch betrieben. Während manche Hersteller einen »altmodischen« Schalter einsetzen, können andere Markisen vom souveränen Urlaubsfaulpelz bequem aus dem Liegestuhl aus- und eingefahren werden – per Infrarotfernbedienung. Eine Show für den ganzen Campingplatz, solange noch Saft auf der Batterie ist . . . Daß solcherlei Spielerei das betuchte Sonnenanbeten nicht gerade billiger macht, versteht sich von selbst.

Reizvoll ist vor allem der Ausbau einer fest montierten Markise zum Vorzelt. Alle großen Hersteller bieten daher Seiten- und Fronteile an, mit denen sich partiell oder ganz der Raum vor dem Fahrzeug zubauen läßt. Ein Seitenteil beispielsweise als Windschutz, das komplette Zelt aber am Urlaubsziel. Reizvoll ist diese Variante, weil kein oder nur wenig Zeltgestänge nötig ist und daher der Aufbau schnell geht.

Völlig andere Wege geht die Firma Remis mit ihrem WingTop. Ausgehend von der Erkenntnis, daß die von Terrassen und Balkonen entlehnte Idee der herkömmlichen Markisen bei einem Tuchausfall von durchschnittlich nur wenig mehr als zwei Metern meist nur einen recht schmalen Streifen Schatten vor das Reisemobil bringt, wurde mit dem WingTop ein ganz eigenständiger Wetterschutz entwickelt. Nicht möglichst weit oben am Fahrzeug, sondern je nach Sonnenstand frei variabel, mit einem kleinen Packmaß in einem Rucksack am Fahrzeugheck anzubringen, stellt das WingTop 12 qm Markisenfläche zur Verfügung. Zwei stabile teleskopierbare Arme reichen aus, jede gewünschte Stellung der einzelnen Segelteile zu realisieren. Das WingTop läßt zwar das Reisemobil aussehen wie ein aus einem Science-fiction-Film entsprungenes Insekt, bie-

Erweiterung des Campingbus-Lebensraumes durch ein Vorzelt.

tet jedoch in Maß, Material und Funktion überraschende Vorteile.

Bei allen Markisen ist das verwendete Tuchmaterial ein kaufentscheidender Gesichtspunkt. Während die Boxen, Stangen und Wellen meist aus Aluminium und feuerverzinkten Stahlteilen bestehen, herrschen bei den textilen Bespannungen Unterschiede. Sonnensegel bestehen meist aus Zeltstoff. Baumwolle und Baumwollmischgewebe sollten gegen Regen, Stockflecken und Schimmelpilze imprägniert sein. Die Farben müssen lichtecht sein, sonst ist die bunte Markise schon nach dem ersten Sommer verschossen.

Die meisten Aufrollmarkisen haben einen Acryl- oder sonstigen Kunststoff. Gut ist wetterbeständiges Polyestertuch mit Vinylbeschichtung. Dies darf auch naß eingerollt werden. Um beim WingTop auf das kleine Packmaß zu kommen, wurde hier ein ganz und gar markisenuntypi-

sches Gewebe verwendet. Es findet sich sonst an Expeditionszelten und erfüllt trotz hauchdünner Stärke alle Anforderungen. Zusätzlich wurde die Oberfläche gegen Sonneneinstrahlung spezialbeschichtet. Ein Material, das sich auch für den Markisenheimschneider anbietet!

Völlig dichte Kunststoffolien sollten allerdings nicht verwendet werden. Sie schaffen zwar Schatten, aber auch einen Treibhauseffekt. Atmungsaktivität ist deshalb wichtig.

Rückfahrhilfen

»Wenn's kracht noch 'n Meter«, heißt eine alte Autofahrerweisheit zum Thema Rückwärtsfahren. Häufig genug kracht es bei diesem Manöver, und selten wird man es komisch finden. Gar nicht mehr lustig ist der Crash beim Rangieren aber dann, wenn radfahrende Kinder oder Nachbars Pudel übersehen werden. Die Industrie stellt verschiedene Systeme zur Auswahl, die dem Wohnmobilfahrer auch hinten Augen machen.

Je größer und unübersichtlicher das Wohnmobil, desto komplizierter das Zurücksetzen. Wer die Situation nicht voll überblickt, darf nicht einfach auf gut Glück zurückstoßen. Das empfiehlt schon der gesunde Menschenverstand, ist aber auch noch einmal ausdrücklich gesetzlich festgelegt. Der Fahrer muß die Dienste eines Einweisers zu Hilfe nehmen. Sofern der Einweiser eindeutige Zeichen zu geben versteht, die der Fahrer auch so auffaßt wie sie gemeint sind, ist das Rückwärtsfahren mit Einweiser die sicherste und beste Lösung überhaupt.

Nicht immer ist solch ein hilfreicher Geist aber zur Hand. Da hilft die Technik. Sie bietet inzwischen optische, optoelektronische oder Ultraschall-versorgte Heinzelmännchen an, die sich aufs Rückwärtige spezialisiert haben.

Für etwa 20 Mark bekommt man in jedem Reisemobilzubehörladen eine Weitwinkellinse. Dies ist eine flexible, transparente Scheibe, die auf das Heckfenster aufgelegt wird. Bei kleineren Kastenwagen erweitert sie das rückwärtige Gesichtsfeld bis an die Grenzen der Stoßstange. Eine sehr preiswerte Lösung, die deutlich mehr Sicherheit verschafft. Diese Linsen zählen allerdings nicht zu den eigentlichen Rückfahreinrichtungen.

Einfache Rückfahrhilfen sind eine Weiterentwicklung der Weitwinkellinse. Der Blick fällt durch die Linse in einen justierbaren Umlenkspiegel, der die gesamte Fahrzeugbreite mit Stoßstange voll ins Bild bringt. Kein Zentimeter fehlt vom Bild und weder das radfahrende Kind noch Nachbars Pudel entgehen dem Auge des Fahrers.

Allerdings wird weder das Auto durch den aufgeklebten Buckel an der Heckscheibe schöner, noch bessert sich die Sicht nach hinten, will man beim Vorwärtsfahren durch flüchtigen Blick in den Innenspiegel den rückwärtigen Verkehr beobachten. Immer hat man den Spiegelkasten im Visier . . .

Besonders geeignet ist dieses einfache optische Gerät für Wohnmobilisten, die gern einen Anhänger mitführen. Starr in ehrfürchtigem Staunen stehen die Zuschauer am Straßenrand, wenn man – scheinbar ohne einen Blick zu verschwenden – haargenau rückwärts mit der Hängerkupplung unter die Deichsel fährt. Prädikat: nützlich, aber auch gewöhnungsbedürftig. Nur für Fahrzeuge mit Heckfenster und Innenspiegel.

Gleich einige Märker teurer, dafür bei Vorwärtsfahrt nicht störend und unauffällig an der Heckstoßstange montiert, geben sich Ultraschall-Sensoranlagen. Einfache Ultra-schallanlagen (etwa 500 Mark) stellen bei Fahrzeugen bis zu 2 m Breite Hindernisse hinter dem Wagen fest. Für breitere Autos werden kompliziertere Anlagen mit Doppelsensor und Mixanlage angeboten, die dann schon über 700 Mark kosten. Die SB-verpackten Anlagen kommen mit »idiotensicheren« Einbauanleitungen ins Haus und sind dank steckerfertiger Verbindungen schnell eingebaut.

Am Heck wird der Ultraschallsensor angebracht, am Armaturenbrett das Anzeigedisplay. Beim Zurücksetzen zeigt die Digitalanzeige in 20-cm-Schritten die reale Entfernung unterhalb der 1-Meter-Grenze an. Zusätzlich ertönt ab einer frei wählbaren Distanz ein unangenehmer, intermittierender Pfeifton, der den verschlafenen Rückwärtsfahrer weckt.

Abgesehen von der Tatsache, daß es für einen blickgewohnten Fahrer ein gewöhnungsbedürftiger Nervenkitzel ist, nur nach Zahlenanzeige auf einem Display zurückzusetzen, funktionieren diese Geräte äußerst zuverlässig. Selbst kleine Ziele (Sperrpfosten an Einfahrten) werden geortet und vermeldet. Nichts hingegen sagt der Ultraschallsensor, wenn der Feind aus Buschwerk besteht. Hier scheint die Reflexion zu gering bzw. zu diffus zu sein. Bewegte Ziele wie Fußgänger werden gut wahrgenommen. Allerdings ist das Abstrahlfeld naturgemäß seitlich eingeschränkt. Das führt zu einer mangelhaften Kontrolle der äußeren hinteren Ecken.

Beim Rückwärtsfahren mit Ultraschallsensor bleibt einem also nicht der gleichzeitige Blick in die Außenspiegel erspart. Die teurere Doppelanlage bringt, auch bei schmaleren Fahrzeugen, mehr Sicherheit. Der große Vorteil des Ultraschallkonzepts liegt in seiner zuverlässigen Auskunft auch in der Nacht, zum Beispiel beim Einrangieren auf den Stellplatz.

Am teuersten und komfortabelsten ist die videoüberwachte Rückwärtsfahrt. Man hat damit das Vergnügen, auch noch ein 11,5 m langes Wohnschiff so einfach rückwärts in eine Parklücke zu dirigieren wie einen Kleinwagen.

Die als Zubehör angebotenen Überwachungseinheiten beginnen preislich bei 2000 Mark. Darin enthalten ist eine ganze Menge: eine Hochleistungs-Videokamera mit 90-Grad-Weitwinkelobjektiv. Dies verzerrt zwar das Bild im Monitor, verschafft dafür aber eine Rundumsicht von Stoßstangenecke zu Stoßstangenecke. Die Kamera gibt es festinstalliert oder mit Motorantrieb schwenkbar. Auf jeden Fall sollte sie stoßsicher gelagert sein und über eine Heizung verfügen, damit man auch im Winter klare Sicht nach hinten behält. Dann kommen 20 Meter Kabel und vorn im Fahrzeug ein Monitor. Den gibt es in Ein- und Aufbauversion.

Man findet für große Fahrzeuge weder eine komfortablere noch sicherere Möglichkeit, Rücksicht zu üben. Die Bindung an einigermaßen gute Lichtverhältnisse läßt allerdings den teuren Einstandspreis bitter schmecken. Nachts steht man eben im Dunkeln. Es bietet sich an, einen wattstarken Rückfahrscheinwerfer neben der Kamera am Fahrzeugdach zu montieren. Da dieser nach StVZO nicht betrieben werden darf, muß er allerdings abgedeckt spazierengefahren werden und sollte nur in nächtlichen Notfällen in Aktion genommen werden.

TIP: Um die schnelle Orientierung zu erleichtern und ständiges geistiges Übersetzen zu vermeiden, sollten die einmal festgestellten realen Entfernungen mit dünnen Klebstreifen auf dem Monitor markiert werden, da die Weitwinkellinse der Kamera stark verzerrt.

Zusätzlicher Gepäckraum

Gepäck sollte, wenn möglich, in inneren Stauräumen untergebracht werden. Reicht dieser Platz nicht aus, kann das Fahrzeug um einen Dachgepäckträger erweitert werden. Dachgepäckträger erhöhen jedoch, wie Versuche im Windkanal erwiesen haben, schon leer ab etwa 80 km/h den Kraftstoffverbrauch merklich durch Windverwirbelungen. Beladen sind Dachgepäckträger immer für ein wesentlich schlechteres Fahrverhalten verantwortlich: Der Schwerpunkt liegt weiter oben. Für Surfbretter und Boote wird man allerdings nicht auf den Dachträger verzichten können. Bei Kastenwagen mit Seriendach versorgt man sich schnell und in großer Auswahl aus dem Kfz-Zubehör, bei Hochdachfahrzeugen hält der Reisemobilspezialist eine interessante Auswahl bereit. Individuell zusammenstellbare Traversensysteme erleichtern die Abstimmung auf das jeweilige Fahrzeug. Für Surfbretter gibt es spezielle Wiegen, die auch an den Seitenflanken von Hochdächern montiert werden können. Selbermachen lohnt eigentlich nur bei speziellen Anforderungen. Dabei haben sich geschweißte Stahlrohrgestelle als vorteilhaft erwiesen. Die Verbindung mit dem Fahrzeug sollte allerdings geschraubt werden. Schweißpunkte an den Regenrinnen führen häufiger zu Bruch durch Spannungen.

TIP: Besondere Stabilität erhalten Dachgepäckträger, deren Füße durch die Dachschale hindurch mit den Dachspriegeln verschweißt werden. Dazu muß die Hochdachschale im Bereich der Fußdurchbrüche mit dem Kreisschneider deutlich größer ausgeschnitten werden, als der Fuß Platz benötigt. Nur dann können Träger und Dach

Seitlich am Hochdach angebrachter Surfbrett-Träger aus Alu-Vierkantrohr. Die beiden Träger sind durch das Hochdach geschraubt.

ohne Spannung arbeiten (Temperaturausdehnung, Verwindungen). Die entstehende Öffnung muß nach dem Einset-

Reeling-Bauteile aus dem Yachtzubehörgeschäft.

199

zen der Trägerfüße mit dauerelastischer Dichtmasse geschlossen werden.

Bei Aufbaufahrzeugen bietet sich die Selbstherstellung von Dachgepäckträgern aus Baukastensystemmaterialien an, die im Reisemobilzubehör speziell für diesen Zweck zu finden sind. Bessere Qualitäten werden im Yachtzubehör als Reeling-Bauteile vertrieben.

TIP: Leitern zur Dachbesteigung werden besser nicht fest montiert, sondern lose mitgeführt. Man kann die Leiter dann dort anstellen, wo man gerade ans Dachgepäck muß und erschwert ungebetenem Besuch den Aufstieg, solange die Leiter verstaut ist.

Fahrrad- und Motorradhalter

Fahrräder auf dem Dachgepäckständer zu verzurren, ist sicher eine der unbequemsten Möglichkeiten. Häufiges Auf- und Abladen ist kraftaufwendig und gefährlich, beschädigt schnell Lack und Fahrräder und vermiest daher schnell die Freude an der Fahrradtour.

Eine Unterbringung am Fahrzeugheck bietet sich da förmlich an. Auf- und Abladen lassen sich bequem von einer Person erledigen, die Räder reisen im Windschatten, sie erhöhen weder die Durchfahrtshöhe noch den Spritverbrauch. Der einzige Grund, auf eine fest montierte Bühne am Heck zu verzichten, ist eine Anhängerkupplung. Da

muß man zu den variablen Transporthilfen greifen: ausziehbare Stoßstangen oder abklappbare Fahrradhalter.

Auf dem Zubehörmarkt befinden sich derzeit allerlei Systeme, die Staumöglichkeiten am Wagenheck erschließen. Variable Träger, die wie ein Dachgepäckträger jederzeit anzubringen und abzunehmen sind, sowie verschiedene Formen von fest angebauten Fahrzeugverlängerungen bieten sich an.

Variable Träger werden wie Ladung behandelt und dürfen ohne Eintragung in die Kfz-Papiere mitgeführt werden, solange sie mit »üblichem Bordwerkzeug« abzunehmen sind. Fest angebrachte Träger lassen die allgemeine Betriebserlaubnis erlöschen. Eine Vorführung beim TÜV ist notwendig, damit das Teil mitsamt neuer Fahrzeuglänge eingetragen werden kann.

Damit steht je nach Tragfähigkeit auch dem Transport von schweren Motorrädern nichts mehr im Wege. Zum reinen Preis für das Transportgestell müssen aber in diesem Fall noch der eventuell fällig werdende Stabilisator an der Hinterachse oder die niveauregulierenden Stoßdämpfer hinzukalkuliert werden.

Die Alternative ist der selbstgebaute Fahrradhalter. Die wichtigsten Regeln, die zu beachten sind:
– Der TÜV stuft alles als »Gefährdende Fahrzeugteile außen« ein, was selbstgebaut ist und keine abgerundeten Kanten hat. Eine Zulassung ist dann nicht möglich.
– Die Beleuchtungseinrichtungen dürfen nicht beeinträchtigt werden, man muß nicht nur bei gerader Heckansicht,

Saubere Sache: Motorradgarage aus Lkw-Plane am Wohnmobil-Heck.

Üblicher Motorradtransport auf ausziehbarer Stoßstange.

Abnehmbarer selbstgebauter Fahrradhalter aus Alu-Vierkant-rohr.

Auch für Kastenwagen: Heckträger-Stecksystem für Motor- und Fahrräder.

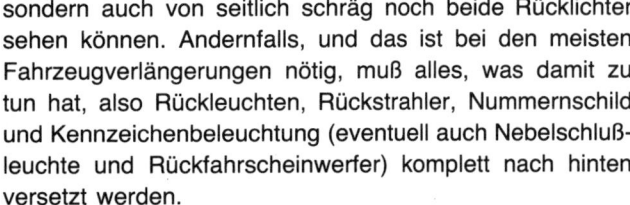

Selbstbau-Träger mit zusätzlicher Transportkiste unter den Fahrrädern.

Fahrradhalter als festangebaute Fahrzeugverlängerung auf Hecktrittstufe verschraubt.

sondern auch von seitlich schräg noch beide Rücklichter sehen können. Andernfalls, und das ist bei den meisten Fahrzeugverlängerungen nötig, muß alles, was damit zu tun hat, also Rückleuchten, Rückstrahler, Nummernschild und Kennzeichenbeleuchtung (eventuell auch Nebelschlußleuchte und Rückfahrscheinwerfer) komplett nach hinten versetzt werden.

– Die Anbauhöhe von Rücklichtern und Rückfahrscheinwerfern soll vom Boden aus mindestens 400 mm (Unterkante), maximal 1550 mm (Oberkante) betragen, von außen dürfen sie nicht mehr als 400 mm zur Mitte hin angeordnet sein.

– Die alte Originalbeleuchtung am Fahrzeug muß in diesem Fall entfernt (bei abnehmbarer Bühne: abgedeckt) werden, da zwei Rückleuchten nicht zulässig sind. Zwei Blinkleuchten sind ebenso wie zusätzliche Stopplichter erlaubt, Seitenbegrenzungsleuchten jedoch erst ab zwei Meter Fahrzeugbreite. Hat also das Auto eine Gesamtbreite von mindestens zwei Meter, kann man auf das Entfernen

oder Abdecken verzichten, weil man dann die früheren Rücklichter einfach zu Seitenbegrenzungsleuchten degradieren kann.

– Je nach Bauweise und Verwendungszweck (z. B. wenn schwere Motorräder transportiert werden sollen) ist ein statischer Nachweis für die Tragfähigkeit der Konstruktion und insbesondere der Anbringungspunkte erforderlich. Hierbei ist es nützlich, vom Hersteller etwa für den Anbau von Anhängerkupplungen vorgesehene Anbringungspunkte zu verwenden, wo im allgemeinen kein gesonderter Nachweis gefordert wird.

– Der TÜV akzeptiert generell keine angeschweißten Transportvorrichtungen, das Teil sollte angeschraubt werden. Wer unbedingt schweißen will, muß Sonderregelungen mit dem örtlichen TÜV aushandeln.

– Soll die Vorrichtung abnehmbar konstruiert werden, ist unbedingt ein enger Kontakt zum abnehmenden TÜV nötig, mit dem man vorher aushandeln sollte, wie das Gerät später aussehen muß. Sehr viel einfacher ist es, nach den oben beschriebenen Maßgaben eine fest montierte Fahrzeugverlängerung zu bauen.

Ab diesem Punkt bestehen viele Möglichkeiten, weiterzumachen:

Hat man ein Fahrzeug mit einem großen, serienmäßig beim Kauf mitgelieferten Heckauftritt in der Wagenmitte oder über die ganze Breite, kann man seinen Fahrradhalter auf diesem Heckauftritt verschrauben. Ob der TÜV das auch bei Motorrädern akzeptiert, ist fraglich. Bis 75 kg, die der statistische Fahrer wiegt, sagt aber kein TÜV etwas dagegen. Diese Anbringung ist einfach, billig, schnell und hat den entscheidenden Vorteil, daß man sich durch die Tiefe des Anbringungspunktes die Möglichkeit offenhält, Hecktüren oder -klappen trotz Fahrzeugverlängerung öffnen zu können.

Bei Autos ohne Hecktrittstufe bieten sich zwei Anbringungsmöglichkeiten an: Entweder man nimmt die Stoßstangen ab, verschraubt mit großen Winkeleisen den Fahrradhalter mit der Stoßstangenhalterung und kann die Stoßstangen gleich weiterverwenden, indem man sie als krönenden Abschluß hinter den Fahrradhalter setzt. Oder man schneidet das hintere Schürzenblech so weit auf, daß man Längsträger in den meist U-förmigen Rahmen einschieben kann. Das ist dann die klassische Rahmenverlängerung. Nach Wunsch und Möglichkeiten kann man auf diese Weise auch eine ausziehbare Stoßstange selber bauen.

Man hat jetzt zwar eine höhere Anbringung, was in puncto Bodenfreiheit gerade in Verbindung mit einer Verlängerung des Hecküberhangs wichtig ist, kann aber in den meisten Fällen die Hecktüren nicht mehr öffnen.

Den eigentlichen Fahrradhalter kann man bauen, wie man will. Häufig wird aus Stahlrohr eine abgerundet-rechteckige Schlaufe geschweißt, die zwei oder drei U-Profile aufnimmt, in die dann die Fahrräder eingestellt werden können. Genausogut bewähren sich aber solide Holzkonstruktionen aus wasserfest verleimten Werkstücken. Leichter, meist aber teurer sind Aluminiummaterialien. Sie haben ein hervorragendes Material und sparen zudem noch eine Menge Geld, wenn Sie auf dem Schrottplatz eine Pritschenwagenbordwand aus Dur-Alu-Paneelen ergattern können.

Nach Konstruktion und Anbau müssen die Beleuchtungseinrichtungen wieder angeschlossen werden. Die meisten Fahrzeuge haben im Heckbereich irgendwo am Rahmen eine Verteilerdose sitzen, von der aus Kabel zu den einzelnen Lampen führen. Mit einem Stromlaufplan kann man anhand der Farbe der Kabel die jeweils richtigen Leuchten des Heckträgers anschließen.

TIP: Hat man keinen Stromlaufplan, muß man sich die Mühe machen, durch Anschließen einer Birne (besser: professionelle Prüflampe!) nacheinander an alle Kabel herauszufinden, was nun Stopplicht, was Blinker links und Blinker

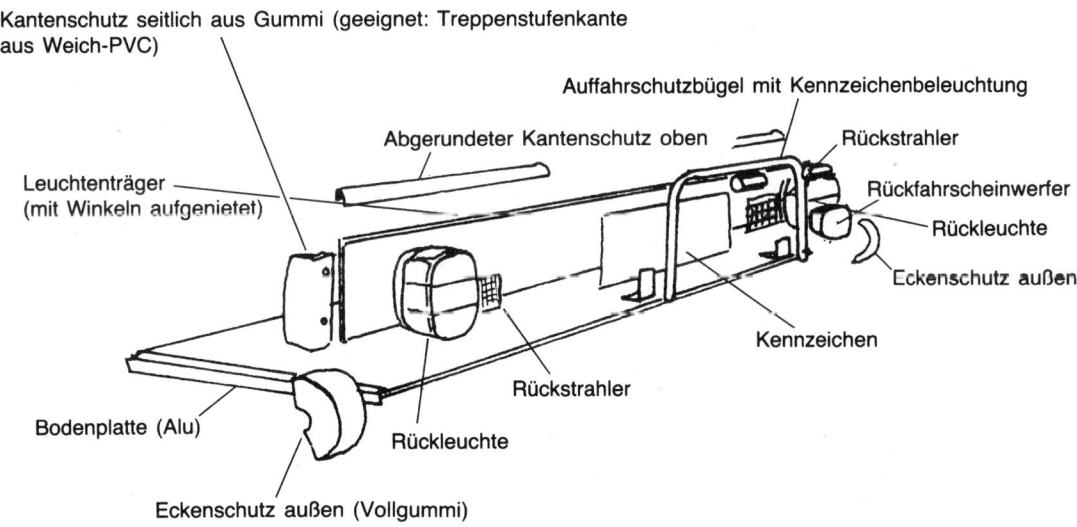

Kantenschutz seitlich aus Gummi (geeignet: Treppenstufenkante aus Weich-PVC)

Auffahrschutzbügel mit Kennzeichenbeleuchtung

Abgerundeter Kantenschutz oben

Rückstrahler

Leuchtenträger (mit Winkeln aufgenietet)

Rückfahrscheinwerfer

Rückleuchte

Eckenschutz außen

Kennzeichen

Rückstrahler

Bodenplatte (Alu)

Rückleuchte

Eckenschutz außen (Vollgummi)

Explosionszeichnung eines Fahrradträgers

Die Hecktüren lassen sich problemlos über dem tief montierten Fahrradträger öffnen.

Sicherung des Fahrrades in Sattelhöhe mit Gewindespanner.

rechts sein könnte. Sorgloses Arbeiten birgt hohe Sicherheitsrisiken!

Es muß besonders darauf geachtet werden, daß der dichte Verschluß der Verteilerdose nach dem Anschließen der zusätzlichen Kabel voll gewährleistet ist (Gummidurchführungen einsetzen), damit nicht Spritzwasser Korrosion verursacht. Wer seinen Halter abnehmbar baut, kann sich die elektrische Anlage vereinfachen, indem er zunächst am Fahrzeug eine handelsübliche Steckdose für den Anhängerbetrieb anbringt und am Fahrradhalter den entsprechenden Stecker. Das ist eine gute und dauerhafte, spritzwassergeschützte Verbindung.

Will man ausschließlich Fahrräder mitnehmen, sollte man für deren sicheren Stand zunächst U-förmige Profile anbringen, in denen die Reifen stehen können. Ein aufschwenkbarer Greifarm mit einer Schraubknebelschelle muß jedes Rad in Höhe der Sattelstange arretieren. Man kann hier bequem auf Pkw-Dachgepäckträgerzubehör zurückgreifen, um eine sichere Konstruktion zu gewährleisten. Sinnvoll ist es darüber hinaus, von der Hecktür oder der Rückwand des Wohnmobils aus mit Gewindespannern für eine zusätzliche Halterung des Rades zu sorgen.

Da Fahrräder immer wieder eine begehrte Beute bei Nacht- und Nebelaktionen darstellen, sollte man sich Gedanken über eine sinnvolle Sicherung machen. Mindestens an Vorder- und Hinterrad sollte das Fahrrad fest am Auto verkettet werden, besser noch zusätzlich am Rahmen.

Was im Sommer das Rad, ist für manche Menschen im Winter das Paar Ski. Und so ist es einleuchtend, daß man seinen Fahrradträger als Mehrzweckträger ausbauen kann. Die Ski lassen sich unten in die Reifenaufnahmerinnen für die Räder stellen, erforderlich ist nur ein am Wagenheck oben zusätzlich angebrachter Bügel mit Skigreifern, damit diese ihren festen Sitz haben. Je nach Bastellust kann man sich den Heckträger so für alle erdenklichen Transportaufgaben erweitern. Allerdings muß man beachten, was vom TÜV in den Fahrzeugbrief eingetragen wird. Und wenn da beispielsweise steht:

»Mit fest angebauter Fahrradhalterung *Komplette Beleuchtung und Kennzeichen nach hinten versetzt**Ziffer 13 (Fahrzeuglänge) Neu festgestellt 5.400**«,

dann ist es eben ein Fahrradträger, und man hat keine Betriebserlaubnis, damit schwergewichtiges Gepäck (beispielsweise fünf 20-l-Kraftstoffkanister) spazierenzufahren.

Ein guter Tip für Leute, die ausschließlich Fahrräder mitnehmen möchten, sehr preiswert an dieses Vergnügen kommen wollen und sich das ganze Brimborium mit TÜV und Fahrzeugverlängerung sparen möchten: Generell ist ja alles, was wie ein Dachgepäckträger demontabel ist, nicht eintragungspflichtig. Deshalb sieht man gelegentlich Reisemobilisten, die sich ein Pkw-Fahrrad-Dachtransportsystem ohne Quertraversen senkrecht ans Wagenheck schrauben. Man sollte dann ein Überkopfsystem wählen, bei dem das Rad in eine Aufnahmetasche für den Sattel geschoben und der Lenker mit zwei Schellen arretiert wird. Die Aufnahme für den Sattel kommt nach oben ans Heck, der Lenkergreifer nach unten. Montiert man das Ganze möglichst hoch, bestehen keine Bedenken wegen Rückleuchten und Kennzeichen. Ragt das Fahrrad nicht mehr als einen Meter über das Wagenheck hinaus, braucht man sich um weiter nichts zu kümmern; über einen Meter hinausragende Ladung muß laut Straßenverkehrsordnung mit einem roten Fähnchen oder ähnlichem gekennzeichnet werden.

VIII.   Caravan auf Fahrgestell

Der Motor-Caravan

Auf den ersten Blick scheint die Idee, einen Caravanaufbau auf ein Transporterfahrgestell zu setzen, eine besonders preiswerte Lösung zu sein, um zu einem komfortablen Wohnmobil zu kommen. In der Tat: Man bekommt einen rundum isolierten Aufbau, der bereits mit Möbeln, Küche, Beleuchtung und allem drum und dran versehen ist. Der Umbau macht weniger Arbeit als der Ausbau eines Kastenwagens, und man besitzt außerdem das Raumangebot einer Wohnkabine.

Dennoch gibt es gute Gründe dafür, daß nicht die überwiegende Mehrzahl aller Wohnmobile aus sogenannten »Aufgehuckelten«, aus aufgesetzten Caravans besteht. Bei der Beschreibung der Kabinenvarianten haben wir die Holzlatten-Gerüst-Bauweise bereits als klassische Wohnwagenbauweise vorgestellt. Die meisten Wohnwagen bestehen aus einem Holzrahmenaufbau, der nicht einmal immer zum typischen Sandwich verpreßt wird (kalt und drucklos verklebte Wände herrschen vor, das bedeutet geringere Stabilität). Zusätzlich unterscheiden sich Wohnwagen- und Wohnmobilkabinen der gleichen Bauweise: Caravans sind im allgemeinen noch leichter, noch sparsamer gebaut, denn möglichst kleine Zugwagen sollen möglichst große Caravans an den Haken nehmen können. Außerdem läßt ihre Fahrdynamik den konsequenten Leichtbau zu.

Ein Caravan rollt auf einer zentral angeordneten Achse oder einem Tandemachs-Fahrgestell. Außerdem liegt er mit der Deichsel am Zugfahrzeug auf. Das ergibt eine Dreipunktlagerung, bei der die Deichselkupplung eine allseitig drehbare Auflage darstellt. Nur die Räder stellen Lagerpunkte dar, die bis auf geringe Veränderungen (durch Federung und Stoßdämpfer) Fixpunkte sind. So ist erklärlich, daß selbst verhältnismäßig lange Caravans nur geringer Eigenverwindung ausgesetzt sind. Statt sich in sich selbst zu verdrehen, kann der gesamte Aufbau bei Bodenwellen, einseitigen Hindernissen (z. B. Bordsteinkante) und Schlaglöchern relativ freie Bewegungen ausführen.

Anders liegt der Fall beim Wohnmobil. Die vier Räder stellen hier vier fixe Auflagepunkte dar. Dabei werden Hindernisse wie etwa Schlaglöcher, Bodenwellen etc. von den einzelnen Rädern nacheinander durchfahren. Das führt zu einer Veränderung der Aufbauebenen mit entsprechender Verwindung.

Sie können diese schwer theoretisch zu erklärende Materie anschaulich machen, indem Sie einen Schuhkarton in beide Hände nehmen, so daß Sie jede Ecke erfassen. Wenn Sie nun die Hände gegeneinander verdrehen, wird sich der Karton ebenfalls verdrehen. Dies erklärt, wieso manche Holzrahmenaufbauten ganz erbärmlich knarzen und ächzen, wenn man mit einem Rad einen Bordstein hochfährt.

Fazit: Ein herkömmlicher Reisemobilaufbau, auch wenn man ihn unter »Wohnwagenbauweise« klassifiziert, ist (oder sollte zumindest sein) von Haus aus stärker dimensioniert und besonders versteift. Ein gewöhnlicher Caravan kommt da nicht mit.

Holzrahmen-Caravans – und sie stellen das größte Kontingent am Markt – kommen daher nur für kleinere Kabinenlängen in Frage. Bis etwa 3,50 Meter können sie noch guten Gewissens verwendet werden, bei Aufbaulängen bis fünf Meter kann man den Caravan zwar nutzen, muß jedoch entsprechende innere Verstärkungen anbringen. Soll das Wohnmobil einen noch längeren Aufbau bekommen, sollte man sich von vornherein nach einem anders aufgebauten Caravan umsehen. Mit wachsender Länge nimmt der Grad der Verwindung naturgemäß zu. Neben Undichtigkeiten am Aufbau führt das aber zu einer erheblichen Unsicherheit im Wageninneren. Möbelteile lösen sich aus ihren Verankerungen, Dachhängeschränke können herabfallen.

Aus guten Gründen plädieren in jüngster Zeit mehrere TÜVs dafür, Wohnwagenaufbauten nur noch in bestimmten Fällen so zuzulassen, wie der Wohnmobilist es sich wünscht. Bei den verwindungsintensiven Holzlattencaravans will man beispielsweise keine während der Fahrt benutzbaren Sitzplätze im Wohnteil genehmigen. Zu Recht: Kaum vorzustellen, was beispielsweise mit solch einem »Kartenhaus« bei einem Crash passiert.

TIP: Wenn aus bestimmten Gründen nur ein solcher instabiler Caravan zur Verfügung steht – vielleicht, weil er in der Familie vorhanden oder besonders billig zu bekommen ist – sollte beim Basisfahrzeug aus eigenem Interesse an größtmöglicher Sicherheit die Wahl auf ein Doppelkabinerfahrzeug fallen. Das verlängerte Fahrerhaus ermöglicht allen Mitreisenden eine Sitzposition wie im Pkw. Weder Gurtanbringungspunkte noch Crashsicherheit werden dann zum TÜV-Problem.

Auswahl

Es braucht eigentlich nicht mehr extra gesagt zu werden: Schauen Sie sich gründlich nach einem stabil gebauten Caravan um. Es gibt sämtliche im Kabinenbau anzutreffende Bauweisen auch im Caravansektor. Neben den nur im Ausnahmefall hochstabilen Holzrahmensandwichwänden kann man inzwischen gerippefreies Vollsandwich, durch Aluminium- oder Stahleinlagen verstärktes Sandwich oder sogar am Stück gefertigte GfK-Caravans bekommen. Leider sind die besseren Aufbauten in der Minderzahl, besonders auf dem Gebrauchtwagensektor. Denn die höhere Stabilität des Caravans schlägt sich in einer längeren Lebensdauer nieder. Da solche Stücke zudem erheblich teurer sind, werden sie durchschnittlich länger behalten, was den Teufelskreis des geringen Gebrauchtangebots schließt.

Dennoch lohnt sich die lange Suche und das etwas tiefere »In-die-Tasche-Greifen« für den besseren Aufbau. Das Wohnwagenmobil wird länger dicht bleiben, seine Möbel am Platz behalten und auch Anbauteile nicht übelnehmen. Achten Sie beispielsweise darauf, daß Ihr Caravan ein voll begehbares Dach hat. Nur dann können Sie sicher sein, daß er auch einen Dachgepäckträger aushält und sich – noch wichtiger – für einen problemlosen Alkovenanbau eignet. Die Caravanhersteller informieren auf Messen und in ihren Prospekten mehr oder weniger umfangreich. Gründliches Nutzen dieser Informationen schafft eine erste Vorauswahl von Marken und Typen, die in Frage kommen. Sie können dann die Firmen, deren Produkte Sie in die engere

Wahl gezogen haben, anschreiben, um zu erfahren, ab welchem Baujahr die für Sie interessante, stabile Bauweise eingesetzt wird. Nur so gehen Sie sicher, daß das Schnäppchen auf dem Gebrauchtwagenmarkt auch wirklich ein guter Caravan für Ihre Zwecke ist.

Das wichtigste Auswahlkriterium nach der grundsätzlichen Entscheidung für einen stabilen Wandaufbau muß die Kompatibilität der beiden Fahrzeuge sein. Nur in den seltensten Fällen wird es sich ergeben, daß die Originalradkästen des Caravans genau über die Hinterräder des Transporters passen. Ein besonderer Glücksfall zudem, wenn dies nicht nur nach der Länge, sondern auch in bezug auf die Spurweite der Achse hinhaut. Soviel Übereinstimmung muß es gar nicht geben. Sie erspart zwar einige Arbeit, kann dafür bei langen Aufbauten zu Ernüchterung bei der Zulassung führen. Von jedem Kraftfahrzeughersteller gibt es Aufbaurichtlinien, in denen genau angegeben ist, wie groß der Überhang hinter der Hinterachse sein darf. Als Faustregel gilt: maximal 60% vom Radstand des Fahrzeugs. Aber auch wenn sich bei geringfügigen Überschreitungen durch eine Ausnahmegenehmigung doch noch der amtliche Segen einholen läßt: Ein langes Heck macht wenig Freude. Beim Befahren enger Kurven schert das überragende Heck gewaltig aus. Das macht Einparkmanöver schwierig. Außerdem nimmt der Fahrkomfort mit zunehmendem Hecküberhang ab. Bodenwellen schlagen heftig durch, und der Aufbau schaukelt sich auf. Ein Effekt des langen Hebelarms. Daß daneben die Gefahr von Heckaufsetzern im Gelände, auf Fährrampen und an steilen Grundstücksabfahrten zunimmt, leuchtet ein. Kompatibilität heißt also nicht absolute Paßgenauigkeit auf den ersten Blick. Es muß jedoch gewährleistet sein, daß der neu anzulegende Radkasten günstig untergebracht werden kann. Gut, wenn er in einen Sitzstaukasten eingebaut werden kann oder in einem Schrank verschwindet; peinlich, wenn sich herausstellt, daß er eigentlich in der Eingangstür angelegt werden müßte.

Im Prinzip gilt: je jünger der Caravan, desto besser. Am besten, ein billiger Neuwagen mit Deichsel- oder Fahrwerkschaden. Auch der Erwerb eines nagelneuen Wohnwagens kann durchaus sinnvoll sein. Gegenüber einem gleichwertig ausgestatteten, neuen Reisemobil spart man immer noch erheblich. Vor allem dann, wenn man mit dem Händler oder Hersteller vereinbaren kann, das unbenutzte Caravanfahrgestell wieder zurückzugeben und aus dem Preis herauszurechnen.

TIP: Auch bei Gebrauchten muß man nicht auf dem Fahrgestell sitzen bleiben. Wenn es nicht zu alt, technisch unmodern oder defekt ist, kann man es in den meisten Fällen für ein paar hundert Mark loswerden. Per Zeitungsannonce findet sich häufig ein Interessent, der einen Autotransporter, Bootstrailer oder Ausstellungsanhänger daraus machen möchte. Wenn das Fahrgestell durch seinen technischen Zustand nur noch für den Schrotthändler von Interesse ist, können Sie es besser behalten: Benutzen Sie es nach Abtrennen von Deichsel, Achsen und Technik (Bremszüge), um daraus den Hilfsrahmen zu konstruieren. Die richtigen Aufbaubefestigungspunkte liefert dieser Hilfsrahmen gleich mit!

In den meisten Fällen soll aus finanziellen Erwägungen ein gebrauchter Caravan aufgesetzt werden. Der Caravanmarkt ist bewegt und kennt günstige Angebote schon, angeblich fahrfertig, ab 300 Mark. Bitte lassen Sie sich nicht verführen: Sie wollen dem betagten Stück ein zweites Leben unter erschwerten Bedingungen zumuten. Neben der anderen Fahrdynamik eines Wohnmobils kommt nämlich die statistisch belegte häufigere Nutzung von Wohnmobilen zum Tragen. Wenn Sie sich ein gar zu altes Schätzchen anlachen, werden Sie sich nur kurz über den günstigen Preis freuen können. Meist ist er mit hohen Folgekosten und extrem zeitaufwendigen Reparaturarbeiten gekoppelt.

Der Caravankauf ist eine besonders individuelle Sache. Dennoch sollten Sie ein paar allgemeingültigen Auswahlkriterien folgen. Eine nur sehr vage Richtschnur stellt die Gebraucht-Wohnwagen-Bewertungstabelle des Deutschen Kraftfahrzeug-Überwachungsvereins (DEKRA) dar. Sie enthält eine starre Staffelung nach Gebrauchsjahren und läßt individuellen Zustand, Intensität der Benutzung und Ausstattung ohne Berücksichtigung. Deshalb kann diese Liste nur als erster Anhaltspunkt gelten. Sie stellt den Restwert in Prozent vom Netto-Neupreis dar. Danach ist ein Caravan wert:

1/2	Jahr	= 84%	8	Jahre	= 28%
1	Jahr	= 75%	9	Jahre	= 24%
2	Jahre	= 66%	10	Jahre	= 20%
3	Jahre	= 58%	11	Jahre	= 18%
4	Jahre	= 51%	12	Jahre	= 14%
5	Jahre	= 43%	13	Jahre	= 12%
6	Jahre	= 37%	älter		= 10%
7	Jahre	= 32%			

In den meisten Fällen gilt: Hände weg von Dauercampingwagen. Die sind zwar oft billig, stehen aber schon so ihre zehn Jahre am Platz. Nicht selten haben sie bereits Moosflechten auf dem Dach und an den aufgesetzten Leisten. Die Gasanlage hat seit ewigen Zeiten keinen Prüfer mehr gesehen, und sehr oft sitzen Feuchtigkeit und Schimmel in den Wänden. Solch ein Wagen ist den Strapazen eines Reisemobillebens nur noch selten gewachsen.

Achten Sie besonders auf den Innenraum, auch wenn Ihnen dies weniger wichtig erscheint, weil Sie den Grundriß ändern möchten. Muffiger Geruch und klamme Polster zeigen Feuchtigkeit an, Schimmel nistet bevorzugt in mangelhaft durchlüfteten Ecken unter Polstern und in Schränken. Schlecht schließende, klemmende Schranktüren deuten darauf hin, daß sich der gesamte Aufbau bereits stark verzogen hat.

Alufraß läßt sich von außen am besten feststellen. Zahlreiche Aufkleber auf der Außenhaut können ein Versuch sein, Löcher zu überdecken. Tasten Sie die Dinger aufmerksam ab, wenn der Besitzer ein Abziehen nicht zulassen will. Wenn der Caravan als Wohnmobilaufbau während der Fahrt zum Transport von Personen zugelassen werden soll, müssen Sie unbedingt darauf achten, daß alle Fenster und Dachhauben ein Prüfzeichen tragen. Das können die DIN-Wellenlinie oder das ECE-»E im Kreis«, beide verbunden mit einem Zifferncode, sein. Solche Prüfzeichen, die über das Splitterverhalten bei einem Unfall Auskunft geben, sind in Kraftfahrzeugen zwingend vorgeschrieben. In älteren Caravans sind jedoch häufig Dachluken und Fenster ohne Prüfzeichen eingebaut. Ersatz ist da aber oft schwierig, da man sich an die vorgegebenen Ausschnittmaße halten muß. Einfaches Vergrößern des Ausschnittmaßes geht nur in Vollsandwichwänden!

Besonderes Augenmerk soll auch der Sicherheit der Installationen gewährt werden. Gasanlagen in Caravans und Reisemobilen unterscheiden sich den Vorschriften nach nicht. Lassen Sie sich also auf jeden Fall die aktuelle Prüfbescheinigung vorlegen. Ist sie nicht älter als zwei Jahre, kann man davon ausgehen, daß alles einigermaßen o.k. ist. Sie werden allerdings nicht umhin kommen, an der Gasanlage Veränderungen vorzunehmen. Den üblicherweise als Gasflaschenraum verwendeten Deichselkasten können Sie schwerlich ins Reisemobil übernehmen. Nach dem Umbau muß dann ohnehin eine neue Prüfung bei einem amtlich zugelassenen Sachkundigen veranlaßt werden.

Für die elektrische Anlage gilt ähnliches: Die deutschen Caravanhersteller haben sich auf eine Norm, die sogenannte Caravannorm, geeinigt. Diese Norm (DIN 7941) enthält alle wesentlichen sicherheitstechnischen Festlegungen für den Caravanbau. Das garantiert beispielsweise Einhaltung der VDE-Bestimmungen und der Bestimmungen des Gerätesicherheitsgesetzes. Diese Norm gilt aber erst seit dem 1. September 1981. Ältere Fahrzeuge und importierte Caravans können abweichende Standards aufweisen.

Montage

Einen Caravanaufbau auf ein Transporterfahrgestell zu montieren, unterscheidet sich nicht wesentlich vom beschriebenen Aufsetzen der Leerkabinen.

Zunächst wird das Fahrgestell vom Caravan gelöst. Es ist bei allen Modellen mit der Bodenplatte des Aufbaus verschraubt und kann deshalb mit einfachen Mitteln gelöst werden. (Bei festsitzenden Schrauben siehe Kapitel: Demontage Aufbauten.)

TIP: Sinnvoll ist es, den Caravanaufbau danach mit Wagenhebern, Hubzügen oder auch mit acht bis zehn kräftigen Helfern so auf Böcke abzusetzen, daß nach beendeter Vorbereitung des Fahrzeugs einfach darunterrangiert werden kann.

Die Lagerung des Caravanaufbaus muß aber sicher und fest sein, denn es muß noch daran und darin gearbeitet werden.

Die wenigste Arbeit machen Sie sich, wenn Sie den Caravan auf das Fahrgestell setzen, ohne eine Verbindung zum Fahrerhaus herzustellen. Wenn Sie kein Doppelkabinerfahrzeug nehmen, können Sie dann allerdings nur maximal zu dritt in den Urlaub fahren. Sitzplätze werden im Caravanabteil nicht zugelassen, solange keine Verbindung zum Fahrerhaus besteht.

Für die Gestaltung einer Verbindung macht der Gesetzgeber nur geringe Auflagen. Wie im Kapitel »Pick-Up-Systeme« beschrieben, reicht eine einfach gestaltete Sprech-

Kein Durchgang, aber eine Sprechverbindung zwischen Caravan und Fahrerhaus. Hier wurde einfach das Frontfenster des Wohnwagens ausgehängt und die Öffnung mit der Fahrerhaus-Rückwand verbunden.

Der Caravanaufbau wurde hier mit den Radhäusern paßgenau über der Hinterachse aufgesetzt. Die große offene Fläche bis zum Fahrerhaus wurde geschickt und elegant mit schräg zulaufenden Paßblechen gestaltet. Hier fand sogar noch eine zusätzliche Tür Platz.

Interessante Variante: Das Basisfahrzeug ist ein abgeschnittener Hochraum-Kastenwagen Typ 608 D, der Caravan wurde mit der Rückwand nach vorne aufgesetzt.

verbindung, mit der die Caravanbesatzung den Fahrer zum Anhalten bringen kann. Komfortabel wird das nicht sein, vor allem für die Reisenden im Caravanaufbau. Außerdem stellt das unverbundene Aufsetzen die ästhetisch schlechteste Aufbaulösung dar. Der Caravan fügt sich nämlich kaum harmonisch hinter das Fahrerhaus, weil es nur ganz wenige eckige Caravanmodelle gibt. Ältere Wohnanhänger haben die klassische Eiform, neuere suggerieren Aerodynamik mit stark schräg geschnittenen, fließenden Fronten.

In den meisten Fällen wird man daher die Frontpartie des Caravans ausschneiden müssen. Neben dem optischen Gewinn trickst man damit grundrißbedingte Schwierigkeiten aus. Die meisten Caravans, von den ganz kleinen einmal abgesehen, haben in der Front eine kleine Längssitzgruppe oder ein fest eingebautes Doppelbett. Beides ist im Wohnmobilbetrieb nicht ideal. Auf den Längsbänken reist es sich verkehrsunsicher und unbequem, das Doppelbett behindert gar den Durchgang nach hinten. Dieser vordere Grundrißbereich wird fast immer geändert werden müssen. Meist reicht der Platz nach dem Abschneiden des vorderen Caravanteils noch gerade aus, um eine Mitfahrersitzbank quer zur Fahrtrichtung zu installieren.

Will man möglichst viel Innenfläche des Caravans unversehrt lassen, bietet sich das in der Außenform unveränderte Aufsetzen an. Der Anschluß ans Fahrerhaus muß dann allerdings mit Paßblechen mühsam hergestellt werden. Ein Alkovenanbau ist möglich. Kommt es nicht so sehr auf die volle Nutzung jedes Caravanzentimeters an, kann man das Fahrerhaus auch aus der Caravanwand »ausschneiden«. Diese Lösung wirkt besonders gefällig, da das originale Caravandach über der Fahrerhauswindschutzscheibe als Stummelalkoven endet. Das ergibt keinen Schlafplatz, aber Stauraum. In jedem Fall muß der Caravan entlang des Ausschnitts mit Hartholzleisten (beim Holzlattenaufbau), Aluprofilen (bei Alugerippe) oder mit Stahlrohr (bei Stahlgerippe) versteift werden. Auch bei Vollsandwichaufbauten ist eine Verstärkung wegen des großflächigen Ausschnitts ratsam.

Die Verstärkung wird umlaufend an der Schnittkante angeschraubt oder genietet. Sie muß auch Boden und Dach mit umschließen, um der geöffneten Konstruktion Statik zurückzugeben.

TIP: Weil moderne Caravanfronten schräg abfallen, wird beim Ausschneiden besonders viel Bodenfläche vergeudet.

Häufig tritt deshalb der Wunsch auf, den Caravan umzu-drehen und ihn mit der geraden, steil abfallenden Rückfront ans Fahrerhaus anzuschließen. Dabei muß dann nur die Wand ausgeschnitten werden, ein Verlust an Bodenlänge entfällt. Im Prinzip ist dies möglich. Jedoch muß die serien-mäßige Caravantür, die durch das Umdrehen auf die ver-kehrsgefährdete Fahrerseite gelangt und außerdem nun in der falschen Richtung (wie die sogenannten »Selbstmör-dertüren« in den Vorkriegslimousinen) angeschlagen ist, zusätzlich besonders gegen das Öffnen von innen gesi-chert werden. Die Tür darf nicht mehr als einzige Einstiegs-tür verwendet werden. Die verdrehte Aufbaulösung kommt also nur bei einem Fahrzeug mit Durchgang zum Fahrer-haus in Frage. Die Fahrerhaus-Beifahrertür nimmt dann den Charakter der Haupteinstiegstür an. Die Caravantür kann nur noch als zusätzlicher Ausstieg genutzt werden. Von innen muß mindestens eine Vorhängekette ein weites Aufspringen verhindern. Nützlich ist überdies der Einbau ei-nes kleinen Fensters in diese Tür, damit man sich vor dem Aussteigen vergewissern kann, ob die Straße frei ist. Ideal ist diese Lösung nur für notorische England-Fahrer (oder andere Linksverkehrtouristen, die es beispielsweise nach Australien, Japan oder Neuseeland zieht). Für den Besuch von Rechtsfahrländern wäre der Einbau einer beifahrer-seits gelegenen neuen Caravantür zu überlegen (was wie-derum nur bei selbsttragenden Aufbauten problemlos mög-lich ist und voraussetzt, daß der Grundriß die Türanlage ir-gendwo zuläßt). Die ursprüngliche Tür kann dann als Stau-raumklappe, beispielsweise für Ski, umfunktioniert werden. Dieser Probleme enthebt die Verwendung eines gebrauch-ten britischen Caravans.

Im Kapitel über die Vorbereitung des Basisfahrzeugs zum Aufsetzen einer Kabine haben wir bereits über die Möglichkeit gesprochen, statt eines Fahrgestells mit Fah-rerhaus (etwa ehemaliger Pritschenwagen) auch einen Ka-stenwagen zu verwenden, der hinter dem Fahrerhaus ab-geschnitten wird. Natürlich geht dies auch, wenn statt einer Kabine ein Caravan aufgesetzt werden soll. Gerade hier kann diese Lösung besonders reizvoll sein. Es ist dabei nämlich möglich, die Restkarosserie des Trägerfahrzeugs so zuzuschneiden, daß sie der Kontur der Caravanfront ex-akt angepaßt ist. Damit wird ein fließender Übergang vom Fahrerhaus zum Wohnaufbau erreicht. Der gemäß Unbe-denklichkeitsbescheinigung des Kraftfahrzeugherstellers gestaltete Schnitt muß allerdings vor dem Ansetzen des Caravans ausreichend versteift werden.

Wenn der Fahrerhausausschnitt festliegt, kann die tat-sächliche Lage der neuen Radkästen ausgemessen wer-den. Die Herstellung ist einfach. In der erforderlichen

Größe, die man anhand von Pritschenwagenradhäusern des Basisfahrzeugs ermitteln kann, werden der Boden und, falls gewünscht, auch die Seitenwand ausgeschnitten. Vor-her muß man sich natürlich davon überzeugen, in diesem Bereich keine Versorgungsleitungen durchzutrennen. In den Ausschnitt müssen allseitig Verstärkungen eingesetzt werden. Man kann sie aus Hartholzleisten herstellen. Die Kotflügel des Pritschenfahrzeugs lassen sich dann als Ein-satz anbringen. Sie müssen allerdings in den meisten Fäl-len zur Innenseite verschlossen und zur Außenwand hin verbreitert werden. Dazu eignen sich Abfallblechstreifen aus der ausgeschnittenen Frontwand.

TIP: Achten Sie darauf, unbedingt eine Isolierung auf diesen neuen Radhäusern anzubringen. Sie haben sonst eine unangenehme Temperaturbrücke geschaffen.

Die alten Radhäuser lassen sich ebenfalls leicht mit Aus-schnittblechen versehen. So erhält der Caravan eine neue Optik. Es besteht außerdem die Möglichkeit, die ehemali-gen Radkästen als Stauräume zu nutzen. Dann bringen Sie eine passende Klappe an.

Der Anschluß zwischen Fahrgestell und Caravan via Hilfsrahmen entspricht dem Kapitel »Leerkabinen«. Als Hilfsrahmen kann das zugeschnittene Caravanfahrgestell verwendet werden. Die Deichsel wird dabei gekappt, mit ei-ner eingeschweißten Traverse (Deichselrest) werden da-nach die Caravanrahmenlängsträger verbunden. Am Cara-vanfahrgestell müssen dann nur noch Befestigungslaschen angeschweißt werden, die zu den Befestigungspunkten des Basisfahrzeugs passen. Wird das Fahrgestell des Anhän-

Nachträglich am Caravan-Mobil angebrachte Schürzen über-decken die ehemaligen Radhäuser und schaffen eine ele-gante Linie. Man sollte jedoch auf gute Zugänglichkeit zu Tankstutzen etc. achten.

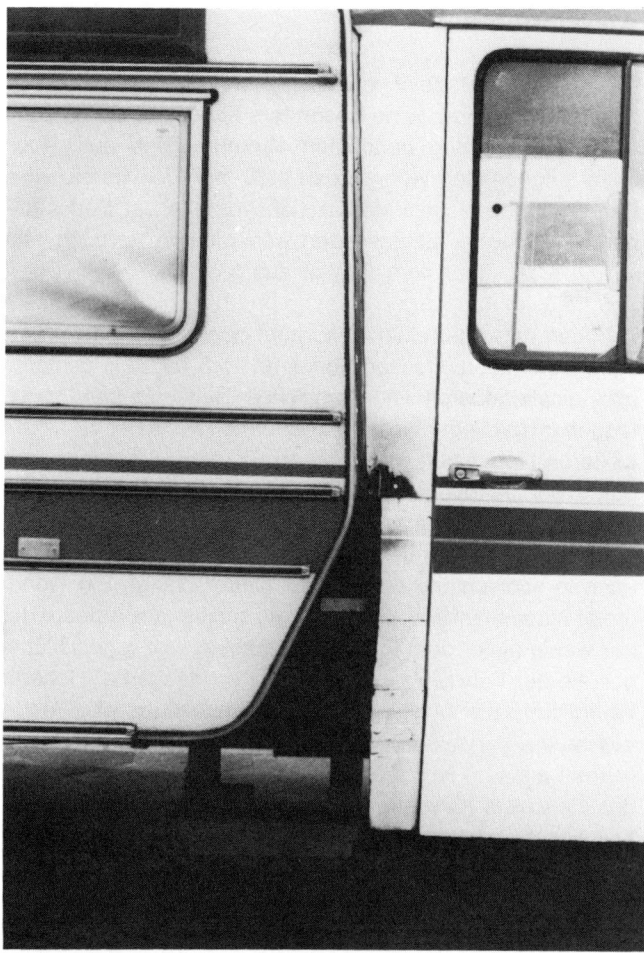

Flexibel gestaltete Verbindung mit Fließband-Gummi.

Ärger mit der Starrverbindung. Undichtigkeit, abplatzende Farbe und Korrosion sind das Ergebnis gegeneinander arbeitender Aufbauteile.

gers verkauft, muß ein Hilfsrahmen gemäß Kapitel »Hilfsrahmen (bei den Leerkabinen)« konstruiert werden. Da Wohnwagen im allgemeinen dünne, wenig strapazierfähige Bodenplatten haben, empfiehlt sich eine zwischen Hilfsrahmen und Caravanboden eingelegte wasserfeste Siebdruck-Baufurnierplatte besonders.

Der Anschluß an das Fahrerhaus wird genauso vorgenommen wie im Leerkabinen- und Pick-Up-Kapitel beschrieben. Flexible wie feste Verbindungen kommen in Frage, je nach Basisfahrzeug und Aufbaulänge.

Um Ihr Wohnwagenmobil von vornherein vor Undichtigkeiten zu schützen, muß auch bei relativ neuen Caravans unbedingt auf die Unversehrtheit der Kantenabdichtungen geachtet werden. Am besten, Sie spendieren dem Wohnwagenmobil rundherum ein paar Kartuschen Karosseriedichtmasse.

Umbauten am Caravan

Das Caravanmobil ist in diesem Stadium meist noch nicht fertig. In allen Holzrahmencaravans haben die Möbel mit tragende Funktion. Sie sind statisch notwendig. Der Caravan selbst fällt ohne die Möbelteile ineinander zusammen. Im Fahrbetrieb des Wohnmobils kommen zusätzliche, neue Belastungen auf die Wandstruktur zu. Eine Möbelverstärkung ist deshalb dringend empfohlen.

Im Caravanbau herrscht die extreme Leichtbauweise nicht nur in der Außenkonstruktion vor. Auch im Möbelbau wird sie angewandt. Schrankwände bestehen beispielsweise häufig, obwohl sie recht massiv aussehen, nur aus zwei dünnen Furnierschichten mit hie und da eingelegten Holzleisten. Der Raum dazwischen wird, damit's nicht hohl klingt, mit Wellpappe ausgelegt. Für einen Tisch mag das sogar im Wohnmobil noch reichen, bei Kleiderschrankwänden ist diese Bauweise jedoch zu schwach. Wenn Sie sich nicht allzu viel Mühe machen wollen, wird es reichen, in Möbelstücke innen durchgehende Leisten (zum Beispiel gehobelte Dachlatten) unsichtbar einzuleimen und zu verschrauben. Läßt der zur Verfügung stehende Einbauraum (z. B. hinter Schubladen) keine massiven Leisten zu, können Sie auf Alu-Winkelprofile zur Verstärkung zurückgreifen.

Häufig muß jedoch ohnehin der Grundriß geändert werden, und es kommt zu größeren Umbauarbeiten. So fehlt in den allermeisten Caravans eine vernünftige Naßzelle mit Dusche, Toilette und Waschtisch. Ebensowenig wird man die dafür notwendigen Tanks vorfinden. Noch immer genügen den meisten Wohnanhängern zwei 20-Liter-Kanister für Frischwasser im Deichselkasten und ein Ablaufschlauch, der offen unter dem Chassis endet. Diese Ausstattung ist reisemobilistisch absolut unzureichend. Wer sich nicht als Umweltferkel brandmarken lassen will, wird den offenen Auslaufschlauch schleunigst in einen geeigneten Auffangtank führen. Die Frischwasseranlage findet entweder als Kanisterversorgung in Küchenblock und Naßzelle Unterbringung oder wird als Tank in einem Sitzstaukasten deponiert. In reinen Sommercampingmobilen kann man den Wasservorrat natürlich auch unterflur anlegen. Auch eine Warmwasseranlage ist in den meisten älteren Caravans nicht vorhanden. Wird nicht ein Gastank unterm Fahrzeug montiert, müssen auch die Versorgungsflaschen einen Platz bekommen. Allein mit diesen Änderungen hat man schon so viel zu tun, daß sich das gesamte Interieur des Wohnwagens dabei umkrempelt. Diese Nebenarbeiten sollten rechtzeitig in der Planung mit veranschlagt werden. Sie kosten erhebliche Zeit und, je nach vorgefundener Caravanausstattung, auch reichlich Geld.

Bei der Neueinrichtung sollte man grundsätzlich auf besonders stabile Bauweise achten, um der leichten Wohnwagenmöblierung Kräftiges entlastend an die Seite zu stellen. Bei Erweiterung und Umbau der Gasanlage müssen auch alle Verbraucher gründlich überprüft werden: Alle müssen mit Zündsicherungen ausgerüstet sein, auch die in Caravans häufig vertretenen Gaslaternen. Achtung: Es gibt Heizungstypen, die zum Betrieb in Kraftfahrzeugen keine Zulassung besitzen! Diese können recht einfach gegen zugelassene ähnlicher Bauart ausgetauscht werden.

Alkovenanbau

Das Reisemobil zeichnet sich gegenüber anderen Verkehrsmitteln durch seine besonders konsequente Nutzung der vom Fahrzeug benötigten Verkehrsfläche aus. Auch beim aufgesetzten Wohnwagen muß man den Bereich des Fahrerhauses nicht ungenutzt lassen. Wie bei Serienaufbaumobilen oder aufgesetzten Leerkabinen ist auch hier ein Überbau über dem Fahrerhaus möglich. Dieser Überbau heißt im Fachjargon Alkoven und bietet je nach seinem Volumen entweder einen Stauraum oder sogar ein vollwertiges Doppelbett. Dessen Vorteil ist, daß es stets gemacht und einsteigebereit ist. Sämtliches Bettzeug kann auch tagsüber dort liegenbleiben. Zusammen mit einer zu einem weiteren Doppelbett umbaubaren Sitzgruppe ergeben sich durch den Alkoven bei relativ kurzer Aufbaulänge schon vier echte Schlafplätze. Nachteil der Alkovenkonstruktion ist ihr recht behäbiges Aussehen, das sich ganz handfest auch in schlechter Aerodynamik niederschlägt. Ein Wohnmobil mit schlankem, schräg angeschnittenem Aufbau, der nur wenig hinter dem Fahrerhaus ansteigt, ist windschlüpfiger als ein Fahrzeug mit ausladender Mansarde. Höherer Wohnkomfort also gleich weniger Fahrleistung plus Mehrverbrauch.

Trotz alledem ist der Alkovenanbau dann sinnvoll, wenn das Fahrzeug für mehr als zwei Personen gebaut werden soll. Ersatz wäre dort nur durch Längenzunahme zu schaffen. Die bringt freilich andere Nachteile mit.

Es ist einfacher, eine Leerkabine mit Alkovenanbau auszurüsten, als nachträglich einen Überbau an einen Caravan anzubringen. Ohne besonderen Aufwand ist der Alkoven nur dann zu realisieren, wenn die Lagerung des Aufbaus auf dem Fahrgestell der des Fahrerhauses entspricht. Ist ein Fahrerhaus starr auf das Fahrgestell aufgeschweißt, muß auch der Caravanaufbau starr mit dem Fahrgestell verschraubt werden. Ist das Fahrerhaus jedoch in elastischen Lagern (Silentblöcke, Gummi-Metallelemente) aufgehangen, muß auch der Caravan elastisch aufgesetzt werden.

Nur wenn die Verbindungen jeweils zueinander passen, kann der Alkovenanbau funktionieren. Denn anders als bei der Kabine, wo der Alkoven von der Statik der Seitenwände noch mitgetragen werden kann, ist er beim nachträglichen Anbau an einen Caravan nur auf dem Fahrerhaus anzubauen. Seine Last ruht auf dem Fahrerhaus, zur Wohnwagenkabine gibt es nur eine Verbindung ohne statischen Wert. Deshalb ist es wichtig, daß Fahrerhaus und Aufbau auf Verwindungen gleichermaßen reagieren können. Bringt man ein elastisch gelagertes Fahrerhaus mit aufgebautem Alkoven und einen starr aufgeschraubten Caravan zusammen, sind Risse und Undichtigkeiten am Übergang von Alkoven und Aufbau unvermeidlich. Denn anders als beim Fahrerhausdurchgang ist es kaum möglich, auch die Verbindung zwischen Alkoven und Caravan rundum flexibel zu gestalten.

Für die Konstruktion ergeben sich mehrere Möglichkeiten. In jedem Fall benötigen Sie wieder einmal das Einverständnis Ihres Kraftfahrzeugherstellers in Form einer Unbedenklichkeitsbescheinigung für den TÜV. Am besten, Sie fertigen eine Skizze an, aus der zu entnehmen ist, in welcher Form Sie den Umbau vornehmen wollen. Der Fahrzeughersteller antwortet Ihnen dann entweder, indem er Ihre Skizze genehmigt, oder indem er Ihnen einen Rahmen mit den maximal zulässigen Maßen für Höhe und Breite, das Gewicht der Konstruktion und die Verbindungspunkte angibt. Besonders wichtig ist diese Unbedenklichkeitsbescheinigung, wenn Sie den Alkoven nicht über dem aufgewölbten Fahrerhausdach anbauen wollen. Denn um eine möglichst große Innenhöhe des Alkovens zu erreichen, ohne zu sehr an Außenhöhe zuzulegen, ist es ratsam, das Fahrerhausdach abzutrennen und durch einen platten Alkovenboden zu ersetzen. Sie können dadurch etliche Alkoven-Innenzentimeter gewinnen (je nach Fahrzeug etwa 5–10). Der Verlust an lichter Innenhöhe im Fahrerhaus ist dabei weniger wichtig. In Transportern ist meist genug davon vorhanden. Da jedoch das Originalfahrerhausdach zur Versteifung des gesamten Fahrerhauses dient, kann man ohne Gefahr für die Statik nicht beliebig daran herumschnibbeln. Für jeden herausgenommenen Träger wird eine Ersatzversteifung nötig, die in Form von Traversen oder umlaufenden Rahmen mit Knotenblechen ausgeführt werden muß. Wie, kann Ihnen der Hersteller genau sagen.

Der Alkoven selbst läßt sich aus allen im Kabinenbau gebräuchlichen Werkstoffen herstellen. Am einfachsten, aber auch am teuersten, ist es, sich einen Alkovenanbau bei einem Leerkabinenhersteller aus gerippefreien Vollsandwichplatten anfertigen zu lassen. Hierbei hat man die besten Isolationswerte und eine sehr hohe Eigensteifigkeit bei niedrigem Gewicht. Mit dem Zusammenbau selbst hat man dabei nichts mehr zu tun. Die Eigenleistung beschränkt sich aufs Aufsetzen und Verbinden.

Die nächste Möglichkeit besteht im Kauf von losen Sandwichelementen, die man selbst entsprechend zuschneidet und zusammensetzt. Besonders eignen sich hierzu die Bausatzpaneele einiger Leerkabinenanbieter. Nichts steht dem entgegen, sich die Sandwichs selbst zu fertigen. Hinweise dazu im Kabinenbaukapitel.

Zumeist wird jedoch der Alkovenanbau in konventioneller Wohnwagenbauweise als Holzlattengerüst erstellt, mit Isoliermaterial ausgefacht und außen und innen beplankt. Diese am häufigsten angewandte Konstruktion soll deshalb in Einzelschritten beschrieben werden.

Bei jedem Basisfahrzeug ist das Fahrerhaus in Höhe der Regenrinnen innen mit einem starken, rundumlaufenden Rahmen versehen. Dieser eignet sich als Basis für den Alkovenanbau. An die längs zum Fahrzeug verlaufenden Streben (über der Fahrer- und Beifahrertür) werden Hartholzleisten angepaßt. Da der Alkovenboden waagerecht über der Fahrbahn liegen soll, sind dabei einige Anschablonierungen nötig. Meistens verlaufen die Fahrerhausstreben etwas nach vorn geneigt, die Holzeinlagen sollen diese Neigung ausgleichen. Die Holzteile müssen solide mit dem Stahlrahmen des Fahrerhauses verbunden werden. Genaues über die Befestigungspunkte sagt der Hersteller. Als Faustregel sollten jedoch nicht weniger als drei Schloßschrauben M8 mit Sprengringen, Unterlegscheiben und selbstsichernden Muttern pro Holzeinlage verwendet werden. Im Einzelfall kann diese Hartholzkonstruktion auch durch Stahlträger ersetzt werden. Diese müssen mit Schutzgas eingeschweißt werden.

Auf die nunmehr zur Fahrbahnebene parallel verlaufenden Unterkonstruktionen wird eine tragfähige Tischler- oder besser Siebdruck-Baufurnierplatte (wasserfestes Sperrholz) mit der Mindestdicke 16 mm, besser jedoch 22 mm, aufgeleimt und geschraubt. Bei Stahlunterkonstruktion sollte man statt des Leims haftstarken PU-Kleber verwenden. Diese Holzplatte muß aus einem Stück gefertigt sein und den gesamten Alkovenboden bilden. Stückwerk birgt spätere Instabilität.

Aus gut abgelagerten, trockenen Latten nicht zu kleiner Dimensionierung (nur notfalls handelsübliche Fichte/Tanne-Dachlatten, besser Sipo-Mahagoni oder anderes stabiles Hartholz!) wird nun nach persönlichem Geschmack das Gerüst für die Alkovenwände erstellt. Die Dimensionierung sowie die Weite der einzelnen Raster hängt von der Größe und Form des gewünschten Alkovens ab. Da jedoch wegen der exponierten Lage mit späterem Astkontakt sowie mit Schneelast im Winter gerechnet werden muß, sollte man nach Möglichkeit stabil bauen. Latten in der Dimension 25×40 oder quadratisch 30×30 mm sind dafür ein gutes Durchschnittsmaß.

Das Gerüst für die Seitenwände sollte vormontiert und erst komplett auf die Holzplatte aufgesetzt werden. Dadurch ergibt sich die Möglichkeit, die Leimverbindungen unter Druck aushärten zu lassen und Schraubverbindungen verdeckt anzubringen. Fortgeschrittene Hobbyschreiner können den Verbindungen durch Verschränkung oder eingeleimte Dübel zusätzlichen Halt geben. Der Standardheimwerker kann sich mit stumpf aneinandergeleimten Latten behelfen, an die er zur Stabilisierung Winkel anschraubt und die Stöße mit Wellennägeln überbrückt. Ein Seitenwandgerüst sollte aus einer längsliegenden Ober- und Unterlatte bestehen, zwischen denen vier bis sechs senkrecht stehende Latten den nötigen Abstand bringen. Im vorderen Bereich muß das Gerüst an die Wünsche der Außenoptik angepaßt werden. Meist wird zur Vortäuschung besserer Aerodynamik ein mehrfach geknickter, spitz zulaufender Alkoven gebaut, der wesentlich gefälliger und leichter aussieht als eine völlig rechteckig gezimmerte Kiste. Im hinteren Bereich muß das Lattengerüst von der Form her zum Anschluß an den Caravan ausgelegt sein.

Die Frontverlattung ähnelt den Seitenteilen. Sie wird am besten erst ausgeführt, wenn die Seitenteile auf der Bodenplatte am Fahrerhausdach montiert sind. Diese Montage ist einfach: Die untere Längsplatte wird auf die Holzplatte geleimt und verschraubt.

TIP: Arbeiten Sie hierbei nicht mit der Wasserwaage! Da das Fahrzeug nie völlig eben stehen wird, weil Ihre Einfahrt schräg ist oder die Fahrzeugbeladung für unterschiedliche Federspannung sorgt, würde ein mit Wasserwaage montierter Alkoven hinterher wahrscheinlich recht schief auf dem Auto sitzen. Ein Zimmermannswinkel als Justierungshilfe ist besser. Mit ihm kann man das winkelgerechte Aufsetzen der Seitenwände auf die Bodenplatte kontrollieren.

Der Ausschnitt in der Frontwand des Wohnwagens muß nun so groß gewählt werden, daß ein bequemer Einstieg in den späteren Alkoven gewährleistet ist. Dabei muß der Wohnwagen im geöffneten Bereich ausreichend verstärkt werden (wie bereits beim »Durchgang zum Fahrerhaus« beschrieben). Das hintere Ende des Alkovengerippes in Form der beiden oberen Längsplatten soll fest mit den Caravanwänden verbunden werden. Hierbei ist es sinnvoll, die Alkovenseiten in den Verstärkungsrahmen an der Caravanfrontöffnung einzubeziehen.

Nun arbeiten Sie von innen nach außen weiter. Zunächst bringen Sie die noch fehlenden Gerippeteile an, an der Alkovenfront sowie an den seitlichen Übergängen zum Caravan. Dann legen Sie den Alkovenboden mit dem gewünschten Isoliermaterial aus. Zur inneren Bewehrung reicht eine dünne Sperrholzauflage. Das Isolationsmaterial muß trittfest sein.

Sie können nun rundum die Innenverkleidungen anbringen. Auch hierfür eignet sich dünnes Sperrholz in 3 bis 6 mm Stärke am besten. Wenn Sie elektrische Leitungen verdeckt verlegen möchten (äußere Höhenbegrenzungsleuchten, Leselampen im Inneren) können Sie nun bequem von außen an den Oberseiten der Innenverkleidung Leerrohre befestigen, durch die Sie die Kabel schieben können. Von außen wird nun Isoliermaterial in die Gefache zwischen den Gerippeträgern eingepaßt. Das Material sollte kein Wasser aufnehmen. Auswahlvorschläge im Kapitel »Isolierung« bei Kastenwagenausbauten. Zu allerletzt verschließen Sie die Konstruktion von außen mit den Deckplatten. Auch hierfür eignet sich Sperrholz. Es sollte eine härtere Qualität sein und nicht dünner als 5 mm gewählt werden. Der Alkoven ist nun im Rohbau fertig.

Er wird Sie allerdings noch eine geraume Weile weiterbe-

Alkoven-Hochdach, beispielsweise für VW-LT. Es paßt prima auch als Alkoven fürs Caravan-Mobil.

schäftigen. Um Witterungsbeständigkeit zu erreichen, sollte er von außen mit einer dünnen Schicht aus glasfaserverstärktem Kunststoff überzogen werden. Dazu wird der gesamte Alkoven mit Kunstharz eingestrichen, in das die Glasfasermatten eingelegt werden. Besonders im Bereich der Alkovenfront, der seitlichen Kanten sowie des Daches empfiehlt sich eine mehrlagige Schicht, die eine bessere Widerstandsfähigkeit bringt. Ganz sorgfältig muß der Übergang zwischen Caravandach und Alkoven abgedichtet werden. Entweder laminiert man über diesen Übergang weiträumig und in dicker Schichtstärke Glasfasermatten oder man überdeckt eine großflächige dauerelastische Fuge mit einem breiten Gummistreifen, der vorn am Alkoven-, hinten am Caravandach mit einer Aluschiene aufgenietet bzw. geschraubt wird. Natürlich müssen dabei die Schraub- und Nietköpfe wieder sorgfältig mit Dichtungsmasse zugeschmiert werden. Die zweite Bauweise ergibt eine Dehnungsfuge für das unterschiedliche Temperaturverhalten der beiden aneinandergebauten Teile.

TIP: Fließbandgummi eignet sich dafür besonders. Es ist extrem widerstandsfähig, altert nicht so schnell und ist in jeder gewünschten Länge zu bekommen.

In den seltenen Fällen, in denen statt herkömmlich aufgebauter Caravans solche aus Vollkunststoff verwendet werden, wäre es ästhetisch ein Mißgriff, die meist gefällig gerundete Außenform des Caravans durch einen kantigen Alkovenanbau zu ergänzen. Hier, aber auch in allen anderen Fällen, gibt es noch eine Alternative zum Alkovenanbau. Die meisten verwendeten Basisfahrzeuge sind Transporter mit Fahrerhaus, von denen es auch Kastenversionen gibt. Für diese Kastenversionen existieren Schlafhochdächer im Reisemobilzubehörhandel. Sie werden in den Regenrinnen verklebt (beschrieben unter »Kastenwagenausbau«). Es ist durchaus möglich, ein Schlafhochdach so anzuschablonieren, daß es auf das Fahrerhaus paßt und nach hinten auf das Caravandach ausläuft. Damit läßt sich dem Wohnwagenmobil eine besonders gefällige, fließende Linie geben. Ideal ist die Hochdachlösung bei Doppelkabiner-Basisfahrzeugen. Da man nämlich in den meisten Hochdächern wegen mangelnder Dachbreite nur längs schlafen kann, bietet ein Einfachfahrerhaus nicht genügend Dachlänge, um ein Doppelbett unterzubringen. Im Doppelkabinenfahrzeug ist das kein Problem.

Für einige wenige Kastenwagentypen gibt es sogar sogenannte Alkovendächer, deren Form über das Fahrerhaus hinausgeht. Gerade diese formschön ausgeführten Dächer ergeben einen optisch gelungenen Ansatz an den Wohnwagen. Da der Caravan keine Regenrinnen hat und in den meisten Fällen auch breiter sein wird als das auf ihm auslaufende Hochdach, ergibt sich die Schwierigkeit der Verbindung. Wird ein Aluminiumcaravan »bedacht«, ist die Lösung schnell gefunden: Der Ausschnitt in der Frontwand wird etwas kleiner gewählt. Das überstehende Blech wird nun aufgebördelt und dient der Hochdachschale als Ansatz. Zwischen aufgebördeltem Blech und Dachschale kann der Kleber ausreichend Haftgrund finden. Wird ein Vollpolyester-Caravan verwendet, hilft nur das Anlaminieren von aufgeschnittener Wohnwagenfront und Hochdachschale mit Glasfasermatten und Kunstharz.

Soll der Platz über dem Fahrerhaus genutzt werden, ohne daß es eine feste Verbindung zum Wohnwagenaufbau gibt, ist eine weitere Variante möglich. In Frage kommt sie bei unterschiedlichen Lagerungen (starr/flexibel) von Aufbau und Fahrerhaus oder Anforderungen des Basisfahrzeugs. Besonders größere Wohnmobile, die ein Lkw-Chassis mit Kippfahrerhaus verwenden, sind hier gemeint. Das Fahrerhaus muß kippbar bleiben, um den Zugang zum Motor sicherzustellen. Ein mit dem Aufbau verbundener Alkoven verbietet sich daher. Ein flexibler, trennbar ausgeführ-

ter Durchgang zwischen Fahrerhaus und Wohnwagenaufsatz (wie bei »Pick-Up-Systeme« beschrieben) kann jedoch ohne weiteres eingebaut werden.

Für solche Fälle hält die Lkw-Zulieferbranche Schlafkabinenaufsätze bereit. Es gibt sie nicht nur für ausgewachsene Lkws, sondern bereits für VW LT oder die große Mercedes-Transporterbaureihe (508 D). In die Schlafkabinen steigt man vom Fahrerhaus aus durch eine Luke ein, die man vom Bett aus verschließen kann. Es steht ein völlig abgeschlossenes Ein-Bett-Appartement zur Verfügung, welches über eine Standheizung aus dem Fahrerhaus beheizt werden kann. Die Schlafkabinendächer sind aerodynamisch ausgeformt und wirken wie ein Dachspoiler. Sie eignen sich deshalb außer für Caravanaufsätze besonders auch für ausgebaute Kofferfahrzeuge (siehe unter Kapitel Kabinen), deren schroff abfallende Aufbaufront zu großem Windwiderstand führt.

Motorcaravan als integriertes Fahrzeug

Von der Gestaltung eines Wohnwagen-Reisemobils als integriertes Fahrzeug ist grundsätzlich abzuraten. Zwar haben Selbstbauer in der Vergangenheit vereinzelt den Beweis angetreten, daß es geht. In der Zwischenzeit jedoch sind die Zulassungsbehörden (TÜV) sicherer, teilweise auch schärfer in ihrer Abnahmepraxis geworden. Caravanaufbauten sind mehrheitlich zu instabil und schwach gebaut, um für eine Vollkarosserierung zu taugen. Selbst umfangreiche, nachträglich im Inneren angebrachte Stahlrahmen können nur teilweise den Insassenschutz gewährleisten.

Darüber hinaus entstehen große Schwierigkeiten, den Caravanaufbau auf die Erfordernisse eines Kraftfahrzeugs zu trimmen. Während man beim Bau einer integrierten Leerkabine durch die Verwendung serienmäßiger oder selbstgefertigter Frontelemente eine möglichst optimale Ausrichtung auf ergonomische Bedürfnisse und die umfangreichen Führerhausrichtlinien, die StVZO-Kapitel über freie Sicht und letztlich auch ästhetische Gesichtspunkte Einfluß nehmen kann, bleibt beim Caravanmobil alles

nachträgliches Stückwerk.

Bei den üblicherweise verwendeten Wandkonstruktionen der Caravans ist die Einhaltung der gesetzlichen Vorgaben gerade im Bereich der Fahrerhausfenster besonders schwierig. Neben dem Problem, eine passende Frontscheibe und entsprechende Seitenfenster aus Sicherheitsglas aufzutreiben, werden Lattenrahmen es verbieten, genügend schlanke A-Säulen zu bauen. Durch die dicken Streben zwischen Front und Seitenwand wird jedoch die Sicht zu stark beeinträchtigt.

Immer neue Probleme werden auftauchen, wenn man versucht, Scheibenwischer, Motorhaube und Fahrzeugbeleuchtung anzubringen. Wenn Sie keine Überraschungen beim TÜV erleben möchten, müssen Sie entweder auf die Realisierung eines integrierten Caravanaufbaus verzichten oder aber diesen Schritt für Schritt mit Ihrem nächstgelegenen TÜV gemeinsam durchplanen. Aus unserer Erfahrung möchten wir Ihnen jedoch bei Caravanaufsätzen nicht mehr empfehlen als die teilintegrierte Form. Diese wirkt schnittig und gefällig. Das Caravandach läuft über der Windschutzscheibe aus, das Fahrerhaus ist aus dem Caravan »herausgeschnitten«.

Nicht DVGW-zu-
gelassenes Gas-
zubehör aus
Reisemobil- und
Caravan-Gasan-
lagen, von amt-
lichen Prüfern
bei Gasprüfun-
gen aus dem
Verkehr gezo-
gen.

Prüfbescheinigung

Technische Regeln „Flüssiggasanlagen in Fahrzeugen"
DVGW – Arbeitsblatt G 607

1. **Fahrzeug-Hersteller:** _____
   Fahrzeug-Typ: _____
   Fahrgestell-Nr.: _____

2. **Gasversorgungsanlage:**
   a) Flaschenanzahl: _____
   Aufstellung innerhalb des Fahrzeuges: _____
   Aufstellung nur von außen zugänglich: _____
   Halterung vorgesehen für: _____
   b) Tankgröße: _____ Liter
   Tankhersteller: _____
   Tank-Nr.: _____
   Prüfstutzen vorhanden: _____
   Tankentnahmeventil für Treibgas vorgesehen: _____

3. **Reglerfabrikat:** _____
   Druck: _____ mbar
   mit eingebautem Sicherheitsventil

4. **Schläuche-Anzahl:** _____
   Anzahl der Schlauchanschlußkupplungen: ___

5. **Rohrleitungsmaterial:**
   Korrosionsschutz vorhanden: _____
   Bei Installation von Kupferrohren mit Schneidring
   Als Einrichter bestätige ich, daß die Schneidring
   mit Einsteckhülsen verarbeitet worden sind.

   _____
   Name des Einrichters

6. **Installierte Verbrauchseinrichtungen:**
   Kocher-Hersteller: _____
   Heizung-Hersteller: _____
   Kühlschrank-Hersteller: _____
   Leuchte-Hersteller: _____
   Wasserheizer-Hersteller: _____
   _____
   _____
   _____
   _____

7. Abgasleitungen sind entsprechend den Einbauvorschriften des Herstellers installiert ☐ ja

8. a) Die Flüssiggasanlage entspricht dem DVGW-
   Arbeitsblatt G 607 in allen Anlageteilen ☐ ja
   b) Folgende Anlageteile entsprachen
   nicht dem DVGW-Arbeitsblatt G 607: _____
   _____
   und wurden den Regeln entsprechend geändert.
   c) Dichtheitsprüfung und Brennprobe wurden durchgeführt.

   _____
   Name des Sachkundigen

   _____
   Firmenstempel   Unterschrift des Sa

   Als Eigentümer des vorgenannten geprüften Fahrzeugs bin ich in di
   ge eingewiesen und darüber informiert worden, daß die Prüfung der F
   alle 2 Jahre zu wiederholen ist.

   _____
   Ort, Datum   Name und Anschrift

   _____
   Unterschrift

Bei Eigentümerwechsel:

_____   _____
Ort, Datum   Name und Anschrift

                         _____
                         Unterschrift

Ergänzungen und Änderungen an der Flüssiggasanlage:

1. _____

_____   _____   _____
Ort, Datum   Firmenstempel   Name u. Unterschrift
                                       des Sachkundigen

2. _____

_____   _____   _____
Ort, Datum   Firmenstempel   Name u. Unterschrift
                                       des Sachkundigen

Wiederholungsprüfungen durchgeführt:

1. _____
Ort, Datum   Firmenstempel   Name u. Unterschrift
                                       des Sachkundigen

2. _____
Ort, Datum   Firmenstempel   Name u. Unterschrift
                                       des Sachkundigen

3. _____
Ort, Datum   Firmenstempel   Name u. Unterschrift
                                       des Sachkundigen

Nachdruck, auch auszugsweise, verboten.

IX. Gasprüfung/Zulassung/ Versicherungen

Prüfung der Gasanlage

Wie wir im Kapitel über die Installation der Flüssiggasanlage im Wohnmobil bereits nachdrücklich dargelegt haben, ist mit dem Medium Flüssiggas nicht zu spaßen. Es ist rechtens, daß die Installation durch den Selbstausbauer zulässig ist. Es ist aber gut, daß darüber hinaus eine wiederkehrende Druckprüfung und Brennprobe von einem autorisierten Fachmann vorgenommen werden muß.

Noch bevor Sie Ihr neues Wohnmobil dem TÜV zwecks Zulassung vorführen können, benötigen Sie die Gasprüfbescheinigung. Diese Bescheinigung verlangt der TÜV-Prüfer als Voraussetzung für die Endabnahme. Können Sie das Papier nicht vorlegen, dürfen Sie wieder nach Hause fahren, es sei denn, Ihre Kfz-Prüfstelle des TÜV verfügt über einen eigenen Gassachkundigen (inzwischen in fast allen größeren Städten der Fall).

Einen amtlich anerkannten Sachkundigen für Flüssiggasanlagen und -feuerstätten in Fahrzeugen finden Sie außer bei vielen TÜV-Dienststellen in fast allen Reisemobilzubehörgeschäften, bei Wohnmobil- und Caravanhändlern, bei größeren Flaschengasvertrieben. Wissen Sie nicht, wo in Ihrer Nähe ein Sachkundiger aufzutreiben ist, wenden Sie sich mit der Bitte um Nachweis an den DVFG (Adresse im Anhang), den Deutschen Verein Flüssiggas e. V.

Für ein und dieselbe Prüfung werden sehr unterschiedliche Gebührensätze berechnet. Zwischen 25 und 70 Mark bewegt sich der übliche Preis (1988).

Der Sachkundige muß die Dichtheit der Anlage überprüfen. Dazu dient ihm eine Handpumpe mit Manometer, mit der er die gesamte Anlage hinter dem Druckminderer unter Druck setzt. Er beaufschlagt das Gasleitungsnetz bei geöffneten Schnellschlußventilen mit dreifachem Betriebsdruck, also mit 150 Millibar.

ACHTUNG: Niemals höheren Druck auf die Anlage geben! Die Gasverbrauchergeräte nehmen dann schnell Schaden!

Dieser Druck muß 10 Minuten unverändert stehen bleiben. Wird ein Druckabfall festgestellt, muß der Prüfer die Leckstelle(n) lokalisieren, indem er nacheinander immer nur ein Schnellschlußventil öffnet und die jeweilige Teilanlage abdrückt.

Eventuell anfallende Nachbesserungen werden meist sofort erledigt, allerdings gesondert nach Aufwand berechnet.

Ist die Anlage für dicht befunden, muß an jedem Verbraucher eine Sichtprüfung und Brennprobe durchgeführt werden, die die Zulässigkeit, einwandfreie Funktion des Geräts, seinen ordnungsgemäßen Einbau, die Intaktheit der Zündsicherung und das Vorhandensein der obligatorischen Warnschilder und Hinweise überprüft.

Außerdem muß der Sachkundige die Leitungsverlegung prüfen. Dabei wird er besonders auf Rohrdurchführungen, Befestigung und Korrosionsschutz (unter dem Fahrzeug verlegter Leitungen) achten. Ist das Netz in Kupferrohr aufgebaut, muß er sich durch wenigstens stichprobenartiges Öffnen von Verschraubungen davon überzeugen, daß die obligatorischen Einsteckhülsen verwendet wurden. Es ist keine Schikane, wenn ein Sachkundiger jede Verschraubung eines Kupfernetzes öffnet, um die Hülsenverwendung zu prüfen. Er haftet schließlich mit seiner Unterschrift!

Ist alles o.k., wird Ihnen eine Gasprüfbescheinigung ausgestellt. In ihr trägt der Prüfer genau ein, was er geprüft hat: Anzahl, Art und Fabrikat der Verbraucher, des Druckminderers sowie Art des Leitungsnetzes sollen eingetragen werden. Nur so kann später einigermaßen überprüft werden, ob der Ausbauer nachträglich weitere Änderungen an der Anlage vorgenommen hat. Dies ist besonders dann wichtig, wenn das Fahrzeug abbrennt. Die Versicherung will immer die jüngste Gasprüfbescheinigung sehen und läßt die Kriminalpolizei den letzten Anlagenzustand rekon-

DVGW-Arbeitsblatt G 607 „Flüssiggasanlagen in Fahrzeugen"

Inhalt

1 Geltungsbereich

Diese Technischen Regeln gelten für die Einrichtung, Änderung, Unterhaltung und Prüfung von Flüssiggasanlagen in Straßenfahrzeugen und Anhängern aller Art, die Wohn- und Aufenthaltszwecken dienen, sowie in Falt- und Klappanhängerfahrzeugen, wenn deren Wände nicht aus Zeltmaterial bestehen.[1]
Anlagen zum Antrieb von Fahrzeugen fallen nicht unter den Geltungsbereich dieses Arbeitsblattes.

2 Flüssiggas-Behälter

2.1 Flaschen

2.1.1 Flaschen müssen der Druckbehälterverordnung entsprechen.

2.1.2 Flaschen sind in Deichselkästen oder Flaschenschränken des Fahrzeuges dicht gegenüber dem Fahrzeuginnenraum und nur von außen zugänglich aufzubewahren. Unter Berücksichtigung des Punktes 2.1.4 dürfen Flaschen auch in vom Innenraum zugänglichen Flaschenschränken oder -kästen aufgestellt werden.
Alle Flaschen müssen durch Halterungen unverrückbar und fest mit dem Fahrzeug verbunden und gegen drehen gesichert sein. Die Halterungen müssen leicht bedienbar sein.

2.1.3 Die Flaschenkästen oder -schränke müssen unverschließbare Öffnungen von mindestens 100 cm² freiem Querschnitt haben, die in oder unmittelbar über dem Boden zur Außenluft führen. Die Flaschen müssen aufrecht stehen und gegen Strahlungs- und Heizungswärme geschützt sein. In diesen Flaschenkästen oder -schränken dürfen sich keine elektrischen oder andere Zündquellen befinden.
Bei außenliegenden oder nur von außen zugänglichen Flaschenkästen oder -schränken muß eine geeignete Durchführungsöffnung für eine Schlauchleitung vorhanden sein, die den Anschluß einer außenstehenden Flasche ermöglicht.
Werden Geräte mit Abgasabführung unter Boden eingebaut, dürfen im Fahrzeugboden keine Öffnungen vorhanden sein, durch die Abgase in das Fahrzeuginnere gelangen können. In diesem Falle müssen die unverschließbaren Öffnungen für den Flaschenkasten unmittelbar über dessen Boden in der Außenwand münden.

2.1.4 Innerhalb von Fahrzeugen dürfen je eine Gebrauchs- und eine Vorratsflasche bis zu je 15 kg Füllgewicht nur in Flaschenschränken oder -kästen, die ausschließlich hierfür vorgesehen sind, aufgestellt werden.
Nach Druckbehälterverordnung bezeichnete „Camping Flaschen" mit eingebautem Rückschlagventil dürfen innerhalb von Fahrzeugen aufgestellt werden, wenn sie mit einem Sicherheitsventil ausgerüstet sind.

2.1.5 Flaschen mit einem Füllgewicht über 15 kg müssen außerhalb des Fahrzeuges so aufgestellt werden, daß sie sich innerhalb einer Schutzzone befinden, die einen kegelförmigen Raum darstellt, dessen Grundfläche 1 m Abstandsmaß als Radius haben muß. Die Kegelspitze liegt 0,5 m über dem Ventil der Flasche. Die Flaschen sind kippsicher aufzustellen.
Innerhalb der Schutzzone dürfen sich keine gegen Gaseintritt ungeschützte Kanaleinläufe, Luft- und Licht- oder Kellerschächte sowie keine Zündquellen befinden. Das Flaschenventil bzw. das Entnahmeventil ist gegen Witterungseinflüsse zu schützen.

2.2 Treibgastanks

2.2.1 Treibgastanks müssen der Druckbehälterverordnung – TRG 380 „Treibgastanks" entsprechen.

2.2.2 Treibgastanks dürfen zur Versorgung der Flüssiggasanlage verwendet werden, wenn das Flüssiggas aus der Gasphase des Treibgastanks entnommen wird.
Das Gasentnahmeventil kann als Hauptabsperrarmatur verwendet werden, wenn diese Armatur von außen leicht zugänglich ist. Andernfalls ist im Fahrzeuginneren eine Hauptabsperrarmatur zu installieren.

2.2.3 Die technischen Anforderungen der Richtlinie „Fahrzeuge mit Autogasantrieb" sind sinngemäß anzuwenden.

2.2.4 Treibgastanks sind so zu installieren, daß alle Armaturen des Tanks von außen zugänglich sind und gegenüber dem Fahrzeuginnenraum dicht sind. Im Umkreis von 50 cm um den Füllanschluß dürfen keine Lüftungsöffnungen vorhanden sein.

2.2.5 Hinter dem Druckregler ist ein Schnellschluß-Ventil zu installieren, das verhindert, daß der Druckregler mit Prüfdruck beaufschlagt wird.
Daran anschließend ist in die Leitung ein Prüfanschluß zu installieren, der aus einem Schnellschluß-Ventil nach DIN 4817 Teil 1 und einer DVGW-anerkannten Verschlußkupplung*) besteht.

3 Druckregelgerät, Sicherheitsventil, Schlauchanschlüsse und Absperreinrichtungen

3.1 Druckregelgerät

3.1.1 An dem Behälter ist ein unverstellbares Druckregelgerät nach DIN 4811 Teil 1 einzubauen, das den Behälterdruck auf den Betriebsdruck der Verbrauchsgeräte von 50 mbar herabsetzt. Für die Verwendung im Freien bzw. in Flaschenkästen oder -schränken, die dicht gegenüber dem Fahrzeuginnenraum und nur von außen zugänglich sind, ist auch die Verwendung eines Druckregelgerätes nach DIN 4811 Teil 2 oder mit einem Anschluß, passend zum Behälterentnahmeventil nach TRG 380, zulässig.

3.1.2 Das Druckregelgerät ist im Flaschenkasten bzw. -schrank oder am Treibgastank zu installieren.

3.2 Sicherheitsventil

3.2.1 Um einen unzulässigen Druckanstieg in der Verbrauchsanlage zu vermeiden, muß in der Zuleitung ein Sicherheitsventil vorhanden sein, das bei Ansteigen des Druckes zwischen 100 und 120 mbar öffnet und abbläst. Dieses Sicherheitsventil kann im Druckregelgerät integriert sein.

3.2.2 Sicherheitsventile sind so unterzubringen, daß eventuell ausströmendes Gas ins Freie abgeleitet wird. Diese Anforderung ist durch die Lüftungsöffnungen der Flaschenkästen oder -schränke sichergestellt.

3.3 Schlauchleitungen

3.3.1 Die Verbindung zwischen dem Druckregelgerät der Flaschenanlage und der Flüssiggasinstallation ist mit einer Schlauchleitung nach DIN 4815 Teil 2 herzustellen. Die Schlauchlänge darf bei Aufstellung der Flaschen in Schränken und Kästen 30 oder 40 cm betragen. Die Führung von Schlauchleitungen durch Wände und dergleichen ist nicht zulässig.

3.3.2 Bei außenliegenden oder nur von außen zugänglichen Flaschenschränken und -kästen darf eine Schlauchleitung zum Anschluß einer außenstehenden Flasche von 80 oder 100 cm Länge verwendet werden (siehe auch 2.1.3). Wird eine Flasche an den Prüfanschluß angeschlossen, ist eine Schlauchleitung von 150 cm Länge mit einem zu der Verschlußkupplung passenden Stecknippel*) zulässig.

3.4 Absperreinrichtungen

3.4.1 Jede Flüssiggasanlage muß eine Hauptabsperreinrichtung haben, die leicht zugänglich ist.

3.4.2 Das Entnahmeventil des Behälters kann das Hauptabsperrventil sein.

3.4.3 Jedes Gerät muß durch eine Absperreinrichtung/Schnellschluß-Ventil in der Zuführungsleitung absperrbar sein.

3.4.4 Handbedienbare Absperreinrichtungen, ausgenommen Flaschenventile, müssen DIN 4817 Teil 1 entsprechen, leicht zugänglich und die OFFEN- und GESCHLOSSEN-STELLUNG leicht erkennen lassen.
Bei Absperreinrichtungen/Schnellschluß-Ventilen, die nicht unmittelbar vor dem Gerät angeordnet sind, muß durch eine entsprechende Kennzeichnung die jeweilige Zugehörigkeit erkennbar sein.

3.4.6 Bei Aufstellung der Flaschen im Wageninneren und bei Verwendung von nur einem Gerät in demselben Raum ersetzt das Flaschenventil die Absperreinrichtung vor dem Gerät.
Bei Anschluß nur eines Gerätes mit geschlossenem Verbrennungskreislauf ersetzt, unabhängig von der Flaschenaufstellung, das Flaschenventil die Absperreinrichtung vor dem Gerät.

---

[1] Für gewerblich genutzte Fahrzeuge sind die „Richtlinien für Verwendung von Flüssiggas" zu beachten.
*) Norm in Vorbereitung

4 Rohrleitungen und deren Verlegung

4.1 Für Rohrleitungen sind zu verwenden Rohre nach:
DIN 2391 Teil 1 und 2 – Nahtlose Präzisionsstahlrohre; DIN 2393 Teil 1 und 2 – Geschweißte Präzisionsstahlrohre bis 12 mm Außen-ϕ = 1,0 mm Mindestwanddicke; über 12 mm Außen-ϕ = 1,5 mm Mindestwanddicke DIN 1786 – Leitungsrohre aus Kupfer für Kapillarlötverbindungen bis 22 mm Außen-ϕ = 1,0 mm Mindestwanddicke; über 22 mm – 42 mm = 1,5 mm Mindestwanddicke.

4.2 Rohrverbindungen sind bei Präzisionsstahlrohren durch Schneidringverschraubungen Reihe L[2]) oder Klemmringverbindungen herzustellen.
Kupferrohre sind durch Hartlöten nach dem DVGW-Arbeitsblatt GW 2 zu verbinden.
Schneidringverschraubungen sind bei Kupferrohrverbindungen dann zulässig, wenn Einsteckhülsen verwendet werden und dies vom Einrichter in der Prüfbescheinigung bestätigt wird.

4.3 Rohrleitungen müssen so verlegt werden, daß sie durch die Fahrbeanspruchung nicht beschädigt oder undicht werden können. Durch ausreichende Halterung sind Kupferrohre in einem Abstand von max. 0,5 m, Stahlrohre in einem Abstand von max. 1 m sicher zu befestigen. Abzweigungen sind vibrationsfrei zu verlegen. Die Leitungen sind an Befestigungs- und Durchtrittsstellen durch geeignete Schutzmittel (weiche Einlagen, Gummitüllen, Schottverschraubungen) zu schützen.

4.4 Rohre sind an Stellen, an denen mit erhöhter Korrosion zu rechnen ist, insbesondere unter dem Fahrzeugboden und an Durchtrittsstellen, zusätzlich mit einem geeigneten Korrosionsschutz, z.B. Kunststoffüberzug, Bitumenanstrich, zu versehen.

5 Anschluß von Geräten

5.1 Anschlüsse von Geräten innerhalb von Fahrzeugen

5.1.1 Geräte müssen mit Rohranschlußleitungen fest und spannungsfrei installiert und mit dem Fahrzeug fest verbunden sein.

5.1.2 Schwenkbare oder ausziehbare Kocher müssen angeschlossen sein:
– Mit Schlauchleitungen von 30 oder 40 cm Länge nach DIN 4815 Teil 2,
– mit Sicherheitsschläuchen und -anschlußarmaturen nach DIN 3383 Teil 1,
– mit DVGW-anerkannten Steckverbindungen.
Bei Steckverbindungen sind nur Verschlußkupplungen mit einem vorgeschalteten Schnellschluß-Ventil nach DIN 4817 Teil 1 zulässig.
Schlauchleitungen müssen so angebracht sein, daß sie gegen unzulässige Erwärmung geschützt sind.

5.2 Anschlüsse für Geräte, die außerhalb des Fahrzeuges betrieben werden.
Für den Anschluß von Geräten, die nur außerhalb des Fahrzeuges benutzt werden dürfen, aber von der Gasanlage des Fahrzeugs versorgt werden sollen, sind nur DVGW-anerkannte Schlauchanschlußkupplungen, Steckverbindungen mit Verschlußkupplungen mit einem vorgeschalteten Schnellschluß-Ventil nach DIN 4817 Teil 1 zulässig (siehe auch Prüfanschluß nach 2.2.5).

6 Geräte

6.1 Allgemeines

6.1.1 Geräte müssen vom DVGW anerkannt, speziell für Fahrzeuge zugelassen und mit Zündsicherungen ausgestattet sein.
Die Schließzeiten der Zündsicherungen dürfen 60 Sekunden nicht überschreiten.

6.1.2 Bau- und Einrichtungsteile, die durch Geräte brandgefährdet sind, müssen mit einem wirksamen Wärmeschutz versehen sein. Bei Geräten ist für eine sichere Wärmeabführung zu sorgen. Die Einbauvorschriften der Hersteller sind zu beachten.

6.2 Koch-, Grill- und Backeinrichtungen
Für den Betrieb von Koch-, Grill- und Backeinrichtungen müssen Lüftungsöffnungen zur Außenluft mit einem freien Querschnitt von mindestens 150 cm² vorhanden sein. Bei Backöfen und Grillgeräten müssen die Abgase über eine Abgasführung ins Freie geleitet werden.
Diese Öffnungen können verschließbar sein. Die Benutzung von Koch-, Grill- und Backeinrichtungen zur Heizung des Raumes ist nicht zulässig. Durch folgendes Schild ist darauf hinzuweisen, daß während der Betriebszeit die verschließbaren Lüftungsöffnungen offen sein müssen und offene Brennstellen nicht zur Beheizung des Raumes benutzt werden dürfen:

Achtung!
Bei Benutzung von Gas-Küchengeräten müssen die verschließbaren Belüftungsöffnungen (Dachluke u.ä.) offen sein. Offene Brennstellen dürfen nicht zum Heizen benutzt werden.

6.3 Kühlschränke
Verbrennungsluftzufuhr sowie Abgasabführung sollen bei Kühlgeräten dicht gegen den Aufstellungsraum sein. Werden die Abgase nicht nach außen abgeführt, müssen unverschließbare Lüftungsöffnungen zur Außenluft von mindestens 10 cm² vorhanden sein.

6.4 Leuchten
Für Leuchten müssen unverschließbare Lüftungsöffnungen zur Außenluft von mindestens 10 cm² je Leuchte vorhanden sein.

6.5 Raumheizer
Für die Beheizung der Fahrzeuge sind nur Heizöfen zu verwenden, bei denen Verbrennungskammer, die Luftzuführung und die Abgasabführung gegen den Aufstellungsraum dicht sind. Sie müssen DIN 30694 Teil 1 entsprechen. In Bauwagen o.ä. können auch Raumheizer nach DIN 3364 Teil 1 Bauart C$_1$ installiert werden.

6.6 Wasserheizer
Die in Fahrzeugen verwendeten Wasserheizer müssen folgenden Anforderungen genügen:
– Sie müssen einen gegenüber dem Fahrzeuginnenraum geschlossenen Verbrennungskreislauf haben.
– Wasserheizer mit gegenüber dem Fahrzeuginnenraum offenem Verbrennungskreislauf müssen in Kästen installiert werden, die dicht gegen das Fahrzeuginnere sind und die Verbrennungsluftzuführung und Abgasabführung von bzw. nach außen führen. Die Zugänglichkeit und Bedienung dürfen nur von außen erfolgen.

6.7 Abgasabführungen
Abgasabführungen müssen so angeordnet sein, daß die Abgase nicht in das Fahrzeuginnere gelangen können.

7 Prüfung von Flüssiggasanlagen

7.1 Flüssiggasanlagen, auch Anlagenteile, sind vor der ersten Inbetriebnahme durch einen Sachkundigen[3]) auf Einhaltung dieser Technischen Regeln zu prüfen.
Es ist eine Dichtheitsprüfung nach der Druckabfallmethode mit Luft durchzuführen. Die Leitungen von der Anschlußstelle des Druckregelgerätes bis zu den geschlossenen Einstellgliedern der Geräte sind vor dem Einlassen von Gas mit einem Überdruck von 150 mbar zu prüfen.[4]) Die Leitungen gelten als dicht, wenn nach einer Wartezeit von 5 min für den Temperaturausgleich der Prüfdruck während der anschließenden Prüfdauer von 5 min nicht fällt.
Anschließend sind die Geräte einer Brennprobe zu unterziehen.
Über die Prüfung ist eine Bescheinigung auszustellen.

7.2 Bei serienmäßiger Herstellung kann durch einen sachkundigen Beauftragten des DVFG eine Typenprüfung der Flüssiggasanlage vorgenommen werden.
Typgeprüfte Fahrzeuge sind einer Dichtheits-, Funktions- und Brennprüfung nach Abschnitt 7.1 zu unterziehen.

7.3 Nach Ablauf von jeweils 2 Jahren und nach Durchführung von Änderungen ist die Gesamtanlage erneut zu prüfen. Der Zustand der Anlage ist einer Sichtprüfung zu unterziehen, wobei auch Verbrennungsluftzuführung und Abgasabführungen auf ordnungsgemäßen Zustand (z.B. freier Durchgang von Abgasrohren, in allen Teilen steigend verlegt, dicht und mit Rohrschellen fest montiert) zu überprüfen sind. Dichtheitsprüfung und Brennprobe nach Abschnitt 7.1 sind zu wiederholen.
Anlagenteile, die Verschleiß oder Alterung unterliegen, wie z.B. Druckregelgeräte, Schläuche, Absperreinrichtungen, u.a., sind auf ihre einwandfreie Funktion zu prüfen und ggf. auszuwechseln.
Verantwortlich für die Veranlassung der Überprüfung ist der Betreiber. Der Betreiber ist bei der Übergabe des Fahrzeuges auf die Prüfpflicht der Anlage schriftlich hinzuweisen.

---

*) Norm in Vorbereitung.

[2]) Sicherheitstechnisch ist gegen die Verwendung von Schneidringverschraubungen der Reihen „LL", „S" und „SS" nichts einzuwenden, wenn sichergestellt ist, daß nur Teile gleicher Baureihen verwendet werden. Es dürfen nur systemgleiche Einzelteile gepaart werden.

[3]) Sachkundige im Sinne dieser Technischen Regeln sind die durch den DVFG anerkannten Sachkundigen, die aufgrund ihrer Ausbildung, ihrer Kenntnisse und ihrer durch praktische Tätigkeit gewonnenen Erfahrungen die Gewähr dafür bieten, daß sie die Prüfung ordnungsgemäß durchführen. Das können auch Gas- und Wasser-Installateure sowie Installateure der Flüssiggasversorgungsunternehmen sein.

[4]) Um die Armaturen nicht zu beschädigen, darf dieser Druck nicht überschritten werden.

DVFG-400-851-30 T-St

struieren. Im Fall einer manipulierten Gasanlage kann sie dann die Entschädigung verweigern.

TIP: Bestehen Sie auf einer korrekt ausgefüllten Prüfbescheinigung. Es kommt leider immer noch vor, daß ein dusseliger Prüfer unter »Fabrikat des Kochers« einfach das erstbeste notiert, was er auf dem Kocher gelesen hat, nämlich das eingestanzte »INOX« (das ist die international übliche Abkürzung für Edelstahl und heißt »inoxydable«, rostfrei). Eine solche Schlampigkeit ist im Falle eines Falles teuer für Sie!

Neben der Prüfbescheinigung, die außer vom Prüfer noch vom Einrichter der Anlage zu unterschreiben ist (das sind bei Eigeninstallation Sie selbst), erhalten Sie eine Prüfplakette. Über deren Anbringungsort gibt es noch keine verbindlichen Vorschriften. Keinesfalls darf sie auf dem Kraftfahrzeugkennzeichen aufgeklebt werden. Es ist aber sowohl üblich, sie außen am Fahrzeug als auch innen an einer gut sichtbaren Stelle anzukleben. Diese Plakette bescheinigt die ordnungsgemäße Abnahme und nennt das Jahr der Prüfung.

Dies erinnert den Besitzer an die in zweijährigem Turnus zu unternehmenden Wiederholungsprüfungen. Wie bei der Hauptuntersuchung nach Paragraph 29 StVO (»Kraftfahrzeug-TÜV«) ist der Fahrzeughalter selbst für die Veranlassung der Wiederholungsprüfung verantwortlich. Die Prüfung ist Pflicht, wer sie versäumt, handelt grob fahrlässig und kann gegebenenfalls empfindlich zur Kasse gebeten werden.

Darüber hinaus wird eine Prüfung jedesmal dann fällig, wenn Teile der Gasanlage verändert werden. Dies kann der nachträgliche Einbau weiterer Verbraucher sein, aber auch der turnusmäßige Austausch der Verschleißteile. Diesen sollte man zweckmäßigerweise mit dem ohnehin fälligen Prüftermin kombinieren.

Erfahrungsgemäß alle vier Jahre sollten Druckminderer und Gasschläuche (von der Flasche zum Rohrnetz und bei beweglichen Kochern) ausgetauscht werden. Gasschläuche werden spröde, im Druckminderer altert die Gummimembran. Ein Austausch dieser vergleichsweise preiswerten Teile vor deren Versagen erspart Ärger und unnötige Risiken.

Ihre Obliegenheiten an der Gasanlage sind damit erfüllt. Es gibt zwar auch noch eine Druckbehälterverordnung, nach der Vorratsbehälter alle zehn Jahre auf Dichtigkeit, Korrosionsschäden und einwandfreie Funktion geprüft werden müssen, doch sind Sie davon nur am Rande betroffen. Bei einem Wohnmobil mit Flaschenversorgung übernimmt der Flaschenfüllbetrieb die Kontrolle. Gasflaschen, deren zulässige Umlaufzeit abgelaufen ist, werden aus dem Verkehr genommen, der Prüfung zugeführt und dann wieder weiterverwendet. Das Ablaufdatum steht neben vielerlei anderen Angaben im Henkel der Flasche eingeschlagen. Treibgastanks werden gegebenenfalls im Rahmen der Gasprüfung am Fahrzeug gecheckt.

Zulassung

TÜV, diese drei magischen Buchstaben sind für die Mehrzahl der Selbstausbauer ein rotes Tuch. Durch die allgemeine Unsicherheit in der Auslegung bestehender oder, in diesem Fall leider zu oft an der Tagesordnung, nicht bestehender Vorschriften entstehen nicht zu kalkulierende Probleme. Deshalb ist es besonders wichtig, beim Selbstausbau peinlich darauf zu achten, daß die eindeutigen Vorschriften berücksichtigt sind. Nur dann kann man hoffen, daß Auslegungen nicht ganz klar geregelter Grenzfälle zugunsten des Ausbauers, quasi auf dem Kulanzweg, erfolgen. Auch TÜV-Ingenieure sind nur Menschen und wachen auftragsgemäß über die Verkehrssicherheit der Fahrzeuge und die Einhaltung der Vorschriften.

Wenn alles überstanden ist, steht in den Kraftfahrzeugunterlagen die Behördenabkürzung »SOKFZ WOHNMOBIL«. Das Wort *Sonstige Kraftfahrzeuge* signalisiert bereits die Schwierigkeiten, handelt es sich doch um ein nicht näher zu definierendes »Wesen« (getreu der dafür zuständigen obersten Verkehrsbehörde, die sich bekanntlich dieser *Wesen* annimmt und sich deshalb *Bundesanstalt für Verkehrswesen* nennt). Durch diese nicht genau festgelegte Zugehörigkeit zu einer speziellen Gattung ergeben sich bei vielen Vorschriften Zweifel, ob sie hier Anwendung finden oder nicht. Bei positiv eingestelltem Prüfer und den entsprechenden Argumenten des vorführenden Besitzers kann dies ohne weiteres als Pluspunkt eingestuft werden, setzt aber eine gewisse Sattelfestigkeit in den Vorschriften voraus.

Hauptvorschrift für einen Selbstausbau, natürlich auch, und hier noch viel weitgehender, für einen Selbstaufbau, ist die *Straßenverkehrszulassungsordnung (StVZO)*. Hier ist eigentlich jedes Teil eines Fahrzeugs angesprochen und, zumindest in seinen wesentlichen Teilen, genau definiert. Auslegungssache bleibt nur, ob die entsprechende Definition für ein Reisemobil auch anzuwenden ist.

Geht man der Einfachheit halber zuerst einmal davon aus, daß ein serienmäßig hergestelltes und für den Verkehr in Deutschland zugelassenes, also mit einer *Allgemeinen Betriebserlaubnis (ABE)* ausgestattetes Basisfahrzeug ausgebaut wird, und daß im Führerhaus nichts verändert werden soll, dann kann man bereits ein umfangreiches Vorschriftenwerk, die *Führerhausrichtlinien,* außer acht lassen. Hier und in den §§ 35 bis 40 der *StVZO* werden die Anforderungen an sämtliche Bauteile im Führerhaus eines Kfz beschrieben. Wer sich trotzdem informieren oder Einzelteile verändern will, für den sind hier die wichtigsten Paragraphen der *StVZO* mit deren Bedeutung aufgeführt:

§ 35a   *Sitze, Sicherheitsgurte, Rückhaltesysteme*

§ 35b   *Einrichtungen zum sicheren Führen von Fahrzeugen, Sicht aus Fahrzeugen*

§ 35c   *Heizung und Lüftung*

§ 35d   *Vorrichtungen zum Auf- und Absteigen*

§ 38   *Lenkvorrichtungen*

§ 40   *Scheiben und Scheibenwischer*

Diese §§ haben, da sie in einer Verordnung stehen, im Gegensatz zu den Führerhausrichtlinien Gesetzeskraft. Richtlinien sind strenggenommen nur eine Gebrauchsanleitung der Behörde für ihre Mitarbeiter; es wird aber niemand geben, der sich hierüber freiwillig hinwegsetzt.

Im Gegensatz zum Führerhaus gibt es für den Wohnteil eines Reisemobils keine spezifizierte Verordnung, nur einen für alle Fahrzeuge gültigen Gummiparagraphen in den *Bau- und Betriebsvorschriften der StVZO,* dem § 30. Hier ist festgeschrieben, daß Schädigung, Gefährdung, Behinderung und vermeidbare Belästigung, die sich aus Bauweise und Ausrüstung ergeben, verhütet werden müssen. Dieser Paragraph sagt, wie alle Gummiparagraphen, alles und nichts.

Bei richtiger Auslegung fällt unter die Zuständigkeit dieses Paragraphen aber z. B. die grundsätzliche Forderung, daß die Kanten der Möbel entschärft und die Einrichtungen fest mit dem Fahrzeug verbunden sein müssen.

Spielt man das Beispiel, den Ausbau eines Serienkastenwagens, weiter durch, ist für die einzelnen Baugruppen folgendes zu beachten:

Sitze, Sitzgelegenheiten, Liegen

Hauptanliegen bei der Zulassung und Ansatzpunkt für viele Unstimmigkeiten zwischen Prüfer und Halter ist die Angabe der Sitzplatzzahl im Kfz-Schein nach erfolgter Abnahme. Die vor Umschreibung eines »Lkw geschlossener Kasten«, also dem Basisfahrzeug, meist eingetragenen zwei, max. drei Sitzplätze genügen in den wenigsten Fällen. Obwohl bei genauer Auslegung die Zahl der mitgeführten Passagiere nicht von der Zahl der zugelassenen Sitzplätze, sondern vom zulässigen Gesamtgewicht abhängig ist und natürlich auch vom § 30 *StVZO,* ist die Erhöhung der Sitzplatzzahl nach Umschreibung Grundlage dafür, daß überhaupt Passagiere im Wohnteil befördert werden dürfen. Bei nicht neu festgelegter Zahl kann allzu leicht die Forderung erhoben werden, daß keine Passagiere im Wohnraum befördert werden dürfen. Dagegen ist in den seltensten Fällen etwas zu machen.

Sitze werden nur eingetragen, wenn sie während der Fahrt benutzt werden dürfen, also keine Notsitze und keine Sitzflächen, die durch Veränderung von Möbeln entstehen. Voraussetzung zur Eintragung ist, daß sie fest eingebaut und in wesentlichen Teilen § 35a II *StVZO* entsprechen, also sicheren Halt in Sitz und Rückenlehne bieten und allen im Betrieb auftretenden Beanspruchungen, sowohl was den Sitz als auch seine Befestigung im Fahrzeug betrifft, standhalten. Zum Begriff »fest eingebaut« gehört auch, daß die Polster der Sitze und der Rückenlehnen fest mit dem Unterbau verbunden sind und nicht im Fahrzeug herumfliegen können. Werden Sicherheitsgurte am Sitzunterbau befestigt, müssen die durch einen Aufprall entstehenden Kräfte vom Sitzgestell und der Befestigung sicher in den Fahrzeugunterbau abgeleitet und dort aufgefangen werden können.

Sicherheitsgurte nach ECE-Norm werden ab 1. Jan. 92 für alle in Fahrtrichtung angeordneten Sitze von Reisemobilen Vorschrift, soweit es sich um Neufahrzeuge handelt.

Nicht geregelt sind die Abmessungen der Sitzflächen. Ersatzweise wird hier in den meisten Fällen die Anlage X zum § 35a herangezogen, die als Mindestabmessung für Omnibussitze ca. 450 mm Breite, ca. 380 mm Tiefe der Sitzfläche und ca. 600 mm Höhe der Rückenlehne vorschreibt. Hält man sich an diese Vorgabe für Fahrzeuge, die von Natur aus für den Transport von Personen vorgesehen sind, kann eigentlich kein Gegenargument gelten. Ob diese Abmessungen bequem genug für ein Erholungszwecken dienendes Fahrzeug sind, sei hier dahingestellt.

Werden Sitze im Führerhaus oder im Wohnteil als Drehsitze ausgestattet, gelten für den Drehbeschlag die gleichen Merkmale bezüglich Stabilität wie für den eigentlichen Sitz. Darüber hinaus müssen Drehbeschläge so ausgeführt werden, daß sie in Fahrtrichtung automatisch verriegeln.

Ein weit verbreiteter Irrtum ist, daß Sitze im Führerhaus Bestandteil der Allgemeinen Betriebserlaubnis sind, also nicht gegen z. B. wesentlich bequemere Sitze aus schweren Personenwagen vom Schrottplatz ausgetauscht werden dürfen. Da auch diese irgendwann einmal nach § 35 gebaut wurden, können sie ohne weiteres eingebaut werden, wenn die Bestimmungen des § 35b, Einrichtung zum sicheren Führen von Fahrzeugen und Sicht aus Fahrzeugen, beachtet werden.

Eine in den meisten Fällen nicht beachtete Verwaltungsvorschrift verlangt auch die Eintragung von Liegeplätzen in die Kfz-Papiere. Sitze, die zu Liegen umgebaut werden können, also Fahrzeugsitze mit Liegebeschlägen oder die in den meisten Reisemobilen verwendeten Bank-/Tischkombinationen, die zum Schlafen in ein Doppelbett umgebaut werden, zählen hier nicht, wohl aber fest eingebaute Betten, die ja in vielen Fällen auch während der Fahrt verwendet werden. Sind diese Betten unter Beachtung des § 30, also Vermeidung unnötiger Verletzungsgefahren, konstruiert, sollte man zur eigenen Sicherheit bei Kontrollen auf der Eintragung dieser Liegeplätze bestehen. Es kann hierbei evtl. verlangt werden, daß entsprechende Rückhaltevorrichtungen so konstruiert werden, daß sie auch den besonderen Anforderungen bei schlafenden Passagieren Rechnung tragen, daß also die sonst für jeden Sitzplatz vorgeschriebenen Haltevorrichtungen, einfache Handgriffe reichen hier aus, nicht genügen und Auffangvorrichtungen wie Netze oder ähnliche Einrichtungen Voraussetzung für die Anerkennung als Liegeplatz werden.

Möbel und Einrichtung

Da sich die Straßenverkehrszulassungsverordnung bekanntlich nicht mit Reisemobilen befaßt und normalerweise weder Pkw noch Lkw mit Möbeln ausgestattet sind, gibt es hierüber keine spezielle Vorschrift, auch keine evtl. übertragbare, außer wiederum § 30 StVZO über Verletzungsschutz und Gefährdung.

Hier hat also der Selbstausbauer in weitem Rahmen einen Freibrief, der ihm eigenverantwortlich die innere Sicherheit seines Reisemobils auferlegt. Vorgeschrieben sind nur Details zur Einrichtung bzw. inneren Sicherheit von Fahrzeugen allgemein, also Teilen, die in jedem Pkw zu finden sind und entsprechend auch auf den Möbelbau angewendet werden können, z. B.:

– Entschärfung aller vorstehenden Kanten und Ecken.
– Keine vorstehenden Griffe und Schalter, wenn dadurch Verletzungen möglich sind.
– Stabile, leicht erreichbare Haltegriffe oder Stangen, wenn während der Fahrt aufgestanden wird.
– Feste Verankerung aller Teile im Fahrzeug.

Die letzte Forderung dürfte die am schwierigsten zu erfüllende sein, da sie sich nicht nur auf das eigentliche Fahrzeug, sondern später auch auf die Ladung bezieht. Deshalb müssen z. B. alle offenen Borde mit Schutzeinrichtungen gegen Verrutschen der darin aufbewahrten Gegenstände versehen sein.

Nicht auf Tische bezieht sich die Forderung nach Festmontage. Sie können abnehmbar ausgeführt sein, dürfen aber während der Fahrt nicht lose im Fahrzeug stehen. Diese Forderung wird erfüllt, wenn der Tisch mit Tischaufnahmeleisten und Klappfuß oder mit Einsteckfüßen, die in festmontierte Aufnahmen im Fahrzeugboden eingesteckt werden, ausgerüstet ist.

Fenster und Türen

Laut § 40 StVZO müssen sämtliche Fenster mit Sicherheitsglas oder glasähnlichen Stoffen, deren Bruchstücke keine ernsthaften Verletzungen verursachen können, ausgerüstet sein. Darüber hinaus müssen sie einen verzerrungsfreien Blick nach draußen sicherstellen. Tönungs- oder sonstige Folien sind im Führerhaus verboten, im Wohnbereich nur dann zulässig, wenn sie das Bruchverhalten der Scheibe nicht verändern und bei Rückfenstern ein zweiter Außenspiegel vorhanden ist. Die zugelassenen Folien müssen ein Prüfzeichen tragen.

Eine bestimmte Anzahl von Fenstern ist nicht vorgeschrieben; bei Sitzplätzen im Wohnbereich, die während der Fahrt besetzt werden, muß jedoch mindestens je ein Fenster an zwei Fahrzeugseiten vorhanden sein, eins davon im Wohnbereich. Das andere kann sich in der Heckklappe bzw. an der Hecktür befinden.

Fenster müssen bauartgeprüft, also mit der bekannten DIN-Schlangenlinie oder nach ECE-Norm mit »E« im Kreis in Verbindung mit einer Nummer versehen sein, und, soweit sie der Belüftung dienen, leicht verstellbar sein. Wenn es sich um Ausstellfenster handelt, müssen die Verschlüsse eine rastbare Lüftungsstellung haben, die eine zugfreie Lüftung während der Fahrt garantiert. Vorausschauend sei darauf hingewiesen, daß zur Zeit vom Einbau von Ausstellfenstern im Bereich der Sitzgruppe abgeraten wird. Es wird in Kürze mit einer Vorschrift gerechnet, die unmittelbar an Sitzplätzen zur Sicherheit der Fußgänger nur noch Schiebe- oder festverglaste Fenster zulassen wird. Schiebefenster haben sowieso den großen Vorteil, daß man sie während der Fahrt öffnen darf, was bei Ausstellfenstern verboten ist. Über eine bestimmte Fenstergröße sagt keine Vorschrift etwas aus, es sei denn, man legt den verlangten »freien Blick nach draußen« entsprechend aus.

Zu den Türen in Fahrzeugen finden wir in § 35e StVZO eine Vorschrift, die bei manchen Basisfahrzeugen mit Schiebetüren an der Fähigkeit mancher Abnehmer bei der Erteilung der ABE, firm in den Paragraphen zu sein, zweifeln läßt. U. a. schreibt dieser Paragraph vor, daß Türen so beschaffen sein müssen, daß beim Schließen störende Geräusche vermieden werden. Schön wär's, aber im Nachhinein kann hier nichts mehr zur Erfüllung dieser Vorschrift getan, natürlich auch nicht verlangt werden. Weitere Vorschriften zu Türen sind bei dem hier untersuchten Kastenwagenausbau nicht zu beachten, außer daß sie frei zugänglich sein und einen freien Zugang zu den Sitzen ermöglichen müssen.

Heizung, Lüftung

Eine Vorschrift, daß der Wohnteil eines Reisemobils heizbar sein muß, besteht nicht direkt, sie ergibt sich aber meist zwangsläufig aus *§ 35c StVZO*, der vorschreibt, daß Führerhäuser ausreichend beheiz- und belüftbar sein müssen.

Wird durch nachträgliches Entfernen der Trennwand zwischen Führerhaus und Laderaum des Basisfahrzeugs die ursprünglich nur zur Beheizung des Führerhauses ausgelegte Heizung allein verwendet, kann naturgemäß diese Vorschrift nicht mehr erfüllt werden. Es ist eine Zusatzheizung zu installieren, die den Raum auch während der Fahrt zusammen mit der Originalheizung heizen kann. Wird diese Zusatzheizung mit Flüssiggas betrieben, gelten hierfür die Vorschriften des *DVGW Arbeitsblattes G 607 »Flüssiggasgeräte und -feuerstellen in Fahrzeugen«.*

Auf- und Anbauten

Bei Veränderungen, die nicht nur den Innenraum des Fahrzeugs, sondern auch den Aufbau betreffen, also z. B. beim Aufbau eines Hoch- oder Schlafdachs, ist in den meisten Fällen eine *Unbedenklichkeitsbescheinigung des Herstellers,* die auf das zu prüfende Fahrzeug ausgestellt sein muß, notwendig. Es ist ratsam, bei Änderungen, die nicht alltäglich sind, vorher beim zuständigen TÜV die erforderlichen Arbeiten zu klären.

Nicht notwendig ist dies bei Hub-, Schlaf- und Hochdächern bekannter Hersteller, die mit einem Mustergutachten für bestimmte Fahrzeugtypen ausgestattet sind, aus dem die erforderlichen Maßnahmen klar hervorgehen.

Dachaufbauten, die nicht dauerhaft mit dem Fahrzeug verbunden und nicht vom Fahrzeug aus zugänglich sind sowie nicht zum Aufenthalt von Menschen während der Fahrt dienen, werden wie Dachgepäckträger behandelt und sind nicht zulassungspflichtig, wenn sie nicht über die seitlichen, hinteren oder vorderen Begrenzungen des Fahrzeugs hinausgehen. Ihre Befestigung am Fahrzeug muß so erfolgen, daß sie leicht und mit üblichem Bordwerkzeug gelöst werden kann.

Zulassungsformen

Außer dem hier näher behandelten und wohl für Selbstausbauer gebräuchlichsten Reisemobil, dem ausgebauten Kastenwagen, unterscheidet die Zulassungsstelle noch andere Formen des Wohnens im Auto.

Zulassungsrechtlich gleich behandelt wie ein ausgebauter Kastenwagen wird ein Lkw-Fahrgestell mit fest aufgebauter Wohnkabine. Dies gilt für Nasenbären mit Alkoven oder Teilintegrierte, also dem Originalführerhaus mit fest verbundener Kabine. Wird die Kabine von einem anerkannten Hersteller aufgebaut, ist eine spätere Abnahme nach erfolgtem Selbstausbau problemlos. Wagt sich ein versierter Bastler an einen kompletten Aufbau, wird also rechtlich zum Fahrzeughersteller, dann wird die ganze Angelegenheit so umfangreich, daß intensives Studium der einschlägigen Verordnungen und enge Zusammenarbeit mit dem TÜV unumgänglich werden.

Wer das Basisfahrzeug gewerblich nutzen kann, für den ist eine weitere Form der Zulassung interessant: das Wohnmobil mit Wechselaufbau, behördendeutsch als *Lkw mit Wechselaufbau für Wohnzwecke* bezeichnet und gewerblich abschreibbar. Besondere Aufmerksamkeit wird hier der Verbindungs- und Verriegelungseinrichtung und der Verwindungssteifigkeit des Aufbaus zuteil. Auch hier gilt für die Kabine das bei den Nasenbären Gesagte, dazu ist noch in diesem speziellen Fall eine Verständigungsmöglichkeit zwischen Wohnteil und Führerhaus erforderlich, da in den meisten Fällen keine Verbindung bzw. kein Durchgang zwischen Kabine und Führerhaus wegen der leichteren Absetzbarkeit eingeplant werden kann. An diese vom Gesetzgeber geforderte Verständigungsmöglichkeit werden keine allzu hohen Anforderungen gestellt. Es muß lediglich durch besondere Maßnahmen, die dem Fahrer bekannt sein müssen, gewährleistet sein, daß die Passagiere in der Kabine den Fahrer zum Anhalten bringen können. Dies kann durch Klingel, Gegensprechanlage, Sprachrohrverbindung, Schiebefenster in Aufbau und Führerhausrückwand oder ähnliche Einrichtungen erfolgen.

Besitzt das Basisfahrzeug mit absetzbarem Aufbau keine eigene Ladefläche, wie z. B. bei kleineren Pick-ups üblich, spricht die Zulassungsstelle von einem *SOKFZ abnehmbarer Wohnwagen.* Hierfür gelten die gleichen Vorschriften wie für Lkw mit Wechselaufbau für Wohnzwecke.

Für freie Berufe, Handelsvertreter und ähnliche Branchen ist abschreibungsmäßig eine weitere Variante der Zulassung eines Reisemobils interessant, das *SOKFZ Bürowagen.* Hier muß jedoch durch geeignete Einbauten die mögliche Nutzung als Büro klar ersichtlich sein, z. B. durch einen Schrank mit geeigneten Abmessungen für die Unterbringung von Ordnern, einem als Schreibmaschinentisch geeigneten Möbel und ähnlicher, benutzungsspezifischer Ausstattung.

Eine Randerscheinung ist der *Autocamper,* ein Pkw mit nachträglich aufgebautem, abnehmbarem Aufbau, der nach Demontage des Kofferraumdeckels montiert und wie ein Dachgepäckträger mit dem Dach verbunden wird. Auch dieser Aufbau ist zulassungspflichtig, da die Betriebserlaubnis des Pkw dadurch erlischt. Er kann auch nach Eintragung des Aufsatzes als normaler Pkw benutzt werden und zählt versicherungs- und zulassungsrechtlich nicht als *SOKfz* Wohnwagen.

Das gleiche gilt für Kombifahrzeuge und Kastenwagen mit Fenstern, die zwar als Reisemobil genutzt und abgenommen werden, deren Einrichtung aber durch Schnellverschlüsse oder leicht lösbare Verbindungen mit Bordwerkzeug demontiert werden kann. Sie unterliegen den gleichen Vorschriften, dazu kommt noch eine spezielle Prüfung der Befestigungstechnik. Zulassungstechnisch bleiben sie jedoch ein *Pkw Kombi* oder ein Lkw, je nach Ursprungszulassung, es werden lediglich die demontierbare Einrichtung und die dann mögliche Sitzplatzzahl eingetragen.

Zulassungsverfahren

Vor den Erfolg haben die Götter den *Technischen Überwachungsverein TÜV* gesetzt.

Deshalb ist vor der Zulassung oder Umschreibung eine Einzelabnahme erforderlich, die Betriebserlaubnis für Einzelfahrzeuge gemäß § 21 StVZO, da ja durch den Ausbau bzw. Aufbau oder Umbau die Allgemeine Betriebserlaubnis des Basisfahrzeugs erloschen ist.

Was wird bei der Abnahme geprüft?

Diese oft gestellte Frage von Ausbauneulingen soll hier kurz zusammengefaßt werden. Ohne Anspruch auf Vollständigkeit, dafür aber mit der Maßgabe, daß vielleicht der eine oder andere Punkt dieser Liste den Prüfer überhaupt nicht interessiert, denn einheitliche Richtlinien für die Prüfung gibt es bis jetzt noch nicht.

Mindestausstattung

Die Zulassung zum SoKfz-Wohnwagen bedingt eine gewisse Mindestausstattung, die den angestrebten Verwendungszweck klar erkennen läßt. Meist genügt hierzu eine

Sitzgruppe mit Tisch, Kleider- und/oder Wäscheschrank, ein Schränkchen für Vorräte, eine oder mehrere Schlafgelegenheiten, die auch unter Einbeziehung der Sitze geschaffen werden können, Innenbeleuchtung, Fenster und die Möglichkeit, im Fahrzeug zu kochen. Diese wird aber unter günstigen Umständen erlassen, wenn man mit gezielten Argumenten darauf hinweist, daß man im Fahrzeug wegen Geruch und Brandgefahr auf keinen Fall kochen will.

Nicht verlangt wird eine Innenverkleidung der Wände und des Dachs, wenn gewährleistet ist, daß alle Kanten entschärft sind. Verlangt wird jedoch ein Bodenmaterial, das rutschsicherer ist als lackiertes Blech.

Gerade bei spartanisch ausgerüsteten Fahrzeugen ist die Forderung nach zwei Fluchtwegen, die sich nicht auf der gleichen Fahrzeugseite befinden dürfen, nicht immer einfach zu erfüllen. Hierzu zählen Fenster mit den Mindestmaßen 430×600 mm, die zu öffnen oder leicht und ohne Verletzungsgefahr eingeschlagen oder ausgebrochen werden können, sowie Türen mit einer Mindestbreite von 430 mm, die auch in abgesperrtem Zustand von innen ohne Schlüssel öffenbar sein müssen. Die Fluchtwege müssen vom Wohnteil aus gut erreichbar sein.

Großer Wert wird auf gute Belüftbarkeit des Innenraums bei geschlossenen Türen und im Fahrzustand gelegt. Dies kann durch Ausstellfenster mit Lüftungsstellung oder entsprechend dimensionierte Lüftungshauben erreicht werden.

Innere Sicherheit

Bei Prüfung der inneren Sicherheit wird besonderer Wert gelegt auf entschärfte Kanten und Ecken, fest montierte Einrichtung und Halte- bzw. Rückhaltevorrichtungen, feste Sitzgelegenheiten und Polster, Verständigungsmöglichkeit mit dem Fahrer während der Fahrt und auf die Einhaltung der Gasvorschriften unter Hinzuziehung der Gasprüfbescheinigung, die zur Abnahme vorgelegt werden muß.

Äußere Sicherheit

Hierbei interessiert besonders die Einhaltung der Vorschriften für Anbauteile, also die Betriebserlaubnis für Fahrzeugteile, d. h. daß nur Anbauteile verwendet werden, die eine ABE haben oder ein entsprechendes Prüfzeichen tragen. Selbstgebaute Anbauteile wie Leitern, Motorradträger o. ä. müssen nach den einschlägigen Vorschriften gebaut sein. Evtl. kann hierfür auch ein statischer Nachweis über die Tragfähigkeit und Festigkeit verlangt werden.

Für Zusatzleuchten, Fanfaren und sonstiges Zubehör gelten die für alle Fahrzeuggattungen erlassenen Vorschriften bezüglich Anordnung, Anbringung, Anzahl usw.

Für Änderungen an der Karosserie sind unter Umständen Unbedenklichkeitsbescheinigungen des Herstellers vorzulegen. Dies wird immer dann der Fall sein, wenn tragende oder mittragende Bauteile wie Holme o. ä. herausgetrennt oder zerschnitten werden, wenn Rahmen verlängert oder andere, schwerwiegende Eingriffe vorgenommen werden.

Bei Anbauten, die über die ursprünglichen Fahrzeugbegrenzungen hinausragen, werden in den Fahrzeugpapieren die neuen Maße eingetragen. Hier ein Tip aus der Erfahrung der Verfasser bei der Zulassung eines früheren Reisemobils mit nachträglich angebrachter Heckleiter und Reserverad: Die neue Länge wurde vom Prüfer mehr oder weniger grob mit dem Bandmaß gemessen und dann als »runde Zahl« mit 500 cm eingetragen. Bei der ersten Fährfahrt mußte diese Willkür mit 185 Mark teuer bezahlt werden, da die Preisstaffel dieser Fähre »pro angefangene Meter Fahrzeuglänge« berechnet war. Wäre damals darauf geachtet und der Prüfer davon überzeugt worden, daß die Fahrzeuglänge genausogut 499 cm betragen könnte, wäre dieses Lehrgeld gespart worden.

Die höchstzulässigen Außenabmessungen für Reisemobile sind in § 32 I StVZO geregelt und betragen im Betriebszustand, also dem fahrbereiten Zustand, 250 cm für die Breite, 400 cm für die Höhe und 1200 cm für die Länge.

Gewichte

Auf jeden Fall neu ermittelt und in den Fahrzeugpapieren geändert wird das Leergewicht in fahrfertigem Zustand nach § 42 III StVZO. Hier wird festgelegt, daß das Leergewicht in betriebsfertigem Zustand einschließlich vollständig gefülltem Kraftstoffbehälter und allen im Betrieb mitgeführten, betriebsüblichen Ausrüstungsteilen, bei Reisemobilen also der Wohneinrichtung mit vollen Frischwasser- und Gastanks, Wagenheber, Warndreieck, Verbandskasten, Reserverad und einem fiktiven Fahrergewicht von 75 kg ermittelt wird.

Das zulässige Gesamtgewicht des Fahrzeugs kann nur gleich hoch oder niedriger (»Ablastung«) als das ursprüngliche des Basisfahrzeugs eingetragen werden.

Bei Ablastung kann es, besonders bei dadurch unterschrittener »Schallgrenze« von 2,8 t, zu weitergehenden Forderungen in bezug auf Bremsen, Bereifung und Federn oder Stoßdämpfer kommen. Hier sind dann Einzelabnahmen mit entsprechender Zustimmung des Herstellers erforderlich.

Das zulässige Gesamtgewicht hat nicht nur Einfluß auf

den erforderlichen Führerschein des Fahrers, sondern auch auf Überhol-, Park-, Hauptuntersuchungs- und andere gewichtsabhängige Vorschriften.

Hauptuntersuchungen

Die für jedes Fahrzeug mit amtlicher Zulassung vorgeschriebenen Fristen zur Untersuchung des verkehrssicheren Zustandes gelten auch für SoKfz und sind in § 29 StVZO geregelt. Die Hauptuntersuchung ist in regelmäßigen Abständen von 24 Monaten bei einem für die Erteilung der Prüfplakette autorisierten Unternehmen fällig. Bei Fahrzeugen mit mehr als 6 t zul. Gesamtgewicht ist darüber hinaus alle 24 Monate eine Bremssonderuntersuchung und die Führung eines Prüfbuchs über diese Untersuchung vorgeschrieben. Auch die Abgassonderuntersuchung ASU für Fahrzeuge mit Ottomotor im Abstand von zwölf Monaten gilt für SoKfz, nicht jedoch die Verlängerung des ersten Untersuchungszeitraums auf 36 Monate für neu in den Verkehr kommende Fahrzeuge, da diese nur für Pkw gilt.

Für jede dieser Hauptuntersuchungen ist darüber hinaus eine vorausgegangene Gasprüfung nach DVGW-Arbeitsblatt notwendig.

Völlig anders geartet sind die Intervalle der Hauptuntersuchung, wenn das Fahrzeug gewerbsmäßig an Selbstfahrer vermietet wird. Hier werden die Hauptuntersuchung alle zwölf Monate und eine Zwischenuntersuchung alle sechs Monate fällig; über die Zwischenuntersuchung, die in einer amtlich dafür anerkannten Werkstatt durchgeführt werden muß, ist die Führung eines Prüfbuchs vorgeschrieben.

Wenn Sie dann endlich Ihr Kennzeichen mit gültigem Stempel vorn und hinten, quasi als Beginn und Ende Ihres Reisemobils, befestigt haben, ist der ganze Vorschriftenkram bald vergessen und hoffentlich nur noch eitel Sonnenschein.

Versicherung

Kasko & Co.

Da Reisemobile zulassungsrechtlich weder Pkw noch Lkw sind, zählen sie auch versicherungstechnisch nicht dazu. Während der Staat in der Besteuerung sehr diplomatisch vorgeht und Wohnmobile bis 2,8 Tonnen zulässiges Gesamtgewicht den Pkw zurechnet (Hubraumsteuer), schwerere Fahrzeuge jedoch als Lkw einstuft (Gesamtgewichtsteuer), stufen die Versicherungen die Wohnmobile inzwischen bei der Haftpflichtversicherung ähnlich den Lkw ein: Es gibt auch hier die sogenannte kurze Rabattstaffel. Trostpflaster: Schadensfreie Jahre rechnet die Versicherung »still« an. Lassen Sie nach langen unfallfreien Wohnmobiljahren einen Pkw auf den alten Reisemobilvertrag zu, werden Sie prompt mit der erreichten Schadensfreiheitsklasse eingestuft.

Die Fahrzeugversicherung (Voll- oder Teilkasko), die sich für Wohnmobile nach den Pkw-Gepflogenheiten richtet, deckt Beschädigung, Zerstörung oder Verlust des Fahrzeugs. Die Leistungsgrenze der Versicherung erhöht sich bei Pkw für Schäden, die in den ersten beiden Jahren nach der Erstzulassung des Fahrzeugs eintreten, auf den Neupreis des Fahrzeugs, wenn der Besitzer gleichzeitig Erstkäufer des Autos war.

Da in den meisten Fällen gebrauchte Fahrzeuge zu Wohnmobilen umgerüstet werden, kann für das Selbstbaumobil – unabhängig vom Aufbaudatum! – immer nur der Zeitwert zugrunde gelegt werden.

Nach den allgemeinen Bedingungen für die Kraftfahrtversicherung (AKB) regelt die sogenannte Teileliste des jeweiligen Versicherers, was genau an Fahrzeug- und Zubehörteilen mitversichert ist. Die Teileliste ist in drei Sparten gegliedert:

– Beitragsfrei mitversicherte Teile.
– Gegen Zuschlag versicherbare und anzeigepflichtige Teile.
– Nicht kaskoversicherbare Teile.

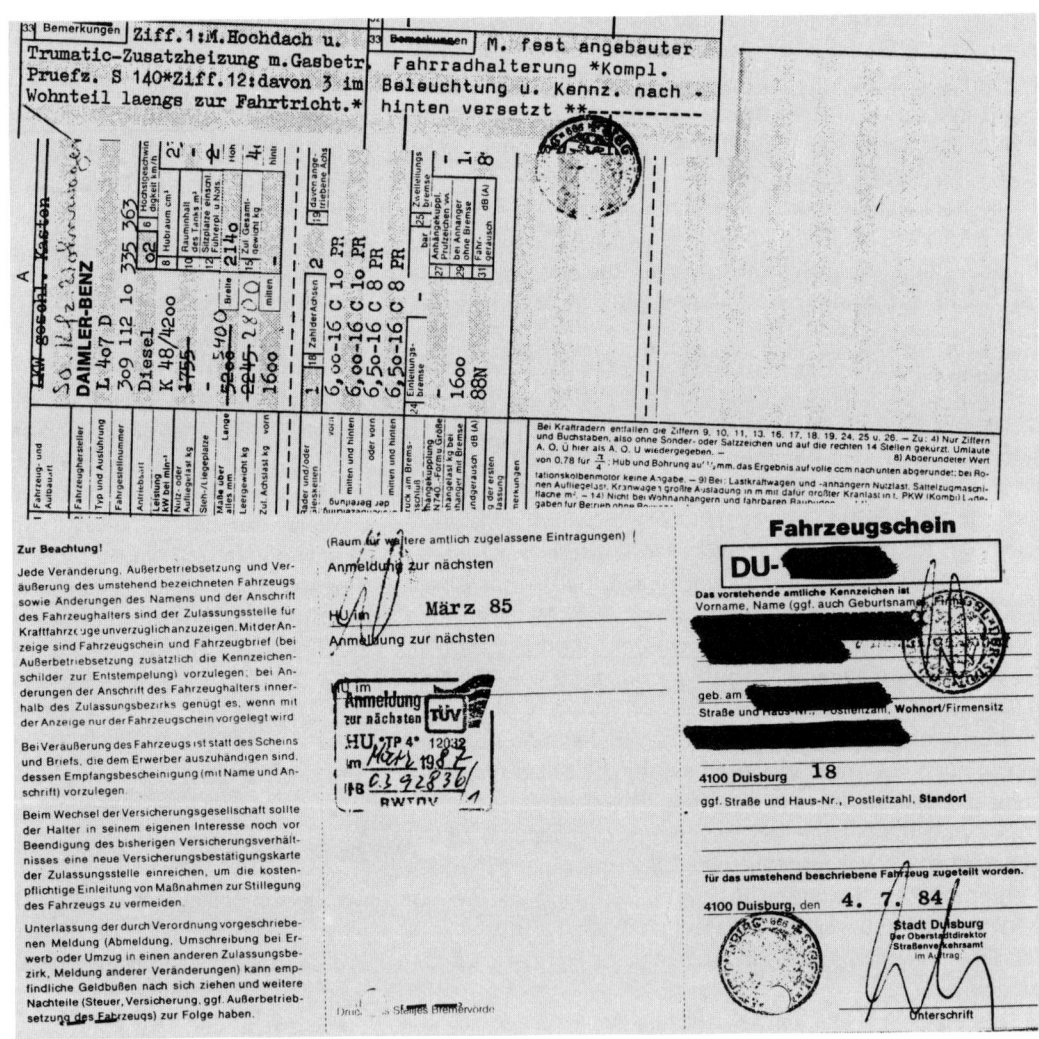

Nach erfolgter Umschreibung zum „SOKfz Wohnwagen" wünschen Ihnen die Autoren allseits GUTE FAHRT und viel Spaß mit Ihrem Reisemobil.

Da die einzelnen Gesellschaften ihre Prämien nach sehr unterschiedlichen Methoden berechnen und die Versicherungsbedingungen, die im Kern für alle bindend sind, verschieden auslegen, empfiehlt es sich immer, der Versicherung eine möglichst komplette und detaillierte Ausstattungsliste zu übergeben, auch wenn die dort aufgeführten Teile bereits Bestandteil der Gesamtneuwertberechnung sind.

Der Gesamtneuwert ist ein versicherungstechnischer Begriff, mit dem der Selbstausbauer wenig anfangen kann. In Paragraph 13, Absatz 2 der AKB heißt es: »Neupreis ist der vom Versicherungsnehmer aufzuwendende Kaufpreis eines neuen Fahrzeugs in der versicherten Ausführung, oder, falls dieser Typ nicht mehr hergestellt wird, eines gleichartigen Typs in gleicher Ausführung.« Für nachträglich eingebaute Teile – soweit der Nachweis des Einbaus erbracht werden kann – wird jedoch grundsätzlich nur der Materialwert ersetzt. Da fast alles an einem Selbstbauwohnmobil nachträglich angebrachte Teile sind und ein gleichartiges Fahrzeug gleichen Typs kaum gefunden werden dürfte, ergibt sich für den Versicherungsnehmer eine große Unsicherheit.

Abhilfe schafft dort nur ein Schätzgutachten eines vereidigten Kraftfahrzeugsachverständigen. Erfahrungsgemäß wenden gerade Wohnmobilbesitzer überdurchschnittlich viel Pflegeaufwand für ihr Fahrzeug auf. Damit der Wert bei Brand oder Entwendung nicht nach Schema F viel zu niedrig (nach dem Zeitwert des Basisfahrzeugs) angesetzt wird, sollte das Schätzgutachten im Abstand von etwa vier Jahren erneuert werden. Nur so kann man sich vor unliebsamen Überraschungen im Versicherungsfall schützen.

TIP: Anders als in der Haftpflichtversicherung gewähren in der Kaskoversicherung manche Gesellschaften Schadensfreiheitsrabatte. Riesige Unterschiede in Betreuung, Prämie und Leistung lassen eine wohlüberlegte Wahl der Versicherungsgesellschaft sinnvoll erscheinen. Es gibt nur wenige Versicherungsmakler, die sich wirklich in das Thema Wohnmobile eingearbeitet haben. Am besten wendet man sich an einen Spezialisten, der nicht nur von einer Gesellschaft abhängig ist, sondern aus dem Markt das günstigste Angebot herausholen kann. In losen Abständen veröffentlicht die Fachpresse Prämienvergleiche.

Darüber hinaus deckt die gewöhnliche Hausratversicherung im Falle von Einbruchdiebstahl oder Entwendung des gesamten Fahrzeugs vorübergehend – und wirklich nur vorübergehend – aus der Wohnung ins Wohnmobil ausgelagerten Hausrat im Wert von maximal 500 Mark, wenn die Hausratversicherung auf den alten Bedingungen von 1974 beruhen. Seit deren Ablauf gelten etwas vorteilhaftere Geschäftsbedingungen. Der Diebstahl darf allerdings nicht nachts passieren. Dem Versicherungsnehmer obliegt die Nachweispflicht, daß der Hausrat nicht in der Zeit von 22 bis 6 Uhr gestohlen wurde. Kann er diesen Nachweis nicht erbringen, braucht die Versicherung nicht zu zahlen.

X. Anhang/Basisfahrzeuge/ Adressen

Basisfahrzeuge

Wir haben uns bemüht, die Informationen in diesem Buch möglichst allgemein und auf alle Fahrzeuge anwendbar zu fassen. Im Prinzip ist jeder Transporter zum Wohnmobil umzufunktionieren. Es ist unmöglich, an dieser Stelle Um- und Ausbauanleitungen für jeden einzelnen Fahrzeugtyp zu liefern. Neben vielerlei Exoten gibt es jedoch einige besonders häufig benutzte Wohnmobil-Basisfahrzeuge für Kastenwagenausbauten. Deren Grundtypen-Maßzeichnungen finden Sie in diesem Kapitel überwiegend im Maßstab 1:50. Wir wollen Ihnen damit Vergleiche erleichtern.

TIP: Sicher ist der hier im Buch abgedruckte Maßstab nicht geeignet, eine komplette Einrichtung zu planen. Suchen Sie deshalb einen Fotokopierladen auf, in dem man Vergrößerungen machen kann. Machen Sie mehr als eine Kopie, können Sie sogar verschiedene Einrichtungsvarianten durchspielen. Wenn Sie auf Folie oder Transparentpapier kopieren, können Sie Ihre unterschiedlichen Einrichtungsideen durch Übereinanderlegen unmittelbar vergleichen. Auf den Kopien können Sie nach Lust und Laune herumskizzieren, ohne die Vorlage im Buch zu verändern.

Um Platz zu sparen, beschränken wir uns allerdings auf die wesentlichen technischen Daten und Maße. Bei Interesse für einen bestimmten Fahrzeugtyp können Sie alle weiteren Informationen über den Kundendienstbetrieb oder – wenn das Fahrzeug nicht mehr hergestellt wird – über das Herstellerwerk erfragen. Unsere Aufzählung richtet sich rein nach der statistischen Häufigkeit, mit der die einzelnen Fahrzeuge ausgebaut werden. Die Reihenfolge sagt nichts über eine Qualitäts- oder Eignungsabstufung aus. Fahrzeuge, die seit mehr als zehn Jahren nicht mehr hergestellt werden, finden keine Berücksichtigung. Deren Karosseriezustand ist meist zu schlecht für einen aufwendigen Ausbau.

Volkswagen
Typ 2

Nach wie vor der beliebteste Campingbus ist der VW-Bus. Er bildet für 35% aller Ausbauten die Basis, der Rest verteilt sich auf sämtliche andere Fahrzeugmarken. Seine Entwicklung reicht unmittelbar in die Nachkriegszeit zurück: 1949 konzipierte das VW-Werk einen Fahrzeugtyp, der zwischen Pkw und Lkw liegen sollte. Sofort wurde das neue Auto ein Riesenerfolg. Die Nachfrage ließ sich gar nicht befriedigen. Schon im ersten Produktionsjahr wurden 46 000 Fahrzeuge dieser neuen Gattung, für die es keinerlei Mitbewerber gab, zugelassen. Um die 20 Jahre wurden Transporter und später auch Bus in der charakteristischen, urigen Karosserieform mit geteilter Frontscheibe und Schiebefenstern gebaut. Dazu kam eine Laderaum-Doppelflügeltür, der manch moderner Bullicamper noch heute nachtrauert. Im Gegensatz zu den jetzt verwendeten Schiebetüren mit ihren scheppernden Schließgeräuschen war die Drehtür Teil der Urlaubserholung. Im Zuge der Modellpflege und -weiterentwicklung wurde aus dem Urtyp (25 PS) bis Mitte

der sechziger Jahre ein Kraftprotz mit 42 PS. Abgelöst wurde er von einem gänzlich neu konstruierten Modell mit zeitgemäßer einteiliger Frontscheibe, Kurbelfenstern und Laderaumschiebetür. Was blieb, war die kuriose Technik des Heckmotorprinzips – entwickelt aus dem VW Käfer. Weiterhin galt der Antrieb mittels luftgekühltem Boxermotor als heilig. Nach wiederum ungefähr 20 Jahren – mit zwischenzeitlichen Karosserieretuschen an Fenstern, Blink- und Rückleuchten, Heckklappe, Stoßstangen und erheblicher Anhebung der Motorleistung – ersetzten die VW-Konstrukteure das Fahrzeug; 1980 kam ein gänzlich anderer Typ 2 auf den Markt, in allem neu, aber nach wie vor mit Heckmotor.

In der letzten »alten« Version (bis Baujahr 1979) hatte das Fahrzeug eine 4,5 m lange Karosserie mit einem Laderaum von 2,8 m Länge, 1,54 m Breite und 1,4 m Höhe. Die volle Länge des Laderaums ist allerdings durch den Heckmotor nur in einer Höhe ab etwa einem Meter über dem Boden nutzbar. In der Motorisierung stehen ein 1,6-l-Benzinmotor mit 50 PS Leistung und ein 1,8-l-Benzinmotor mit 70 PS Leistung, beides luftgekühlte Boxer-Vier-

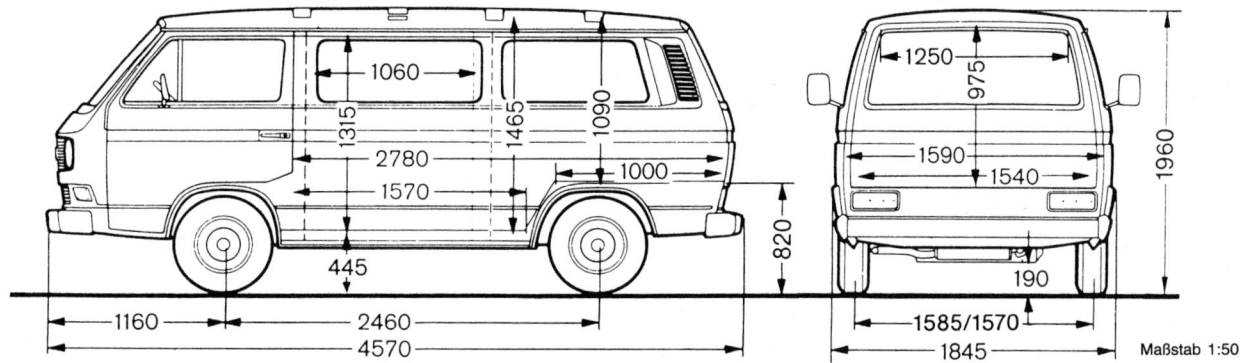

Maßstab 1:50

zylinder, auf dem Gebrauchtmarkt zur Wahl. Mit dem ersten Motor ist das Fahrzeug vollbeladen ziemlich lahm, mit dem zweiten wegen des Doppelvergasers zwar agil, jedoch ein Saufkumpan.

Seit 1980 ist das Modell abgelöst vom »neuen Typ 2«, der gegenüber seinem Vorgänger etwas gewachsen ist. Leider wuchs er unter anderem auch nach unten: Die berühmte Bodenfreiheit, mit der sich Dutzende von Weltreisenden durch Wüsten retteten, ist ab 1980 nur noch Durchschnitt. Der Radstand wuchs von 2,4 auf 2,46 m, die Länge von 4,5 auf 4,57 m. Merklicher ist schon die Verbreiterung um 5 cm, ebenso die neue Innenhöhe, die für 6,4 cm Höhenzuwachs sorgt. Der neue Bulli wurde nicht nur größer, er wurde auch sicherer. Geradezu revolutionär war die erstmalige Implantation eines Dieselmotors in einen VW-Bus. Das aus dem Golf- und Passat-Triebwerk abgewandelte 1,6-Liter-Dieselmotörchen hatte die ersten sieben Baujahre magere 50 PS, seit 1988 gibt es 57 PS aus 1,7 Liter Hubraum. Zwischenzeitlich kam noch eine turboaufge-

ladene Variante mit 70 Pferden hinzu. Für VW-Interessenten mit Dieselwunsch ist dies der einzig zumutbare Motor, da die Saugversionen viel zu schwach sind. Obwohl sich die Konstruktion mit halb liegendem Vierzylinder-Reihendiesel im Wagenheck und Wasserkühlung vorm Fahrzeugbug, verbunden durch ungefähr acht Meter Wasserleitung, recht verwegen anhört: sie funktioniert. Und das so gut, daß seit Anfang 1983 der Wasserkühler zum Gesicht jedes VW-Bulli gehört. Die Luftboxer wurden ausgemustert, der neue Trend heißt Wasserboxer. Neben zwei Basismotoren mit 1,9 l Hubraum und 60 oder 78 PS sind später noch der noble 2,1 l 112-PS-Einspritzer und zuletzt dessen Katalysatorversion mit 95 PS dazugekommen. Auf seine alten Tage wird dem Bus noch so richtig voller Erfolg beschieden. Aber schon heute ist klar: Die letzte Typ-2-Version wird nicht 20 Jahre laufen. Die Ablösung steht in Wolfsburg seit 1991 bereit, erste Ausbauten des neuen VW-Busses sind schon verkauft. Eine Ära Wohnmobilgeschichte wird zu Ende gehen, denn das Modell für die 90er Jahre hat Front-

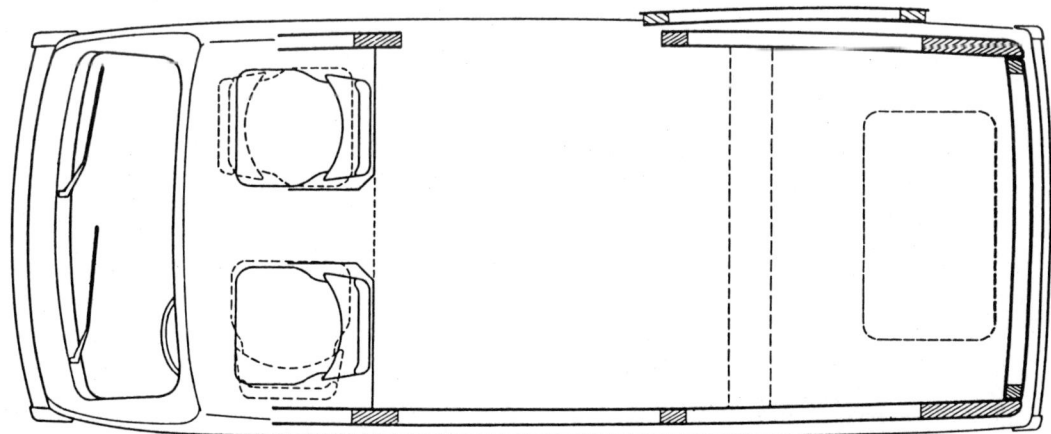

Maßstab 1:33

233

motoren und Vorderradantrieb. Doch das ist Zukunftsmusik. Bleiben wir beim »Bulli«:

Zu seinem Erfolg haben verschiedene Dinge beigetragen. Einmal ist er der meistgebaute Transporter der Welt mit einer überdurchschnittlichen Verbreitung, nicht nur in Europa. Er hat eine zwar ungewöhnliche, aber überaus ausgereifte Konstruktion. Der VW-Bus bietet mit Abstand das komfortabelste und aufwendigste Fahrwerk aller vergleichbaren Fahrzeuge. Er ist inzwischen in jeder beliebigen Ausstattung, von mager bis superluxuriös (elektrische Spiegelverstellung, Fensterheber, ABS, Zentralverriegelung . . .) zu erhalten. Auch in der Motorisierung ist die Auswahl größer als bei den Mitbewerbern. Einachs- oder Allradantrieb stehen zur Wahl.

Ohne Zweifel verdient der VW-Bus auch in puncto Zuverlässigkeit, Verarbeitungsqualität und Service Lob. Seine Nachteile sind die schwierigen Raumverhältnisse durch die Motorstufe im Heck, ungewöhnliche Seitenwindanfälligkeit, besonders bei Hochdachfahrzeugen, und schlechte Aerodynamik, mit der Konsequenz des vergleichsweise hohen Spritkonsums. Das Gebrauchtwagenangebot ist unübersehbar groß, die Preise sind hoch. Auf dem Zubehörsektor gibt es reichlich Auswahl, vom Motortuning bis zu den Dachvarianten für Campingausbauten.

LT

Anders als der kleinere Bruder, der VW Typ 2, ist der LT ein kompromißloser Transporter. Während der Bulli von Fahrkomfort und Handling dem Pkw sehr nahekommt, ist der LT schon eindeutig ein leichter Lkw. Entwickelt wurde er in den siebziger Jahren im Wettlauf mit der neuen Mercedes-Transporterserie. Beide wurden 1977 auf dem Markt eingeführt – der VW so überstürzt, daß kein eigener Produktname für ihn gefunden werden konnte. Seither rollt er unter seiner Entwicklungsbezeichnung LT (für »Lasttransporter«) daher. Das für VW völlig neue Konzept wurde ein spontaner Erfolg. Inzwischen ist die LT-Palette zu einem wichtigen Standbein für den Konzern geworden, und obwohl der LT zu den teuersten Fahrzeugen seiner Art gerechnet wird, ist er sehr beliebt. Campingbusausbauer schätzen sein unerreicht günstiges Verhältnis von Außenlänge zum verfügbaren Innenraum. Alle LTs haben den Motor vorn zwischen den Fahrersitzen eingebaut, der Antrieb erfolgt auf die Hinterräder. Eine Allradversion ist ab Werk lieferbar, außerdem gibt es Spezialisten, die gebrauchte LT auf 4×4 umrüsten. Von Volkswagen ist der LT lieferbar als LT 28, LT 31 (beide exakt baugleich! Unterschied nur in den Papieren – LT 28 darf über 80 km/h fah-

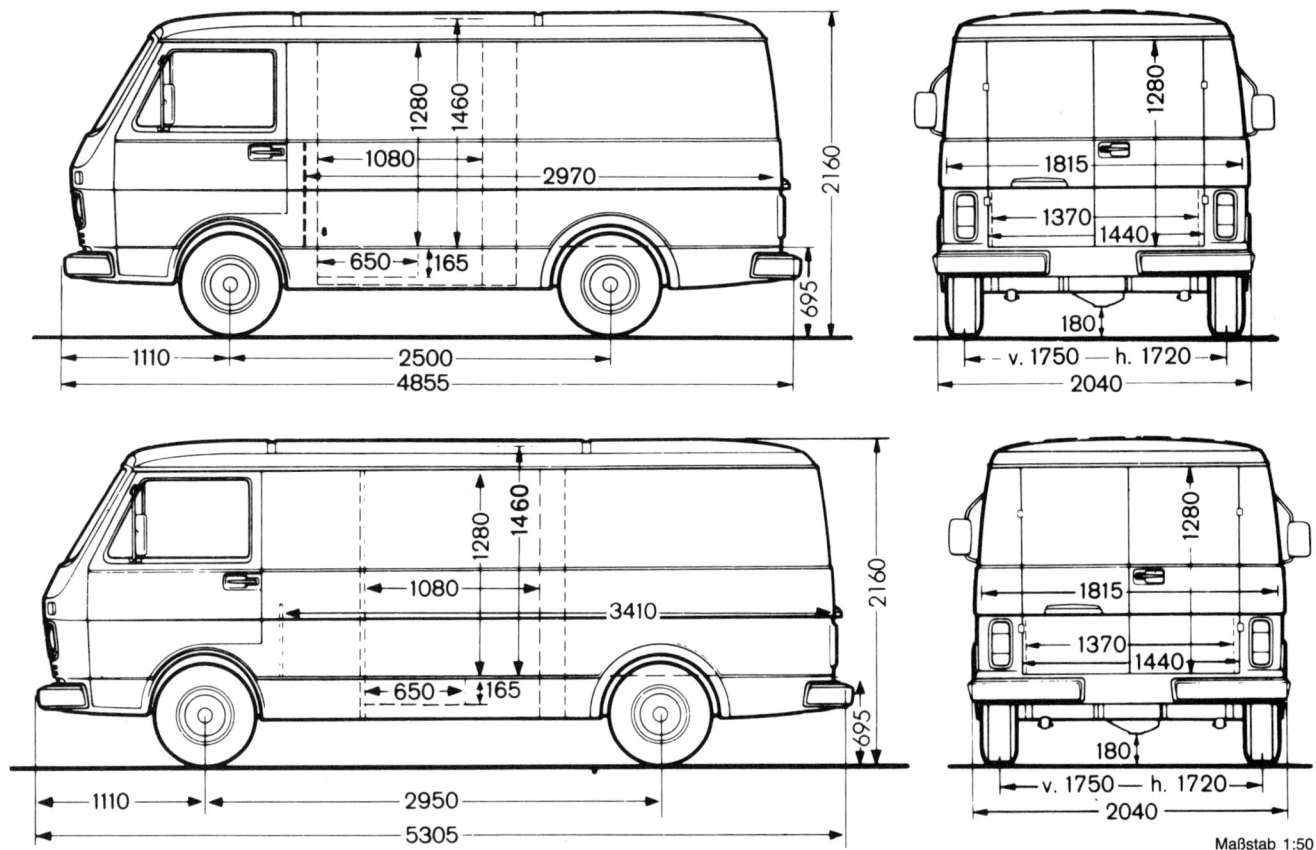

Maßstab 1:50

ren, 31 nicht mehr), LT 35, LT 40, LT 45, LT 50 und LT 55. Das entspricht den zulässigen Gesamtgewichten der jeweiligen Fahrzeuge, die von 2,8 Tonnen bis 5,5 Tonnen reichen. LT 28 bis 35 gibt es als Kastenwagen mit kurzem Radstand (2,5 m) mit einer Gesamtlänge von 4,84 m und einer Außenbreite von knapp über 2 m. Für den Ausbau stellt der LT einen Laderaum von 3,06 m mal 1,82 m zur Verfügung. Mit Seriendach ist der Laderaum aber nur 1,46 m hoch. Das Fahrzeug gibt es auch noch in einer weiteren Karosserielänge (in den schwereren Klassen nur in dieser Länge). Der Radstand mißt dann 2,95 m und der Laderaum 3,5 m.

Zwei Motorvarianten treiben LTs an. Ein Benzinmotor mit 2 l Hubraum und 75 PS. Serienmäßig nur mit Vierganggetriebe, Fünfgang gegen Aufpreis. Der 2,4-l-Diesel, der einzige Sechszylinder seiner Klasse, mit sattem Klang und angenehmer Laufruhe, leistet ebenfalls 75 PS und hat das Fünfganggetriebe serienmäßig. Dieser Diesel findet nicht nur im LT Verwendung, sondern er wird auch von Volvo in

die großen Limousinen eingebaut. Die Krönung ist der Turbodiesel, basierend auf dem gleichen Motor, aber mit 102 PS Klassenbester. Die ersten LT-Modelle hatten freilich diesen feinen Diesel noch nicht. Ihnen diente ein britischer Selbstzünder aus dem Hause Perkins als Antriebsquelle. Besondere Merkmale dieses Vierzylinders: schwach, laut, oft kaputt und völlig unbefriedigend. Der Motor verschwand ganz schnell (1978) aus dem Programm. Hande weg von einem solchen Gebrauchtwagen!

Zu den guten Grundrißmaßen des LT trug VW bei der Modellüberarbeitung 1983 bei, als der Motorkasten auf einen kleinen Buckel reduziert wurde. Das Aggregat liegt seither tiefer, der Durchstieg vom Fahrerplatz nach hinten wurde einfacher. Bei älteren LTs ist Vorsicht geboten. Sie sind sehr laut und neigen zu besonders starkem Rostbefall. In der Modellpflege sind die Fahrzeuge immer besser geworden, spezielle Schallschutzmaßnahmen und verbesserter Korrosionsschutz lassen Gebrauchtwagen ab Modelljahr 1983 unproblematisch erscheinen.

Mercedes-Benz
MB 100

Der MB 100 ist ein recht junges Kind in der deutschen Mer-
cedes-Familie. Der in Spanien gefertigte Frontantriebs-
transporter setzt das Erbe fort, das Mercedes 1972 mit der
Übernahme von Hanomag erhalten hat. 1977 in Deutschland vom Band genommen, wurden die alten – weiterent-
wickelten – F-20-Fahrgestelle in Spanien stets noch weiter
produziert. In der Eintonnennutzlastklasse und VW-Bus-
Größe erhofft sich Mercedes jetzt einen Anteil auch am hie-
sigen Markt. Der MB 100, angetrieben von einem 72-PS-
Diesel, ist noch zu neu für eine große Auswahl an Campingzubehör. Es gibt zwar schon einige Hochdächer, aber
noch keinen lohnenden Gebrauchtwagenmarkt. Mercedes
bietet den MB 100 in zwei Längen an, mit Laderäumen von
2,7 oder 3,1 m Länge und 1,64 m Breite.

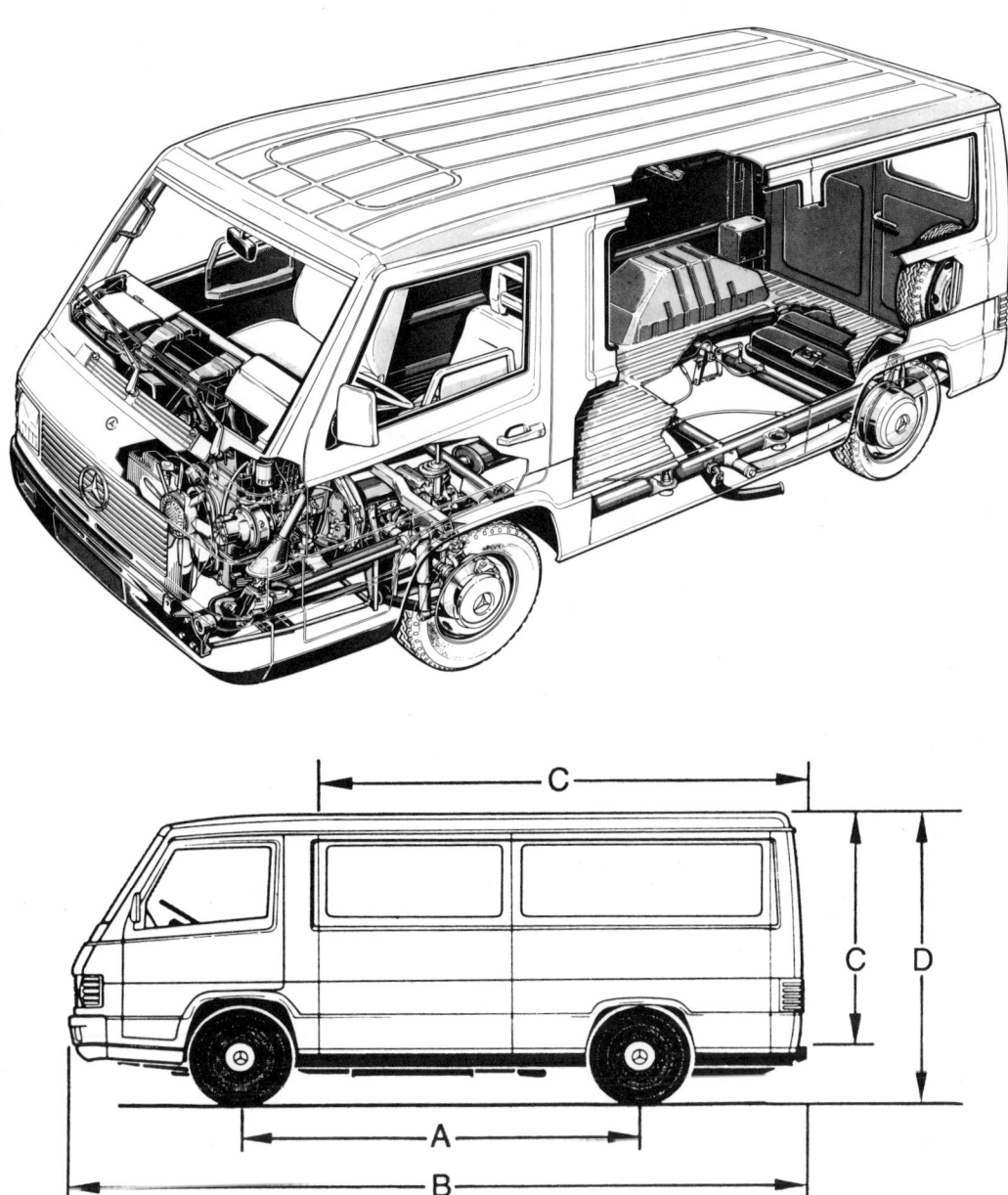

Maße	Kastenwagen		Kastenwagen mit Hochdach	
A Radstand, mm	2450	2675	2450	2675
B Fahrzeuglänge, mm	4472	4922	4472	4922
C Laderaummaße, H×B×L, mm	1494×1640×2709	1494×1640×3159	1832×1640×2709	1832×1640×3159
D Fahrzeughöhe (Ca.-Maße, unbeladen), mm	2060	2060	2395	2385
Fahrzeugbreite, mm	1809	1809	1809	1809

207 D bis 410

Der größte deutsche Nutzfahrzeughersteller nimmt auch am unteren Ende der Lastwagenskala einen bedeutenden Rang ein. Während er bis spät in die siebziger Jahre hinein seinen Transportermarktanteil aus der 1972 übernommenen Hanomag-Produktion speiste, kam er 1977 mit einer völlig eigenen, kompletten Neukonstruktion auf den Markt, die bis heute ihre Attraktivität kaum eingebüßt hat. Obwohl für die absehbare Zukunft ein Nachfolgemodell in Aussicht steht, hat Mercedes jeden Modelljahrgang mit stetiger Aufmerksamkeit weiterentwickelt und die Baureihe damit immer wieder interessant gemacht.

Einen großen Anteil an Mercedes-Fahrzeugen im Reisemobilbereich stellt die »kleine Düsseldorfer Baureihe« mit den Typen 207 D, 209 D, 208, 210 sowie 307 D, 309 D,

308 und 310, seit einigen Jahren auch als 407 D, 409 D und 410 zu haben. Die Zahlencodes entschlüsseln sich wie folgt: der 207 D hat zulässige Gesamtgewichte von 2,55 Tonnen oder 2,8 Tonnen (daher die »2«) und 72 PS (ältere auch noch 65 PS) aus dem bekannten Dieselmotor des 240-D-Pkw (W 123). Der 209 D hat, bei gleichen Gesamtgewichten, 88 PS, die er aus dem 3-l-Fünfzylinder-Aggregat des 300-D-Pkw (W 123) schöpft. Die Benzinversionen haben 80 (208) oder 95 PS (210), sie sind schnell, aber auch durstig. Der kleinere Benziner wird nicht mehr angeboten. Er ist nur noch gebraucht zu bekommen. Die »3«er-Serie hat 3,5 Tonnen zulässiges Gesamtgewicht, bei den »4«ern geht es bis zu 4,6 Tonnen. Mercedes bietet drei Kastenwagenlängen an: Radstand 3,05 m mit 4,75 m Aufbaulänge, Radstand 3,35 m mit 5,4 m langer Karosserie und schließlich die superlangen Fahrzeuge mit 3,7 m Radstand

307 D/309 D/310–3050
Kastenwagen mit hohem Dach Innenhöhe 1830 mm

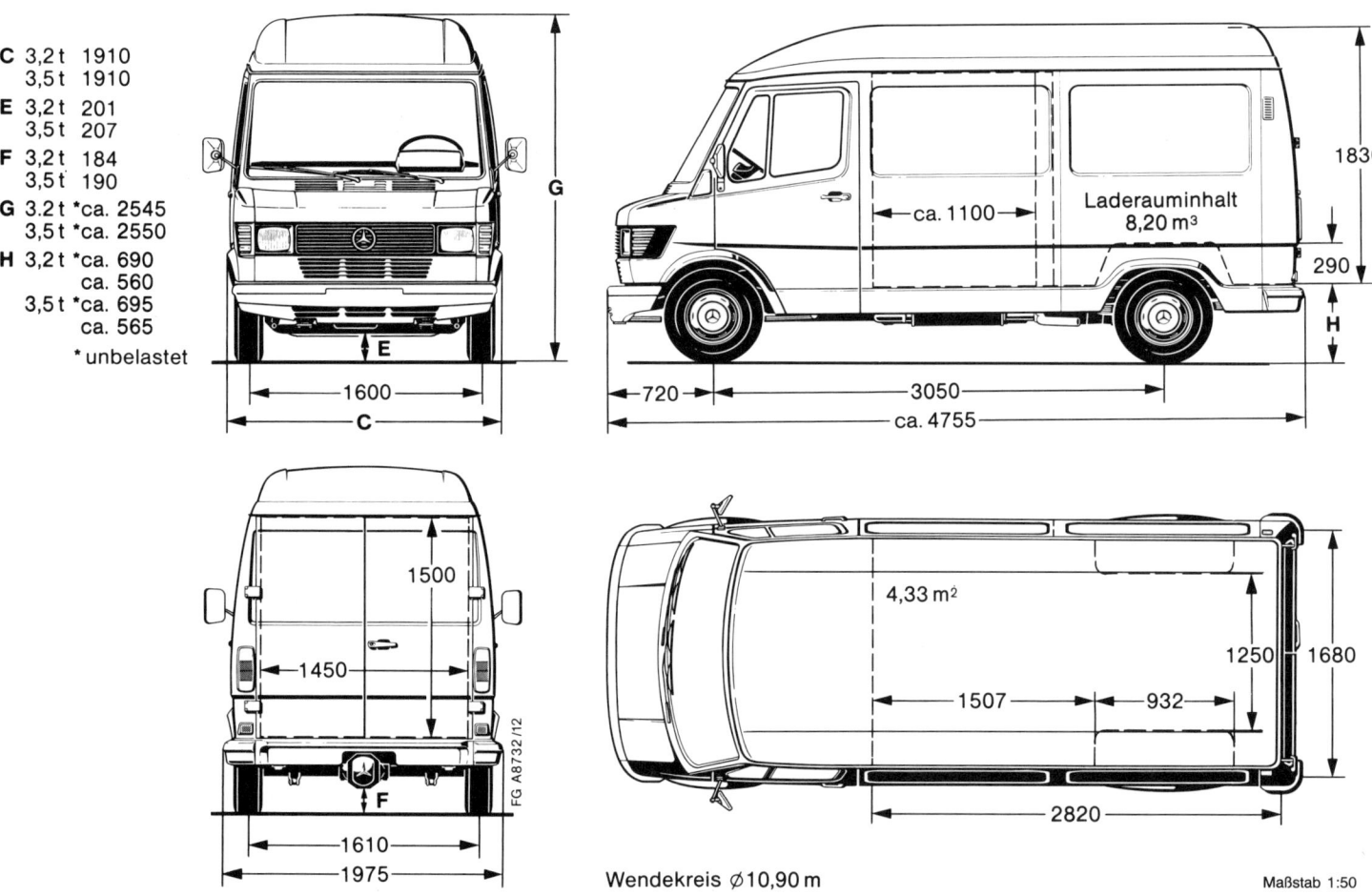

C 3,2 t 1910
  3,5 t 1910
E 3,2 t 201
  3,5 t 207
F 3,2 t 184
  3,5 t 190
G 3,2 t *ca. 2545
  3,5 t *ca. 2550
H 3,2 t *ca. 690
       ca. 560
  3,5 t *ca. 695
       ca. 565
* unbelastet

1600
C

G
E

Laderauminhalt 8,20 m³
ca. 1100
1830
290
H
720
3050
ca. 4755

1500
1450
F
1610
1975
FG A8732/12

4,33 m²
1250
1680
1507
932
2820

Wendekreis ⌀ 10,90 m

Maßstab 1:50

und über 6 m langem Aufbau.

Komfortenthusiasten kommt Mercedes-Benz mit einem Viergang-Wandlergetriebeautomaten entgegen, als einziger Hersteller, der dies serienmäßig in einem Viereinhalbtonner anbietet. Daß auch ABS für sicheres Bremsen lieferbar ist, ist ein weiterer erfreulicher Schritt, Kernpunkt der Modellpflege für 1988.

Für den Ausbauer stellt der Mercedes je nach Typ Laderäume in Längen von 2,82 m, 3,3 m oder 3,95 m zur Verfügung. Die Breite ist einheitlich bei allen Modellen 1,68 m und damit relativ schmal. Der ganz lange Mercedes hat dadurch einen unglücklich aufgeteilten, sehr »schlauchartigen« Wohnbereich. Das Normaldach macht den Innenraum 1,55 m hoch, eine Version mit festem Stahlhochdach ermöglicht 1,83 m (Serie bei den Langversionen).

Die Fahrzeuge sind sehr konventionell aufgebaut. Motor vorn, Antrieb hinten. Die Ergonomie des Fahrerhauses ist hervorragend; Mängel sind vor allem bei der Geräuschdämmung zu attestieren. Auch wenn sich hier von Jahr zu Jahr einiges getan hat, bleibt der Mercedes in Dieselversion ein rauher Geselle. Der Motor ist in der kurzen Schnauze nur teilweise untergebracht und ragt mit einer abnehmbaren Abdeckkuppel ins Fahrerhaus hinein, behindert aber den Durchstieg nicht. Ausgezeichnet sind Wendekreis und Fahrverhalten unter Last. Leer trampelt die blattgefederte Hinterachse. Mercedes-Transporter sind gefragte Fahrzeuge hoher Zuverlässigkeit und mit bekannt gutem Service (weltweit), deshalb sind sie auch gebraucht noch ziemlich teuer. Von den ersten beiden Produktionsjahren 1977 und 78 sollte man Abstand nehmen – zu viele Kinderkrankheiten. Allradumbau durch Spezialunternehmen ist möglich.

307 D/309 D/310−3350
Kastenwagen mit hohem Dach Innenhöhe 1830 mm

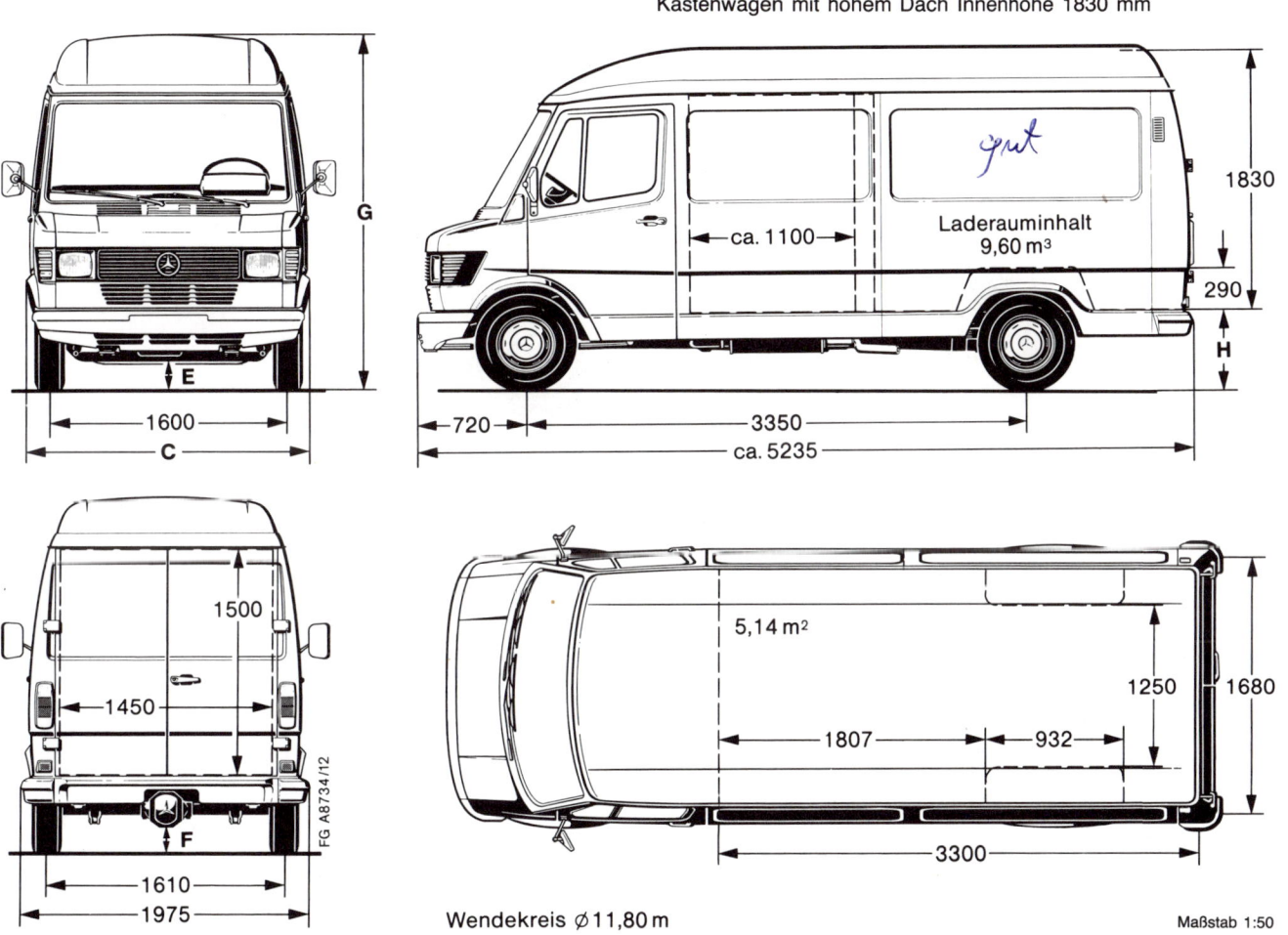

Wendekreis ⌀ 11,80 m

Maßstab 1:50

239

407 D bis 613 D

Großtransporter nennen sie sich, und das sind sie auch. Auf einem mächtigen Leiterrahmen, der mit den Rädern über Blattfedern an beiden Achsen verbunden ist, ruhen die Karosserien, durch Silentblöcke von den Stößen des Fahrwerks geschont, auf einem Gittergerüst mit Holzfußboden. Die angetriebene Hinterachse ist bei allen Versionen mit Zwillingsreifen bestückt. Obwohl sich diese Fahrzeuge schon eindeutig als Lkw ausweisen, sind gerade sie bei Ausbauern überaus beliebt. Unter den großen selbstausgebauten Fahrzeugen stellt die »große Düsseldorfer Baureihe« die meisten Basisfahrzeuge. Ihre Serie ist 1986 ausgelaufen und durch das Nachfolgemodell ersetzt worden. Der Gebrauchtwagenmarkt ist riesig – Mercedes domi-

nierte mit den Modellen dieser Reihe den deutschen Markt an großen Kastenwagen vollkommen.

In den langen Jahren, in denen die großen Düsseldorfer hergestellt wurden, haben sie bewiesen, was sie können. Prädikat: nicht kaputtzukriegen. Robust, technisch einfach und wenig anfällig, haben diese Fahrzeuge ihre Spitzenstellung zu Recht errungen. Dem Ausbauer stehen für großzügige, harmonische Grundrißlösungen Laderäume mit 3, 4 oder 5 m Länge und einer respektablen Innenbreite von 1,85 m zur Verfügung. Für den Ausbau in Frage kommen Fahrzeuge mit einer Laderaumhöhe von 1,75 m oder 1,9 m. Für die 175er gibt es passende Hochdächer im Zubehörhandel. Weniger geeignet sind die Niedrigversionen mit nur 1,60 m Innenhöhe. Bei ihnen passen die gängigen Hochdächer nur nach kniffeligen Anpassungsarbeiten. Für

L 608 D/29

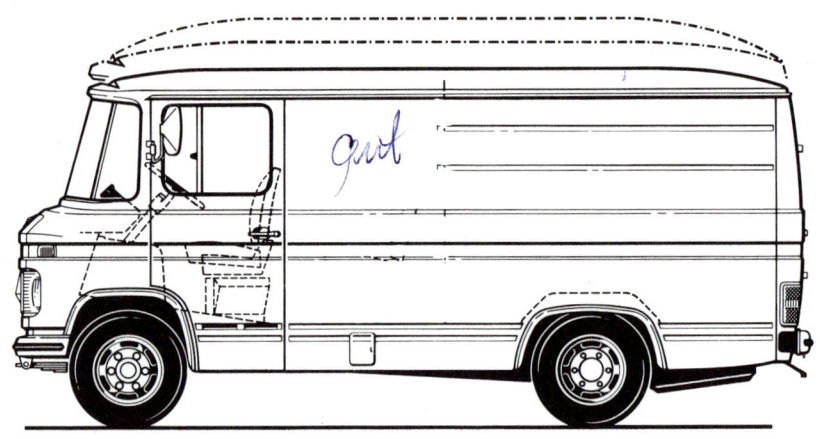

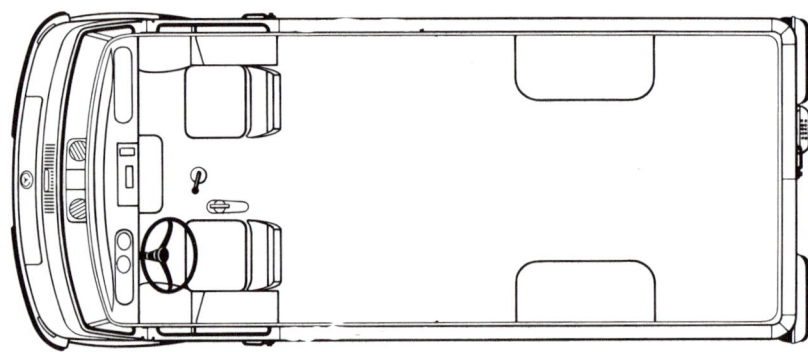

Maßstab 1:50

noch mehr Raumbedarf wird der große Kastenwagen auch in einer Sonderbreite von 2,16 m angeboten – ideal zum Superausbau!

Stattlich sind auch die Außenmaße dieser Fahrzeugreihe: Den drei Innenraumlängen entsprechen Karosserien von 5,05, 6,01 und 6,96 m auf Radständen von 2,95, 3,5 und 4,1 m. In den zulässigen Gesamtgewichten liegen die Kandidaten samt und sonders jenseits der für die Höchstgeschwindigkeit relevanten 2,8 Tonnen. Sie bringen zwischen 3,5 und 6,8 Tonnen auf die Waage.

Fahrzeuge aus dem städtischen Verteilerverkehr sind oft mit dem 2,4-l-Diesel aus dem 240er Pkw bestückt. Er leistet in frühen Versionen 65 PS, zuletzt 72 PS. Noch ältere Modelle haben unter der Bezeichnung 406 D gar den schwächeren 220er Diesel mit nur 60 PS (typischer Vertre-

ter: der Paketwagen von der Post). Die Motoren drehen sehr hoch und haben allerhand Arbeit, die schweren Kisten zu bewegen. Besonders an langen Steigungen ist es nicht ungewöhnlich, wenn ein urlaubsvoll bepacktes 407-D-Wohnmobil auf die 40-km-Marke zurückfällt. Mehr Stehvermögen zeigt der 85-PS-Motor des 508 D, der nicht nur stärker, sondern völlig anders gebaut ist. Ein echter Lkw-Motor, der nur 2800 Touren dreht und Kraft aus 3,8 l Hubraum schöpfen kann. Spitzenklasse ist dann der – nur seltene – 613 D mit seinem 5,7-l-Aggregat, das für schnelles Reisen 130 PS entwickelt. Abzuraten ist von der Benzinversion, die es für die kleineren Modelle (Beispiel: Feuerwehr- und Notarztwagen) gibt. Bei so viel Gewicht und Rollwiderstand ist der Benzinverbrauch entschieden zu hoch.

Dauerproblem der großen Baureihe ist die Geräusch-

L 608 D/35 Kastenwagen
hohe Dachausführung mit 4 Drehtüren

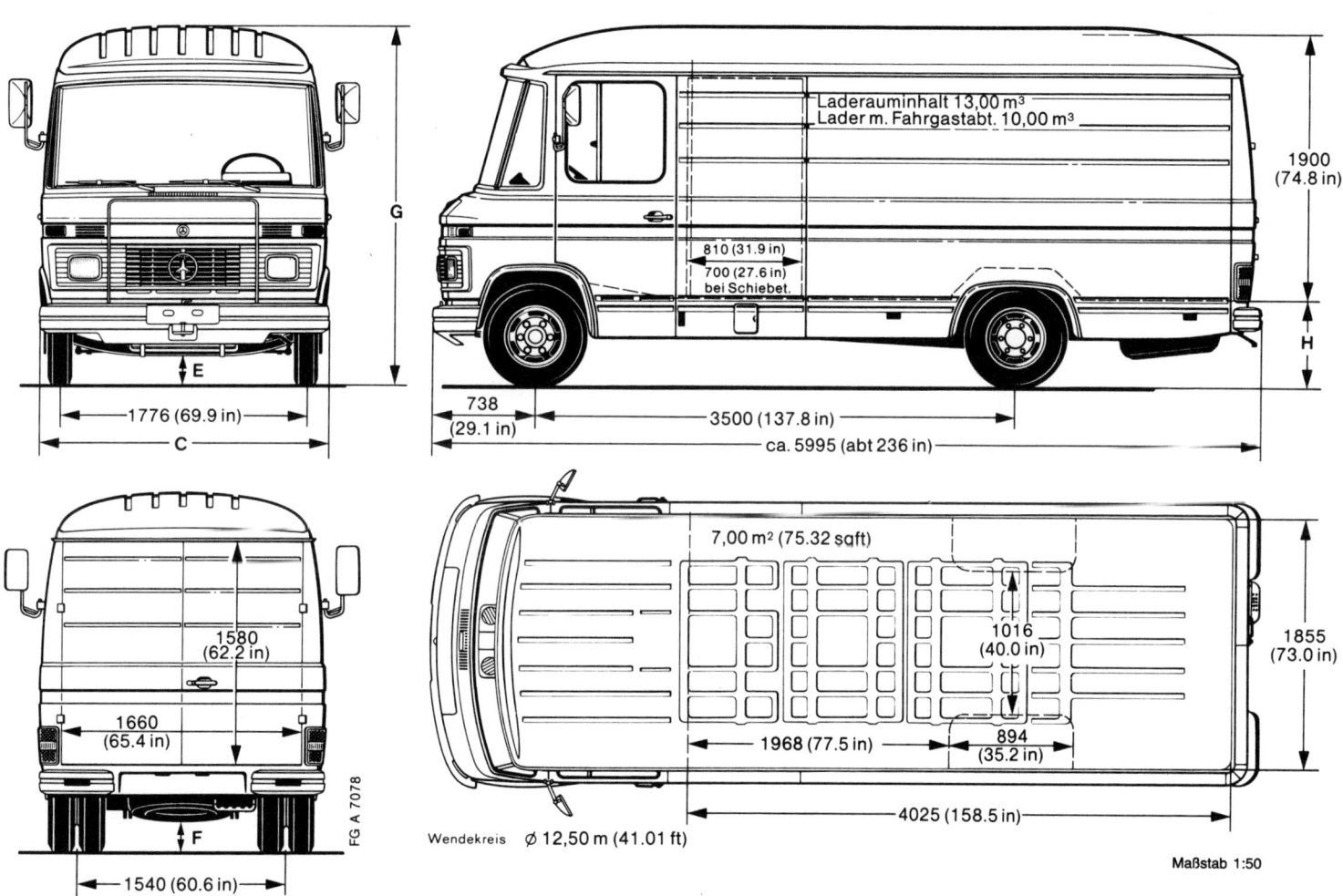

Wendekreis Ø 12,50 m (41.01 ft)

Maßstab 1:50

241

dämmung. Die Motoranordnung (wie beim kleineren Transporter) ganz vorn bringt das Antriebsaggregat teils unter
der Stummelhaube, teils unter einem Deckel im Fahrerhaus unter. Der Durchstieg nach hinten ist bequem, nur der
lange Sechszylinder des 613 D steht weiter in den Raum
hinein. Zu den Motorgeräuschen gesellen sich vor allem
aber auch Dröhngeräusche aus der Bodengruppe des
Fahrerhauses. Hier hat der Selbstausbauer viel Aufwand
zu leisten.

Will man auf die großen Doppelflügelhecktüren verzichten, gibt es neben GfK-Austauschteilen aus der Reisemobilindustrie auch die Möglichkeit, die Rückwand der Bus-
baureihe O 309 einzusetzen: Oben ein durchgehendes,
großes Fenster, unten eine Kofferklappe über die gesamte
Fahrzeugbreite. Allradumbau ist über Spezialwerkstätten
möglich.

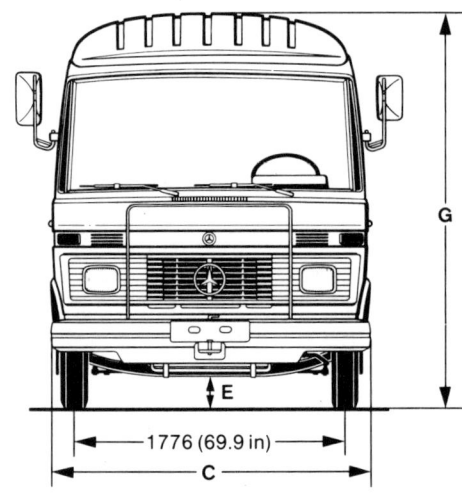

C	2095 (82.5 in)	G	*ca. 2800 (abt 110 in)
E	217 (8.5 in)	H	*ca. 875 (abt 34 in)
			ca. 705 (abt 28 in)
			* unbelastet

L 608 D/41 Kastenwagen
hohe Dachausführung mit 4 Drehtüren

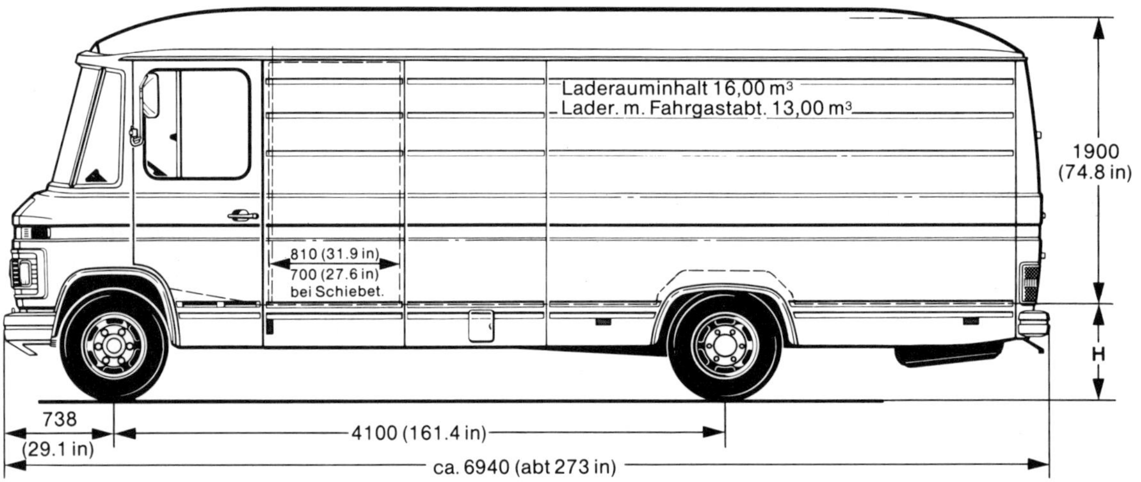

Laderauminhalt 16,00 m³
Lader. m. Fahrgastabt. 13,00 m³

810 (31.9 in)
700 (27.6 in)
bei Schiebet.

1900 (74.8 in)

738 (29.1 in)

4100 (161.4 in)

ca. 6940 (abt 273 in)

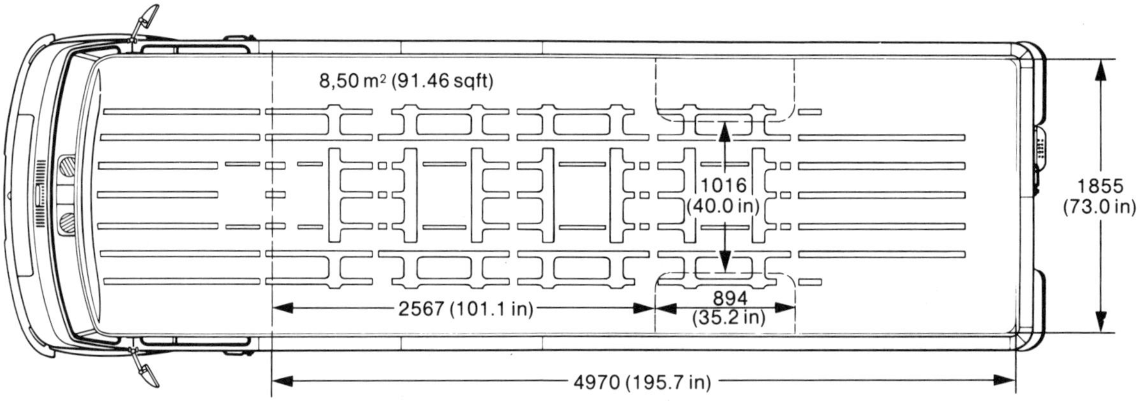

H

8,50 m² (91.46 sqft)

1016 (40.0 in)

2567 (101.1 in)

894 (35.2 in)

1855 (73.0 in)

4970 (195.7 in)

Wendekreis ⌀ 14,40 m (47.25 ft)

507 D bis 811 D

Die neuen Großtransporter, seit 1987 verkauft, spielen noch überhaupt keine Rolle auf dem Gebrauchtwagenmarkt. Wegen ihrer stolzen Neupreise sind sie auch nur für eine kleine, gutbetuchte Selbstausbauerminderheit interessant. In den Laderaummaßen entsprechen sie fast auf den Millimeter dem Vorgängermodell. Völlig anders hingegen sind Fahrerhaus und Motorisierung. Das modern gestaltete Armaturenbrett ist freundlicher und Pkw-ähnlicher geworden, wesentlich leiser als sein Vorgänger ist der Wagen ebenfalls. Geblieben ist der 72-PS-Motor als Einstiegsaggregat, gefolgt vom überarbeiteten leichten Lkw-Motor, der nun 90 PS leistet. Statt in der Topversion wieder den großen und schweren Sechszylinder einzubauen, hat Mercedes-Benz die gewichtssparende Alternative genutzt, durch Turboaufladung aus dem 90-PS-Motor 115 Pferde zu holen. Über kurz oder lang werden auch diese neuen Mercedes-Großtransporter zu den beliebten Ausbaufahrzeugen zählen, denn die gesamte Erfahrung aus dem erfolgreichen Vormodell ist in die Neukonstruktion eingeflossen. Eine Allradversion hat Mercedes bereits angekündigt.

711 D-3700
Kastenwagen Innenhöhe 1940

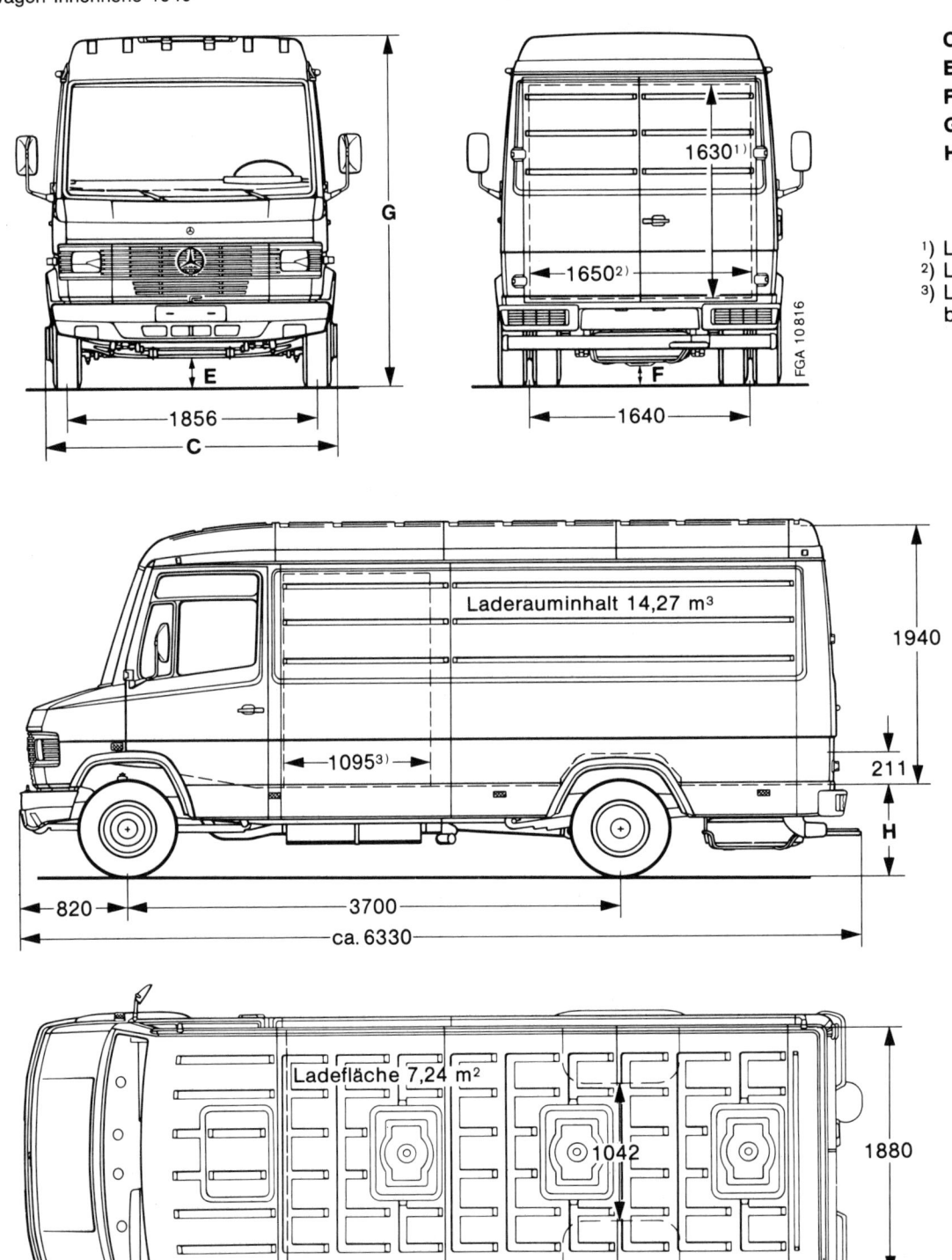

C 2190
E 212
F 163
G *ca. 2820
H *ca. 820
  ca. 700
  *unbelastet

[1]) Lichte Türhöhe
[2]) Lichte Türbreite
[3]) Lichte Türbreite
  bei Schiebetür

1630[1]
1650[2]

FGA 10816

1856
1640

Laderauminhalt 14,27 m³

1940

1095[3]

211

820

3700

ca. 6330

H

Ladefläche 7,24 m²

1042

1880

2090

860

4050

Maßstab 1:50

244

Wendekreis ⌀ 13,40 m

711 D-4250

Kastenwagen Innenhöhe 1940

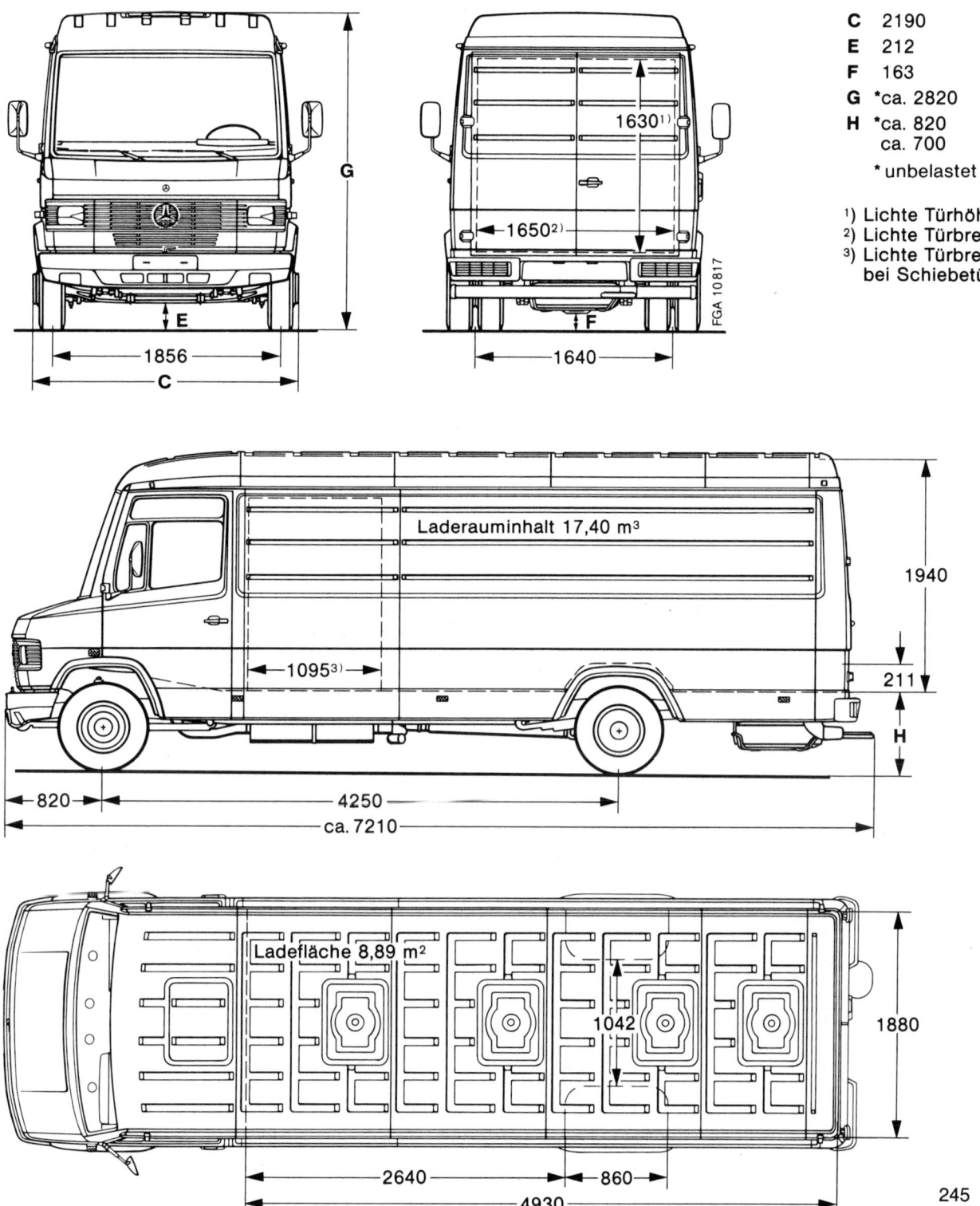

C	2190
E	212
F	163
G	*ca. 2820
H	*ca. 820
	ca. 700
	* unbelastet

[1] Lichte Türhöhe
[2] Lichte Türbreite
[3] Lichte Türbreite bei Schiebetür

1630[1]

1650[2]

1856

C

E

G

1640

F

FGA 10817

Laderauminhalt 17,40 m³

1940

211

H

1095[3]

820

4250

ca. 7210

Ladefläche 8,89 m²

1042

1880

2640

860

4930

245

Wendekreis ⌀ 15,00 m

Ford
Econovan

Den kleinen Econovan baut Ford nicht selber, er wird in Japan bei Mazda im Lohnauftrag produziert. Da wundert es nicht, wenn der Ford Econovan in allem aussieht wie ein typisch japanischer Kleintransporter. Deren Konstruktionen sind untereinander meist vergleichbar: Motor unter den Fahrerhaussitzen längs eingebaut, deshalb kein Durchstieg nach hinten; magerer Sitzkomfort für großgewachsene Leute, dafür komplette Ausstattung bis hin zur vormontierten Radioantenne. In den Laderaumabmessungen entspricht der Econovan wie eine 1:1-Kopie dem alten Modell des Mitsubishi L 300 (siehe dort). Hoch- und Aufstelldächer sind lieferbar. Der Econovan ist mit einem sehr hoch drehenden 1,4 l/65 PS starken Benzinmotor oder einem 60-PS-Diesel (2 l) lieferbar, als Luxusbus XLT mit serienmäßiger Klimaanlage und vielen Spielereien nur mit dem Benziner. Da die Markteinführung erst 1985 war, ist das Gebrauchtangebot noch nicht überwältigend. Außerdem setzt Ford nicht so viele Econovans ab wie erhofft. Deshalb sind die Preise oft günstig. Für den Selbstausbauer kann die Rechnung so aussehen: billiges japanisches Auto plus weltweit gesichertem Ford-Kundendienst – warum nicht? Am Fahrwerk hat Ford mitkonstruiert, es ist deshalb eines der besten, das japanische Minitransporter zu bieten haben.

Transit (alt)

1965 verlor der Ahnherr aller Ford Transits, der FK 1000, sein Gesicht. Eine völlige Neuproduktion lief an. Im Styling amerikanischen Vorbildern entlehnt, sorgte die auffällige und eigenständige Karosserieform für viel Aufsehen. Im Prinzip wurde der Transit bis 1985 noch in dieser Form gebaut, natürlich im Laufe der Jahre ein paar mal dem Facelifting unterzogen, aber nur mäßig (1979, 1983) überarbeitet. Die etwas aus der Mode gekommene Form ist sicher mitverantwortlich für den Rückgang der Verkaufszahlen in den letzten Jahren des alten Modells. Zeitweilig war der Ford Transit Marktführer. Nicht nur in Deutschland und Europa, sondern auch in den angrenzenden Staaten, vor al-

lem in der Türkei, wo er in Lizenz gefertigt wird. Ihm haftet der Ruf großer Zuverlässigkeit und Haltbarkeit an.

Motor und Vorderachse liegen vor dem Fahrerhaus, was Ein- und Durchstieg begünstigt und die Schalldämmung zum Motor erleichtert. Nachteilig für den Campingausbau hingegen sind der relativ hoch liegende Laderaumboden (64 cm über Grund) und die niedrige Innenhöhe von nur 1,36 m, die den Aufbau besonders mächtiger Hochdächer nötig macht – kein Glücksfall für die Optik. Ford baute dieses Fahrzeug auf zwei Radständen (2,7 und 3 m) mit ebenfalls zwei Karosserielängen (4,55 und 5,3 m). Die Außenbreite liegt bei Einfachbereifung knapp unter, bei Zwillingsreifen an der Hinterachse knapp über 2 m. Die kurzen Rad-

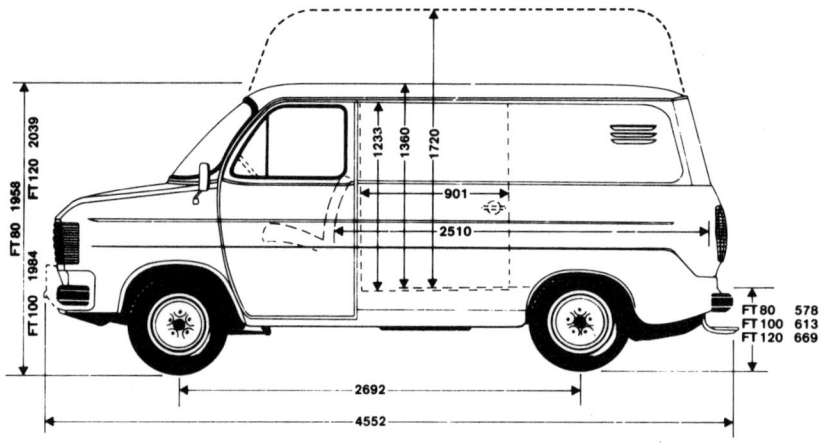

FT 80 1958
FT 120 2039
FT 100 1984

1233
1360
1720

901

2510

FT 80   578
FT 100   613
FT 120   669

2692

4552

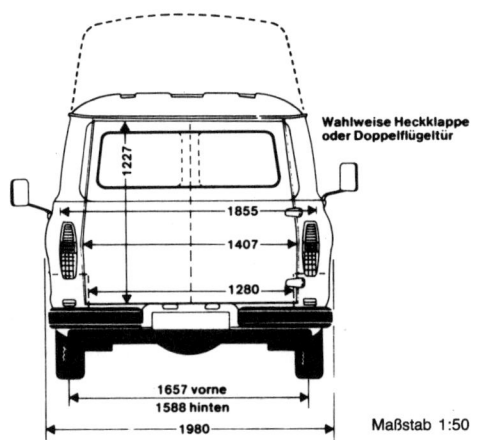

Wahlweise Heckklappe
oder Doppelflügeltür

1227

1855
1407
1280

1657 vorne
1588 hinten
1980

Maßstab 1:50

stände bieten einen Laderaum von 2,51 mal 1,85 m, die Langversion hat bei gleicher Breite 3,27 m Innenraum, ist aber dank erhöhtem Dach schon 1,51 m hoch. Die barocke Karosserieform verjüngt sich nach oben stark, so daß bei Dachbetten das günstige Breitenmaß des Laderaums nicht erhalten bleibt.

Die Motorisierung hat sich im Laufe der Zeit verschiedentlich geändert. Auf dem Gebrauchtwagenmarkt werden Transits mit 1,6-l-Benzinmotor und 2,1 Tonnen zulässigem Gesamtgewicht angeboten. Die Leistung von 65 PS ist nicht gerade überragend. Man greife lieber zum 2-l-Motor mit 78 PS oder gar zum seltenen 3-l-V6, der 100 PS freimacht, dabei allerdings recht durstig ist. Unter den Dieselversionen gibt es die älteren Vorkammerdiesel mit 2,3 l Hubraum und 62 PS, seit Ende 1984 nur noch den ersten schnellaufenden Direkteinspritzer der Welt mit 2,5 l/68 PS, der enorm sparsam ist. Das Direkteinspritzerprinzip (wie beim Lkw) macht allerdings durch heftigere Nagelgeräusche auf sich aufmerksam und gilt unter Umweltgesichtspunkten als rußender Finsterling. Der DI genannte neue Diesel (»D«irect »I«njection) zeichnet sich durch Standfestigkeit, Langlebigkeit und Sparsamkeit aus.

Der neue Ford Transit FT 80/100/120 (oben) und FT 130/160/190 (unten).   *gut für Wohnmobile*

Transit (neu)

Was lange währt, wird endlich gut. Fords bis in die letzte Schraube vorgenommene Neukonstruktion des Transit revolutioniert die Transporterindustrie. Der seit 1986 zum Verkauf kommende neue Wagen ist Maßstab für die ganze Branche geworden. Während die Verkaufszahlen des Vorgängermodells zuletzt bis zur Bedeutungslosigkeit herabgesunken waren, erobert sich der Neue Zug um Zug das alte Terrain zurück. Bereits 1988, zwei Jahre nach Einführung, lag er in der bundesdeutschen Zulassungsstatistik wieder auf Platz 2, direkt hinter seinem ärgsten Konkurren-

ten, dem VW-Bus. Mit dem neuen Transit hat Ford vor allem für den Reisemobilisten ein großartiges Angebot geschaffen. Das einzigartige Styling mit vielen interessanten Pkw-Attributen erinnert mehr an eine Großraumlimousine als an einen Transporter. Beispiellose Aerodynamik ermöglicht schnelles und sparsames Reisen, und das neu gestaltete Interieur vermittelt reine Pkw-Atmosphäre. Deshalb hat der neue Ford, der auch im Laderaum gegenüber seinen Vorgängern große Vorteile bietet, die Reisemobilindustrie sofort zu einem umfangreichen Programm an Zubehörteilen animiert. Von Hochdächern und Stylingpaketen bis hin

Ford Transit: Kastenwagen FT 80, FT 100, FT 120

	FT 80	FT 100	FT 120
A	1970	1974	2023
B	595	600	655
C	167	174	179

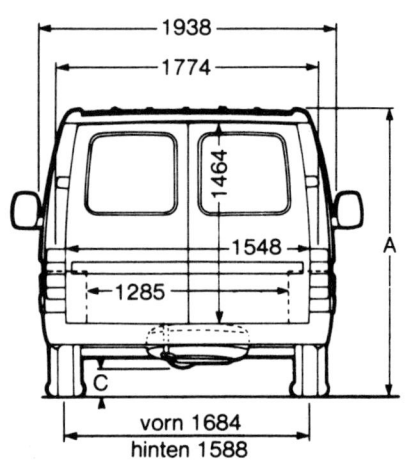

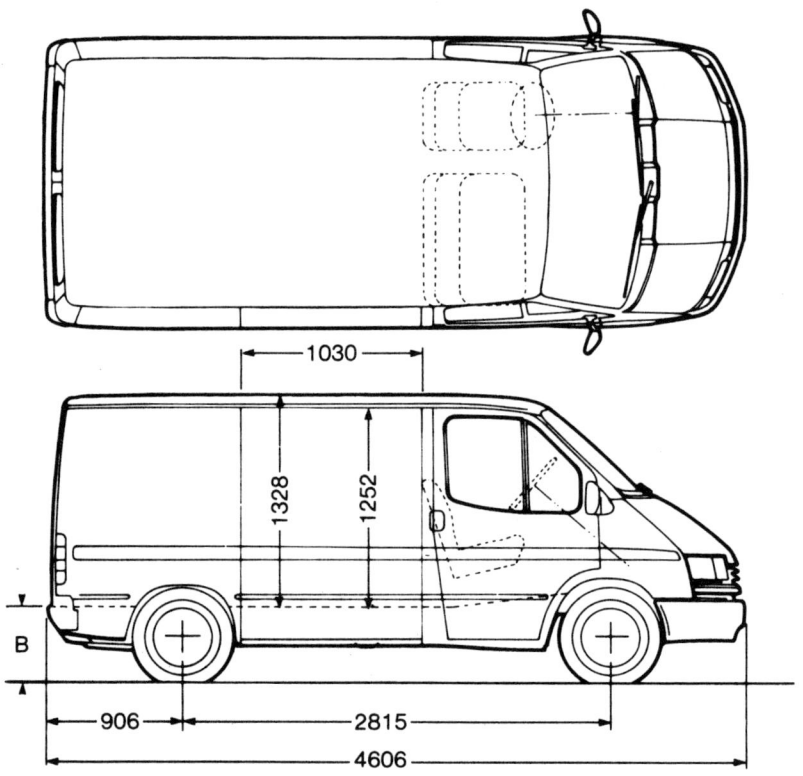

Maßstab 1:50

zum Motortuning von Benzin- und Dieselmaschine gibt es schon heute ein großes Angebot.

Für den Ausbauer stehen in verschiedenen Gesamtgewichtsklassen von 2,55 bis 3,5 Tonnen eine kurze Kastenkarosserie mit 4,6 m Außen- und 2,46 m Laderaumlänge sowie eine Langversion mit gut 5,3 m Außen- und 3,21 m Laderauminnenlänge zur Wahl. Mit über 1,77 m Innenbreite (außen noch unter 2 m) und einem fast gerade ansteigenden, kastenförmigen Innenraum bietet der Transit hier besonders viel. Die Innenhöhen sind nicht besser als beim Vorgänger, hier helfen nur Hoch- oder Aufstelldächer.

Wichtig: Nur die kurze Kastenversion hat die komfortable, Pkw-ähnliche Zahnstangenlenkung und einzeln aufgehangene Vorderräder. Sämtliche Langversionen verfügen über eine stabile, Lkw-ähnliche Faustachse vorn mit Kugelumlauflenkung. Der Komfort ist geringer. Die Antriebsvarianten entsprechen dem alten Transit: In Frage kommen ein Benziner mit 2,0 l/78 PS oder der DI-Diesel mit 2,5 l/68 PS. Beide sind in der runden Schnauze vor dem Fahrerhaus eingebaut. Der Diesel ist erst seit Ende 1986 voll gekapselt – vorherige Dieselmodelle sind ohrenbetäubend laut und für eine Reisemobilcrew unzumutbar!

Ford Transit: Kastenwagen FT 130, FT 160, FT 190

		FT 130	FT 160	FT 190
A	Benzin	2245	2246	2253
	Diesel	2250	2246	2254
B		687	688	695
C		174	174	174

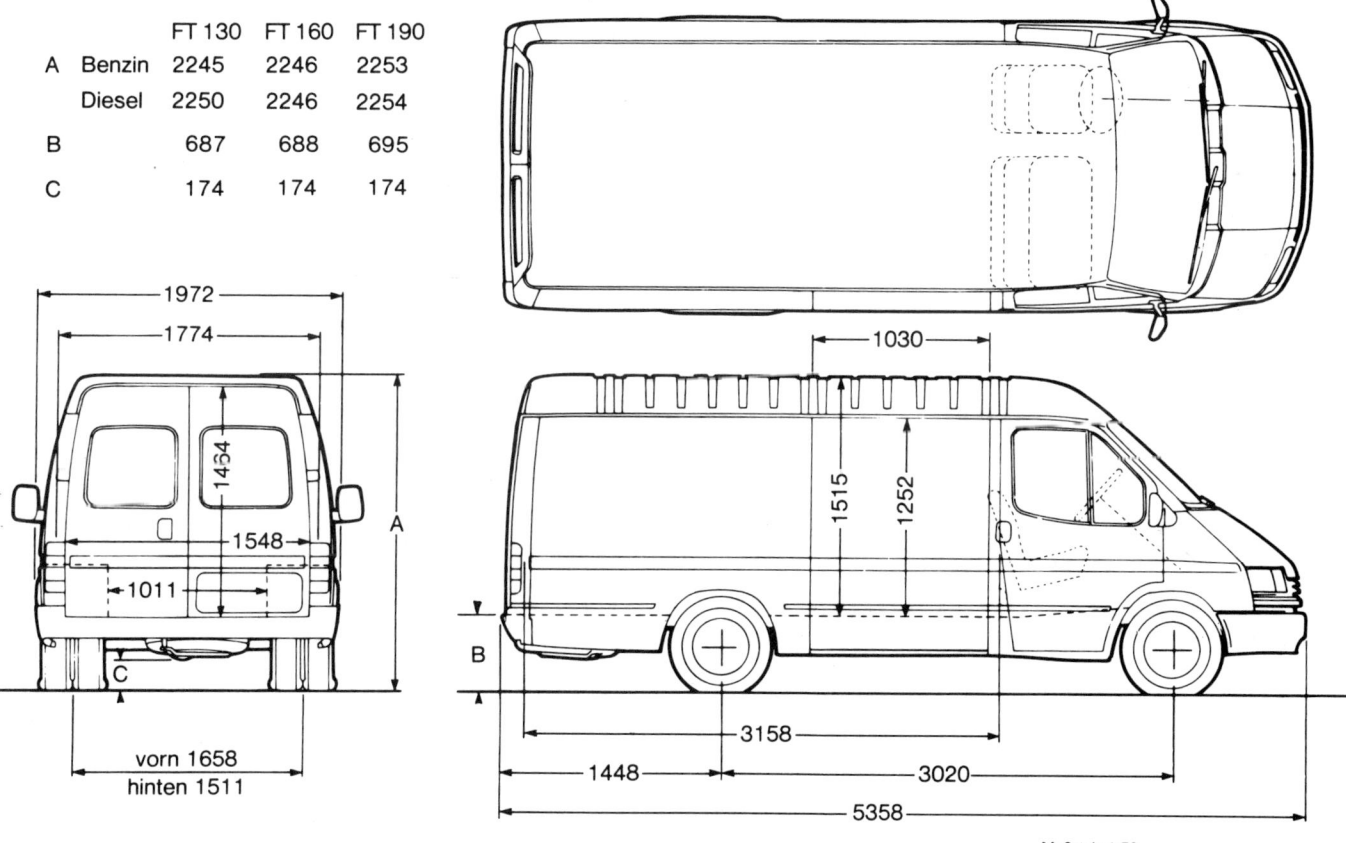

Maßstab 1:50

**Opel
Bedford Blitz**

Opel bietet seit dem Auslaufen der Opel-Blitz-Baureihe kein eigenes Nutzfahrzeug mehr an. Statt dessen vertreibt die Opel-Händlerorganisation seit etwa zwölf Jahren den Großbritannien-Import Bedford-Blitz in Deutschland. Der Wagen wurde zuletzt 1981 gründlich überarbeitet und erhielt dabei ein neues Gesicht, die Technik wurde jedoch im wesentlichen beibehalten. Inzwischen ist der Verkauf eingestellt worden. Obwohl es sich um eine ausgereifte Konstruktion und ein insgesamt dem alten Ford Transit sehr ähnliches Fahrzeug handelt, hat sich der Exil-Engländer auf dem deutschen Markt nie so recht durchsetzen können (anders beispielsweise in Italien oder Portugal, wo er ein großer Erfolg geworden ist). Ausbaugeeignete Kastenwagen findet man in zwei Karosserielängen (4,4 und 4,9 m) auf zwei Radständen (2,69 und 3,2 m). Je nach Baujahr finden sich zulässige Gesamtgewichte von 2,34, 2,54, 2,8

und 3,5 Tonnen. Zuletzt wurden nur noch 2,54- und 3,5-Tonner angeboten. Unübersichtlich ist das Motorenangebot. In älteren Bedfords gibt es 1,7 -l-Benziner mit 67 PS, 2,3-l-Benziner mit 79 PS und einen 2,3-l-Diesel mit 63 PS. Später wurde neben dem Diesel nur noch ein 2-l-Benziner verkauft, der 76 PS leistete.

An Laderaummaßen hat der Brite zu bieten: 2,35 oder 2,85 m Länge, Breite 1,70 (verjüngt sich stark nach oben) und eine Normaldachhöhe von 1,35 m. Man braucht auch hier dringend Aufstell- oder Hochdächer, von denen es nur eine geringe Auswahl am Zubehörmarkt gibt. Service ist nicht bei allen Opel-Betrieben gewährleistet, das Fahrzeug ist immer ein Stiefkind geblieben. Sein Fahrwerk ist dem des alten Transit zwar überlegen, will man jedoch eine simple Anhängerkupplung anbauen, muß man schon besonders tief in die Tasche greifen: Ohne eine Verstärkung der Hinterachsfedern trägt der TÜV den Haken nicht ein. Wegen der vergleichsweise geringen Verbreitung sind Bedfords billig zubekommen. Bei Reisen in britisches Einzugsgebiet gibt's keine Probleme mit dem Service.

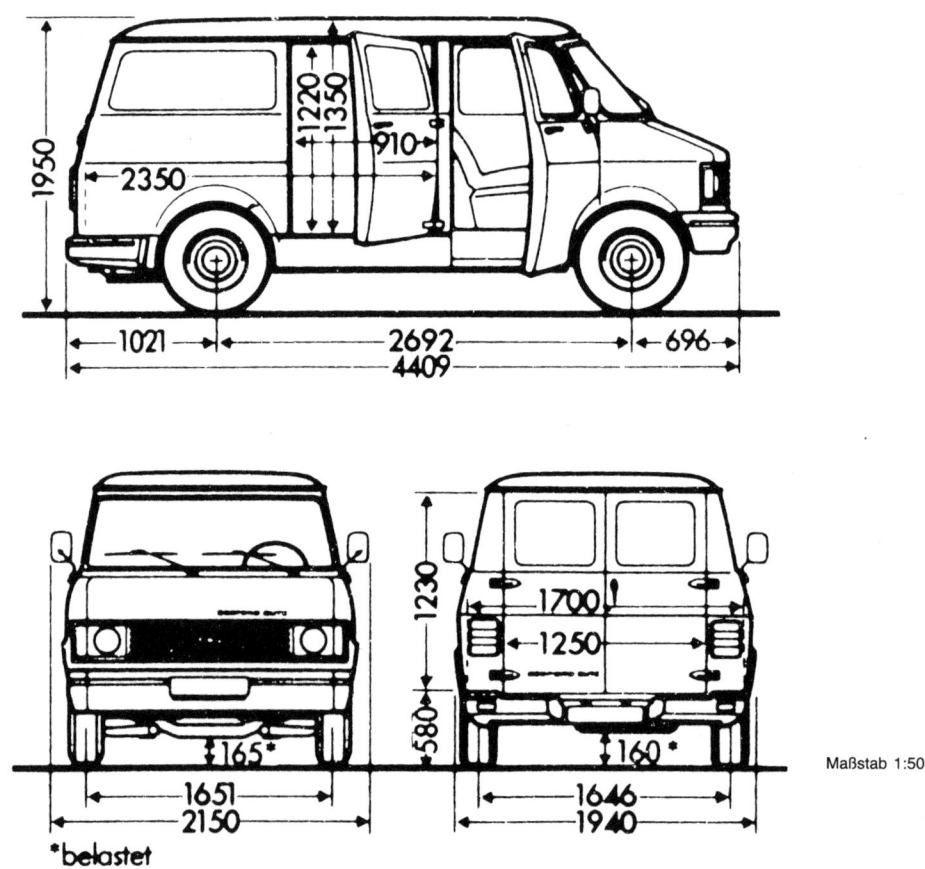

Maßstab 1:50

*belastet

Isuzu Van

Opel-Mutter General Motors ist am japanischen Hersteller Isuzu beteiligt. Deshalb bieten manche Opel-Händler Isuzu-Nutzfahrzeuge und Geländewagen an, die über die selbständige Convesco Vehicle Sales importiert werden. Für den Kunden kann das Ersatzteilbeschaffungsprobleme bedeuten und Schwierigkeiten, einen geeigneten Servicebetrieb zu finden. Die Isuzu Vans gibt es in zwei Längen, sie sind aber sehr schmal (1,69 m außen) und hindern den Camper durch mittig zwischen den Vordersitzen eingebaute Motoren am Durchstieg. Das Gebrauchtwagenangebot ist überaus gering. Einzig Allradaspiranten sei zum Isuzu geraten: Weit billiger als ein VW syncro, bietet der 4×4-Van zwar konventionellere Technik, jedoch eine gute fahrwerksseitige Ausstattung. Lieferbar ist mit Allradantrieb dabei leider nur der Benzinmotor, nicht der für den Hecktriebler angebotene Dieselmotor. (Siehe auch: japanische Basisfahrzeuge.)

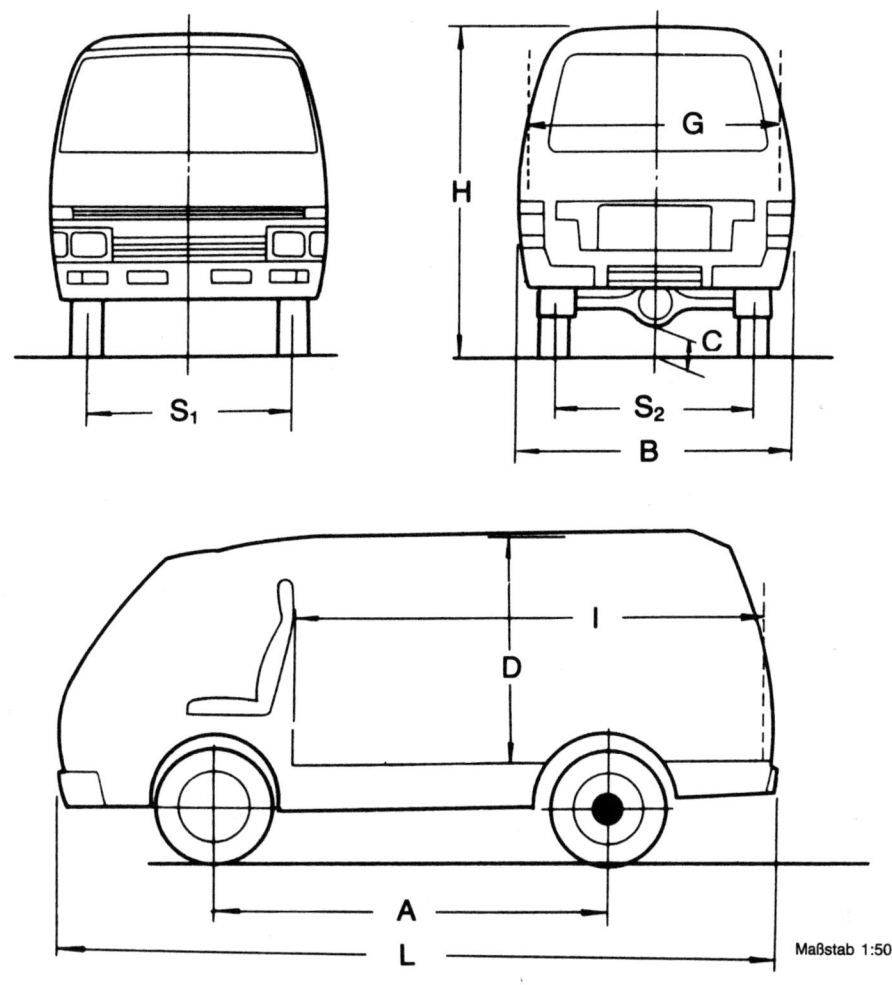

Maßstab 1:50

● angetriebene Achse

A	Radstand	mm	2690
L	Gesamtlänge	mm	4690
B	Gesamtbreite	mm	1690
H	Gesamthöhe	mm	2170
S₁	Spurweite vorne	mm	1430
S₂	Spurweite hinten	mm	1400
C	Bodenfreiheit	mm	185
G	Innenbreite	mm	1520
I	Innenlänge Ladefläche	mm	3020
D	Innenhöhe	mm	1610

Fiat

1982 lancierte Fiat einen neuen, europäischen Transporter, der im Reisemobilbau wie kaum ein zweites Fahrzeug neben dem VW-Bus Erfolg hat. Die völlige Neukonstruktion, die Fiat gemeinsam mit Peugeot und Citroën betrieben hat, führte zu einer beispiellosen Fahrzeugreihe, die Fiat unter dem Namen Ducato, Peugeot als J 5 und Citroën als C 25 anbietet. Dabei sind die einzelnen Fahrzeuge bis auf unterschiedliche Kühlergrillgestaltung und jeweils hauseigene Motoren absolut baugleich. Karosserieschäden an einem Citroën C 25 kann jede Fiat-Werkstatt beheben, bei Peugeot läßt sich ein beschädigter Ducato-Kotflügel billiger ersetzen als bei Fiat.

Das Bauprinzip ist vor allem für Sonderaufbauten verlockend, es bietet aber auch dem Kastenausbauer wesentliche Vorteile.

Die Fahrzeuge, egal ob Ducato, J 5 oder C 25, sind allesamt Fronttriebler. Alles, was zur Fahrzeugtechnik gehört, befindet sich vorn: Motor, Antriebseinheit, sogar das Reserverad liegt (sauber) unter der Motorhaube, der Kraftstofftank unter dem Fahrerhaus. Außer Bremsleitungen und einer Achsaufhängung hat man im hinteren Bereich also nur Baufläche. Dieses praktische Konstruktionsprinzip läßt an vielen Stellen Durchbrüche für Heizungskamine, Frisch- und Abwasserleitungen zu. Die Motorleistungen liegen je nach Fahrzeugtyp zwischen 70 und 95 PS, dabei stellen

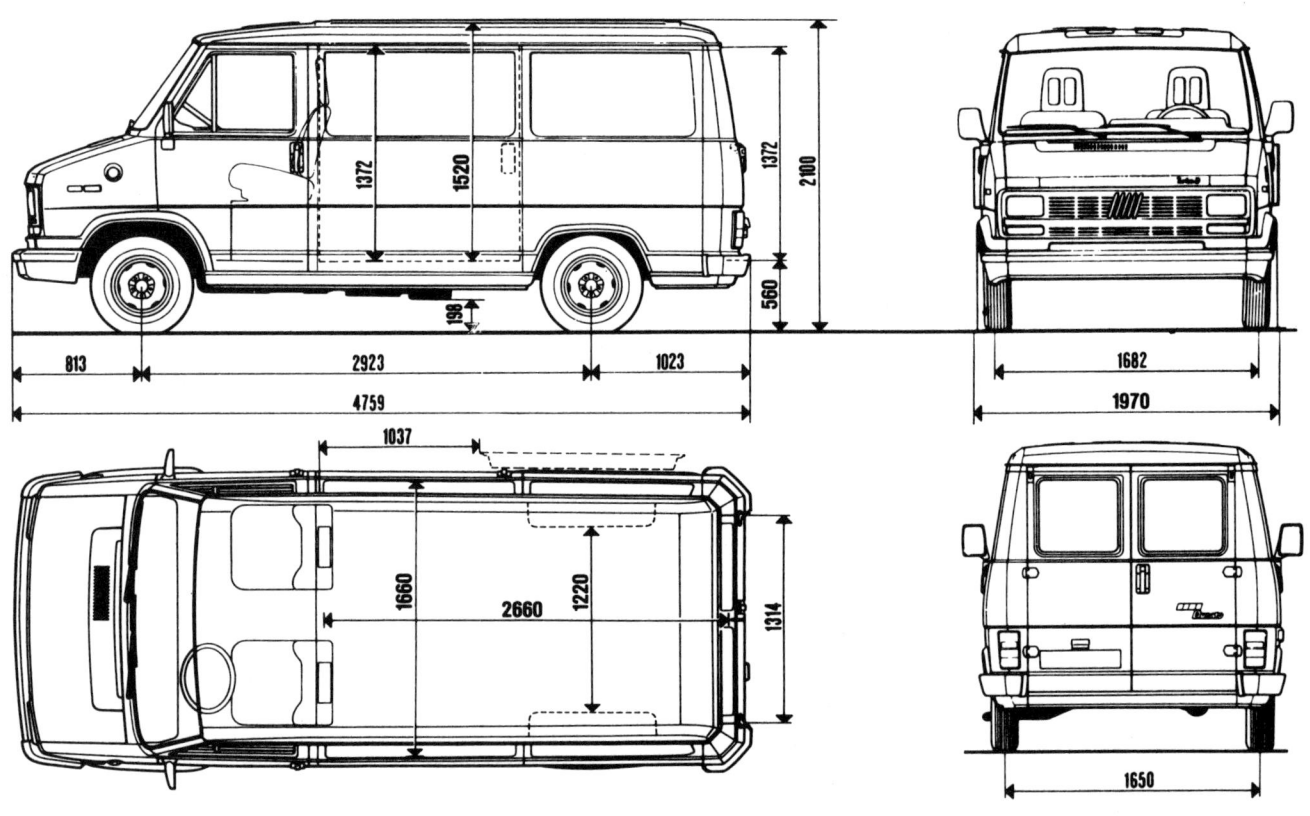

Maßstab 1:50

sowohl bei Fiat als auch bei den beiden Franzosen starke Turbodiesel die Spitze. Mit kurzem Radstand (2,92 m) und kurzer Karosserie (4,75 m) bietet der Ducato einen Ausbauraum von 2,66 m Länge und 1,66 m Breite an. Oben wird der Kasten allerdings sehr schmal. Das Normaldach bietet 1,52 m Innenhöhe, das serienmäßig lieferbare Hochdach 1,83 m.

Die Campingindustrie liefert alle gewünschten Dachvarianten zur weiteren Ausgestaltung des Oberstübchens. In der Großraumkastenwagenversion wird nur das Hochdach geliefert, man kann es durch noch höhere Dächer ersetzen oder aber selbst weiter erhöhen. Die Maße für Breite und Höhe sind gleich wie beim kleineren Modell. Der Radstand beträgt 3,65 m, die Karosserie ist 5,48 m, der Laderaum 3,41 m lang. Damit ist das Fahrzeug wegen des durch

Frontantrieb eingeschränkten Wendekreises allerdings schon relativ unhandlich im Stadtverkehr.

Durch die Lenkradschaltung und den links vom Fahrersitz angeordneten Handbremshebel ist der Durchstieg nach hinten besonders komfortabel. Mängel an den Fahrzeugen sind in der Heizung zu finden, die erst ab Modelljahr 1987 erheblich in ihrer Leistung verbessert wurde. In älteren Modellen friert man ab Außentemperaturen unter minus 5 Grad ganz bitterlich, trotz Gebläse. Außerdem ist die Instrumentenbeleuchtung nicht der Weisheit letzter Schluß, sie spiegelt sich unangenehm in Frontscheibe und beiden Seitenfenstern. Dort ausgerechnet im Blickbereich der Außenspiegel, was Nachtfahrten unangenehm macht. Die Sitzposition im Fahrerhaus wird von vielen als unbequem empfunden.

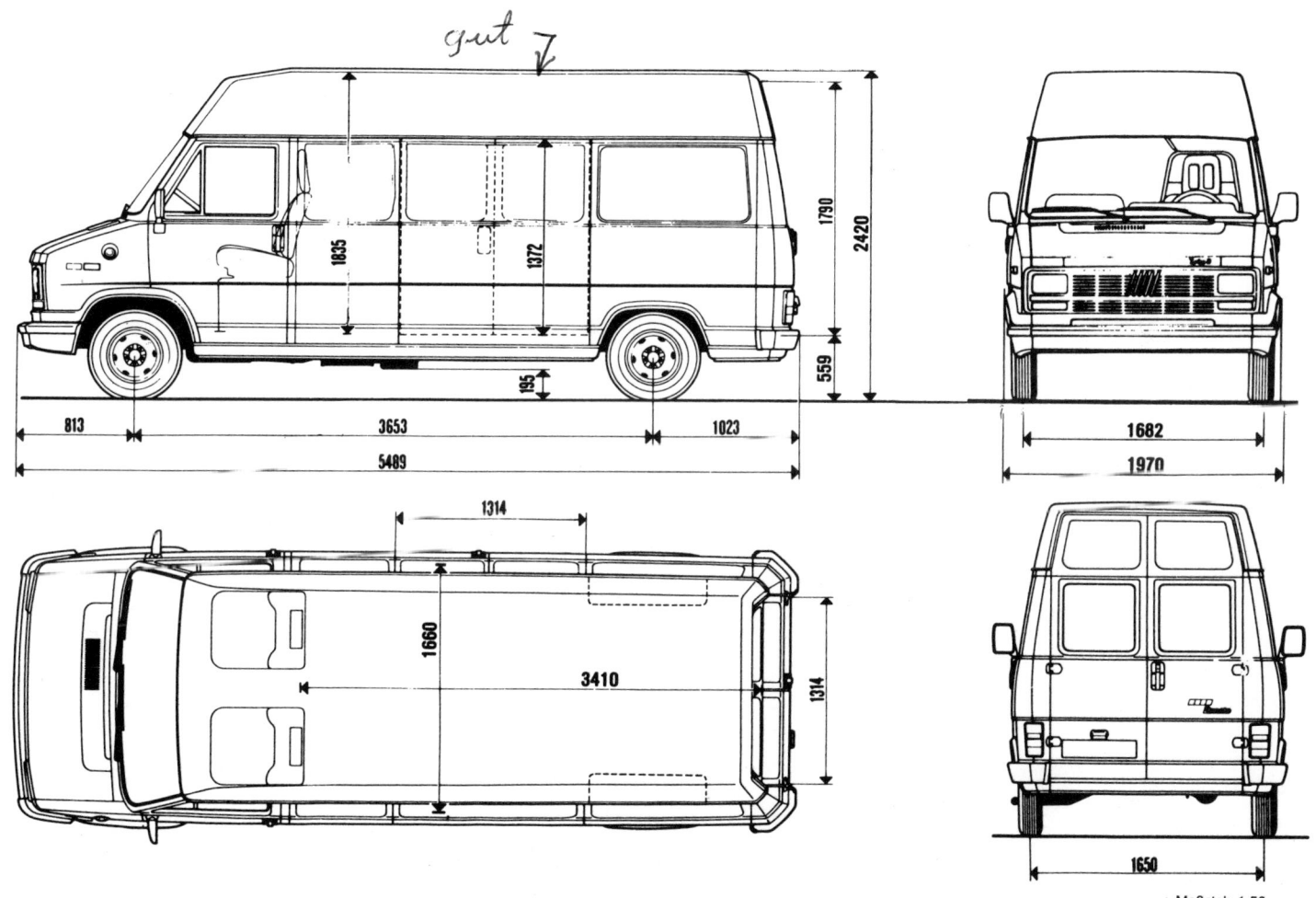

Maßstab 1:50

Fiat Ducato (oben) und Großraumkastenversion (unten).

Peugeot, siehe Fiat

Citroën, siehe Fiat

Iveco
Daily

Rund jedes fünfte Nutzfahrzeug in Europa ab 3,5 Tonnen zulässigem Gesamtgewicht kommt heute von Iveco. Damit hat der zur Fiat-Gruppe zählende Nutzfahrzeughersteller, zu dem in Deutschland das traditionsreiche Unternehmen Magirus-Deutz gehört, schon einen Marktanteil von fast 20%. Die Baureihe Daily ist die leichteste. Sie wird mit zulässigen Gesamtgewichten von 2,8 bis 5,3 Tonnen angeboten und bietet trotz echter Lkw-Konstruktion (Leiterrahmen) noch passabel komfortables Fahrverhalten. Als Antrieb für die Hinterachse dienen ausschließlich Dieselmotoren: eine Saugversion mit 2,5 Liter Hubraum und Kammerprinzip, die 72 PS leistet, sowie ein turboaufgeladener Direkteinspritzer mit 92 PS. Dieser Motor wird auch im Fiat Ducato verwen-

det. Damit wird das leicht gebaute Fahrzeug zum schnellen Renner. Zwei Radstände werden als Kastenwagen angeboten: 2,8 m mit 4,67 m langer Karosserie und 3,2 m mit 5,71 m langer Karosserie. Hinter der Außenbreite von genau 2 m verbirgt sich ein 1,82 m breiter Laderaum, der je nach Radstand 2,64 oder 3,5 m lang ist. Innen hat man 1,51 m Kopffreiheit, wahlweise liefert Iveco auch ein Kunststoffhochdach mit Innenhöhe 1,88 m. Der Reisemobilmarkt hält weitere Dachvarianten auf Lager. Vom TurboDaily gibt es seit 1987 auch eine Allradversion. Für den größeren Leistungsbedarf im Gelände wurde die PS-Zahl auf 100 erhöht.

Ältere Dailies sind häufig stark vom Rost befallen, erst in jüngerer Zeit wurden bessere Korrosionsschutzmaßnahmen eingeführt. Bis Baujahr 1986 hört man auch häufiger von Kupplungs- und Elektrikproblemen. Die Bauweise ist leichter und damit weniger steif als bei den meisten Mitbewerbern. Das spart zwar Kraftstoff und ermöglicht bessere Fahrleistungen, führt aber auch zu stärkeren Verwindungen.

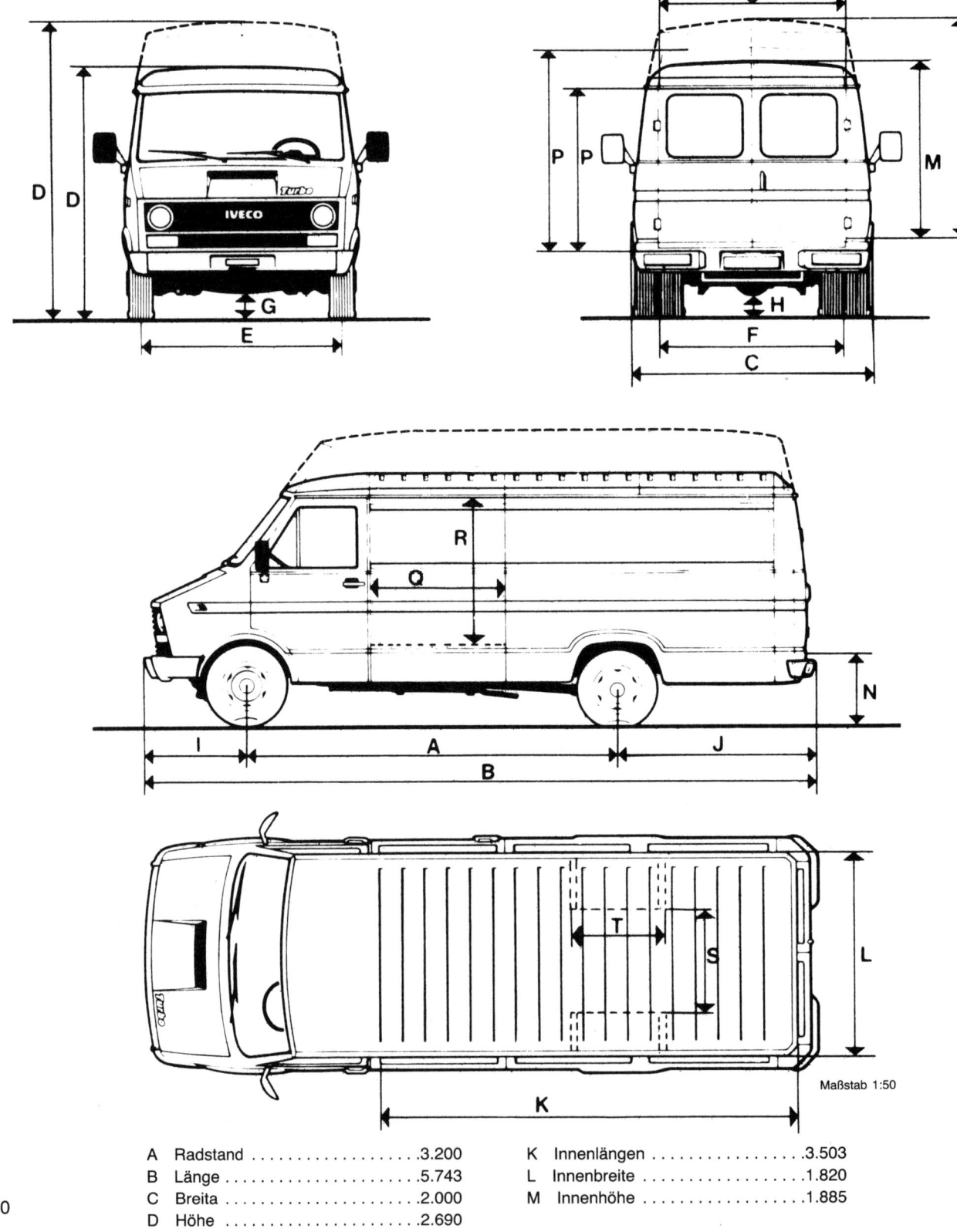

A	Radstand 3.200	K	Innenlängen 3.503
B	Länge .5.743	L	Innenbreite 1.820
C	Breita 2.000	M	Innenhöhe 1.885
D	Höhe .2.690		

Maßstab 1:50

Renault
Trafic

Der große französische Staatskonzern spielt auf dem deutschen Transportermarkt nur eine Nebenrolle. Eigentlich sollte sich das Anfang der achtziger Jahre ändern, als mit den von Grund auf neukonstruierten Modellen Trafic und Master ein einzigartig vielfältiges Tranporterangebot aus Frankreich kam. Doch vor der Modellvielfalt kapitulierten die Kunden, und die Händler wußten gar nicht, was es alles gab. Allein beim kleineren Transportermodell, dem Trafic, konnte der Kunde unter 81 Varianten wählen, wahlweise Front- oder Hinterradantrieb und vielerlei Benzin- und Dieselmotoren. Die Renault-Politik, ständig die Produktion zu verändern, führte zu weiteren Unsicherheiten. Man kann heute auf dem Gebrauchtwagenmarkt tatsächlich völlig gleich ausgestattete Fahrzeuge aus demselben Baujahr finden, in die unterschiedliche Motoren eingebaut sind. Beim Diesel liegt der Ölmeßstab einmal links, einmal rechts am Block, angeblich soll es sich um denselben Motor handeln. Da fällt es selbst einem guten Servicebetrieb schwer,

das richtige Ersatzteil zu finden. In den Renault-Angaben schwankten die Motorleistungen für angeblich gleiche Motoren immer wieder um mehrere PS. Deshalb ist die geringe Trafic-Auswahl am Gebrauchtwagenmarkt sehr unübersichtlich. Heute ist mit dem Wirrwarr etwas aufgeräumt:

Der Trafic wird in »nur« noch 23 Varianten angeboten, die Grundausstattung hat generell Frontantrieb. Als Sonderwunsch kann der Hinterradantrieb geliefert werden, außerdem gibt es vier Trafic-Varianten mit Allradantrieb. Es stehen vier Motoren zur Wahl, drei Benziner, die auch bleifrei vertragen, mit 1,4 l Hubraum und 48 PS beziehungsweise 1,7 l und 68 PS sowie 2 l/80 PS; dazu ein Diesel mit 2 Liter Hubraum und 59 PS. An Kastenwagen werden zwei Radstände geboten: 2,8 m und 3,2 m. Die entsprechenden Karosserielängen sind 4,4 m und 4,83 m. Das entspricht Laderaummaßen von 2,35 m Länge oder 2,75 m Länge, bei einer einheitlichen Breite von 1,65 m. Die Innenhöhe variiert von 1,51 m bis 1,90 m. Für die Allradversionen gelten geringfügig geänderte Maßangaben. Trafics gibt es in zulässigen Gesamtgewichten von 2,1 bis 2,8 Tonnen.

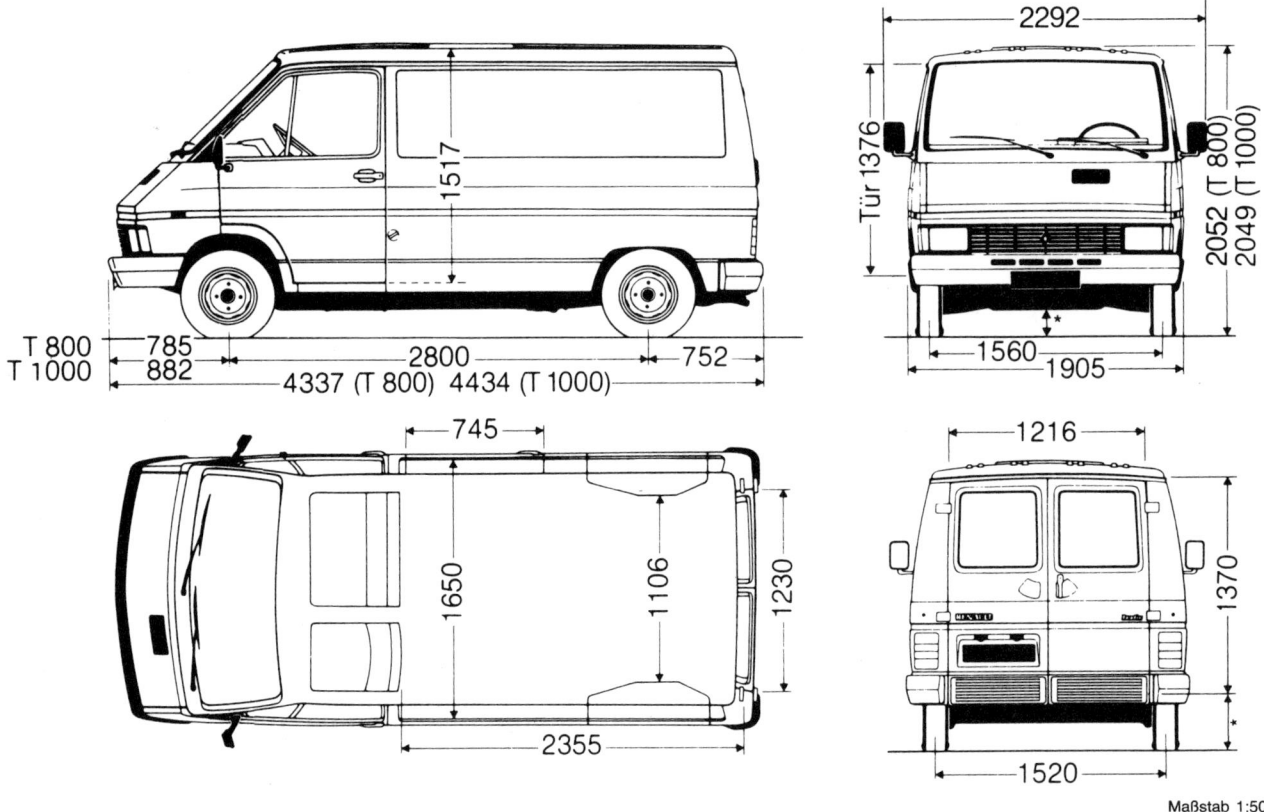

T 800   785
T 1000   882

2800

752

4337 (T 800)   4434 (T 1000)

1517

2292

Tür 1376

2052 (T 800)
2049 (T 1000)

1560
1905

745

1650

1106

1230

2355

1216

1370

1520

Maßstab 1:50

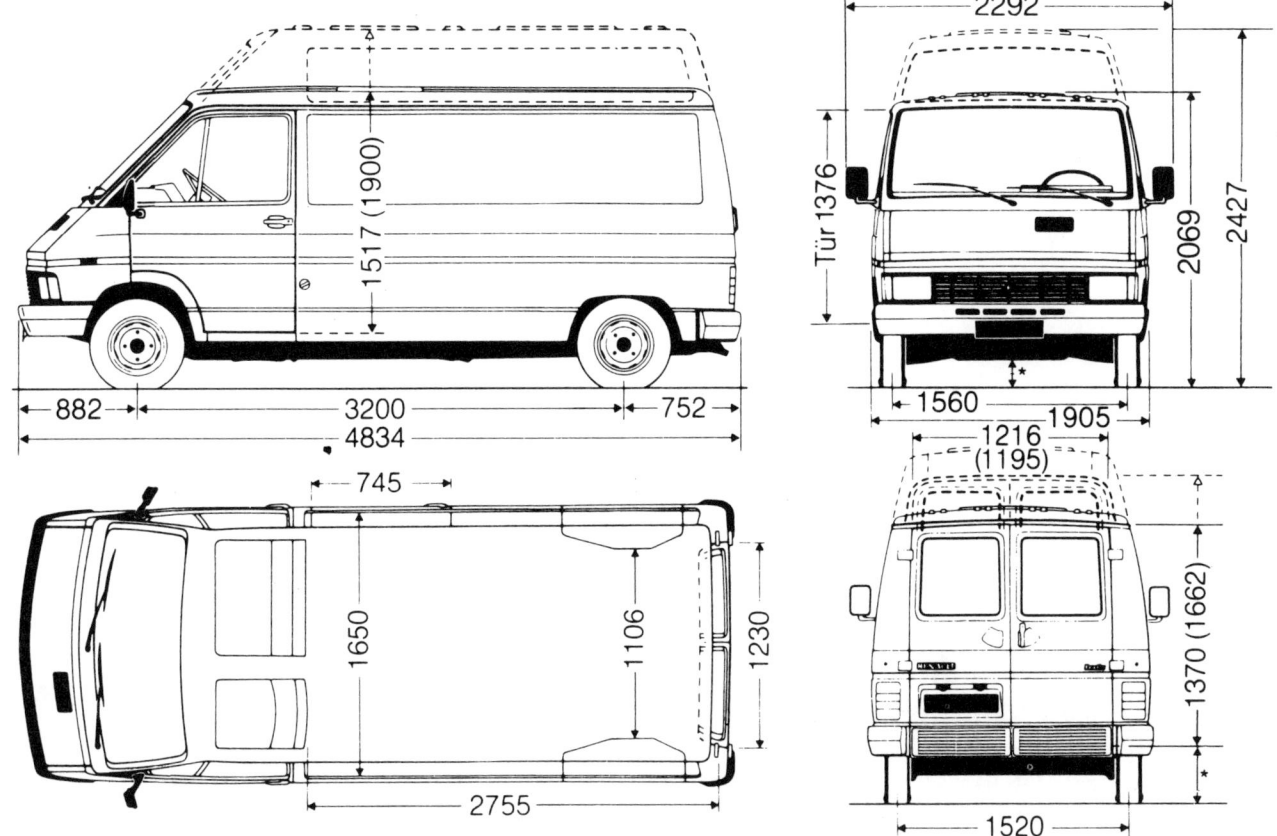

2292

2427

2069

Tür 1376

1560

1905

1517 (1900)

882

3200

752

4834

745

1650

1106

1230

2755

1216
(1195)

1370 (1662)

1520

Master

Der größere Renault Master, ein ganz und gar futuristisch wirkendes Fahrzeug, ist trotz für den Reisemobilausbau bemerkenswerter Konstruktionsdetails in Deutschland fast überhaupt nicht vertreten. Er ist in acht Varianten von 2,8 bis 3,5 Tonnen erhältlich und einheitlich mit einem 2,4-l-Diesel mit 72 PS ausgerüstet. Der Master hat einen Laderaum von 2,94 m/3,58 m Länge bei 1,80 m Breite und über 1,86 m Höhe.

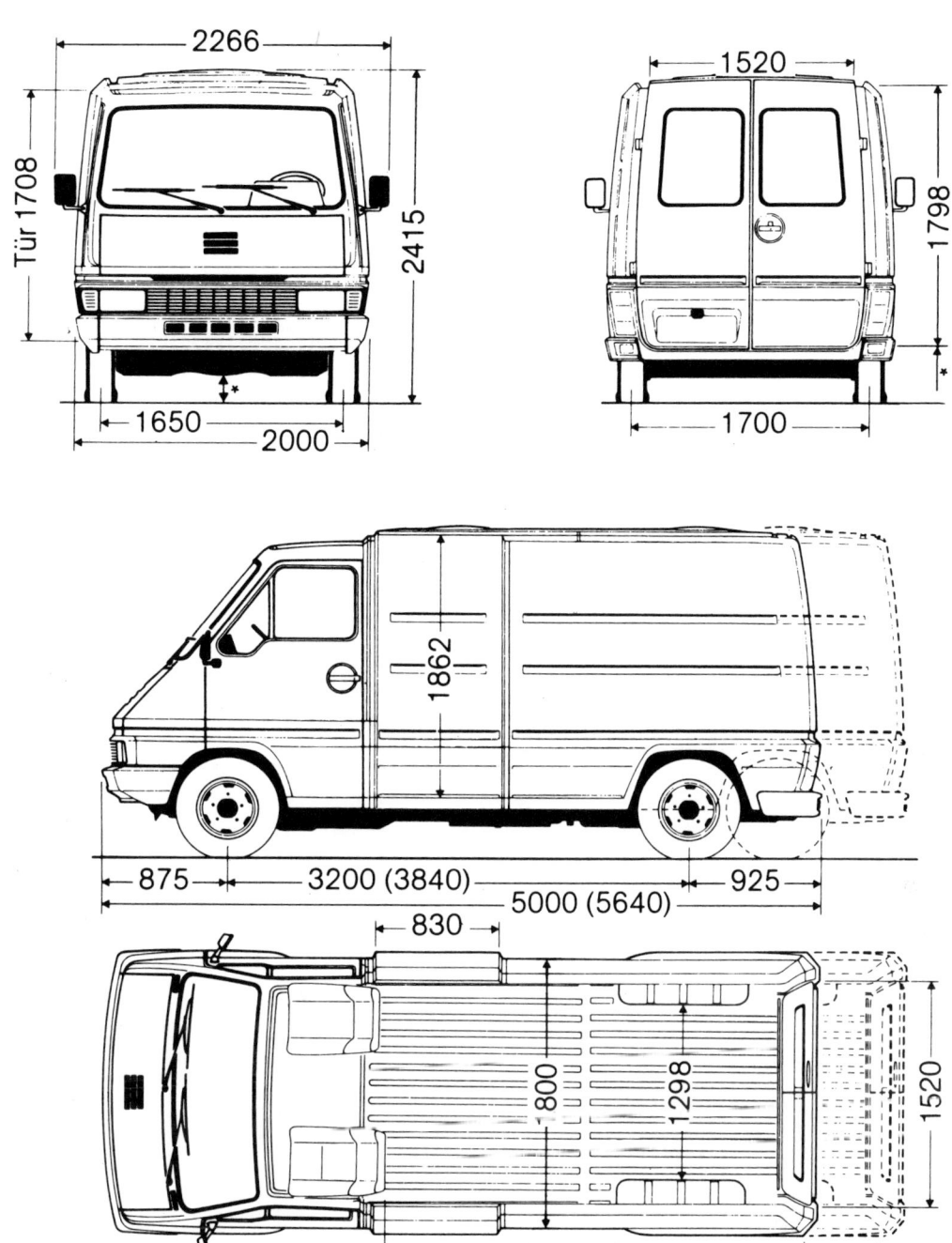

2266

Tür 1708

2415

1650
2000

1520

1798

1700

1862

875 — 3200 (3840) — 925
5000 (5640)

830

800

1298

1520

2940 (3580)

Maßstab 1:50

Japanische Basisfahrzeuge

Japanische Basisfahrzeuge spielen eine Außenseiterrolle auf dem heimischen Transportermarkt. Sie folgen fast alle dem gleichen Konstruktionsprinzip, haben den Motor längs zwischen Fahrer- und Beifahrersitz eingebaut und treiben die Hinterachse an. Da in Japan Steuerklassen für Kraftfahrzeuge an bestimmte Außenabmessungen gebunden sind, bleibt die Außenbreite aller japanischen Transporter unter 1,70 m (darüber fängt die Steuerprogression an). Unterschiede gibt es nur in der Länge und (unwesentlich) in der Höhe.

Eine klassische Domäne der Japaner sind die kleinen Transportfahrzeuge der 800-Kilo-Nutzlastklasse. Unter ihnen besonders erfolgreich ist der Mitsubishi L 300, gefolgt von Toyota Lite Ace und Nissan Vanette. Alle japanischen Kleintransporter sind 1986/87 stark überarbeitet worden.

Die früheren Modelle entsprechen nicht den in Europa üblichen Sicherheitsanforderungen und sind besonders bei Frontalaufprall Todesfallen. In den neuen Versionen sind in sämtliche Fahrzeuge energieabsorbierende Crashzonen eingearbeitet worden, die europäischem Standard und teilweise sogar den noch strengeren US-Normen entsprechen. Zwangsläufig sind die Außenlängen dabei etwas gewachsen.

Neben den »kleinen« gibt es auch »große« Japaner. Deren Laderaumzuwachs erklärt sich ausschließlich aus Längenzunahme, denn auch die größeren Versionen bleiben unter 1,70 Außenbreite. Nissan mit dem Urvan, Isuzu (siehe Opel), Mazda und Toyota sind dabei die stärksten Anbieter. Mazda und Isuzu bieten wie Mitsubishi auch Allradfahrzeuge an. Toyota liefert 4×4-Versionen nur in der Schweiz aus. Im folgenden die relevanten technischen Daten im kurzen, tabellarischen Überblick:

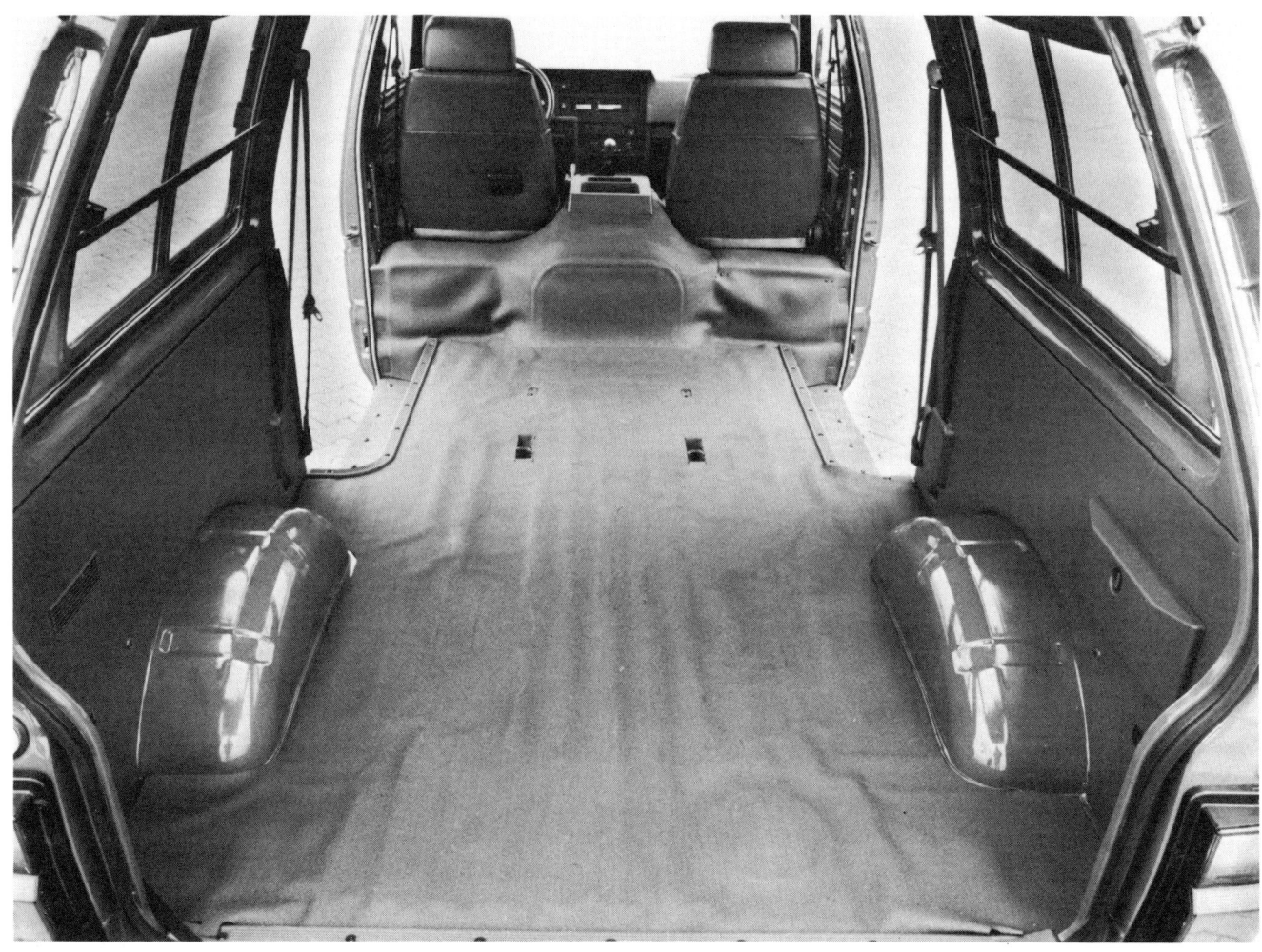

Mazda ▲
E 2000 / E 2200

Karosserielänge:	4,7 m	Motoren
Laderaumlänge:	3,07 m	Benzin: 2,0 l, 86 PS
Laderaumbreite:	1,54 m	Diesel: 2,2 l, 63 PS
Laderaumhöhe:	1,35 m	

Mitsubishi ▼
L 300 (bis Baujahr 1986)

Karosserielänge:	4,0 m	Motoren
Laderaumlänge:	2,3 m	Benzin: 1,6 l, 65 PS
Laderaumbreite:	1,5 m	Diesel: 2,3 l, 65 PS
Laderaumhöhe:	1,21 m	

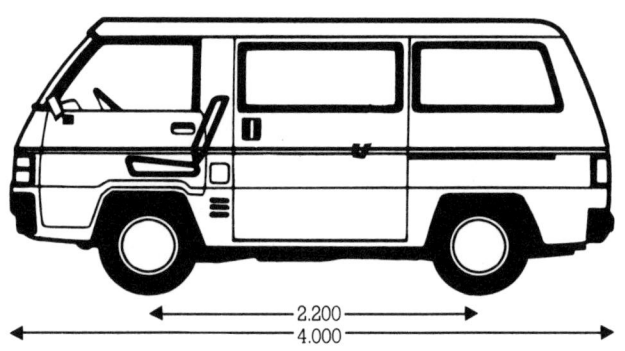
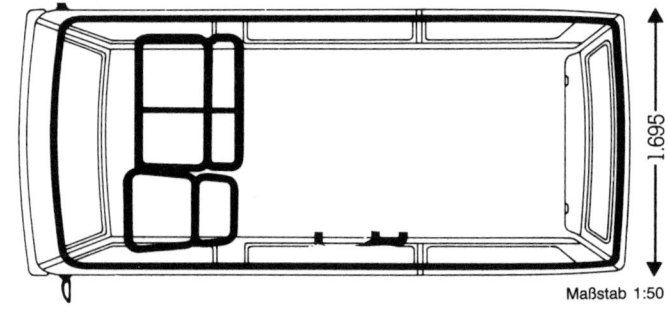

Maßstab 1:50

L 300 (ab Baujahr 1987)

Karosserielänge:	4,27/4,67 m	Motoren	
Laderaumlänge:	2,33/2,73 m	Benzin:	1,6 l, 70 PS
Laderaumbreite:	1,52 m	Benzin:	2,0 l, 90 PS
Laderaumhöhe:	1,24/1,36 m	Benzin:	Kat. 2,0 l, 87 PS
		Benzin:	i-Kat. 2,4 l, 109 PS
		Diesel:	2,5 l, 70 PS

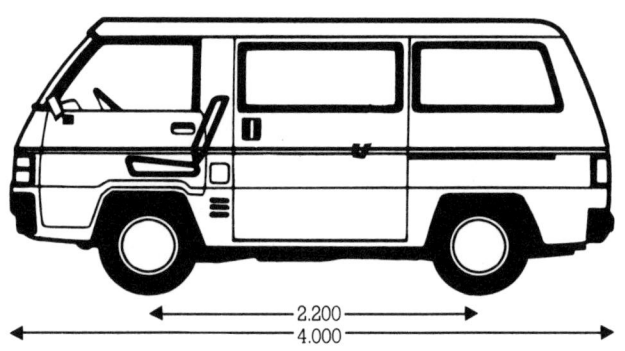

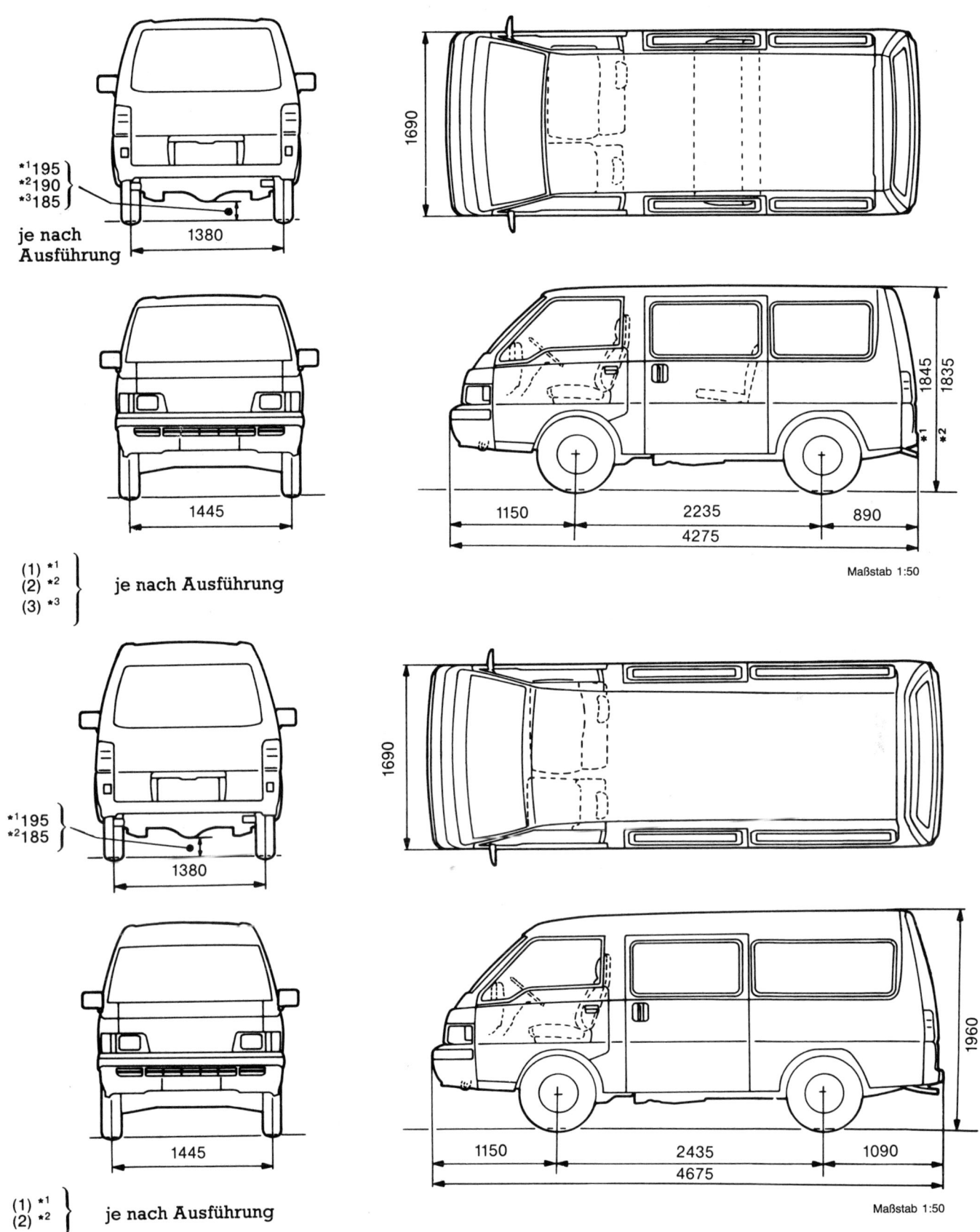

*1195
*2190
*3185
je nach
Ausführung

1380

1690

1845
1835
*1
*2

1150   2235   890
4275

Maßstab 1:50

1445

(1) *1
(2) *2
(3) *3

je nach Ausführung

*1195
*2185

1380

1690

1150   2435   1090
4675

1960

1445

(1) *1
(2) *2

je nach Ausführung

Maßstab 1:50

Toyota
Lite Ace (bis Baujahr 1985)

Karosserielänge:	3,9 m	Motor	
Laderaumlänge:	2,14 m	Benzin:	1,3 l, 57 PS
Laderaumbreite:	1,43 m		
Laderaumhöhe:	1,43 m		

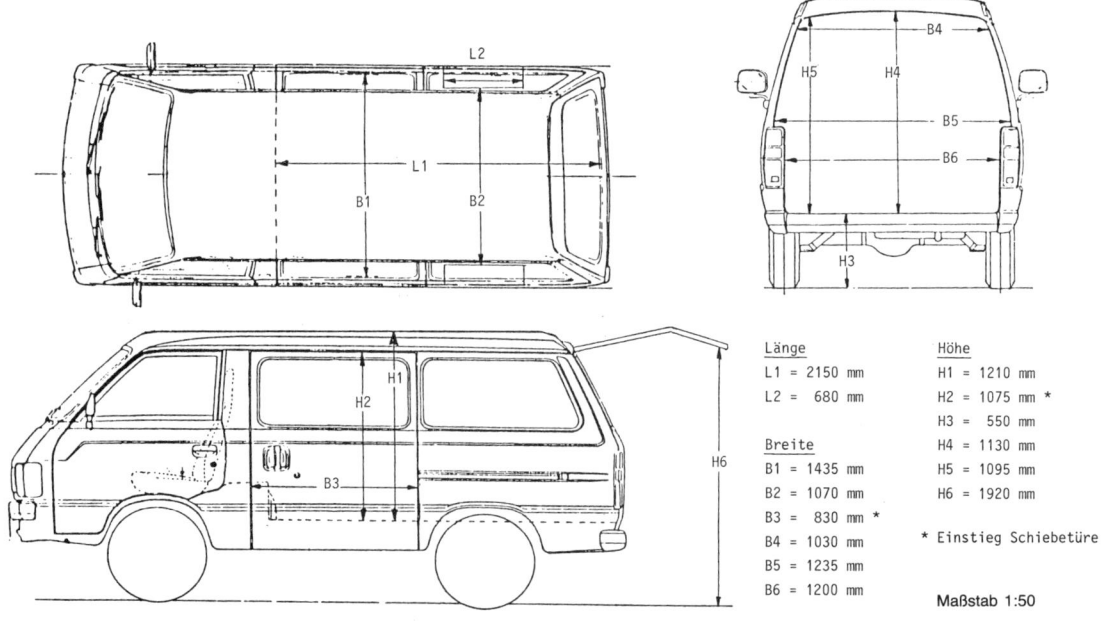

Länge
L1 = 2150 mm
L2 = 680 mm

Breite
B1 = 1435 mm
B2 = 1070 mm
B3 = 830 mm *
B4 = 1030 mm
B5 = 1235 mm
B6 = 1200 mm

Höhe
H1 = 1210 mm
H2 = 1075 mm *
H3 = 550 mm
H4 = 1130 mm
H5 = 1095 mm
H6 = 1920 mm

* Einstieg Schiebetüre

Maßstab 1:50

Lite Ace (ab Baujahr 1986)

Karosserielänge:	3,99 m	Motor
Laderaumlänge:	2,13 m	Benzin:	1,5 l, 69 PS
Laderaumbreite:	1,44 m	
Laderaumhöhe:	1,35 m	

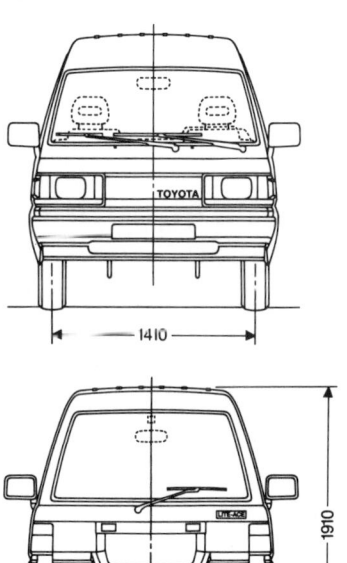

Maßstab 1:50

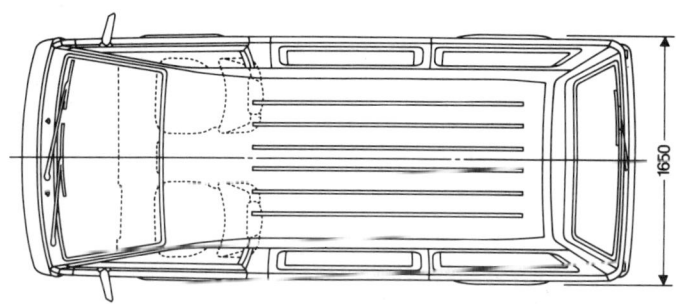

Maße in mm

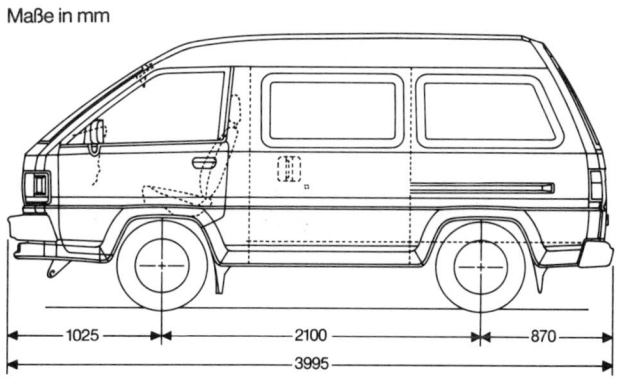

271

Hi Ace

Karosserielänge:	4,34/4,69 m	Motoren	
Laderaumlänge:	2,62/2,98 m	Benzin:	1,8 l, 66 PS
Laderaumbreite:	1,52 m	Benzin:	2,0 l, 88 PS
Laderaumhöhe:	1,31 m	Diesel:	2,4 l, 75 PS

Isuzu
Van

Karosserielänge:	4,35 m	Motoren
Laderaumlänge:	2,31 m	Benzin:
Laderaumbreite:	1,52 m	Diesel:
Laderaumhöhe:	1,31 m	

1,8 l, 76 PS	
2,0 l, 54 PS	

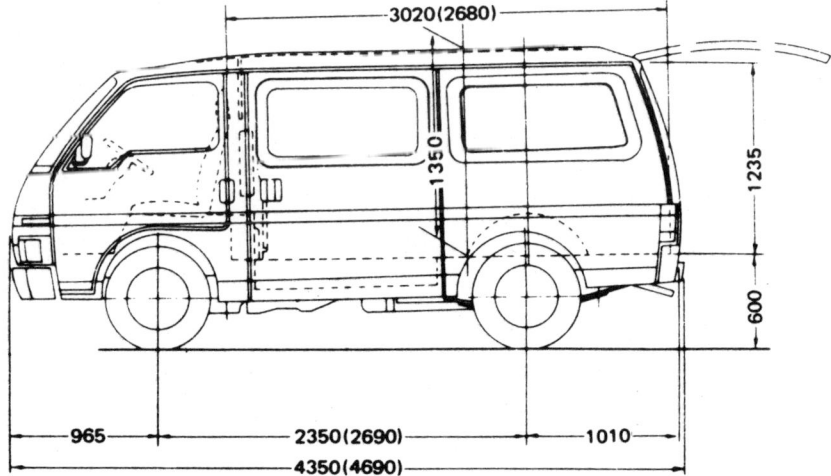

3020(2680)
1350
1235
600
965
2350(2690)
1010
4350(4690)

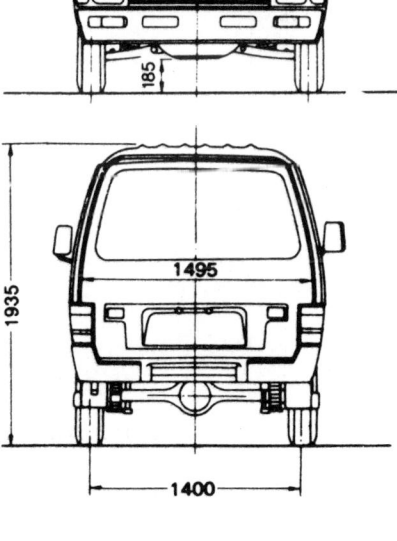

1690
185
1935
1495
1400

Maßstab 1:50

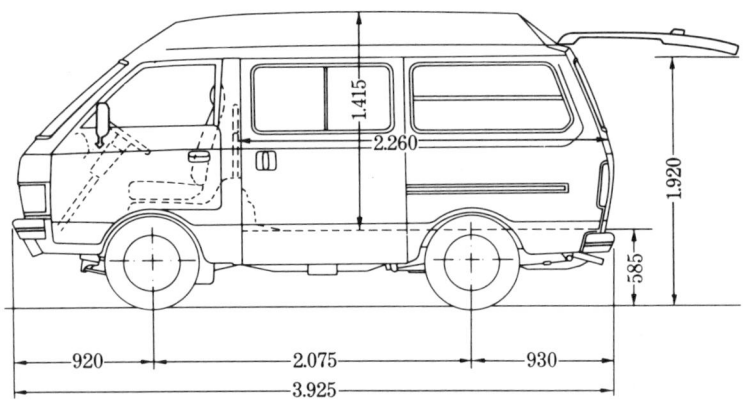
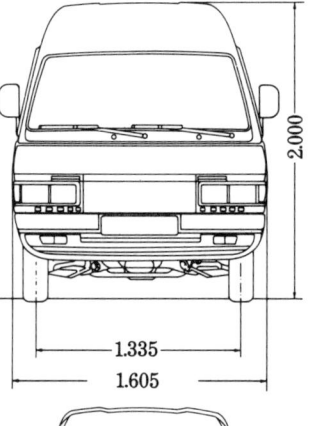

Maßstab 1:50

Nissan
Vanette (bis Baujahr 1987)

		Motor	
Karosserielänge:	3,92 m	Benzin:	1,5 l, 69 PS
Laderaumlänge:	2,26 m		
Laderaumbreite:	1,33 m		
Laderaumhöhe:	1,41 m		

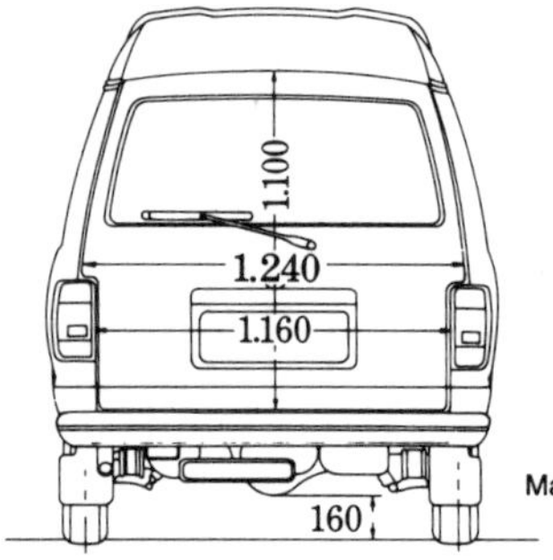

Vanette (ab Baujahr 1988)

Karosserielänge:	4,36 m	Motor	
Laderaumlänge:	2,43 m	Diesel:	2,0 l, 64 PS
Laderaumbreite:	1,49 m		
Laderaumhöhe:	1,31 m		

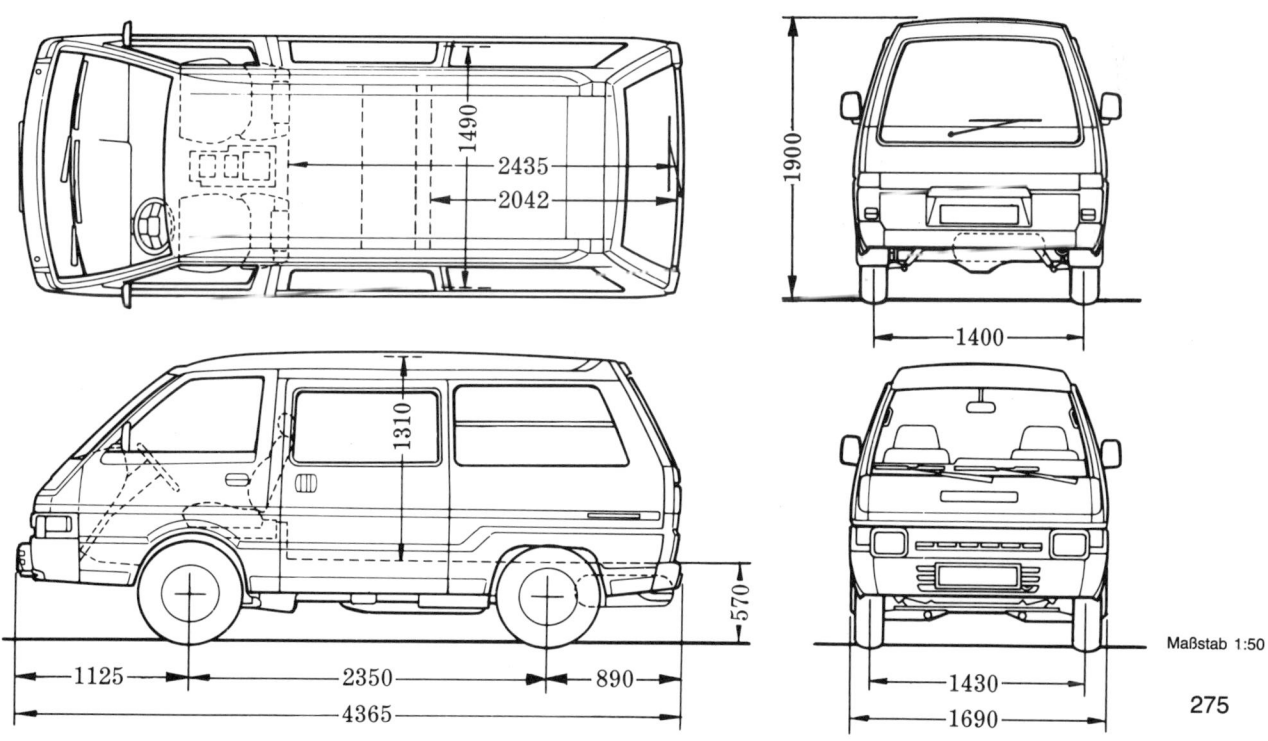

Maßstab 1:50

275

Urvan (bis Baujahr 1987)   ▲

Karosserielänge:	4,69 m	Motoren	
Laderaumlänge:	3,07 m	Benzin:	2,0 l, 75 PS
Laderaumbreite:	1,53 m	Diesel:	2,2 l, 64 PS
Laderaumhöhe:	1,33 m		

Urvan (ab Baujahr 1988)   ▶

Karosserielänge:	4,86 m	Motoren	
Laderaumlänge:	3,02 m	Benzin:	2,0 l, 87 PS
Laderaumbreite:	1,53 m	Diesel:	2,3 l, 69 PS
Laderaumhöhe:	1,37 m		

276

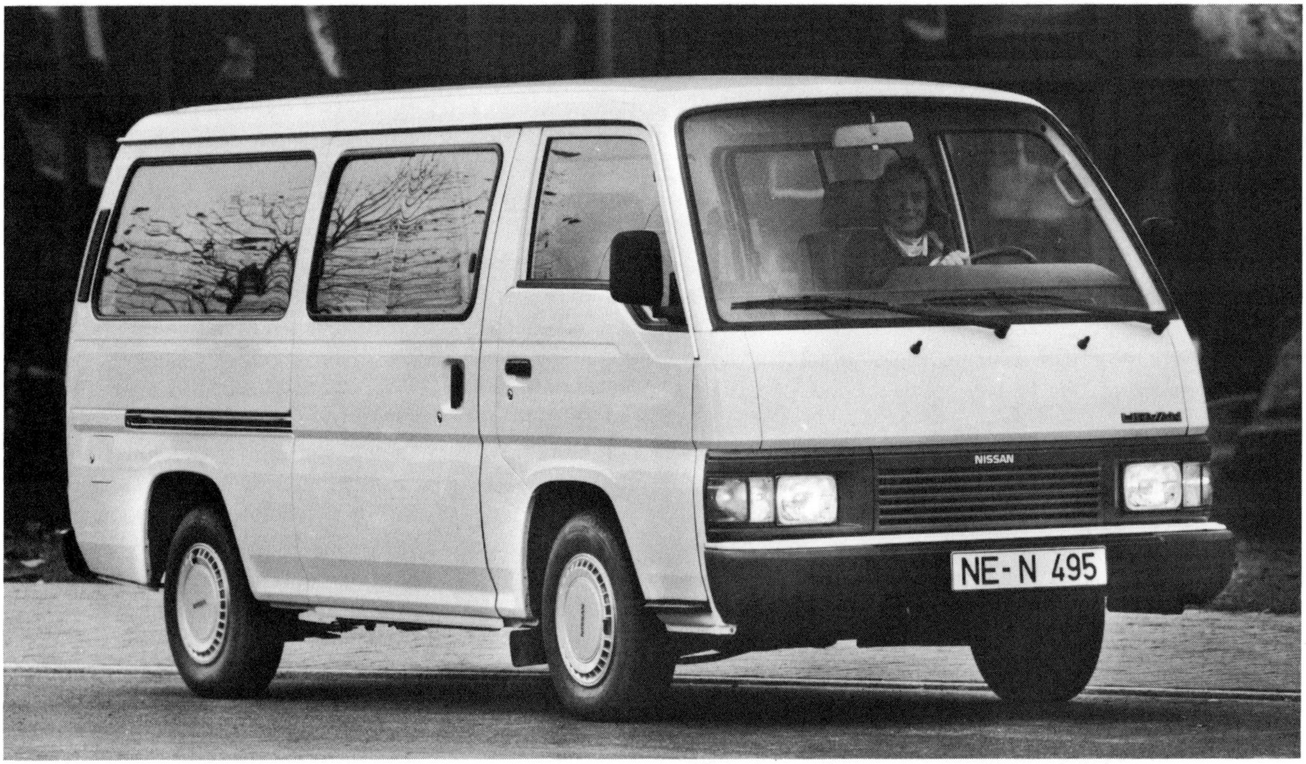
NISSAN
NE-N 495

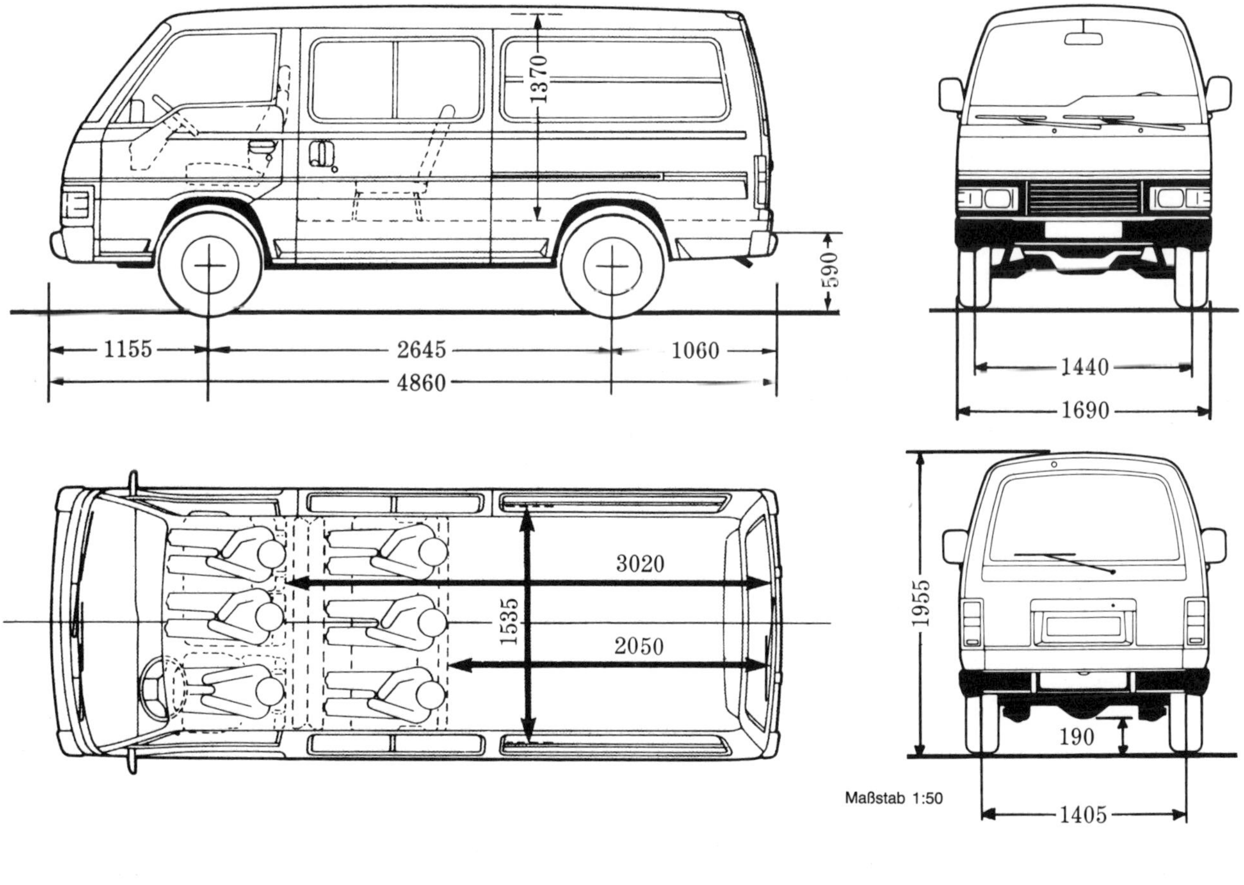
1370
590
1155
2645
1060
4860
1440
1690
3020
1535
2050
1955
190
1405

Maßstab 1:50

Fahrzeugbeschaffung

Nicht immer kann man ein geeignetes Basisfahrzeug in den Samstagsausgaben der großen regionalen Tageszeitungen finden. Besonders, wenn man spezielle Vorstellungen hat, einen bestimmten Typ mit spezifischer Ausstattung sucht, führt kaum ein Weg am Händler vorbei. Dabei kann man die Erfahrung machen, bei großen Nutzfahrzeughändlern in besseren Händen zu sein als beim freien Gebrauchtwagenhändler an der Ecke. Auf dem Hof des Nutzfahrzeugspezialisten gelten die branchenüblichen Gebrauchtwagenpreise. Der windige Hinterhofanbieter kennt die Unerfahrenheit der Wohnmobilzielgruppe genau und stellt seine Preise darauf ab.

TIP: Überregionale, seriöse Nutzfahrzeughändler annoncieren in Zeitschriften wie Lastauto-Omnibus, ATV (Auto, Technik und Verkehr), Trucker oder Fernfahrer. Große Hersteller wie Mercedes-Benz unterhalten eine zentrale Gebrauchtwagenerfassung. Per Computer kann jede Daimler-Benz-Niederlassung innerhalb der gesamten Bundesrepublik abfragen, wo welcher Typ in welcher Ausstattung zu welchem Preis angeboten wird. Die Informationen sind sehr detailliert und zuverlässig. Man kann tatsächlich kaufen, ohne das Fahrzeug probegefahren zu haben!

Eine beliebte Methode, an ein Basisfahrzeug zu kommen, sind Fahrzeugversteigerungen bei öffentlichen Haltern. In regelmäßigen Abständen werden bei der Bundespost, aber auch bei Polizei, Bundeswehr und Grenzschutz, beim Technischen Hilfswerk, bei Feuerwehr und Kommunen die Fahrzeugparks renoviert. Die ausgemusterten Bestände werden versteigert. Dabei hat man die Möglichkeit, die Fahrzeuge zwar zu besichtigen, nicht jedoch probezufahren. Das Risiko ist hier ebenso groß wie die Auswahl. Man sollte sich als Unerfahrener auch nicht von der Versteigerungsatmosphäre zu überhöhten Geboten hinreißen lassen – unter den Mitbietern befinden sich viele Gebrauchtwagenprofis, die einen wesentlich besseren Überblick haben. Wo deren Gebot aufhört, ist meist auch der Marktwert des Fahrzeugs erreicht. Dennoch bleibt die öffentliche Versteigerung ein oft preisgünstiger Anschaffungsweg.

Hat man ein Fahrzeug im Auge, das von bestimmten Firmen gefahren wird, kann man sich auch an den dortigen Fuhrparkleiter wenden und sich als Anwärter auf einen demnächst auslaufenden Wagen anmelden. In größeren Fuhrparks laufen Transporter meist zwischen zwei und vier Jahren. Günstig sind Langstreckenfahrzeuge, die leichtes Ladegut transportieren. Dies verschleißt den Wagen am wenigsten.

Der Selbstimport aus EG-Ländern ist eine weitere Möglichkeit, sein Wunschfahrzeug zu beschaffen. Der recht zeitaufwendige Weg lohnt allerdings nur, wenn man ein bestimmtes Fahrzeug sucht, das es im eigenen Land nicht gibt (mit all den Schwierigkeiten der späteren Ersatzteilbeschaffung), beispielsweise einen liebenswerten Oldtimer wie den Wellblechcitroën HY, den man fast nur noch in Frankreich bekommt. Oder aber, wenn man bestimmte Ausstattungsvarianten oder einen definitiven Preisvorteil nur im Ausland bekommen kann. Bei Neufahrzeugen ergeben sich allerhand Schwierigkeiten in der späteren Betreuung (Garantieleistungen). Bei Importwünschen helfen die örtlichen Zollämter weiter. Bei Selbstimport aus EG-Staaten entsteht zwar viel Papierkram, aber kaum eine schwierige Hürde. Man bekommt erst die im Ursprungsland gezahlte Umsatzsteuer zurück, muß dann aber die deutsche Umsatzsteuer (14% auf den Nettopreis, umgerechnet zum Tageskurs) nachentrichten. Ein sogenanntes »T2«-Papier ist dabei hilfreich. Man muß dann die Einfuhrumsatzsteuer nicht beim Grenzübertritt in bar zahlen, sondern kann Ex- und Import beim zuständigen Heimatzollamt durchführen. Im Ursprungsland muß mit einem dortigen Kennzeichen gefahren werden, erst ab der bundesdeutschen Grenze dürfen »Rote Nummern« verwendet werden. Selbstimport aus Nicht-EG-Staaten ist komplizierter. Hierfür gibt es freie Importeure, die beispielsweise amerikanische oder japanische Fahrzeuge, die offiziell nicht in Deutschland verkauft werden, anbieten.

Bewertung eines Gebrauchtwagens

Mancher Reisemobileinsteiger tut sich sehr schwer in der Wertermittlung eines angebotenen Fahrzeugs. Nur wenige können aus Erfahrung ein Angebot zuverlässig einordnen. Hilfestellung bietet die sogenannte »Schwacke-Liste«. Dieses Gebrauchtwagen-Wertermittlungs-System ist ein unentbehrlicher Helfer für Fahrzeughändler und -käufer. Ständige Neuauflagen halten die Schwacke-Notierungen aktuell. Vertrieben werden sie im Buch- und Kfz-Zubehörhandel. Leider gibt Schwacke nur sehr starre Beurteilungen nach Baujahr und Kilometerleistung. Wesentlich differenzierter ist die Fachschrift »Bewertung von Nutzfahrzeugen« des Deutschen Kraftfahrzeug-Überwachungsvereins (DEKRA). Die Fachschrift kann gegen 90 Mark über DEKRA-Geschäftsstellen angefordert werden. In einzelnen Fällen können auch die Automobilclubs weiterhelfen. Sowohl TÜV- als auch DEKRA-Kfz-Prüfstellen führen Begutachtungen von Gebrauchtwagen durch. Schwierigkeit: Man braucht einen Termin und demzufolge die Einwilligung des Fahrzeugverkäufers. Für die Begutachtung fallen im Schnitt etwa 130 Mark Gebühren an.

Generell sollte möglichst viel über das Vorleben des Fahrzeugs in Erfahrung gebracht werden. Günstig auf die Erhaltung wirkt sich der Betrieb mit nur einem Fahrer aus. Viele unterschiedliche Fahrstile zermürben die Technik: Kupplungs- und Bremsdefekte sowie frühes Altern des Motors sind dabei die häufige Folge. Langstreckenfahrten schonen am meisten, das ständige Stop-and-Go des innerstädtischen Verteilerverkehrs muß mit erhöhtem Verschleiß bezahlt werden. Schweres Ladegut fordert viel von Motor und Antriebsstrang: Häufig werden Fahrzeuge, die schwere Paletten transportieren, auch einseitig belastet und kommen mit ruinierten Federn, Achsaufhängung und Reifen zum Verkauf. Augen auf, wenn das in Aussicht genommene Fahrzeug häufig mit großer Feuchtigkeit zu tun hatte: Metzgereifahrzeuge sind zwar oft schon aufwendig isoliert, werden aber jeden Tag mit dem Dampfstrahler ausgespritzt. Das fördert die Hygiene ebenso wie den Rost an versteckten Stellen! Besonders hoch ist der Verschleiß an Fahrzeugen, die auf Baustellen ihre Kilometer abgedient haben: Staub, Dreck, lieblose Behandlung und ständiges Herumkurven auf Erdwegen gehen an die Substanz von Achsaufhängung, Lenkung, Bremsen und Motoren.

Anschriften wichtiger Fahrzeughersteller/-importeure

Alphabetisch geordnet:

Citroën Automobil AG
Verkaufsgesellschaft für
Deutschland
Nikolausstraße 84–90
51149 Köln
Tel.: (0 22 03) 4 41

Deutsche Renault AG
Kölner Weg 6–10
50321 Brühl
Tel.: (0 22 32) 7 30

Fiat Automobil AG
Salzstraße 140
74076 Heilbronn
Tel.: (0 71 31) 10 70

Ford-Werke AG
Henry-Ford-Straße 1
50735 Köln

Mercedes-Benz AG
Mercedesstraße 137
70327 Stuttgart
Tel.: (07 11) 1 70

MMC-Auto
Deutschland GmbH
(Mitsubishi-Automobile)
Hessenauer Straße 2
65468 Trebur-Geinsheim
Tel.: (0 61 47) 2 07-1

Nissan Motor
Deutschland GmbH
Nissanstraße 1
41468 Neuss
Tel.: (0 21 01) 38 80

Adam Opel AG
65407 Rüsselsheim
Tel.: (0 61 42) 6 61

Isuzu Auto GmbH
Grauwallring 1
27580 Bremerhaven
Tel.: (04 71) 80 40 12

Iveco Magirus AG
R.-Schumann-Straße 1
85716 Unterschleißheim
Tel.: (0 89) 31 77 10

Mazda Motors
(Deutschland) GmbH
Hitorfer Straße 73
51371 Leverkusen

Peugeot-Talbot
Deutschland GmbH
Armand-Peugeot-Straße 1
66119 Saarbrücken
Tel.: (06 81) 87 90

Toyota Deutschland GmbH
Bachemer Landstraße 2
50858 Köln
Tel.: (0 22 34) 10 21

Volkswagen AG
38436 Wolfsburg
Tel.: (0 53 61) 9-0

Literatur zum Thema

Dieses Buch ist entstanden, um Sie möglichst umfassend über den Wohnmobilauf- und -ausbau zu informieren. Obwohl wir uns bemüht haben, auf alle wichtigen Themen einzugehen, bleibt es nicht aus, daß bei Ihnen weitergehende Fragen aufkommen. Dafür gibt es Spezialliteratur. An dieser Stelle finden Sie wichtige Veröffentlichungen, die sich mit dem Reisemobil beschäftigen. Alle aufgeführten Zeitschriften sind am Kiosk oder im Abonnement zu beziehen, die meisten Bücher können über jede Buchhandlung gekauft werden. Wo dies nicht der Fall ist, haben wir die Bezugsquelle vermerkt.

Basisfahrzeuge, allgemeiner Überblick

INUFA-Katalog
Vogt-Schild-AG
Druck und Verlag
CH-4501 Solothurn

Dieser jährlich erscheinende und im Buchhandel vertriebene Katalog repräsentiert in Bild und Daten das gesamte aktuelle internationale Nutzfahrzeugangebot.

DEKRA Fachschrift 35/87
»Bewertung von Nutzfahrzeugen«

Sinnvolle Hilfe bei Gebrauchtwagenkauf zur realistischen Wertermittlung. Anforderung über den Deutschen Kraftfahrzeug-Überwachungs-Verein e. V., Schulze-Delitzsch-Straße 49, 7000 Stuttgart 80. ISSN 09 33-25 53.

Basisfahrzeuge, Tests

Wenn Sie Testergebnisse zu Transportern suchen, helfen Ihnen die Fachzeitschriften aus dem Nutzfahrzeugsektor weiter. Deren Testkriterien sind allerdings auf den möglichst wirtschaftlichen Arbeitseinsatz als Lieferfahrzeug abgestellt. Speziell auf die Wohnmobiltauglichkeit werden Basisfahrzeuge in Zeitschriften untersucht, die sich ausschließlich mit Reisemobilen beschäftigen (siehe weiter unten).

Nutzfahrzeugzeitschriften:

Lastauto-Omnibus
Handwerkstraße 15
70519 Stuttgart

Fernfahrer
Lise-Meitner-Straße 2
55129 Mainz

trans aktuell
Handwerstraße 15
70519 Stuttgart

Trucker
Hegelstraße 2
28201 Bremen

Basisfahrzeuge, Restaurierung

Zeitschriften:
Geht es ums Aufmöbeln besonders betagter Schätzchen, helfen Oldtimer-Restaurierungs-Fachblätter weiter. In deren Anzeigenteil findet man auch viele spezielle Anbieter (Feuerverzinkung Rahmen, Verzinnen Karosserieteile).

Motor-Klassik
Leuschnerstraße 1
70174 Stuttgart

Bücher, Karosserie:

Olving, P.H.
Die Karosserie
Reparatur-Handbuch
Stuttgart, Motorbuch Verlag 1987

Cramer, Werner Rudolf
Autolackdesign
Stuttgart, Gentner Verlag 1987

Korp, Dieter
Jetzt helfe ich mir selbst
Sonderband
»Die Autokarosserie«
Band 175
Stuttgart, Motorbuch Verlag 1995

Bücher, Elektrik:

Autoradio und Autotelefon
Einbau und Entstörung
Auto-Reparatur-Sonderband Nr. 272
CH-Zug, Bucheli o. J.

Batterien und Anlasser in Motorfahrzeugen
Auto-Reparatur-Sonderband Nr. 246
CH-Zug, Bucheli o. J.

Die Beleuchtung am Motorfahrzeug
Auto-Reparatur-Sonderband Nr. 203
CH-Zug, Bucheli o. J.

Die Drehstrom-Lichtmaschine
Auto-Reparatur-Sonderband Nr. 226
CH-Zug, Bucheli o. J.

Einbau von zusätzlichen Elektrogeräten in das Motorfahrzeug
Auto-Reparatur-Sonderband Nr. 266
CH-Zug, Bucheli o. J.

Elektronik im Motorfahrzeug
Auto-Reparatur-Sonderband Nr. 286/87
CH-Zug, Bucheli o. J.

Strom- und Spannungsregler
Auto-Reparatur-Sonderband Nr. 40
CH-Zug, Bucheli o. J.

Elektrik am Auto für jedermann
Broschüre von Hella, Schutzgebühr 4,– Mark
Bezugsquelle:
Hella KG Hueck & Co.
Abteilung VI 10
Postfach 28 40
59552 Lippstadt

Kloth, Heinz
Lexikon der Autoelektrik
hrsg. von mot – Die Autozeitschrift
Bestelladresse:
Vereinigte Motor-Verlage GmbH & Co. KG
Spezial-Verkauf
Postfach 10 42
70162 Stuttgart

Korp, Dieter
Jetzt helfe ich mir selbst
Sonderband »Elektrik am Auto«
Band 62
Stuttgart, Motorbuch Verlag 1991

Bücher, Reparaturanleitungen

allgemein

Fischer, J., und H. Kümmel
Autotechnik-Autoelektrik
Stuttgart, Motorbuchverlag o. J.

Markt für klassische
Automobile und Motorräder
Hüttenstraße 10
6200 Wiesbaden

Leider ist das Angebot an speziellen, Fahrzeugtyp-bezogenen Reparaturanleitungen unbefriedigend und mager. Außer für den allseits beliebten VW-Bus (verwendbar auch für die Pritschenmodelle gleicher Baujahre) ist das Angebot sehr lückenhaft.

TIP: Mit etwas Glück und guten Beziehungen zu einer Fachwerkstatt lassen sich gelegentlich Originalwerkstatthandbücher zum jeweiligen Fahrzeugtyp ergattern (fotokopieren). Diese in Ringbuchordnerform gehaltenen Bücher lassen keine Frage mehr offen. Jedes Fahrzeugteil ist beschrieben, mit allen Einstellwerten und Ersatzteilnummern.

Spezialisierte Fachversand-Buchhandlungen wie z. B. die Expeditionsausrüster führen in ihren Bücherlisten manchmal auch Restauflagen von Werkstatthand- und Reparaturbüchern, bei Allradfahrzeugen oftmals aus Armeebeständen. Sehr detailliert und gut. Für ausländische Fabrikate gibt es außerdem jeweils im Heimatland Reparaturanleitungen. Sie setzen entsprechende fachspezifische Sprachkenntnisse voraus und eignen sich daher nur für einen entsprechend vorgebildeten Leserkreis. In den deutschsprachigen Ländern gibt es für:

Volkswagen

Etzold, Hans-Rüdiger
So wird's gemacht
Wartung und Instandhaltung
VW-Bus 50 PS bis 5/79 – Band 17
VW-Bus 70 PS bis 5/79 – Band 18
VW-Bus 50 PS 5/79 bis 9/82 – Band 23
VW-Bus 70 PS 5/79 bis 9/82 – Band 24
VW-Bus Diesel bis 12/87 – Band 35
VW-Bus 60/78 PS ab 10/82 – Band 38
Bielefeld, Delius-Klasing-Werlag, div. J.

Korp, Dieter
Jetzt helfe ich mir selbst
VW-Bus 8/72 bis 6/79 alle Modelle – Band 101
VW-Bus 7/79 bis 9/82 Luftboxer – Band 102
VW-Bus ab 10/82 (Diesel von 2/81 bis 12/87) – Band 111
Stuttgart, Motorbuchverlag, div. J.

Reparatur-Anleitung
Querschnitt durch die Motortechnik
VW-Transporter ab 6/78 – Bände 783/84/85
VW-Transporter 1900 – Bände 796/97/98
VW-Transporter D bis 87 – Bände 799/800/01
CH-Zug, Bucheli div. J.

Reparatur-Anleitung
Querschnitt durch die Motortechnik
VW LT 28, 31, 35 mit 2,0-l-Benzinmotor – Band 354
CH-Zug, Bucheli o. J.

Mercedes-Benz

Reparatur-Anleitung
Querschnitt durch die Motortechnik
L 206 DG (Hanomag F 20)
nur noch antiquarisch lieferbar
CH-Zug, Bucheli o. J.

Reparatur-Anleitung
Querschnitt durch die Motortechnik
L 207 (Hanomag F 20)
Band 459
CH-Zug, Bucheli o. J.

Ford

Reparatur-Anleitung
Querschnitt durch die Motortechnik
Transit Benziner 7/78 bis 12/85
Band 733/34
CH-Zug, Bucheli o. J.

Opel

Reparatur-Anleitung
Querschnitt durch die Motortechnik
Opel-Blitz (ältere Modelle)
Band 57
CH-Zug, Bucheli o. J.

Toyota

Reparatur-Anleitung
Querschnitt durch die Motortechnik
Hi Ace 1977 bis 1986
Band 362
CH-Zug, Bucheli o. J.

Wohnmobil-Literatur

allgemein:

Schneider, Hans-Jürgen
Alles über Wohnmobile
Kauf, Einrichtung, Reisen, Tips
und Technik
München, BLV 1982

Busch, Fritz B.
Das große Wohnwagenbuch
Alles über
Caravans/Wohnmobile
Stuttgart, Motorbuchverlag 1986

Alles über den VW-Bus
Wohnmobile-Freizeitmobile
Stuttgart, Motorbuchverlag o. J.

Westfalia Werke (Hrsg.)
Wohnmobil-Jahrbuch
jährliche Neuauflage seit 1987
Bezug über
Westfalia-Verkaufsstellen oder
TUFA GmbH
Postfach 10
7763 Öhningen

Heymann, Johannes P.
Das Wohnmobil – Camping-
busse und Reisemobile
Mieten, Kaufen, Selbermachen
Stuttgart, Motorbuchverlag, div.
J.

Breuninger, Martin
Wohnmobil-Bordbuch
Stuttgart, Motorbuchverlag, 1986

Orlopp, E. Utz und
Martin Breuninger

Ausbau

Sicherheit in Caravan und Reisemobil
Broschüre des Staatlichen Gewerbeaufsichtsamtes Essen mit vielen
guten Tips zu Elektrik, Gasversorgung und technischer Sicherheit,
kostenlos zu beziehen bei:
Staatliches Gewerbeaufsichtsamt Essen
Ruhrallee 55
45138 Essen

Heymann, Johannes P.
Campingbusse selbermachen
Wohnmobil-Eigenbau von A–Z
Stuttgart, Motorbuch Verlag, zuletzt 1987

Piening, Dieter
Reisemobil-Selbstausbau von A bis Z
Herford, Busse-Seewald 1988

Enke, Hans-Ewald und Olaf Coermann
Wohnmobil planen
Reihe Rudolf-Müller-Fachtips
Köln, Rudolf Müller Verlag 1985

Campingbusausbau
Reihe »Fachwissen für Heimwerker«
Köln, Verlagsgesellschaft Rudolf Müller o. J.
(speziell: VW LT Kastenwagen)

Wohnmobil selbst ausgebaut
Reihe »Fachwissen für Heimwerker«
Köln, Verlagsgesellschaft Rudolf Müller o. J.
(speziell: Peugeot J 7/J 9)

Do It Yourself!
Ausbauanleitung VW-Bus ab Baujahr 1979
Gleichen bei Göttingen, Syro-Verlag 1980
(auch Restauflagen Ausbauanleitungen anderer Fahrzeugtypen
lieferbar!)

Lautenschlager, Th., G. Axmann und D. Korp
Jetzt helfe ich mir selbst
Sonderband »VW-Campingbus selbstgebaut«
Band 122
Stuttgart, Motorbuchverlag 1987

Dietsch, Werner
Reisemobil – Freiheit auf Rädern,
Stuttgart, Motorbuchverlag
1989

Allgemeines Wohnmobil-
Handbuch
Hrsg. von Brigitte und Reinhard
Schulz, Lauffen/N.,
Womo-Verlag 1988

promobil-Spezial Nr. 1
Alles über Selbstausbau
Motorpresse Stuttgart,
Redaktion promobil 1989

Spezialthemen

Batterieratgeber für das Bordnetz und den Elektrobootsantrieb.
Wohnmobile/Segelboote
Kostenlose Broschüre der Varta Batterie AG, erw. Aufl. 1986
Bezugsquelle:
Varta Batterie AG
Postfach 21 05 40
30419 Hannover

Errichtung und Betrieb kleiner Solarstromanlagen
Kostenlose Broschüre der Varta Batterie AG, Neuauflage 1986
Bezugsquelle: s.o.

Jacobs, Peter
Strom aus Sonnenlicht
Ein Stück Unabhängigkeit durch umweltfreundliche Stromerzeu-
gung – Praktische Anleitung zur Planung und Ausführung von Solar-
anlagen.
Marburg, Verlag Wagner & Co. Solartechnik 1987

Sika-Caravan-Manual
Detaillierte anwendungsorientierte Beschreibung verschiedener
Klebe- und Dichtsysteme für den Reisemobilausbau, z.B. Hochdach-
verklebung, Wandverklebung. Kostenlos zu beziehen bei:
Sika GmbH
Postfach 60 23 23
Hamburg

Plaschke, F.-P.
Glasfaser-Polyester-Kunststoffe
Verarbeitung in Theorie und Praxis
Fachbuch der Voss-Chemie
Bezugsquelle:
Voss-Chemie GmbH
Esinger Steinweg 50
25436 Uetersen

Aluminium Zentrale (Hrsg.)
Aluminium-Merkblatt »Konstruktion K4«
Zusammenbau von Aluminium mit anderen Werkstoffen.
Bezugsquelle:
Aluminium-Zentrale
Königsallee 30
40212 Düsseldorf

Holzschutz und Holzbehandlung
Anleitung und Hinweise für den Heimwerker
Schutzgebühr 3,– Mark
Bezugsquelle:
Arbeitsgemeinschaft Wohnberatung e.V.
Heilsbachstraße 20
53123 Bonn

Rose, Wulf-Dietrich
Wohngifte
Handbuch zur kritischen Auswahl der Materialien für gesundes Bauen und Einrichten.
Oldenburg, Edition Wandlungen 1984

Katalyse Umweltgruppe
Gruppe für ökologische Bau- und Umweltplanung (Hrsg.)
Das ökologische Heimwerkerbuch
Reinbek, Rowohlt 1985

Recht, Steuern, Versicherung, Zulassung

Berr, Wolfgang
Wohnmobile und Wohnanhänger
Eine systematische Erläuterung der bau-, betriebs- und sicherheitsrechtlichen Vorschriften unter Berücksichtigung der kauf-, versicherungs- und steuerrechtlichen Besonderheiten.
Reihe »Aktuelles Recht«
München, C. H. Beck 1985

Miedel (Hrsg.)
Wohnmobile – Kauf, Bau, Prüfung und Betrieb
Reihe »TÜV-Tips«
Köln, Verlag TÜV-Rheinland, 2. Aufl. 1987

Boschen, Lothar
Wohnmobile
ADAC-Ratgeber
München, ADAC-Verlag 1985

Verbände

Einige wichtige Adressen haben wir schon beim Basisfahrzeugkapitel genannt. Sollten Sie jedoch spezielle Fragen an Vertreter der Reisemobilbranche haben, können Ihnen die Fahrzeughersteller nicht weiterhelfen. Wenden Sie sich dann an:

Verband deutscher
Wohnwagen- und
Wohnmobil-Hersteller VDWH
In der Schildwacht 41
65933 Frankfurt/M.
Tel.: (0 69) 39 20 71
Veranstalter der größten
europäischen Fachmesse
des »Caravan-Salons«.

Deutscher Camping-Club DCC
Mandlstraße 28
80802 München
Tel.: (0 89) 33 40 21
Veranstalter der deutschen
Fachmesse
»Camping & Touristik«.

Deutscher Caravan-Handels-
Verband DCHV
Holdäcker Straße 13
70499 Stuttgart
Tel.: (07 11) 72 20 41
Veranstalter der zweitgrößten
deutschen Fachmesse CMT

Deutsches Informationszentrum
für technische Regeln DITR
Burggrafenstraße 6
10787 Berlin
Hier erhalten Sie sämtliche schriftlich fixierten technischen Regeln (z.B. »Technische Regeln Flüssiggas«) und die einschlägigen Normen (»Caravan-Norm«). Jede Auskunft ist allerdings gebührenpflichtig.

Deutscher Verband Flüssiggas
DVFG
Westerbachstraße 23
61467 Kronberg/Taunus
Hier erhalten Sie sehr genaue Auskünfte über die Gestaltung von Gasanlagen, das Arbeitsblatt G 607 zur »Errichtung von Flüssiggasanlagen und -feuerstätten in Fahrzeugen« sowie ggf. die Behälterverordnung »Treibgastanks«.

Zeitschriften

Camping
Offizielles Organ des deutschen
Camping-Clubs DCC
Postfach 40 04 28
80704 München

Caravaning
Postfach 10 60 36
70162 Stuttgart

tours – das Abenteuer-Magazin
Postfach 71 07 69
München

Reisemobil International
Postwiesenstraße 5a
70327 Stuttgart

Promobil –
Das Reisemobil-Magazin
Postfach 10 60 36
70162 Stuttgart

Caravan
Postfach 30 54
Herford

Messetermine

Messetermine verschieben sich von Jahr zu Jahr. Eine exakte Angabe ist daher in diesem Buch nicht möglich. Die genauen Termine finden Sie in den jeweiligen Ausgaben der Fachzeitschriften. Sie können sie auch direkt von den Messegesellschaften oder Veranstaltern erfragen.

Januar

Boot (Düsseldorf)
Caravan, Motor und Touristik
CMT (Stuttgart)

Februar

Caravan, Boot, Int. Reisemarkt
CBR (München)
Reisen/Freizeit (Hamburg)
Freizeit-Ausstellung (Nürnberg)
Auto, Boot, Freizeit (Hannover)
Bootsausstellung (Bremen)

März

Camping & Touristik (Essen)

September

Interboot (Friedrichshafen)
Caravan Europa (Turin)

Oktober

Caravan-Salon (Essen)
Caravan-Salon Le Bourget
(Paris)

November

Caravan & Camping
(Amsterdam)
Caravan-Fair Earl's Court
(London)
Campingmesse (Brüssel)

Reisemobilclubs

Viele Reisemobilfreunde haben sich in Clubs organisiert, um ihr Hobby zu fördern. Es gibt eingetragene Vereine mit erstem und zweitem Vorsitzendem, Schriftführer und Kassenwart ebenso wie lockere Zusammenschlüsse Gleichgesinnter ohne Vereinsmeierei. Auch wenn Sie nicht Mitglied werden möchten: Der Kontakt zu einem Reisemobilclub kann dem Einsteiger viele Vorteile bringen. Neben fachlicher (Ausbau-)Beratung ergeben sich manchmal auch günstige Einkaufsquellen, weil im Club einer einen kennt, der auch einen kennt, der dies und das billiger bekommt... Mit unserer Clubliste ist's aber leider wie mit der Zubehörlieferantenliste: Wir können keine Gewähr für Vollständigkeit geben. Das Clubleben bringt Eigendynamik mit sich. Ebenso wie es in der Zwischenzeit zu Neugründungen kommt, kommt es auch zu Auflösungen und Umzügen. Aktuelle Clublisten gibt's bei den Fachzeitschriften.